阿部龍蔵・川村 清 監修

裳華房テキストシリーズ－物理学

電 磁 気 学

東京大学名誉教授

兵 頭 俊 夫 著

（増補修訂版）

裳 華 房

Electricity and Magnetism

by

Toshio HYODO

(Augmented and revised edition)

SHOKABO

TOKYO

編　集　趣　旨

「裳華房テキストシリーズ - 物理学」の刊行にあたり，編集委員としてその編集趣旨について概観しておこう．ここ数年来，大学の設置基準の大綱化にともなって，教養部解体による基礎教育の見直しや大学教育全体の再構築が行われ，大学の授業も半期制をとるところが増えてきた．このような事態と直接関係はないかも知れないが，選択科目の自由化により，学生にとってむずかしい内容の物理学はとかく嫌われる傾向にある．特に，高等学校の物理ではこの傾向が強く，物理を十分履修しなかった学生が大学に入学した際の物理教育は各大学における重大な課題となっている．

裳華房では古くから，その時代にふさわしい物理学の教科書を企画・出版してきたが，従来の厚くてがっちりとした教科書は敬遠される傾向にあり，“半期用のコンパクトでやさしい教科書を”との声を多くの先生方から聞くようになった．

そこでこの時代の要請に応えるべく，ここに新しい教科書シリーズを刊行する運びとなった．本シリーズは18巻の教科書から構成されるが，それぞれその分野にふさわしい著者に執筆をお願いした．本シリーズでは原則的に大学理工系の学生を対象としたが，半期の授業で無理なく消化できることを第一に考え，各巻は理解しやすくコンパクトにまとめられている．ただ，量子力学と物性物理学の分野は例外で半期用のものと通年用のものとの両者を準備した．また，最近の傾向に合わせ，記述は極力平易を旨とし，図もなるべくヴィジュアルに表現されるよう努めた．

このシリーズは，半期という限られた授業時間においても学生が物理学の各分野の基礎を体系的に学べることを目指している．物理学の基礎ともいうべき力学，電磁気学，熱力学のいわば3つの根から出発し，物理数学，基礎量子力学などの幹を経て，物性物理学，素粒子物理学などの枝ともいうべき専門分野に到達しうるようシリーズの内容を工夫した．シリーズ中の各巻の関係については付図のようなチャートにまとめてみたが，ここで下の方ほどより基礎的な分野を表している．もっとも，何が基礎的であるかは読者個人の興味によるもので，そのような点でこのチャートは一つの例であるとご理解願えれば幸いである．系統的に物理学の勉学をする際，本シリーズの各巻が読者の一助となれば編集委員にとって望外の喜びである．

阿部龍蔵，川村　清

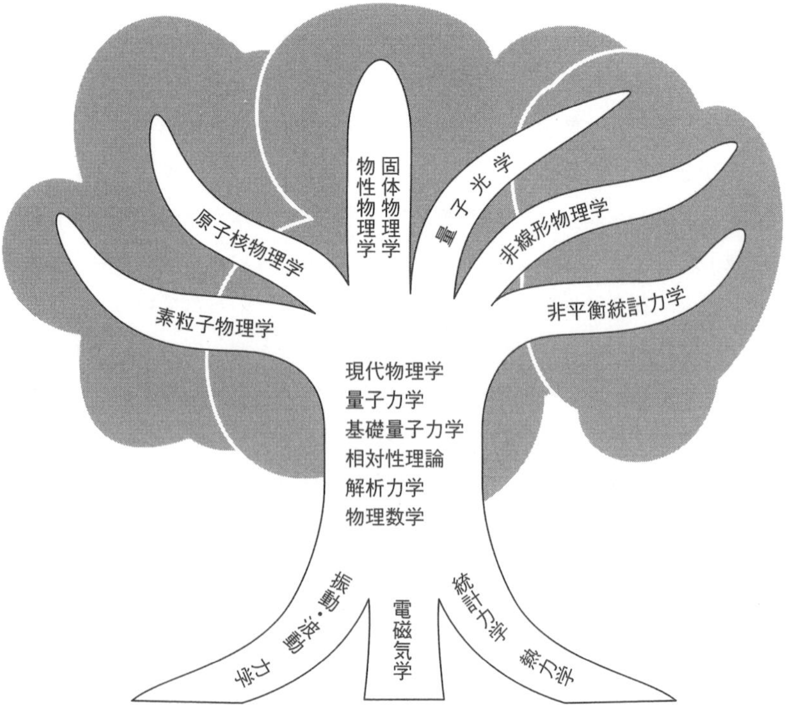

増補修訂版はしがき

本書の旧版は 1999 年の刊行以来，多くの皆様に親しんでいただいた．心から感謝いたします．

この度，出版社からご提案をいただき，増補修訂を行った．

旧版からの全 12 章については，マクスウェル方程式の積分形だけで電磁気学を記述するという基本姿勢は変えず，細かな表現をより正確に，かつ，できれば簡潔にする方向で修訂を行った．ただし，$\boldsymbol{E}$，$\boldsymbol{B}$ をそれぞれ「電場の強さ」「磁束密度」と称していたのを，「電場」「磁場」と変更した．旧版の「付録　マクスウェル方程式の微分形」は大幅に修訂した．ベクトル解析を学びつつマクスウェル方程式の微分形を導く形式であったものを，「第 13 章　マクスウェル方程式の微分形」と「付録 A　ベクトル解析」に分けて再構成した．さらに，新たに「第 14 章　電磁波」を書き加えた．初版へのはしがきにも記したように，微分形は電磁波について学ぶ際にこそ有用だからである．これによって，より専門的な電磁気学の教科書との接続が良くなったと期待している．

電場や磁場がその名の通り「場」（位置座標の関数）であることを常に意識しながら学ぶことは，電磁気学の正しい概念を身につける上で重要である．そのために本書では，ほとんどの場合，煩雑さを厭わず，スカラー場やベクトル場を $\rho(\boldsymbol{r})$，$\boldsymbol{E}(\boldsymbol{r})$ のように位置ベクトル $\boldsymbol{r}$ を付した形，時間にも依存する場には $\boldsymbol{E}(\boldsymbol{r}, t)$ のように時間 t も明記した形で表記した．今回の増補修訂でも，この特徴は残した．

また，新たに「付録 B　電磁気学の単位系」を追加して，国際単位系（SI）の解説と電磁気学の単位系の歴史を記した．2018 年に SI が大きく変わり，電磁気学の基本単位である A（アンペア）の定義も改定された．A の大きさはほとんど変わっていないが，従来の電流の間の力による定義から，素電荷（電気素量）を定義定数とする定義に変わった．そこで，この改定の意味を単位系の歴史と関係づけておくことは，意義があると考えた次第である．

旧版のミスプリントを，少なからぬ読者の方からご指摘いただき，その度，修正してきた．皆様，特に本多直樹氏と松本節夫氏に心からお礼を申し上げます．それらの諸修正や今回の増補修訂にあたっては，裳華房の小野達也氏と團 優菜氏に大変お世話になった．ここに記して感謝の意を表します．

2021 年 8 月

兵 頭 俊 夫

はしがき

本書は，大学初年級向けの電磁気学の教科書である．著者が東京大学の1年生向けに行った講義，特に高校物理未履修者向けの講義の経験を生かしてできるだけ平易に書いた．基本法則で考えるという物理学の立場を堅持しつつ，懇切丁寧に記述することに努めた．

電磁気学は，目に見えない「場」を扱う学問なので，初学者にはとりつきにくい面がある．そこで，電磁気学が説明しようと欲する実験事実をまず提示し，それを基本原理から理解する過程を，飛躍を避けつつ解説するようにした．物理的な推論の流れをスムーズに辿れるように，途中の式変形もできるだけ省略しないようにした．［例題］や［演習問題］の解答もあまり省略しなかった．そのため，本シリーズには不似合いのページ数になってしまったが，少ない努力でスムーズに読めるように記述したので，通読は比較的楽にできるはずである．

本書で目指したことは，マクスウェル方程式の積分形による電磁気学の体系の理解と，それに基づいた応用力の養成である．マクスウェル方程式の微分形は最後に付録で解説した．入門的な電磁気学の応用例は積分形で理解できるものが大部分である．微分形は，電磁波の理解等，先に進むときの準備として必要であるが，大学初年級の講義でカバーする内容としては，独立にまとめたこの配列で十分であろう．

導体のみならず，誘電体と磁性体も積極的に扱った．多様な分野に進むことになる学生諸君にとって，これらの物質をマクロな電磁気学がどう扱っているかを知ることは重要なことであると考えたからである．その際，物質のミクロな特徴をとらえたモデルを組み立て，それを粗視化して性質を理解していくという，マクロな電磁気学の立場が明確になるように記述を工夫した．

本書で用いる数学の基本的な事項については，特に第2章をあてて丁寧に解説した．数学を分離することは，物理現象の理解と数学の定義や定理の理解とが混乱しがちな電磁気学においては，特に重要であると考えている．

すべての物理量に対して，次元とSI単位の確認を重視した．最初から個々の物理量の次元や単位の考察に慣れておくと，最終的に電磁気学のSI単位系を正しく理解する助けになる．

著者は，常々「専門家になる人にも専門家にならない人にも役に立つ共通の物理学」を求めている．それは，本質的に重要なことを抽出して，それを歪めずにできる限りやさしい形で提供することの中に存すると考えている．本書でもそれを目指したが，どれほど達成できているかについては，読者のご批判を仰ぎたい．

最後に，本書の執筆の機会を与えてくださり，原稿を丁寧にお読みいただいた阿部龍蔵先生に厚く感謝したい．また，筆の遅い著者は，裳華房の真喜屋実孜氏の倦むことのない督励をいただいて，ようやくこれを完成することができた．心からお礼を申し上げたい．

1999年10月

兵頭俊夫

目　　次

1.　電場とクーロンの法則

2.　数学的基礎 ― 微分・積分と立体角 ―

3.　ガウスの法則

4. 静電場と電位

5. 導体と静電場

6. 定常電流と直流回路

7. 誘電体と静電場

8. 電流の周りの磁場

9. 時間的に変化する場 ―電磁誘導・変位電流密度―

10.　過渡現象と交流回路

11.　物質の磁気的性質

12.　電場・磁場のエネルギー

13.　マクスウェル方程式の微分形

14. 電 磁 波

付録A. ベクトル解析

付録B. 電磁気学の単位系

1 電場とクーロンの法則

毛皮で磨いた琥珀が軽いものを引きつけたり，磁石とよばれる特別な鉱物が鉄片を引きつけたりする現象は，古代ギリシャの時代から知られていた．これらの電気および磁気の現象を初めて体系的に研究したのは，英国のエリザベス１世の侍医であったギルバート（W. Gilbert, 1544 - 1603）である．これに定量的な法則を関連づけたのはフランスのクーロン（C. A. de Coulomb, 1736 - 1806）である．彼は，異種の電荷が互いの距離の２乗に反比例する力で引き合うこと，同種の電荷が同じ反比例関係で反発し合うことを確認した．また，磁気についても，同種の極の反発力と異種の極の引力が，同じく極間の距離の２乗に反比例することを見出した．

一方，デンマークのエルステッド（H. C. Oersted, 1777 - 1851）が，電流が磁石に力を及ぼすことを見出すとすぐに，フランスのビオ（J.-B. Biot, 1774 - 1862）とサバール（F. Savart, 1791 - 1841）がそれを説明する法則を見出した．また，同じ年に，同じくフランスのアンペール（A. M. Ampere, 1775 - 1836）が詳しい研究を行った．英国のファラデー（M. Faraday, 1791 - 1867）はそれならば逆に，磁石の働きをするコイルに電流を流すと，近くの別のコイルに電流が流れるのではないかと考えたが，なかなか実現できなかった．しかし 10 年の後，偶然にコイルに電流を流しはじめるときと切ったときに他方のコイルに電流が流れることを見出した．彼はこれを，変化する磁場の周りには起電力が発生していると解釈した．電磁誘導の発見である．

ファラデー以前の電気や磁気の法則は遠隔作用（離れているもの同士でも力を及ぼしあうという考え方）の法則であったが，英国のファラデーは，電荷や磁極や電流の周りに電場や磁場が生じており，近くにある別の電荷や磁極や電流はそれらの場と接触しているために力を受けるという近接作用（つまり，接触しているもの同士にしか力は働かないという考え方）で電磁気学を理解しようとした．

そして最後に，英国のマクスウェル（J. C. Maxwell, 1831 - 1879）が電場が変動すれば磁場が発生するという仮定を導入して，電磁気現象の法則を 4 つの方程式（マクスウェル方程式）にまとめた．この法則は電磁波の存在を予言し，また，電磁波の速さが光の速さに等しく，光が電磁波の一種に違いないことを示していた．電磁波に関する予言は，ドイツのヘルツ（H. R. Hertz, 1857 - 1894）の実験で実証され，ここに電磁気学は完成した．

本書では，実験で観測される現象を確認しながら，それらがマクスウェル方程式で表現されることを述べる．そのために，$\boldsymbol{E}$，$\boldsymbol{D}$，$\boldsymbol{B}$，$\boldsymbol{H}$ の 4 種類の場を導入する．また，基本法則である電荷の保存則がマクスウェル方程式に含まれていること，（誘導起電力を除いて）マクスウェル方程式に含まれない起電力という概念や，同じくマクスウェル方程式の守備範囲に収まっていないオームの法則とジュール熱の概念を述べる．さらに，起電力と抵抗，コンデンサー，コイルなどの素子を導線で結合した電気回路の特性，および物質が存在するときのマクロな（巨視的な）電場や磁場について述べる．

§1.1　次元と単位系

本書で扱う物理量には，**スカラー量**と**ベクトル量**がある．スカラー量は，時間，電荷など，正負の数のみで表すことができる量である．ベクトル量は位置ベクトル，力，運動量など大きさと向きをもつ量である．スカラー量を表す記号には，通常の太さのイタリック体（斜体）のアルファベットを用いる．ベクトル量を表す記号には，太文字のイタリック体のアルファベットを用いる．例えば，時間 t，電荷 q，位置ベクトル $\boldsymbol{r}$，力 $\boldsymbol{F}$，運動量 $\boldsymbol{p}$ などである．

物理量は**次元**と値をもっている．物理量の次元とは何であるかを一般的に定義することはむずかしいが，その物理量が値にかかわらず共通にもっている属性である．たとえば，サイコロの一辺の長さ，人の身長，星と星の間の距離などが，長さの次元という共通の属性をもっている．物理量 A の次元を［A］と書く．

複数の物理量（およびその次元）の間の関係は，物理学の基本法則によって定められる．たとえば，力学の基本法則はニュートンの運動方程式

$$m\frac{d^2\boldsymbol{r}}{dt^2} = \boldsymbol{F} \tag{1.1}$$

で，この方程式には，質量 m，位置ベクトル $\boldsymbol{r}$，時間 t，力 $\boldsymbol{F}$ の 4 個の量が

含まれる．ところが力学の基本方程式はこれしかないから，このうち3個の物理量は他の量に還元できない互いに独立な量である．そこで，質量，長さ，時間の3つの次元を力学の**基本次元**とし，それぞれM，L，Tという記号で表す．他の基本次元やその記号については，付録Bを参照されたい．

物理学を定量的に論じるためには，物理量の**単位**が必要になる．単位は，ある次元の物理量の基準となる大きさである．単位の量の何倍であるかで，物理量の大きさは表現される．たとえば，1.32 mという長さは1 mという基準の長さの1.32倍という意味である．基本次元の単位である**基本単位**を人々の合意に基づいて定め，それ以外の量の単位を物理法則によって定めた体系を**単位系**という．現在，物理学をはじめとして自然科学の世界で用いられている単位系は**国際単位系**（Sistème International d'Unitès，以下，**SI**）とよばれるものである．この単位系での時間，長さ，質量の単位はそれぞれs，m，kgである．これらがどのように定義された量であるかについては，付録Bを参照されたい．SIは，工業生産や商取引や日常生活にも広く用いられている．

電磁気学は，**電荷**，および電荷の運動によって生じる**電流**が関係する現象，つまり**電気**や**磁気**に関する物理学である．電荷の間にはたらく力の原因を力学で説明することはできないので，少なくとも1つ，新しい基本次元を導入する必要がある．実は1つだけで十分で，それ以上は必要がない．これは，本書で述べる電気と磁気を結びつける電磁気学の体系が存在して，電磁気現象のすべてを有機的に結びつけて理解することが可能だからである．

SIにおける電磁気分野の基本次元は電流で，次元記号はI（アイ）である．そして，電流の基本単位はA（ampere，アンペア）である．Aの大きさは，以前は平行な直線電流の間の力で定義されていたが，2018年の改定以降，素電荷（電子の電荷の絶対値）の値を単位C（coulomb，クーロン）で表したときの値を定義定数として決められている（付録B）．物理学的には電荷の方が基本量であるが，Aが基本単位になっているのは，電荷よりも電流の方が測定しやすいことと，電気が実用的に使われはじめて以来，最も重要な電気関係の量は，電気量よりはむしろ電圧と電流であるという歴史的理由による．

1 A は 1 s の間に 1 C の電荷が流れる電流なので，これらの単位の間には

$$\mathrm{C} = \mathrm{A\,s} \tag{1.2}$$

の関係がある．本書では，電磁気量の次元を書くときには，電流の次元記号 I に加えて，SI では定められていない電荷の次元記号 Q を導入して使う．Q と電流の次元 I の間には当然

$$\mathsf{Q} = \mathsf{IT} \tag{1.3}$$

という関係があるので，I を用いる表現に書き直すのは容易である．

§1.2　電場と磁場

位置ベクトルの関数として与えられる物理量を**場**という．場には**スカラー量**の場（**スカラー場**）と**ベクトル量**の場（**ベクトル場**）がある．スカラー場の例としては，温度の場 $T(\boldsymbol{r})$，質量や電荷の密度の場 $\rho(\boldsymbol{r})$，ポテンシャルの場 $U(\boldsymbol{r})$ などがある．ベクトル場の例としては，電場 $\boldsymbol{E}(\boldsymbol{r})$，磁場 $\boldsymbol{B}(\boldsymbol{r})$，重力場 $\boldsymbol{G}(\boldsymbol{r})$ などがある．

大きさのない幾何学的な点に集中した電荷を**点電荷**という．いま，空間のある点 $\boldsymbol{r}$ に点電荷 q が静止しているものとする．もし，この点電荷が力 $\boldsymbol{F}$ を受けているなら，ファラデーの描像によれば，点 $\boldsymbol{r}$ には**電場**

$$\boldsymbol{E}(\boldsymbol{r}) = \frac{\boldsymbol{F}}{q} \tag{1.4}$$

が存在する．逆に，電場 $\boldsymbol{E}(\boldsymbol{r})$ が与えられているとき，点 $\boldsymbol{r}$ の位置に置かれた点電荷 q が受ける力は

$$\boldsymbol{F} = q\,\boldsymbol{E}(\boldsymbol{r}) \tag{1.5}$$

である．これから，電場の次元と SI 単位は

$$[E] = [F]\mathsf{Q}^{-1} = \mathsf{MLT}^{-2}\mathsf{Q}^{-1}:\ \mathrm{N/C} \tag{1.6}$$

である．N は，力の単位 newton（**ニュートン**）である．第 4 章で述べるように，V（ボルト）という単位を導入すると $\boldsymbol{E}$ の単位は V/m で表すこともできる．

一方，もし点電荷 q が位置 $\boldsymbol{r}$ に静止しているときは力を受けず，速度 $\boldsymbol{v}$ で同じ点を運動していると力を受けるならば，点 $\boldsymbol{r}$ にその力

$$\boldsymbol{F} = q\,\boldsymbol{v} \times \boldsymbol{B}(\boldsymbol{r}) \quad \text{（狭い意味の**ローレンツ力**）} \tag{1.7}$$

の元になる場である**磁場** $\boldsymbol{B}(\boldsymbol{r})$ が存在する．$\boldsymbol{B}(\boldsymbol{r})$ は**磁束密度**とよばれるこ

ともある．× はベクトル積を表す．ベクトル積については §8.2 で述べる．

磁場の次元と SI 単位は

$$[B] = [F]\mathsf{Q}^{-1}[v]^{-1} = \mathsf{MLT}^{-2}\mathsf{Q}^{-1}\mathsf{TL}^{-1} = \mathsf{MT}^{-1}\mathsf{Q}^{-1}:$$

$$\mathrm{N\,s/C\,m} = \mathrm{kg/C\,s} = \mathrm{T} = \mathrm{tesla}(\textbf{テスラ}) = 10^4\,\mathrm{G} = 10^4\,\mathrm{gauss}(\textbf{ガウス}) \tag{1.8}$$

である．ただし，T が SI 単位であり，G は補助的に使われる．

一般に，電場と磁場が同時に存在するとき，点 $\boldsymbol{r}$ を速度 $\boldsymbol{v}$ で通過しつつある点電荷 q が受ける力は

$$\boldsymbol{F} = q\boldsymbol{E}(\boldsymbol{r}) + q\boldsymbol{v}\times\boldsymbol{B}(\boldsymbol{r}) \tag{1.9}$$

である．これを（広い意味の）**ローレンツ力**という．つまり，静止した電荷が力を受ければそこには電場が存在し，電荷を 2 つ以上の異なる向きに運動させて，少なくともどちらかの場合に電場による力以外の新しい力が加われば，そこには磁場が存在することになる．（たまたま電荷の運動の向きが磁束密度に平行であると，磁場があっても力が働かないので，2 つ以上の向きに運動させることが必要である．§8.2 のベクトル積の定義を参照のこと．）

§1.3 ベクトル

ベクトル量は矢印で表すことができる．図 1.1(a) のように，矢印の向きがそのベクトル量の向き，長さがその大きさを表す．ベクトル量 $\boldsymbol{A}$ に無次元のスカラー量 c を掛けた $c\boldsymbol{A}$ は，図 1.1(b) のように同じ向きをもち，

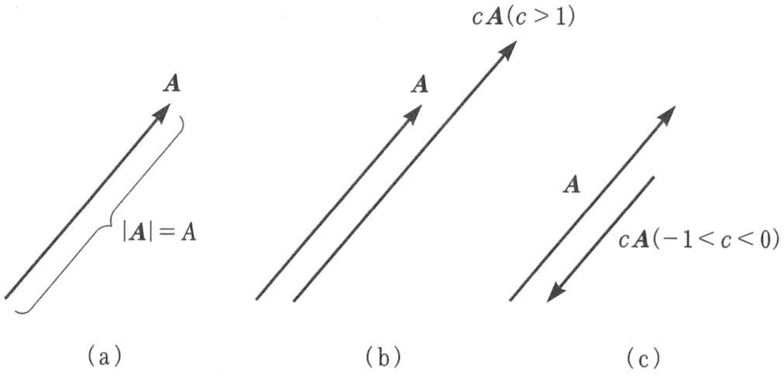

図 1.1

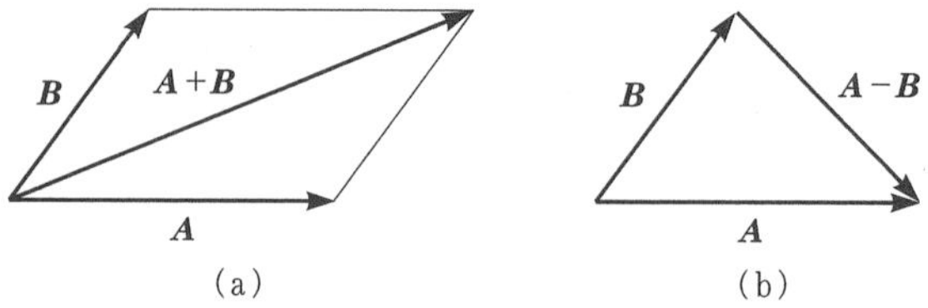

図 1.2

大きさが cA のベクトルである．ただし，$c<0$ のときは図 1.1(c) のように向きが逆転する．また，ベクトルの和 $\boldsymbol{A}+\boldsymbol{B}$，差 $\boldsymbol{A}-\boldsymbol{B}$ は図 1.2(a)，(b) に示すようなベクトルである．

ベクトルのスカラー積（内積）

ベクトル量 $\boldsymbol{A}$ と $\boldsymbol{B}$ の**スカラー積** $\boldsymbol{A}\cdot\boldsymbol{B}$ は次のように定義されるスカラー量である．

$$\boldsymbol{A}\cdot\boldsymbol{B} = |\boldsymbol{A}||\boldsymbol{B}|\cos\theta = AB\cos\theta \qquad (\theta：シータ) \tag{1.10}$$

図 1.3 からわかるように，これは，$\boldsymbol{A}$ の大きさ A と，$\boldsymbol{B}$ の $\boldsymbol{A}$ への正射影の大きさ $B\cos\theta$ の積である．特に，

$$\boldsymbol{A} /\!/ \boldsymbol{B} \iff \boldsymbol{A}\cdot\boldsymbol{B} = AB \tag{1.11}$$

$$\boldsymbol{A}\cdot\boldsymbol{B} = 0 \iff \theta = \pi/2 \quad (\pi：パイ)$$

$$つまり \quad \boldsymbol{A} \perp \boldsymbol{B} \tag{1.12}$$

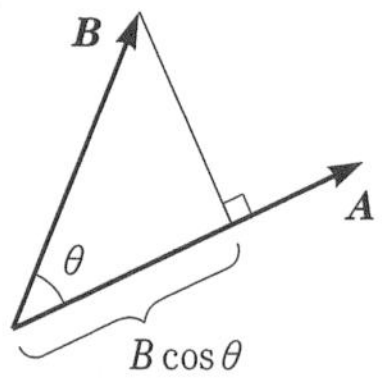

図 1.3

である．ベクトル $\boldsymbol{A}$ の大きさを $|\boldsymbol{A}|$ または単に A と書くが，それは

$$|\boldsymbol{A}| = A = \sqrt{A^2} = \sqrt{\boldsymbol{A}\cdot\boldsymbol{A}} \tag{1.13}$$

で与えられる．

単位ベクトル

大きさ 1 のベクトルを**単位ベクトル**という．ベクトル $\boldsymbol{A}$ と同じ向きの単位ベクトルを $\boldsymbol{e}_A$ と書くと，

$$\boldsymbol{e}_A = \frac{\boldsymbol{A}}{|\boldsymbol{A}|} = \frac{\boldsymbol{A}}{A} \tag{1.14}$$

である（図 1.4）．確かに $\boldsymbol{e}_A$ は $\boldsymbol{A}$ と同じ向きで，

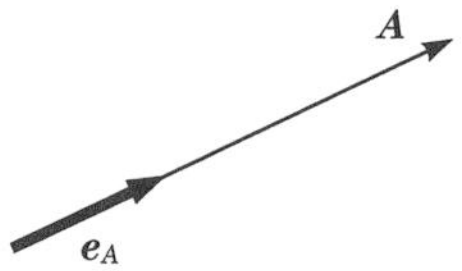

図 1.4

$$|\boldsymbol{e}_A| = \left|\frac{\boldsymbol{A}}{A}\right| = \frac{A}{A} = 1 \tag{1.15}$$

である．単位ベクトルは無次元である．

例題 1.1

正三角形の２辺をなす図 1.5 のようなベクトル $\boldsymbol{A}$ と $\boldsymbol{B}$ がある．$\boldsymbol{A}\cdot\boldsymbol{B}$ を A を用いて表しなさい．

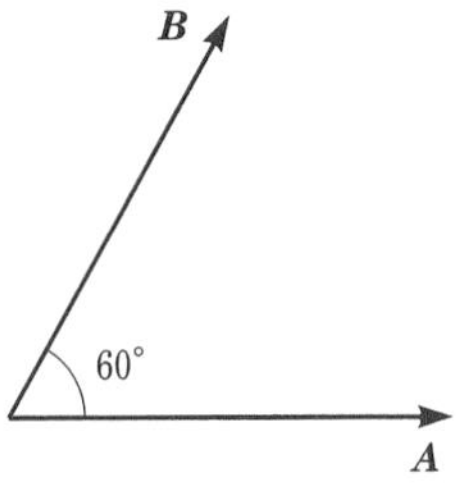

図 1.5

［解］　大きさは $A = B$ であり，両ベクトルの間の角度は $\theta = 60°$ だから

$$\boldsymbol{A}\cdot\boldsymbol{B} = AB\cos 60° = \frac{A^2}{2} \tag{1.16}$$

¶

§1.4　座　標

空間内の注目する点 P の位置を指定するために，空間内に定めた原点 O から点 P に向かうベクトル $\boldsymbol{r}$ を用いる（図 1.6）．これを**位置ベクトル**という．位置ベクトルに限らず，ベクトルを数量的に扱うためには**座標系**が必要である．座標系には以下に述べる**デカルト座標**（**標準直角座標**）の他，第 3 章で述べる**極座標**，**円筒座標**などがある．

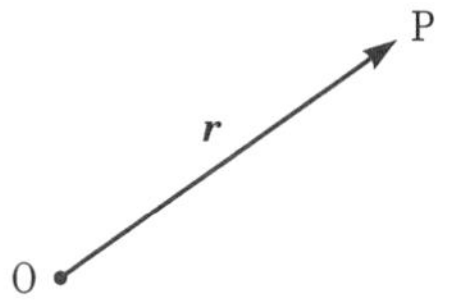

図 1.6

3 次元デカルト座標

3 次元空間の位置の記述には普通，3 次元デカルト座標（図 1.7）が用いられる．これは，平面内に互いに直交するように x 軸，y 軸，その両方に直交するように z 軸を選んだものである．点 P の位置ベクトル $\boldsymbol{r}$ は，各々の軸の正の向きを向いた単位ベクトル $\boldsymbol{e}_x$，$\boldsymbol{e}_y$，$\boldsymbol{e}_z$ と，点 P から各軸に下した垂線の足の座標 x，y，z を用いると，

$$\boldsymbol{r} = x\boldsymbol{e}_x + y\boldsymbol{e}_y + z\boldsymbol{e}_z \tag{1.17}$$

と書ける．これを

$$\boldsymbol{r} = (x, y, z) \tag{1.18}$$

とも表す．x，y，z をこの位置ベクトルの x **成分**，y **成分**，z **成分**という．$\boldsymbol{r}$ の大きさは，ピタゴラスの定理より

$$r = |\boldsymbol{r}| = \sqrt{x^2 + y^2 + z^2} \tag{1.19}$$

である．

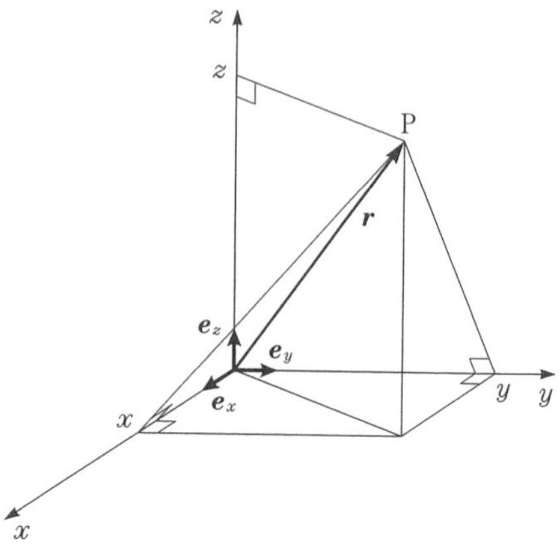

図 1.7

各成分の単位ベクトルは当然

$$|\boldsymbol{e}_x| = |\boldsymbol{e}_y| = |\boldsymbol{e}_z| = 1, \quad \boldsymbol{e}_x\cdot\boldsymbol{e}_y = \boldsymbol{e}_y\cdot\boldsymbol{e}_z = \boldsymbol{e}_z\cdot\boldsymbol{e}_x = 0 \tag{1.20}$$

を満たす．

なお，デカルト座標の単位ベクトルを表す記号として，$\hat{\boldsymbol{x}}$，$\hat{\boldsymbol{y}}$，$\hat{\boldsymbol{z}}$，あるいは，$\boldsymbol{i}$，$\boldsymbol{j}$，$\boldsymbol{k}$ などが用いられることもある．

ベクトルの成分

位置ベクトル以外のベクトルについても，**成分**を定義すると数値的に取扱うことが可能になる．ベクトル $\boldsymbol{A}$ のデカルト座標における成分は，各単位ベクトルとのスカラー積

$$A_x = \boldsymbol{A}\cdot\boldsymbol{e}_x, \quad A_y = \boldsymbol{A}\cdot\boldsymbol{e}_y, \quad A_z = \boldsymbol{A}\cdot\boldsymbol{e}_z \tag{1.21}$$

で与えられる．すでに述べた位置ベクトル $\boldsymbol{r}$ の各成分が，確かに

$$x = \boldsymbol{r}\cdot\boldsymbol{e}_x, \quad y = \boldsymbol{r}\cdot\boldsymbol{e}_y, \quad z = \boldsymbol{r}\cdot\boldsymbol{e}_z \tag{1.22}$$

であることは明らかであろう．$\boldsymbol{r}$ 方向の単位ベクトル

$$\boldsymbol{e}_r = \frac{\boldsymbol{r}}{r} \tag{1.23}$$

もよく用いられる．

$\boldsymbol{r}$ の場合と同様に，一般のベクトルはデカルト座標で

$$\boldsymbol{A} = A_x\,\boldsymbol{e}_x + A_y\,\boldsymbol{e}_y + A_z\,\boldsymbol{e}_z \tag{1.24}$$

と表され，これを

$$\boldsymbol{A} = (A_x, A_y, A_z) \tag{1.25}$$

とも表す．

ベクトル $\boldsymbol{A} = (A_x, A_y, A_z)$ と $\boldsymbol{B} = (B_x, B_y, B_z)$ のスカラー積は，

$$\begin{aligned} \boldsymbol{A}\cdot\boldsymbol{B} &= (A_x\,\boldsymbol{e}_x + A_y\,\boldsymbol{e}_y + A_z\,\boldsymbol{e}_z)\cdot(B_x\,\boldsymbol{e}_x + B_y\,\boldsymbol{e}_y + B_z\,\boldsymbol{e}_z) \\ &= A_xB_x\,\boldsymbol{e}_x\cdot\boldsymbol{e}_x + A_xB_y\,\boldsymbol{e}_x\cdot\boldsymbol{e}_y + A_xB_z\,\boldsymbol{e}_x\cdot\boldsymbol{e}_z + \cdots \\ &= A_xB_x + A_yB_y + A_zB_z \end{aligned} \tag{1.26}$$

である．また，$\boldsymbol{A}$ の大きさは (1.13)，(1.25)，(1.26) より

$$A = \sqrt{{A_x}^2 + {A_y}^2 + {A_z}^2} \tag{1.27}$$

で与えられる．

例題 1.2

［例題 1.1］で考えたベクトル $\boldsymbol{A}$ と $\boldsymbol{B}$ を，$\boldsymbol{A}$，$\boldsymbol{B}$ を含む面内にあって $\boldsymbol{A}$ に平行な x 軸とそれに垂直な y 軸をもつデカルト座標の成分で表し，さらに，スカラー積 $\boldsymbol{A}\cdot\boldsymbol{B}$ を計算しなさい．

［**解**］ 題意より，図 1.8 のようにデカルト座標を定めると，

$$\boldsymbol{A} = (A, 0), \qquad \boldsymbol{B} = \left(\frac{A}{2}, \frac{\sqrt{3}\,A}{2}\right) \tag{1.28}$$

である．これより

$$\boldsymbol{A}\cdot\boldsymbol{B} = A\frac{A}{2} + 0 = \frac{A^2}{2} \tag{1.29}$$

となり，［例題 1.1］の結果と一致する．

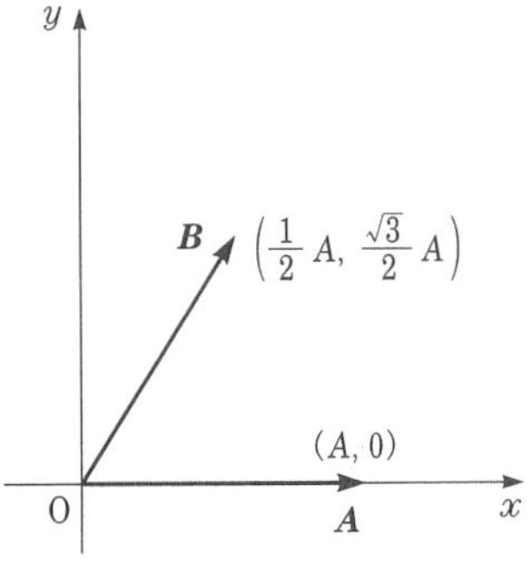

図 1.8

¶

§1.5　クーロンの法則

§1.2 で，電場や磁場を感知する**プローブ**としての点電荷 q（これを**試電荷**という）を考えたが，実は，電場や磁場の原因も電荷である．ここでは，まず電場について述べる．

点電荷 q の周りには電場ができる．それは，試電荷 q' をもってくるとそれが力を受けることからわかる．クーロンが初めて定量的に行い，その後もくり返し行われた実験によると，その力（**クーロン力**）は q と q' の間の距離の 2 乗に反比例する．これを**クーロンの法則**という．

$$\boldsymbol{F}(\boldsymbol{r}) = k_\mathrm{e}\frac{qq'}{r^{2.0}}\boldsymbol{e}_r = k_\mathrm{e}\frac{qq'\boldsymbol{r}}{r^{3.0}} \tag{1.30}$$

ただし，q の位置を原点に選んで表した．つまり，q が $\boldsymbol{r}$ に作っている電場は

$$\boldsymbol{E}(\boldsymbol{r}) = k_\mathrm{e}\frac{q}{r^{2.0}}\boldsymbol{e}_r = k_\mathrm{e}\frac{q\boldsymbol{r}}{r^{3.0}} \tag{1.31}$$

のように放射状に広がっている（図 1.9）．k_e の大きさは，電荷 q の単位として C を用いる SI 単位系では，およそ

$$k_\mathrm{e} = 8.99 \times 10^9\ \mathrm{N\ m^2/C^2} \tag{1.32}$$

であることが知られている．(1.30)，(1.31) で $r^2(r^3)$ とせずに $r^{2.0}(r^{3.0})$ としたのは，r のべき数が整数の 2 (3) であるかどうかは，実験精度の範囲でしか確かめられないからである．現在のところ，有効数字 16 桁まで，整数の 2 (3) に近いことがわかっている．ただし，このべき数の精密測定は，力を直接測定したのでは精度が良くないので，第 3 章で述べるガウスの法則を第 5 章で述べる導体に適用して得られる性質を用いて間接的に行う（図 5.7 参照）．よって，このように実数で表すのは本章だけにとどめ，次のように，これが整数であるとして議論を進める．

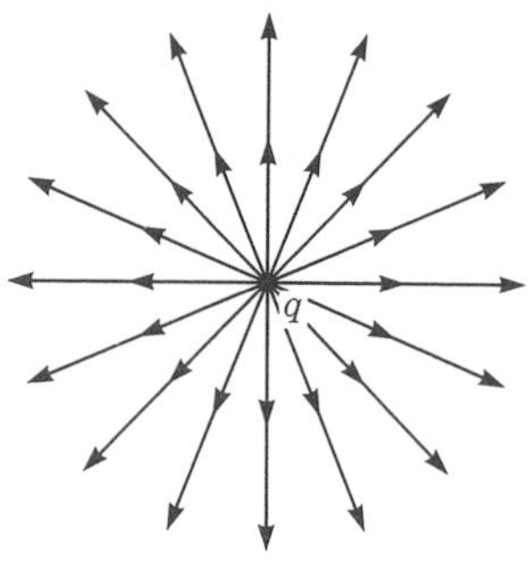

図 1.9

$$\boldsymbol{E}(\boldsymbol{r}) = k_\mathrm{e}\frac{q}{r^2}\boldsymbol{e}_r = k_\mathrm{e}\frac{q\boldsymbol{r}}{r^3} \tag{1.33}$$

図 1.10 のように，点 $\boldsymbol{r}_1$ に電荷 q_1 があるときの点 $\boldsymbol{r}$ の電場は，$\boldsymbol{r}_1$ に相対的な $\boldsymbol{r}$ の位置ベクトルが $\boldsymbol{r}-\boldsymbol{r}_1$ だから

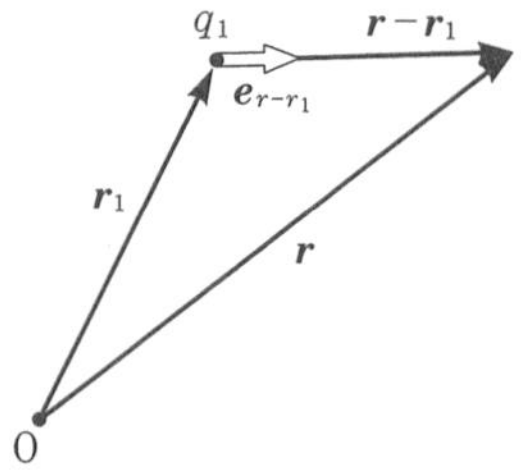

図 1.10

$$\boldsymbol{E}(\boldsymbol{r}) = k_{\mathrm{e}}\frac{q_1}{|\boldsymbol{r}-\boldsymbol{r}_1|^2}\boldsymbol{e}_{\boldsymbol{r}-\boldsymbol{r}_1} = k_{\mathrm{e}}\frac{q_1(\boldsymbol{r}-\boldsymbol{r}_1)}{|\boldsymbol{r}-\boldsymbol{r}_1|^3} \tag{1.34}$$

となる．(1.33) や (1.34) を**クーロン電場**という．このとき点 $\boldsymbol{r}$ にある電荷 q が q_1 から受けるクーロン力は (1.5) より次のようになる．

$$\boldsymbol{F}(\boldsymbol{r}) = k_{\mathrm{e}}\frac{qq_1}{|\boldsymbol{r}-\boldsymbol{r}_1|^2}\boldsymbol{e}_{\boldsymbol{r}-\boldsymbol{r}_1} = k_{\mathrm{e}}\frac{qq_1(\boldsymbol{r}-\boldsymbol{r}_1)}{|\boldsymbol{r}-\boldsymbol{r}_1|^3} \tag{1.35}$$

例題 1.3

陽子の質量は約 1.67×10^{-27} kg であり，電荷は約 1.60×10^{-19} C である．水素分子は 2 個の陽子が約 7.4×10^{-11} m の距離にあり，その周りに 2 個の電子が回っている．陽子間の反発力の大きさ F_E を求めなさい．また，陽子間の万有引力の大きさ F_G を求め，F_E と比較しなさい．ただし，万有引力の定数は $G = 6.67\times10^{-11}\ \mathrm{N\,m^2/kg^2}$ である．

［解］ $$F_E = (8.99\times10^9\ \mathrm{N\,m^2/C^2})\times\frac{(1.60\times10^{-19}\ \mathrm{C})^2}{(7.4\times10^{-11}\ \mathrm{m})^2} = 4.21\times10^{-8}\ \mathrm{N} \tag{1.36}$$

$$F_G = (6.67\times10^{-11}\ \mathrm{N\,m^2/kg^2})\frac{(1.67\times10^{-27}\ \mathrm{kg})^2}{(7.4\times10^{-11}\ \mathrm{m})^2} = 3.40\times10^{-44}\ \mathrm{N} \tag{1.37}$$

よって，$F_E/F_G = 1.2\times10^{36}$ だからクーロン力の反発がはるかに大きい．(これを結合させて分子にしているのは，周りに存在している電子との間の引力である．) ¶

§1.6 重ね合わせの原理

実験によると，図 1.11 のように 2 個以上の電荷 $q_1, q_2, \cdots, q_n$ が $\boldsymbol{r}_1, \boldsymbol{r}_2, \cdots, \boldsymbol{r}_n$ にあるとき，$\boldsymbol{r}$ の電場は各電荷が作る電場の重ね合わせになっている．

$$\begin{aligned}\boldsymbol{E}(\boldsymbol{r}) &= k_{\mathrm{e}}\sum_{i=1}^{n}\frac{q_i}{|\boldsymbol{r}-\boldsymbol{r}_i|^2}\boldsymbol{e}_{\boldsymbol{r}-\boldsymbol{r}_i}\\ &= k_{\mathrm{e}}\sum_{i=1}^{n}\frac{q_i(\boldsymbol{r}-\boldsymbol{r}_i)}{|\boldsymbol{r}-\boldsymbol{r}_i|^3}\end{aligned} \tag{1.38}$$

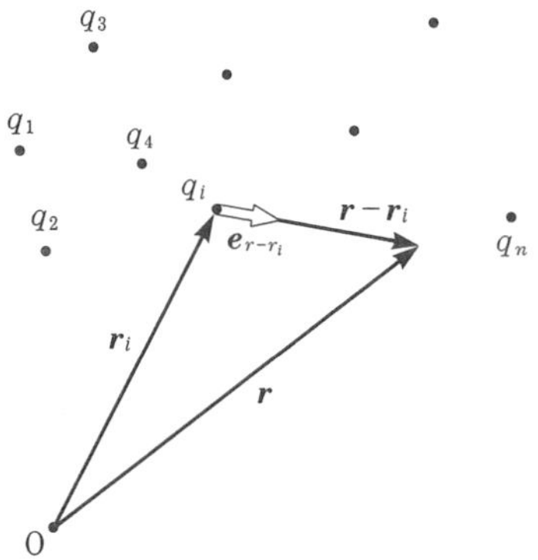

図 1.11

これを**重ね合わせの原理**が成り立っているという．

演習問題

［**1**］［例題 1.1］で考えたベクトル $\boldsymbol{A}$ と $\boldsymbol{B}$ を，$\boldsymbol{A}$，$\boldsymbol{B}$ を含む面内にあって $\boldsymbol{A}$ と $\boldsymbol{B}$ がなす角の二等分線を x 軸とするデカルト座標の成分で表し，さらに，スカラー積 $\boldsymbol{A}\cdot\boldsymbol{B}$ を計算しなさい．

［**2**］1 m 離れた +1 C と −1 C の電荷の間の力を求めなさい．その力は，地表にある何 t（トン ＝ 10^3 kg）の物体にかかる重力に等しいか．

［**3**］同じ大きさの電荷 q が，距離 $2a$ だけ離れて置かれている．電荷を結ぶ線の垂直二等分線上で電場が最も大きい位置を求めなさい．

［**4**］デカルト座標の原点に点電荷 q があるとき，点 $(a, b, 0)$ の電場の成分を求めなさい．

［**5**］辺の長さ a の正三角形 ABC の頂点 A，B に以下のように電荷を置いたときの，点 C における電場 $\boldsymbol{E}(\boldsymbol{r})$ を，AB を x 軸とし，AB の垂直 2 等分線を y 軸とする 2 次元デカルト座標の成分で表しなさい．

　（a）頂点 A，B に同じ大きさ q の電荷を置いたとき．

　（b）頂点 A に大きさ q，頂点 B に $-q$ の電荷を置いたとき．

［**6**］辺の長さが a の正方形 ABCD の頂点 A，B，D にそれぞれ電荷 Q が置かれている．点電荷 q を頂点 C に置いたときと正方形の中心 P に置いたときでは，q の受ける力はどちらが何倍大きいか．

［**7**］（a）z 軸上の 2 点 $(0, 0, \pm d/2)$ に同じ大きさの電荷 $q(>0)$ が存在している．x 軸上の点 $(x, 0, 0)$ および z 軸上の点 $(0, 0, z)$ における電場の大きさと向きを求めなさい．

　（b）次に，$(0, 0, d/2)$ にある電荷 q はそのままにして，$(0, 0, -d/2)$ にある電荷を，大きさが等しく符号が異なる電荷 $-q$ に置き換える．このとき，x 軸上の点 $(x, 0, 0)$ および z 軸上の点 $(0, 0, z)$ における電場の大きさと向きを求めなさい．

2 数学的基礎

微分・積分と立体角

物理学の他の分野同様，電磁気学を理解するには数学的な取扱いが必要である．その際，物理の内容の理解と数学的操作を混同しないことが重要である．そのためには，数学的な部分と物理を分離して学ぶのがよい．電磁気学では微分･積分，特にベクトル解析が重要になる．本書では，まずマクスウェル方程式の積分形で解析を行うので，ここでは，ベクトルの線積分，面積分，スカラー量の体積積分，物理量の密度，流束密度と流束，および立体角などについて述べる．

§2.1 微　分

スカラー関数 $f(x)$ に対して

$$f'(x) = \frac{df(x)}{dx} = \lim_{\Delta x \to 0} \frac{f(x+\Delta x) - f(x)}{\Delta x} = \lim_{\Delta x \to 0} \frac{\Delta f(x)}{\Delta x} \quad (\Delta：デルタ) \tag{2.1}$$

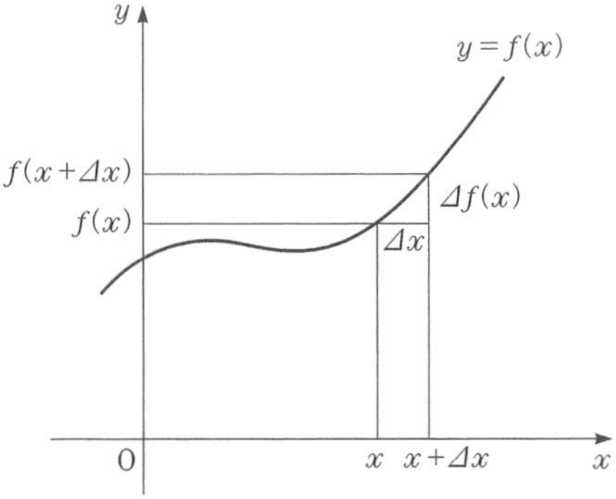

図2.1

をその**導関数**という．これは，図2.1からわかるように，曲線 $y = f(x)$ の $x = x$ における接線の傾きを表す関数である．$f(x)$ から導関数を求める操作

を**微分**という．また，x の特定の値 $x = a$ における導関数の値

$$f'(a) = \left.\frac{df(x)}{dx}\right|_{x=a} \tag{2.2}$$

を，その点における**微分係数**という．導関数をさらに x に関して微分した

$$f''(x) = \frac{d^2 f(x)}{dx^2} = \frac{d}{dx}\left(\frac{df(x)}{dx}\right) \tag{2.3}$$

を 2 次導関数という．さらに高次の導関数も同様に定義でき，n 次導関数を

$$f^{(n)}(x) = \frac{d^n f(x)}{dx^n} \tag{2.4}$$

と書く．

この他，スカラー関数の偏微分を §4.4 で述べ，ベクトル関数の微分については付録 A で扱う．

§2.2　テイラー展開と近似

関数 $f(x)$ の導関数 $df(x)/dx$ は，曲線 $y = f(x)$ の点 $(x, f(x))$ における接線の傾きを表す関数であるから，図 2.2 より，近似式

$$f(x + \Delta x) \approx f(x) + \frac{df(x)}{dx}\Delta x \tag{2.5}$$

が成り立つことがわかる．$f(x)$ が $x = x$ で何回でも微分可能（微分値が $\pm\infty$ にならない）で，級数

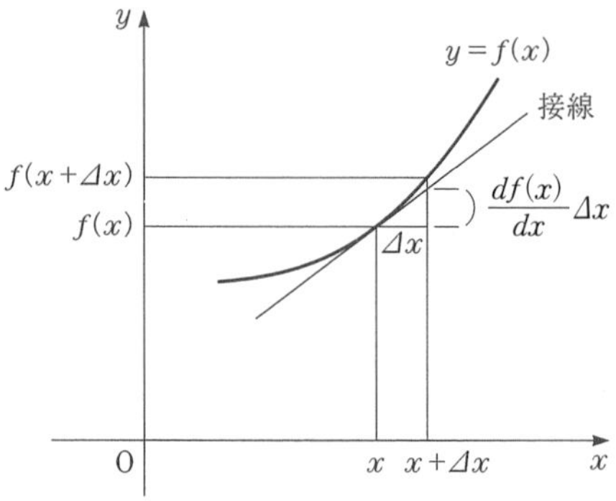

図 2.2

$$f(x + \Delta x) = f(x) + f'(x)\Delta x + \frac{1}{2!}f''(x)(\Delta x)^2 + \cdots + \frac{1}{n!}f^{(n)}(x)(\Delta x)^n + \cdots \tag{2.6}$$

が収束するとき，このべき級数を**テイラー展開**という．

特に，$x = 0$ の場合は，$\Delta x (= x - 0)$ をあらためて x と書くと

$$f(x) = f(0) + f'(0)x + \frac{1}{2!}f''(0)x^2 + \cdots + \frac{1}{n!}f^{(n)}(0)x^n + \cdots \tag{2.7}$$

である．これを**マクローリン展開**という．これらの級数を低次の項まででで止めれば，その次数までの近似式になる．

例題 2.1

$\sin x$ と $\cos x$ のマクローリン展開を第3項まで求めなさい．

［**解**］

$$\frac{d\sin x}{dx} = \cos x,\quad \frac{d^2\sin x}{dx^2} = \frac{d\cos x}{dx} = -\sin x,\quad \frac{d^3\sin x}{dx^3} = -\cos x,\quad \cdots \tag{2.8}$$

より

$$\begin{aligned}\sin x &\approx \sin 0 + (\cos 0)x - \frac{\sin 0}{2!}x^2 - \frac{\cos 0}{3!}x^3 + \frac{\sin 0}{4!}x^4 + \frac{\cos 0}{5!}x^5 \\ &= x - \frac{1}{6}x^3 + \frac{1}{120}x^5 \end{aligned}\tag{2.9}$$

$$\frac{d\cos x}{dx} = -\sin x,\quad \frac{d^2\cos x}{dx^2} = -\frac{d\sin x}{dx} = -\cos x,\quad \frac{d^3\cos x}{dx^3} = \sin x,\quad \cdots \tag{2.10}$$

より

$$\begin{aligned}\cos x &\approx \cos 0 - (\sin 0)x - \frac{\cos 0}{2!}x^2 + \frac{\sin 0}{3!}x^3 + \frac{\cos 0}{4!}x^4 \\ &= 1 - \frac{1}{2}x^2 + \frac{1}{24}x^4 \end{aligned}\tag{2.11}$$

¶

§2.3 (定) 積 分

電磁気学の基本法則は線積分，面積分，あるいは偏微分で書かれる．本書では，まず積分で書かれた形の法則（マクスウェル方程式の積分形）で電磁気学について述べるので，積分の概念と立体角についての理解が必要である．

x 軸上の（線）積分

1 変数 x の関数（1 次元のスカラー場）$f(x)$ があるとき，$f(x)$ の $x=a$ から $x=b$ までの**積分**は，次のような和の極限で定義される量である（図 2.3）．

$$F(a,b)=\int_a^b f(x)\,dx$$
$$=\lim_{n\to\infty}\sum_{i=1}^{n} f(x_i)\,\Delta x_i \tag{2.12}$$

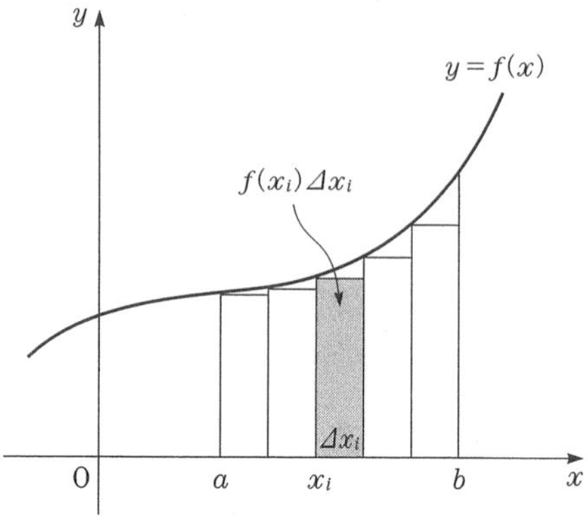

図 2.3

つまりこれは，区間 $[a,b]$ の間を細かく分割して，各点 x_i での $f(x)$ の値 $f(x_i)$ と細かい区間の長さ Δx_i との積の和である．したがって，$f(x_i)\,\Delta x_i$ が物理的に意味をもつときにのみ，その和である積分 $F(a,b)$ にも物理的な意味が出てくる．

$F(a,b)$ の次元は，(2.12) からわかるように

$$[F]=[f][x] \tag{2.13}$$

である．

例題 2.2

$\int_a^b dx$ は何を表すか．

［**解**］ 積分の定義にしたがうと

$$\int_a^b dx=\lim_{n\to\infty}\sum_{i=1}^{n}\Delta x_i=b-a \tag{2.14}$$

である．つまり，直線の区間 $[a,b]$ の間を細かく分割してそれをまた加え合わせたものであるから，この区間の長さ $b-a$ に等しい（図 2.4）．

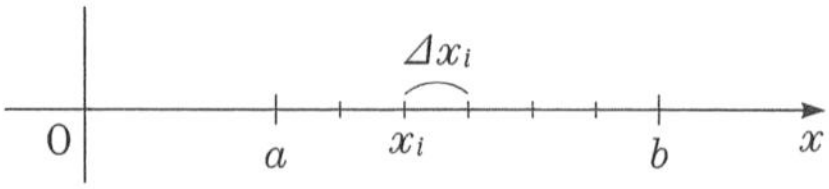

図 2.4

¶

空間内の曲線 C 上の線積分

積分の概念を 3 次元空間内のスカラー場 $f(\boldsymbol{r})$ の，任意の曲線（図 2.5）上の和に拡張することは簡単である．点 P と点 Q を結ぶ曲線 C を細かく区分けして，各点での値 $f(\boldsymbol{r}_i)$ とその区間の**長さ** $\Delta l_i = |\Delta \boldsymbol{r}_i|$ の積に意味があるときに，その積の和が，積分

$$F = \int_{\substack{\mathrm{P} \\ (\mathrm{C})}}^{\mathrm{Q}} f(\boldsymbol{r})\, dl = \lim_{n\to\infty} \sum_{i=1}^{n} f(\boldsymbol{r}_i)\, \Delta l_i \tag{2.15}$$

である．ただし，$dl = |d\boldsymbol{r}|$ である．F の次元は

$$[F] = [f][l] = [f]\mathsf{L} \tag{2.16}$$

である．たとえば，

$$l = \int_{\substack{\mathrm{P} \\ (\mathrm{C})}}^{\mathrm{Q}} dl \tag{2.17}$$

は，曲線に沿って区切った部分の長さを加え合わせたものだから，曲線 C の**長さ**であり，$\Delta \boldsymbol{r}_i$ をベクトルとして加えた

$$\int_{\substack{\mathrm{P} \\ (\mathrm{C})}}^{\mathrm{Q}} d\boldsymbol{r} = \lim_{n\to\infty} \sum_{i=1}^{n} \Delta \boldsymbol{r}_i = \boldsymbol{r}_{\mathrm{Q}} - \boldsymbol{r}_{\mathrm{P}} \tag{2.18}$$

は，図 2.6 のように点 P から点 Q に向かう**変位ベクトル**を表す．

また，ベクトル場 $\boldsymbol{A}(\boldsymbol{r})$ があるとき，空間内の経路 C を細かく区分して，各点での $\boldsymbol{A}(\boldsymbol{r}_i)$ と微小な変位ベクトル $\Delta \boldsymbol{r}_i$ とのスカラー積 $\boldsymbol{A}(\boldsymbol{r}_i)\cdot\Delta \boldsymbol{r}_i$ に物理的な意味があるとき，その和の極限

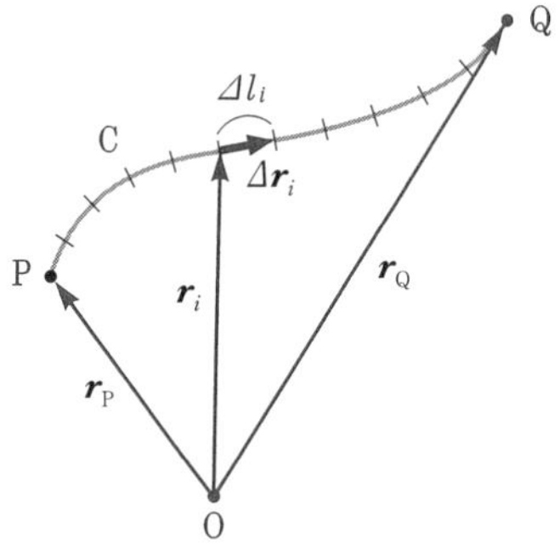

図 2.5

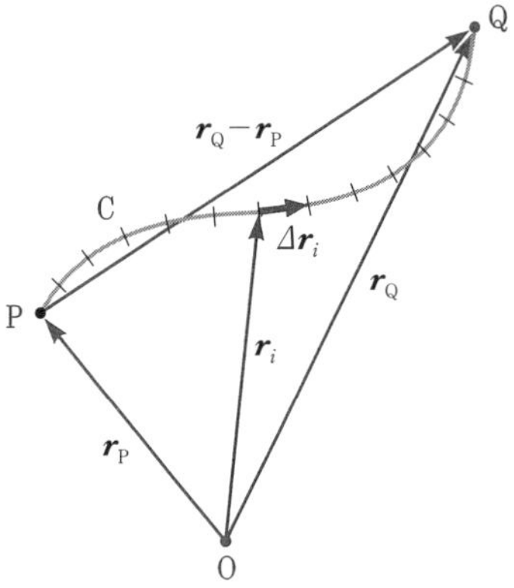

図 2.6

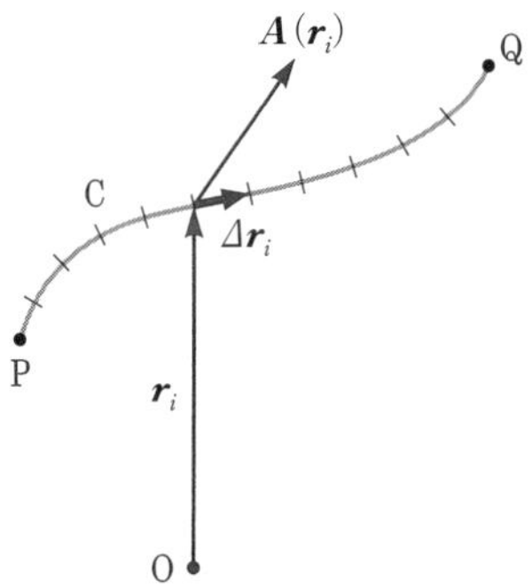

図 2.7

$$F = \int_{\substack{\mathrm{P}\\(\mathrm{C})}}^{\mathrm{Q}} \boldsymbol{A}(\boldsymbol{r})\cdot d\boldsymbol{r} = \lim_{n\to\infty}\sum_{i=1}^{n} \boldsymbol{A}(\boldsymbol{r}_i)\cdot \varDelta \boldsymbol{r}_i \tag{2.19}$$

は，経路Cに沿って点Pから点QまでのそのスカラＩ積の和を意味する（図2.7）．たとえば，$\boldsymbol{A}(\boldsymbol{r})$が力の場$\boldsymbol{F}(\boldsymbol{r})$を表すとき，積分(2.19)は点Pから点Qまでの道のりにおいて，力$\boldsymbol{F}(\boldsymbol{r})$のする**仕事**を表す．

面 積 分

2次元あるいは3次元空間内で定義されているスカラー量$f(\boldsymbol{r})$があるとする．その空間内の平面あるいは曲面S（図2.8）を細かく区分してそれぞれを**面素**とよび，その大きさを$\varDelta S_i$と書く．各点でのその量の値$f(\boldsymbol{r}_i)$と面素$\varDelta S_i$との積$f(\boldsymbol{r}_i)\,\varDelta S_i$に物理的意味があるとき，

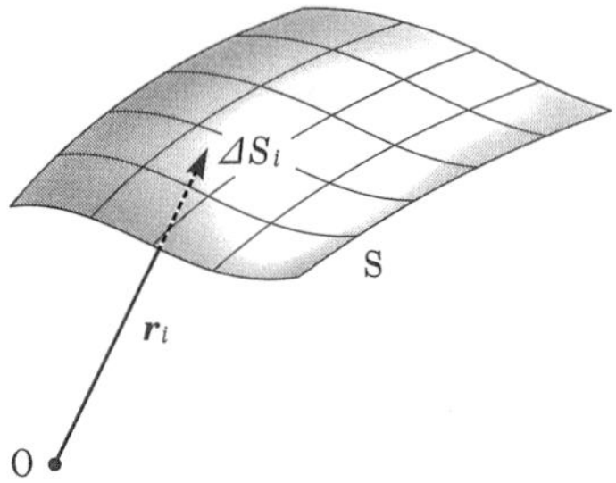

図2.8

$$F = \int_{\mathrm{S}} f(\boldsymbol{r})\, dS = \lim_{n\to\infty}\sum_{i=1}^{n} f(\boldsymbol{r}_i)\,\varDelta S_i \tag{2.20}$$

は，その積の和を表す．これを**面積分**という．Fの次元は

$$[F] = [f][S] = [f]\mathsf{L}^2 \tag{2.21}$$

である．また，特に

$$A = \int_{\mathrm{S}} dS = \lim_{n\to\infty}\sum_{i=1}^{n} \varDelta S_i \tag{2.22}$$

は曲面を区分けして加え合わせただけだから，曲面S全体の**面積**を表す．これらの積分を解析的に求める（1つの数式で表す）ことができるかどうかは別問題で，まず，積分が表している物理的内容が重要である．

なお，デカルト座標のxy平面，あるいはそれに平行な平面上での面積分は，dSとして辺の長さがdx，dyの無限小な長方形を考え，$dS = dx\,dy$として

$$\int_{\mathrm{S}} f(\boldsymbol{r})\, dS = \iint_{\mathrm{S}} f(x, y)\, dx\, dy \tag{2.23}$$

と書くことができる．両辺の意味は同じであるが，この二重積分をx，y軸に沿って順次計算することが可能な場合でなければ，デカルト座標による計

算が格別便利なわけではない．yz 平面あるいは zx 面上の面積分についても同様である．

体積積分

大きさ V の 3 次元領域 V 内の各点で定義されている量 $f(\boldsymbol{r})$ があるとする．体積を区分けした 1 つ 1 つを**体積素片**とよび，その大きさを $\varDelta V_i$ と書く．1 つの区分の中の点 $\boldsymbol{r}_i$ における値 $f(\boldsymbol{r}_i)$ と体積素片 $\varDelta V_i$ の積 $f(\boldsymbol{r}_i)\varDelta V_i$ に意味があるとき，

$$F = \int_{\mathrm{V}} f(\boldsymbol{r})\, dV = \lim_{n\to\infty} \sum_{i=1}^{n} f(\boldsymbol{r}_i)\, \varDelta V_i \qquad (2.24)$$

は，その積の和を表す．これを**体積積分**という（図 2.9）．体積積分の次元は

$$[F] = [f][V] = [f]\mathsf{L}^3 \qquad (2.25)$$

である．特に

$$V = \int_{\mathrm{V}} dV = \lim_{n\to\infty} \sum_{i=1}^{n} \varDelta V_i \qquad (2.26)$$

は，体積を区分けして加え合わせただけだから，全体積 V を表す．

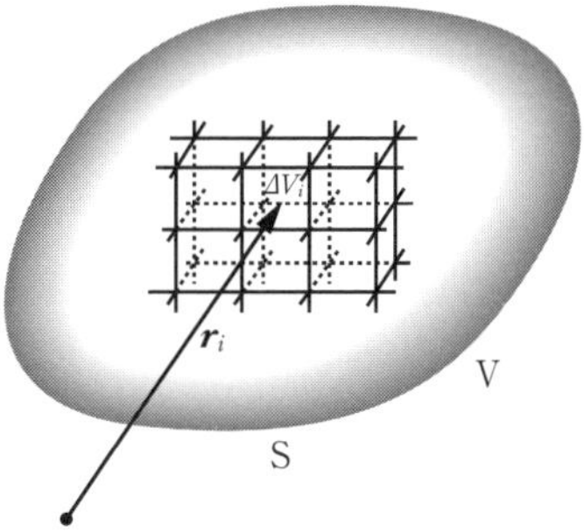

図 2.9

なお，体積積分をデカルト座標で表記すると，dV として辺の長さが dx，dy，dz の無限小な直方体を考え，$dV = dx\,dy\,dz$ として

$$\int_{\mathrm{V}} f(\boldsymbol{r})\, dV = \iiint_{\mathrm{V}} f(x, y, z)\, dx\, dy\, dz \qquad (2.27)$$

である．両辺の意味は同じであるが，(2.23) と同様に，デカルト座標による計算が便利なのは，三重積分を x，y，z 軸に沿って順次計算することが可能な場合に限られる．

§2.4　連続体と密度

まず，電磁気学を離れて，体積 V で質量 M の物体の質量を例として考える．現代の我々は，すべての物体は原子というミクロな粒子から成り立っていることを知っている．しかし今はこのことを忘れて，物質はいくらでも細

かく分割できるものとみなそう．これは，物質を数学的な意味で連続的な存在と考えることに相当する．このように考えた物体を**連続体**という．また，このような考え方は，現代でも，§3.4 で述べる**粗視化**の考え方の中に活きている．

$$\rho_{\mathrm{av}} = \frac{M}{V} \qquad (\rho：\ ロー) \tag{2.28}$$

を，この物質の**平均密度**という．

次に，図 2.10 のように適当に原点を定め，物質内の任意の点の位置ベクトルを $\boldsymbol{r}$ とする．この点の周りに微小な体積 ΔV をとって，その体積に含まれる質量を ΔM とするとき，

$$\rho(\boldsymbol{r}) = \lim_{\Delta V \to 0} \frac{\Delta M}{\Delta V} \tag{2.29}$$

をその点における物質の**密度**という．これは，位置に関する連続関数（スカラー場）である．一様な物質の場合に限り，密度は場所によらず一定で，平均密度に等しい．

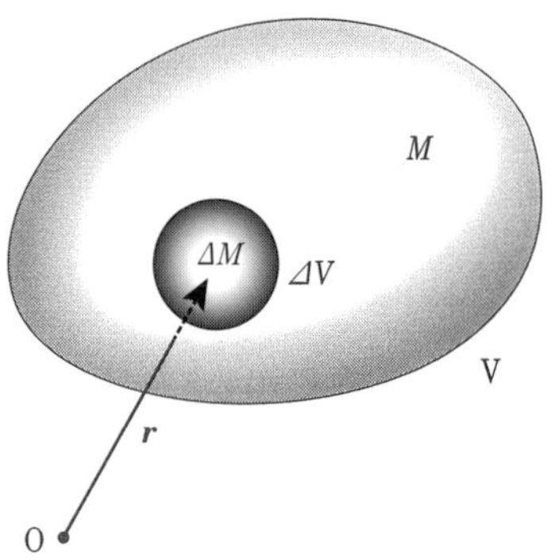

図 2.10

物質の平均密度および密度の次元と SI 単位は

$$[\rho_{\mathrm{av}}] = [\rho] = \mathsf{ML}^{-3}：\ \mathrm{kg/m^3} \tag{2.30}$$

である．

電荷密度

密度は，質量に限らず，一般に空間に広がって存在するさまざまな物理量に対して定義することができる．電磁気学では電荷密度が登場する．3 次元空間の領域 V に広がった，総量 q の電荷を考える．電荷も実際には電子や原子核などのミクロな粒子が担っているのであるが，いまは，数学的な意味で連続的に分布しており，いくらでも細かく分割できる場合を考えよう．点電荷と連続的に分布した電荷との関係は，力学における質点と連続的剛体あるいは連続的流体の関係に対応する．**連続的電荷分布**全体の平均密度（平均電荷密度）は領域 V の体積を V とすると

$$\rho_{\mathrm{av}} = \frac{q}{V} \tag{2.31}$$

である．また，任意の点 $\boldsymbol{r}$ の周りに微小な体積 $\varDelta V$ をとって，その部分に含まれる電荷の量を $\varDelta q$ とするとき，

$$\rho(\boldsymbol{r}) = \lim_{\varDelta V \to 0} \frac{\varDelta q}{\varDelta V} \tag{2.32}$$

をその点の**電荷密度**という．もちろん，これは位置に関する連続関数（スカラー場）である．なお本書では，特に断らない限り，$\rho(\boldsymbol{r})$ は物質の密度ではなく電荷密度を表すものとする．

連続的な電荷分布では，$\varDelta V \to 0$ のとき $\varDelta q \to 0$ だから $\rho(\boldsymbol{r})$ が有限の値になる．これに対して，点電荷は大きさのない幾何学的な点に有限の大きさの電荷 q があるから，その位置では，$\varDelta V \to 0$ としても q は減少しないので，電荷の位置の電荷密度は

$$\rho(\boldsymbol{r}) \to \frac{q}{\varDelta V} \to \infty \tag{2.33}$$

のように無限大に発散してしまう．

厚さのない幾何学的な面の上に連続的な電荷が分布しているときは，微小面積 $\varDelta S$ 内に含まれる電荷 $\varDelta q$ を考えることにより，**面電荷密度**

$$\sigma(\boldsymbol{r}) = \lim_{\varDelta S \to 0} \frac{\varDelta q}{\varDelta S} \qquad (\sigma : \text{シグマ}) \tag{2.34}$$

を定義できる．また，太さのない幾何学的な線の上に連続的な電荷が分布しているときは，微小線分 $\varDelta l$ 内に含まれる電荷 $\varDelta q$ を考えることにより，**線電荷密度**

$$\lambda(\boldsymbol{r}) = \lim_{\varDelta l \to 0} \frac{\varDelta q}{\varDelta l} \qquad (\lambda : \text{ラムダ}) \tag{2.35}$$

を定義できる．ただし，いずれの場合も体積電荷密度としてみるときは，無限大に発散していることに注意する．$\varDelta S$ や $\varDelta l$ の体積は 0 だからである．

これらの電荷密度の次元と SI 単位は次のようになる．

$$[\rho(\boldsymbol{r})] = \mathsf{QL}^{-3} : \mathrm{C/m^3} \tag{2.36}$$

$$[\sigma(\boldsymbol{r})] = \mathsf{QL}^{-2} : \mathrm{C/m^2} \tag{2.37}$$

$$[\lambda(\boldsymbol{r})] = \mathsf{QL}^{-1} : \mathrm{C/m} \tag{2.38}$$

例題 2.3

（1）　図 2.11(a) のような厚さ d の薄い板状の領域に密度 $\rho(\boldsymbol{r})$ で電荷が分布しているとき，この分布を，厚さを無視して面電荷密度で表しなさい．

（2）　図 2.11(b) のような半径 a の細い線状の領域に密度 $\rho(\boldsymbol{r})$ で電荷が分布しているとき，この分布を，線の太さを無視して線電荷密度で表しなさい．

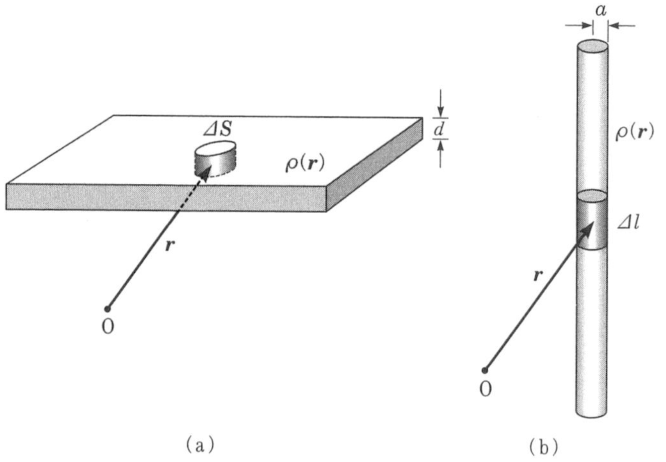

図 2.11

［**解**］（1）　点 $\boldsymbol{r}$ の付近に面積 ΔS の領域を切り出すと，この部分には $\Delta q \approx \rho(\boldsymbol{r})\, d\, \Delta S$ の電荷が含まれるから，

$$\sigma(\boldsymbol{r}) = \lim_{\Delta S \to 0} \frac{\Delta q}{\Delta S} = d\,\rho(\boldsymbol{r}) \tag{2.39}$$

（2）　点 $\boldsymbol{r}$ の付近に長さ Δl の領域を切り出すと，この部分には $\Delta q \approx \rho(\boldsymbol{r})\pi a^2 \Delta l$ の電荷が含まれるから，

$$\lambda(\boldsymbol{r}) = \lim_{\Delta l \to 0} \frac{\Delta q}{\Delta l} = \pi a^2 \rho(\boldsymbol{r}) \tag{2.40}$$

¶

逆に，電荷密度$\rho(\boldsymbol{r})$が与えられているとき，点$\boldsymbol{r}$の周りの微小体積ΔVに含まれる電荷Δqは

$$\Delta q \approx \rho(\boldsymbol{r})\,\Delta V \tag{2.41}$$

である．≈なのは，微小なΔV内部で密度が一定とは限らないからである．$\Delta V \to 0$の極限で，≈は＝になる．この極限の関係式を本書では

$$dq = \rho(\boldsymbol{r})\,dV \tag{2.42}$$

のように表すことにする．（dSやdVは無限小なので，本来は図に描けないが，本書ではΔSやΔVと同じように描く．）

体積V内の電荷の総量は，体積を区分けして各区分の中に含まれる電荷の量$\rho(\boldsymbol{r}_i)\,\Delta V_i$を加え合わせればよいから，体積積分で与えられ，

$$q = \int_{\mathrm{V}} \rho(\boldsymbol{r})\,dV \tag{2.43}$$

である．

同様に，面密度$\sigma(\boldsymbol{r})$の面電荷分布を含む曲面Sに含まれる電荷の総量は

$$q = \int_{\mathrm{S}} \sigma(\boldsymbol{r})\,dS \tag{2.44}$$

線密度$\lambda(\boldsymbol{r})$の線電荷分布を含む曲線lに含まれる電荷の総量は

$$q = \int_{l} \lambda(\boldsymbol{r})\,dl \tag{2.45}$$

である．

§2.5　流束密度の場（ベクトル場）と流束

図2.12のように，空間中を何か物理量が流れているとする．川の流れのような物質（水）の流れでもよいし，電荷の流れでもよい．ただし，流れているものは連続体として扱えるものとする．

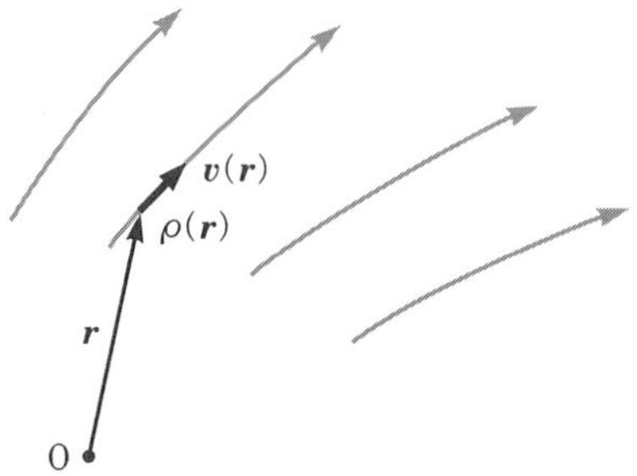

図2.12

空間内に面（平面でも曲面でもよい）を考え，裏と表を指定する．その面を裏から表に向かって単位時間

内に通り抜ける物質の量（流量，スカラー）を，その物質の**流束**という．当然，流束は注目している面の位置・面積・形・向きによって大きさが変わる．

流束を扱うには，**流束密度ベクトル**の場を定義すると便利である．イメージしやすいように，流れは時間に依存しないものとする．つまり，どの瞬間にも同じような流れが続いている場合を考える．ある点$\boldsymbol{r}$に注目して，その点を物理量Qが密度$\rho(\boldsymbol{r})$で，かつ速度$\boldsymbol{v}(\boldsymbol{r})$で流れているとする．このとき，ベクトル場

$$\boldsymbol{j}(\boldsymbol{r}) = \rho(\boldsymbol{r})\boldsymbol{v}(\boldsymbol{r}) \tag{2.46}$$

を，その物理量の流束密度の場という．流束密度の次元は

$$[j] = [\rho][v] = [Q]\mathsf{L}^{-3}\mathsf{L}\mathsf{T}^{-1} = [Q]\mathsf{L}^{-2}\mathsf{T}^{-1} \tag{2.47}$$

である．

図2.13(a)のような微小な平面（面素）$\varDelta S$を通り抜けるQの**流束**$\varDelta\varPhi$の表式を求めよう．非常に短い時間$\varDelta t$の間にこの微小面を通り抜けるQの量$\varDelta Q = \varDelta\varPhi\,\varDelta t$は，$\varDelta S$を底面として，$\boldsymbol{v}(\boldsymbol{r})$に平行な長さ$v(\boldsymbol{r})\varDelta t$の側面をもつ斜めの円柱内に含まれる$Q$の量に等しい．

$$\varDelta Q = \varDelta\varPhi\,\varDelta t \approx \rho(\boldsymbol{r})\varDelta S\,v(\boldsymbol{r})\varDelta t\cos\theta \qquad (\varPhi：ファイ)$$

よって

$$\varDelta\varPhi \approx \rho(\boldsymbol{r})\varDelta S\,v(\boldsymbol{r})\cos\theta = \rho(\boldsymbol{r})\boldsymbol{v}(\boldsymbol{r})\cdot\varDelta S\,\boldsymbol{n} = \boldsymbol{j}(\boldsymbol{r})\cdot\varDelta\boldsymbol{S} \tag{2.48}$$

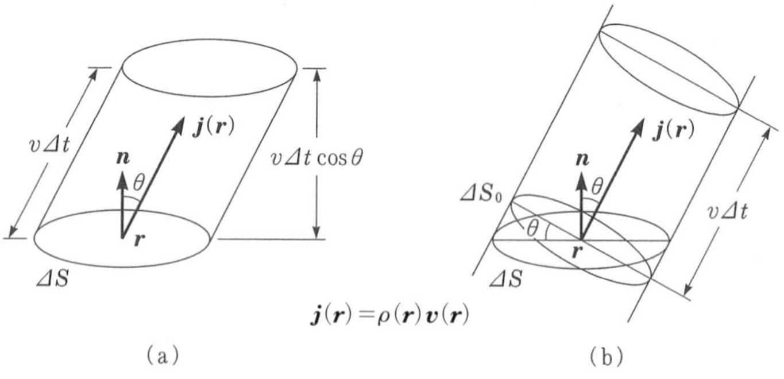

図2.13

である．$\boldsymbol{n}$ は ΔS の**法線ベクトル**（面に垂直な単位ベクトル）で，θ は $\boldsymbol{v}(\boldsymbol{r})$，したがって $\boldsymbol{j}(\boldsymbol{r})$ と $\boldsymbol{n}$ の間の角度である．また，

$$\Delta \boldsymbol{S} = \Delta S\, \boldsymbol{n} \tag{2.49}$$

は大きさが面素の面積 ΔS に等しく，法線ベクトル $\boldsymbol{n}$ の向きをもつベクトルで，**面素ベクトル**という．法線ベクトル $\boldsymbol{n}$ の向きは裏表2通り可能なので，その決め方によって $\boldsymbol{j}\cdot\Delta\boldsymbol{S}$ の符号が変わり，したがって $\Delta\Phi$ の符号も変わる．

次のように考えることもできる．図2.13(b) のような，ΔS の外周に沿って流束密度 $\boldsymbol{j}(\boldsymbol{r})$ に平行に伸ばした側面が，$\boldsymbol{j}(\boldsymbol{r})$ に垂直な平面を切り取ってできる微小平面を ΔS_0 とすると，$\Delta\Phi$ は ΔS_0 を貫く流束 $\Delta\Phi_0 = j(\boldsymbol{r})\Delta S_0$ に等しい．$\Delta S_0 = \Delta S\cos\theta$ だから，

$$\Delta\Phi = \Delta\Phi_0 = j(\boldsymbol{r})\Delta S\cos\theta = \boldsymbol{j}(\boldsymbol{r})\cdot\boldsymbol{n}\,\Delta S = \boldsymbol{j}(\boldsymbol{r})\cdot\Delta\boldsymbol{S} \tag{2.50}$$

であることがわかる．

図2.14のような任意の大きさの面S全体を貫く流束 Φ は，その面を細かい区分に分け，面素ベクトル

$$\Delta\boldsymbol{S}_i = \Delta S_i\,\boldsymbol{n}(\boldsymbol{r}_i) \tag{2.51}$$

をもつ i 番目の区分の面素を貫く流束

$$\Delta\Phi_i = \boldsymbol{j}(\boldsymbol{r}_i)\cdot\Delta\boldsymbol{S}_i$$

の和の極限をとって，次式で与えられる．

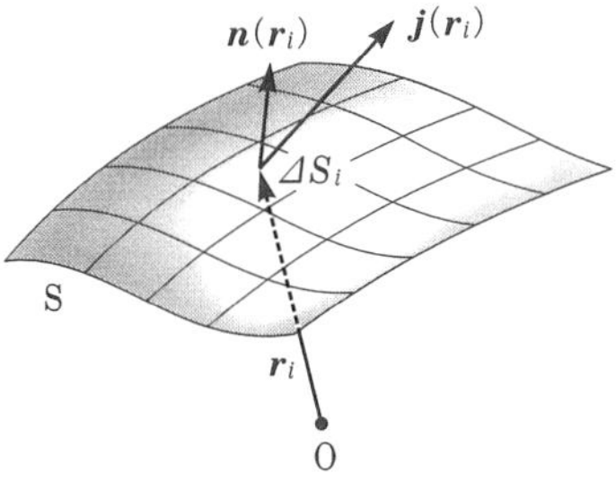

図2.14

$$\Phi = \lim_{n\to\infty}\sum_{i=1}^{n}\Delta\Phi_i = \lim_{n\to\infty}\sum_{i=1}^{n}\boldsymbol{j}(\boldsymbol{r}_i)\cdot\Delta\boldsymbol{S}_i = \int_{\mathrm{S}}\boldsymbol{j}(\boldsymbol{r})\cdot d\boldsymbol{S} \tag{2.52}$$

以上では，流れている物質の速度に関係づけて（2.46）で流束密度 $\boldsymbol{j}(\boldsymbol{r})$ を定義したが，その結果得られた流束密度と流束の関係（2.52）を一般化して，任意のベクトル場 $\boldsymbol{A}(\boldsymbol{r})$ を流れの場のようにみなし，それに関連づけられた流束 Φ_A を考えることができる．任意の面Sを貫く $\boldsymbol{A}(\boldsymbol{r})$ の流束は

$$\Phi_A = \lim_{n\to\infty}\sum_{i=1}^{n}\boldsymbol{A}(\boldsymbol{r}_i)\cdot\Delta\boldsymbol{S}_i = \int_{\mathrm{S}}\boldsymbol{A}(\boldsymbol{r})\cdot d\boldsymbol{S} \tag{2.53}$$

となる．

図 2.14 のような縁のある面に対して，球面や卵の殻のように，縁がなく，空間を完全にその外側と内側に分ける面を**閉曲面**という．閉曲面の面素ベクトルは常に外向きにとる．閉曲面 S を貫いて流れ出る $\boldsymbol{A}$ の全流束を

$$\Phi_A = \oint_{\mathrm{S}} \boldsymbol{A}(\boldsymbol{r})\cdot d\boldsymbol{S} \tag{2.54}$$

と表す．$\Phi_A = 0$ なら，正味の流束の出入りがないこと，$\Phi_A < 0$ なら，出入りの差し引きで流れ込む流束が大きいことを表す．$\oint$ は，閉曲面全面や閉曲線 1 周に関する積分を表すときに，$\int$ と区別して使う．

例題 2.4

一定の密度 ρ の液体が一様な速度 $\boldsymbol{v}$ で流れている．いま，$\boldsymbol{v}$ の向きに x 軸をもつデカルト座標 (x, y, z) を定めたとき，図 2.15 のような三角形の面 S を原点の側から反対側に単位時間に通り抜ける液量を求めなさい．

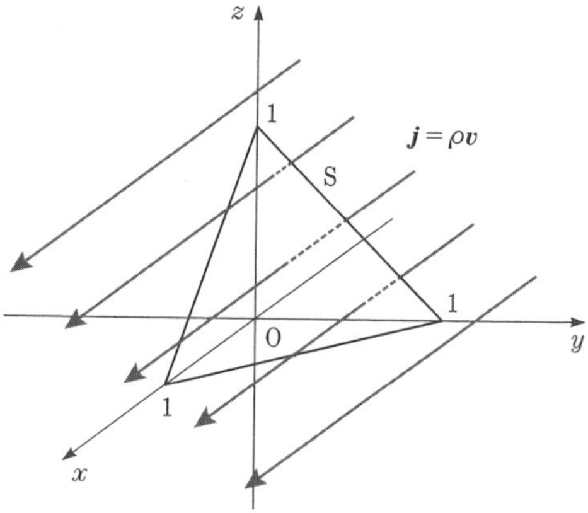

図 2.15

［**解**］　この流れの流束密度ベクトルは一定で

$$\boldsymbol{j} = \rho\boldsymbol{v} = \rho v(1, 0, 0) \tag{2.55}$$

である．三角形の面の面積 A と，原点と反対側に向かう法線ベクトル $\boldsymbol{n}$ は

$$A = \frac{1}{2}\sqrt{2}\sqrt{\frac{3}{2}} = \frac{\sqrt{3}}{2}, \qquad \boldsymbol{n} = \left(\frac{1}{\sqrt{3}}, \frac{1}{\sqrt{3}}, \frac{1}{\sqrt{3}}\right) \tag{2.56}$$

である．よって，単位時間当たりの流量，すなわち流束は

$$\begin{aligned}\Phi &= \int_{\mathrm{S}} \boldsymbol{j}\cdot d\boldsymbol{S} = \rho\int_{\mathrm{S}} \boldsymbol{v}\cdot\boldsymbol{n}\,dS = \rho\,\boldsymbol{v}\cdot\boldsymbol{n}\int_{\mathrm{S}} dS \\ &= \rho v\,A(1, 0, 0)\cdot\left(\frac{1}{\sqrt{3}}, \frac{1}{\sqrt{3}}, \frac{1}{\sqrt{3}}\right) = \frac{\rho v A}{\sqrt{3}} = \frac{\rho v}{2}\end{aligned} \tag{2.57}$$

¶

§2.6 角度と立体角

立体角について理解するために，まず，普通の角度について復習しよう．

角 度

図 2.16 において**角度** φ（ファイ）は，円弧 c と半径 r の比

$$\varphi = \frac{c}{r} \tag{2.58}$$

である．これから明らかなように φ は

$$\sin\varphi = \frac{a}{r} \quad や \quad \cos\varphi = \frac{b}{r} \tag{2.59}$$

などと同じく無次元の量である．一般に無次元の量の場合，単位，つまり，どの大きさを 1 とするかは定義から自ずと明らかである．

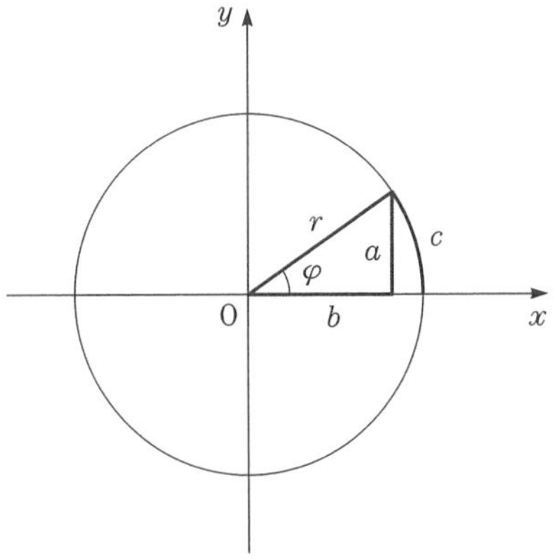

図 2.16

φ の場合は，$c = r$ のとき $\varphi = 1$ である．この無次元の量が角度であることを表すために，(2.58) から決めた角度の単位を特に**ラジアン**とよぶ．これは SI で用いられる単位でもある．

$$[\varphi] = [c][r]^{-1} = \mathsf{L}\mathsf{L}^{-1} = 1(無次元)：\mathrm{rad}(\mathrm{radian} = \textbf{ラジアン}) \tag{2.60}$$

また，円周全体の角度は

$$\varphi_{円周全体} = \frac{2\pi r}{r} = 2\pi\ \mathrm{rad} \tag{2.61}$$

である．日常生活では円周全体の 360 分の 1 の角度を 1° とする角度の単位が用いられており，

$$1^\circ = \frac{\pi}{180}\ \mathrm{rad}$$

である．

立体角

図 2.17 において，球面の一部の面積 $\varDelta S$ と半径の 2 乗との比

$$\varDelta\varOmega = \frac{\varDelta S}{r^2} \quad (\varOmega：オメガ) \tag{2.62}$$

を，面積 $\varDelta S$ が原点に対して張る**立体角**という．球面全体が張る立体角は

$$\varOmega_{球面全体} = \frac{4\pi r^2}{r^2} = 4\pi \tag{2.63}$$

である．立体角の次元は，角度と同じく無次元である．

$$[\varOmega] = [S][r]^{-2} = \mathsf{L}^2\mathsf{L}^{-2} = 1(無次元)：$$

sr(steradian = **ステラジアン**)　(2.64)

sr も，SI の単位の 1 つである．

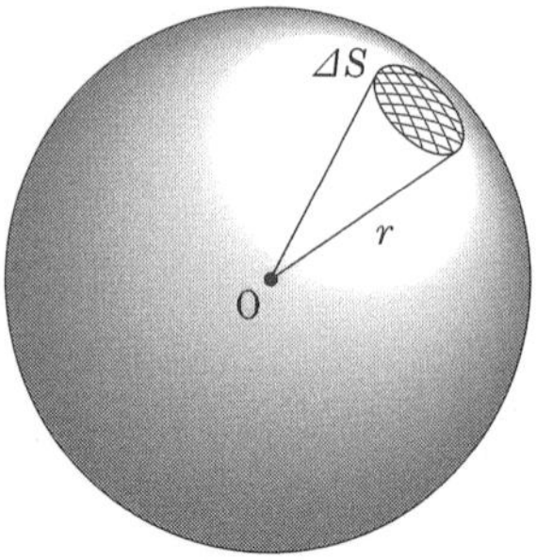

図 2.17

図 2.18 のような，半径 r_1 と r_2 の同心の球面 S_1 と S_2 を考える．S_1 上の部分面 $\varDelta\mathrm{S}_1$ の周囲と原点（中心）を結ぶ錐面が，S_2 を切り取る部分面を $\varDelta\mathrm{S}_2$ とするとき，それらの面積 $\varDelta S_1$ と $\varDelta\mathrm{S}_2$ が原点に対して張る立体角 $\varDelta\varOmega_1$ と $\varDelta\varOmega_2$ は互いに等しい．

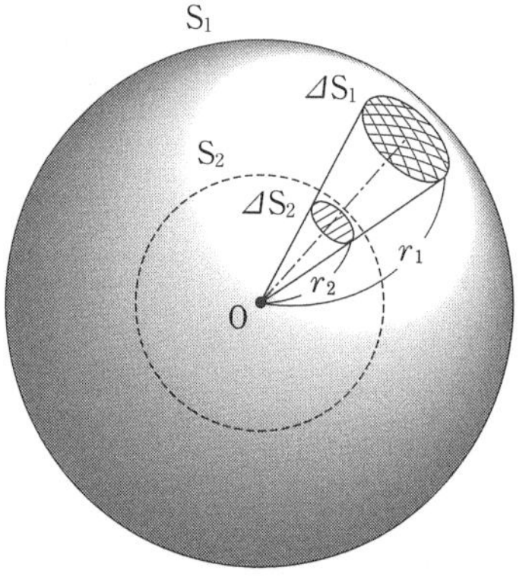

図 2.18

$$\varDelta\varOmega_1 = \frac{\varDelta S_1}{{r_1}^2} = \frac{\varDelta S_2}{{r_2}^2} = \varDelta\varOmega_2 \tag{2.65}$$

図 2.19(a) のような，点 $\boldsymbol{r}$ の周りの任意の向きの微小面積 $\varDelta S$ が原点に対して張る立体角 $\varDelta\varOmega$ の表式を求めよう．原点を中心とする半径 r の球を考える．そして，$\varDelta S$ の周囲と原点がつくる錐面がその球を切り取る微小面を $\varDelta S_0$ とすると，

$$\varDelta\varOmega = \frac{\varDelta S_0}{r^2} \tag{2.66}$$

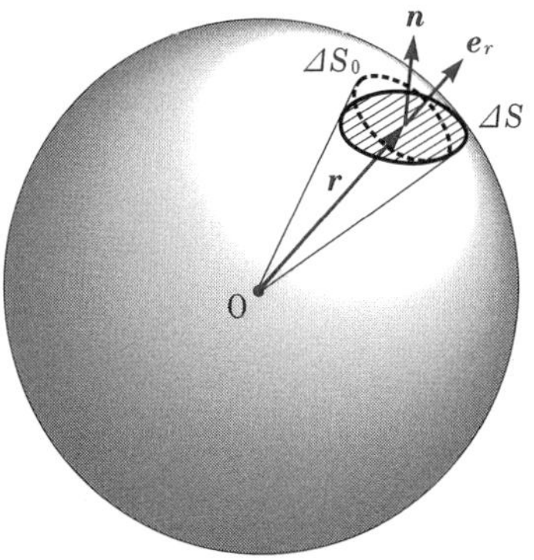

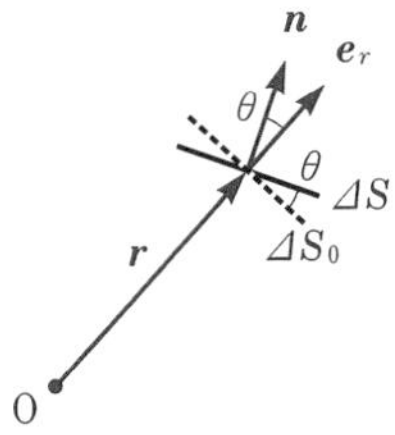

図2.19

である．ところが，図2.19(b) からわかるように

$$\varDelta S_0 \approx \varDelta S \cos\theta \tag{2.67}$$

だから

$$\varDelta\Omega \approx \frac{\varDelta S\cos\theta}{r^2} = \frac{\varDelta S\,\boldsymbol{n}\cdot\boldsymbol{e}_r}{r^2} = \frac{\boldsymbol{e}_r\cdot\varDelta\boldsymbol{S}}{r^2} \tag{2.68}$$

である．ここで，(2.49) を使った．$\varDelta S \to 0$ のとき，≈ は = になる．

$$d\Omega = \frac{dS\cos\theta}{r^2} = \frac{\boldsymbol{e}_r\cdot d\boldsymbol{S}}{r^2} \tag{2.69}$$

ただし，r は原点から微小面までの距離，θ は $\boldsymbol{e}_r$ と微小面の法線 $\boldsymbol{n}$ のなす角である．なお，$\varDelta\Omega$ の符号は一意的でなく，$\boldsymbol{n}$ を $\boldsymbol{e}_r$ と同じ側にとれば $\Omega > 0$，反対側にとれば $\Omega < 0$ である．

例題 2.5

地表から月までの距離は約 3.8×10^8 m，月の直径は約 3.5×10^6 m である．月の直径が地球上の 1 点に対して張る角度を求めなさい．また，満月の地球から見える面が張る立体角を求めなさい．

［**解**］ 直径が張る角度

$$\theta = \frac{3.5\times10^6\,\mathrm{m}}{3.8\times10^8\,\mathrm{m}} = 9.2\times10^{-3}\,\mathrm{rad} = 0.53^\circ \tag{2.70}$$

満月が張る立体角

$$\Omega = \frac{\pi(1.75\times10^6)^2}{(3.8\times10^8)^2} = 6.7\times10^{-5}\,\mathrm{sr} \qquad (2.71)$$

¶

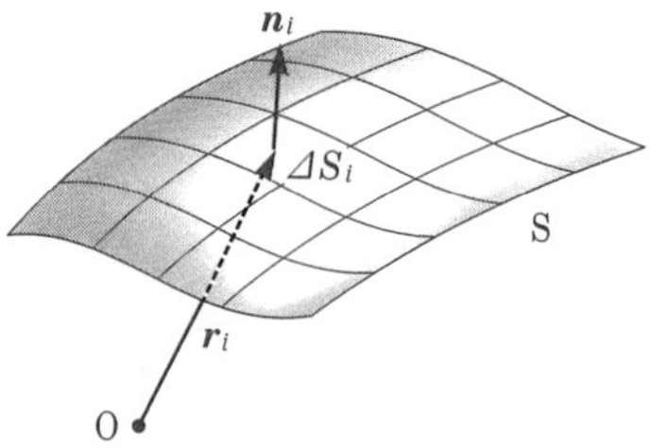

図2.20

図2.20のような任意の大きさの曲面S全体が原点に対して張る立体角は，面を細かく分けて各部分の立体角を加え合わせれば求めることができて，次のようになる．

$$\Omega = \lim_{n\to\infty}\sum_{i=1}^{n}\Delta\Omega_i = \lim_{n\to\infty}\sum_{i=1}^{n}\frac{\Delta S_i\cos\theta_i}{r_i^{\,2}} = \lim_{n\to\infty}\sum_{i=1}^{n}\frac{\boldsymbol{e}_{r_i}\cdot\Delta\boldsymbol{S}_i}{r_i^{\,2}} = \int_{\mathrm{S}}\frac{\boldsymbol{e}_r\cdot d\boldsymbol{S}}{r^2} \qquad (2.72)$$

図2.21のような，閉曲面S全体が，内部にある原点に対して張る立体角は次のようになる．

$$\Omega = \oint_{\mathrm{S}}\frac{\boldsymbol{e}_r\cdot d\boldsymbol{S}}{r^2} = \oint_{\mathrm{S}} d\Omega = \oint_{球面} d\Omega = \Omega_{球面全体} = 4\pi \qquad (2.73)$$

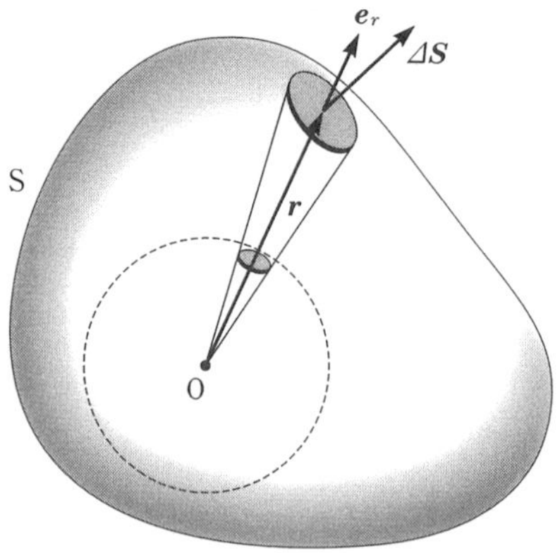

図2.21

閉曲面S全体が，外部にある原点に対して張る立体角は0である．これは次のようにして理解できる．図2.22のように，閉曲面Sの面素の1つΔS_1がこの閉曲面の外側にある原点に対して張る立体角は

$$\Delta\Omega_1 = \frac{\boldsymbol{e}_{r_1}\cdot\Delta S_1\boldsymbol{n}_1}{r_1^{\,2}} = \frac{\boldsymbol{e}_{r_1}\cdot\Delta\boldsymbol{S}_1}{r_1^{\,2}} \qquad (2.74)$$

である．ただし，r_1は原点からこの部分までの距離である．ところで，ΔS_1の周囲と原点を結ぶ錐面（あるいはその延長）は必ず，この閉曲面の別の部分を切り取る．その部分の面積をΔS_2，法線ベクトルを$\boldsymbol{n}_2$，原点からの距

離を r_2 とすると，この部分が原点に対して張る立体角は

$$\Delta\Omega_2 = \frac{\boldsymbol{e}_{r_2}\cdot\Delta S_2\boldsymbol{n}_2}{{r_2}^2} = \frac{\boldsymbol{e}_{r_2}\cdot\Delta\boldsymbol{S}_2}{{r_2}^2} \tag{2.75}$$

である．明らかに

$$|\Delta\Omega_1| = |\Delta\Omega_2| \tag{2.76}$$

であるが，図の場合，$\Delta\Omega_1 > 0$，$\Delta\Omega_2 < 0$だから，

$$\Delta\Omega_1 + \Delta\Omega_2 = 0 \tag{2.77}$$

である．この閉曲面全体が外側にある原点に対して張る立体角は，面を細かく分けて各部分の張る立体角を加えればよい．そうすると，必ず上のように互いに打ち消し合う部分が存在するから，この和は0になる．

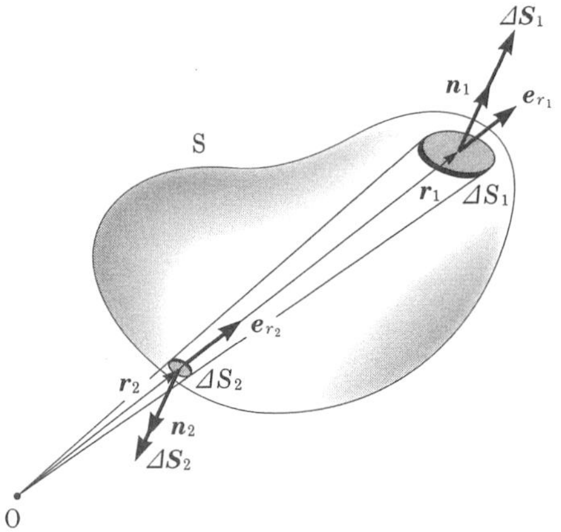

図 2.22

$$\Omega = \lim_{n\to\infty}\sum_{i=1}^{n}\frac{\boldsymbol{e}_{r_i}\cdot\Delta\boldsymbol{S}_i}{{r_i}^2} = \oint_S\frac{\boldsymbol{e}_r\cdot d\boldsymbol{S}}{r^2} = 0 \tag{2.78}$$

［例題 2.5］に関係づけていえば，満月が地上の1点に対して張る立体角は(2.71) であるが，月の裏側も含めた全表面が張る立体角は0である．

演 習 問 題

［**1**］ 関数 $(1+x)^\alpha, e^x, \log(1+x)$ のマクローリン級数を第3項まで求めなさい．

［**2**］ 辺の長さ a，b の長方形と，半径 a の円の面積をデカルト座標で求めなさい．

［**3**］ 辺の長さ a，b，厚さ t の長方形の板がある．長さ b の辺からの距離が x の点の密度が一様でなく，$\rho(x) = \rho_0 + kx$ のとき，この板の質量を求めなさい．

［**4**］ ある管の中を一定の密度 ρ の流体が流れている．管に垂直な断面 S_1, S_2 の上で，流体の速度は面に垂直で一定 $\boldsymbol{v}_1$，$\boldsymbol{v}_2$ であるとき，v_1 と v_2 の比を求めなさい．

［**5**］ 線電荷密度 λ で長さ l の直線状電荷分布がある．その垂直二等分面上での距離 a だけ離れた点の電場を求めなさい．分布が無限に長い場合はどうか．

［**6**］ 線電荷密度 λ_1，λ_2 の無限に長い2本の直線状電荷分布が，距離 a だけ離れて平行に存在している．片方の電荷分布が単位長さ当たり受けている力を求めなさい．

3 ガウスの法則

前章までで数学的な準備を終り，本章から電磁気現象を本格的に述べる．第1章で，点電荷による電場が電荷からの距離の2乗に反比例することを述べたが，本章では，そのことの別の形の表現であるガウスの法則を述べる．ガウスの法則はマクスウェル方程式の1つである．この法則には積分形と微分形という2つの表し方があるが，本章では積分形のみを述べる．初等的な応用問題のほとんどは積分形で解けるので，これをよく理解することが大切である．マクスウェル方程式の微分形は第13章で述べる．

§3.1　電束密度・電束・ガウスの法則

点電荷の周りの電場 $\boldsymbol{E}$ は，その近くにもってきた別の点電荷が受ける力から，(1.33) のように書ける．この $\boldsymbol{E}$ に関係が深いが別の概念である**電束密度**（**電気変位**ともよばれる）を次に定義しよう．点電荷から**電束**とよばれる物理量がわき出しており，その様子は電束密度の場

$$\boldsymbol{D}(\boldsymbol{r}) = k' \frac{q}{r^2} \boldsymbol{e}_r = k' \frac{q\boldsymbol{r}}{r^3} \tag{3.1}$$

で表現できると想定する．ただし，q の位置を原点とした．ベクトル場 $\boldsymbol{D}(\boldsymbol{r})$ を流れの密度の場とみなしているだけだから，実際に何かが流れているわけではないので，電荷が次第に減って無くなってしまうことはない．この電束密度が電荷からの距離の2乗に反比例すると想定したのは，もちろん (1.33) を意識してのことである．一般に，このような距離の2乗の反比例関係は，3次元空間に実際に物理量のわき出しがあって，それが等方的に広

がっていくときに見られる自然な関係でもある．たとえば図3.1のように，点状の光源から空間の全方向に放射された光が途中で減衰しないで広がるときの，光源に垂直な単位面積に当たる光量（照度）と光源からの距離との関係が，その例である．

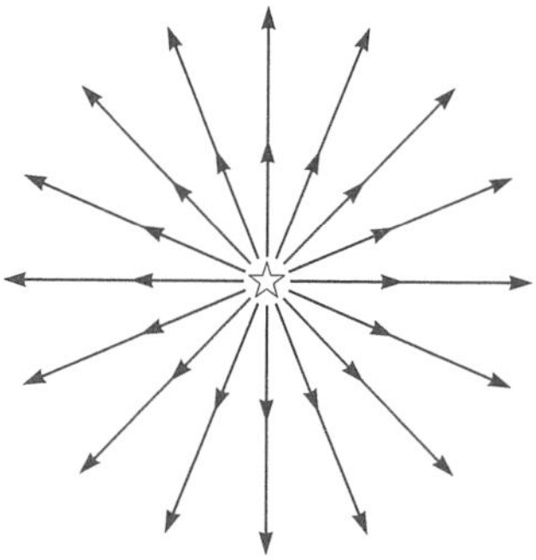

図3.1

§2.5で述べた流束密度と流束の関係(2.52)から，電束密度が $\boldsymbol{D}(\boldsymbol{r})$ であれば，任意の面Sを貫く**電束**は

$$\Phi_E = \lim_{n\to\infty}\sum_{i=1}^{n}\boldsymbol{D}(\boldsymbol{r}_i)\cdot\Delta\boldsymbol{S}_i = \int_{\mathrm{S}}\boldsymbol{D}(\boldsymbol{r})\cdot d\boldsymbol{S} \qquad (3.2)$$

である．図3.2のように閉曲面Sの内側に電荷 q があるとき，S全体を貫く電束は，q の位置を原点に選ぶ表示で計算すると

$$\oint_{\mathrm{S}}\boldsymbol{D}(\boldsymbol{r})\cdot d\boldsymbol{S} = \oint_{\mathrm{S}} k'\frac{q}{r^2}\boldsymbol{e}_r\cdot d\boldsymbol{S} = k'q\oint_{\mathrm{S}}\frac{\boldsymbol{e}_r\cdot d\boldsymbol{S}}{r^2} \qquad (3.3)$$

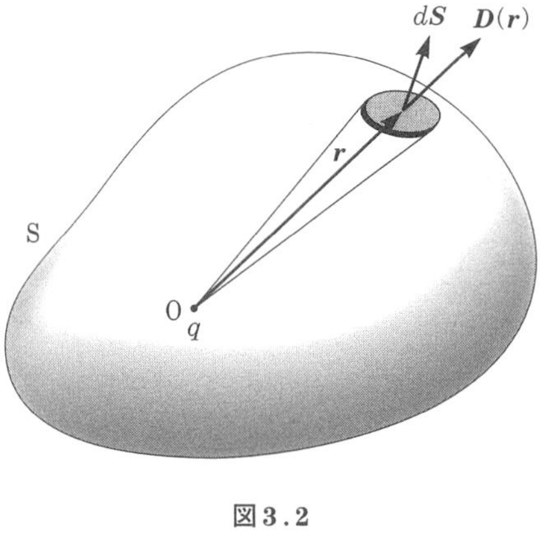

図3.2

である．ここでよく見ると，積分の部分は閉曲面の内側の点から見た閉曲面全体の立体角の式(2.73)と同じ形だから，その計算を利用して

$$\oint_{\mathrm{S}}\boldsymbol{D}(\boldsymbol{r})\cdot d\boldsymbol{S} = 4\pi k'q \qquad (3.4)$$

であることがわかる．SI単位系では，ここで

$$\oint_{\mathrm{S}}\boldsymbol{D}(\boldsymbol{r})\cdot d\boldsymbol{S} = q \qquad (3.5)$$

となるように係数 k' を決める．それには

$$k' = \frac{1}{4\pi} \tag{3.6}$$

とすればよい．これを**有理化**（付録B.10）という．そうすると（3.1）は

$$\boldsymbol{D}(\boldsymbol{r}) = \frac{q}{4\pi r^2}\boldsymbol{e}_r = \frac{q\boldsymbol{r}}{4\pi r^3} \tag{3.7}$$

となる．

図3.3のように，電荷qが閉曲面Sの外にあるときにS全体を貫く電束も，積分（3.3）で与えられる．よって，この場合も積分の部分は，閉曲面の外の点から見た閉曲面全体の立体角の式（2.78）と同じ形になるから，その計算を利用して，

$$\oint_S \boldsymbol{D}(\boldsymbol{r})\cdot d\boldsymbol{S} = 0 \tag{3.8}$$

であることがわかる．

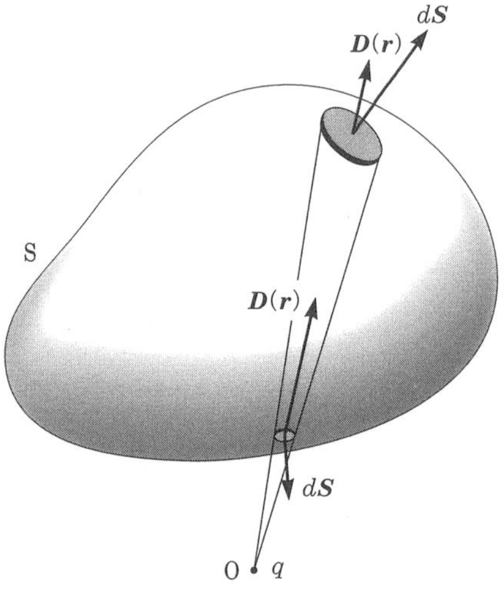

図3.3

ところで，以上では原点を電荷qの位置にとって表現したが，原点を電荷とは別の任意の位置にとると，点$\boldsymbol{r}_1$にある電荷qが点$\boldsymbol{r}$に作る電束密度は

$$\begin{aligned}\boldsymbol{D}(\boldsymbol{r}) &= \frac{q}{4\pi|\boldsymbol{r}-\boldsymbol{r}_1|^2}\boldsymbol{e}_{r-r_1} \\ &= \frac{q(\boldsymbol{r}-\boldsymbol{r}_1)}{4\pi|\boldsymbol{r}-\boldsymbol{r}_1|^3}\end{aligned} \tag{3.9}$$

である．よって，この電荷から出て任意の閉曲面Sを貫く電束の総量は，

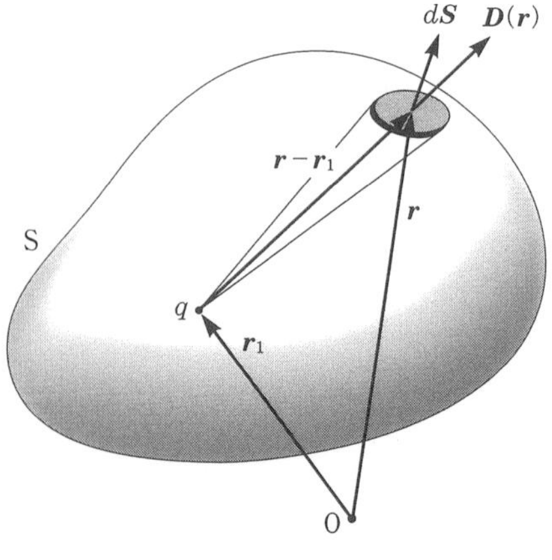

図3.4

$$\oint_S \boldsymbol{D}(\boldsymbol{r})\cdot d\boldsymbol{S} = \oint_S \frac{q\,\boldsymbol{e}_{r-r_1}\cdot d\boldsymbol{S}}{4\pi|\boldsymbol{r}-\boldsymbol{r}_1|^2} \tag{3.10}$$

であるが，図3.2で原点を変えた図3.4から明らかなように，この積分によって加え合わせている量は，(3.3)の積分で加え合わせた量と同じである．よって，(3.5)，(3.8)は原点の選び方によらず成り立つ．すなわち，

$$\oint_S \boldsymbol{D}(\boldsymbol{r})\cdot d\boldsymbol{S} = \begin{cases} q & (q\text{ が閉曲面 S の内部にあるとき}) \\ 0 & (q\text{ が閉曲面 S の外部にあるとき}) \end{cases} \tag{3.11}$$

である．これを，点電荷の周りの電束密度に対する**ガウスの法則**という．

なお，電束密度の次元とSI単位は

$$[D] = \mathsf{QL}^{-2}：\ \mathrm{C/m^2} \tag{3.12}$$

である．

§3.2　真空の誘電率（電気定数）と電場

実験より，電場 $\boldsymbol{E}(\boldsymbol{r})$ が(1.33)で表されることがわかっており，これと比例するように電束密度 $\boldsymbol{D}(\boldsymbol{r})$ を(3.1)で定義したので，比例係数 ε_0 を導入して

$$\boldsymbol{D}(\boldsymbol{r}) = \varepsilon_0 \boldsymbol{E}(\boldsymbol{r}) \qquad (\varepsilon：\text{イプシロン}) \tag{3.13}$$

と置くことができる．よって，(3.7)より点電荷の周りの電場を ε_0 を用いて表すと

$$\boldsymbol{E}(\boldsymbol{r}) = \frac{q}{4\pi\varepsilon_0 r^2}\boldsymbol{e}_r = \frac{q\boldsymbol{r}}{4\pi\varepsilon_0 r^3} \tag{3.14}$$

である．これを(1.33)と比べると有理化した k_e ($\cong 8.99\times10^9\ \mathrm{N\,m^2/C^2}$) は

$$k_\mathrm{e} = \frac{1}{4\pi\varepsilon_0} \tag{3.15}$$

と表される．ε_0 を**真空の誘電率**（**電気定数**）という．その次元とSI単位は

$$[\varepsilon_0] = \mathsf{Q}^2\mathsf{L}^{-2}[\mathsf{F}]^{-1} = \mathsf{Q}^2\mathsf{T}^2\mathsf{M}^{-1}\mathsf{L}^{-3}：\ \mathrm{C^2/m^2\,N} = \mathrm{C^2\,s^2/kg\,m^3} \tag{3.16}$$

である．また，実験から定められているその値は，ほぼ

$$\varepsilon_0 = 8.854\,187\,8128(13)\times10^{-12}\ \mathrm{C^2/m^2\,N} \tag{3.17}$$

である．(13) は，最後の 2 桁の数値 28 の不確かさを示す．なお，ε_0 の SI 単位は，§5.7 で述べる静電容量の単位 F（ファラッド）を用いて F/m と書くこともできる．

(1.34)，(1.37) を ε_0 を用いて表しておこう．まず，点 $\boldsymbol{r}_1$ に電荷 q_1 があるときの点 $\boldsymbol{r}$ の電場は，

$$\boldsymbol{E}(\boldsymbol{r}) = \frac{q_1}{4\pi\varepsilon_0|\boldsymbol{r}-\boldsymbol{r}_1|^2}\boldsymbol{e}_{r-r_1} = \frac{q_1(\boldsymbol{r}-\boldsymbol{r}_1)}{4\pi\varepsilon_0|\boldsymbol{r}-\boldsymbol{r}_1|^3} \tag{3.18}$$

となる．また，実験によると，電場には重ね合わせの原理が成り立ち，2 個以上の電荷 $q_1, q_2, \cdots, q_n$ が $\boldsymbol{r}_1, \boldsymbol{r}_2, \cdots, \boldsymbol{r}_n$ にあるとき，$\boldsymbol{r}$ にできる電場は，

$$\boldsymbol{E}(\boldsymbol{r}) = \sum_{i=1}^{n}\frac{q_i}{4\pi\varepsilon_0|\boldsymbol{r}-\boldsymbol{r}_i|^2}\boldsymbol{e}_{r-r_i} = \sum_{i=1}^{n}\frac{q_i(\boldsymbol{r}-\boldsymbol{r}_i)}{4\pi\varepsilon_0|\boldsymbol{r}-\boldsymbol{r}_i|^3} \tag{3.19}$$

で表される．

(3.18) を用いて，クーロンの法則 (1.30) を，点 $\boldsymbol{r}_2$ にある電荷 q_2 が点 $\boldsymbol{r}_1$ にある電荷 q_1 から受ける力 $\boldsymbol{F}_{21}$ で表すと，

$$\boldsymbol{F}_{21} = \frac{q_1q_2}{4\pi\varepsilon_0|\boldsymbol{r}_2-\boldsymbol{r}_1|^2}\boldsymbol{e}_{r_2-r_1} = \frac{q_1q_2(\boldsymbol{r}_2-\boldsymbol{r}_1)}{4\pi\varepsilon_0|\boldsymbol{r}_2-\boldsymbol{r}_1|^3} \tag{3.20}$$

となる．

§3.3　重ね合わせの原理とガウスの法則

(3.13)，(3.19) より当然，電束密度の場 $\boldsymbol{D}$ にも電場 $\boldsymbol{E}$ と同じ重ね合わせの原理が成り立つ．点電荷 $q_1, q_2, \cdots, q_n$ が $\boldsymbol{r}_1, \boldsymbol{r}_2, \cdots, \boldsymbol{r}_n$ にあるとき，点 $\boldsymbol{r}$ の電束密度は

$$\boldsymbol{D}(\boldsymbol{r}) = \sum_{i=1}^{n}\frac{q_i}{4\pi|\boldsymbol{r}-\boldsymbol{r}_i|^2}\boldsymbol{e}_{r-r_i} = \sum_{i=1}^{n}\frac{q_i(\boldsymbol{r}-\boldsymbol{r}_i)}{4\pi|\boldsymbol{r}-\boldsymbol{r}_i|^3} \tag{3.21}$$

である．また，閉曲面 S を貫く電束について，ガウスの法則

$$\oint_{\mathrm{S}}\boldsymbol{D}(\boldsymbol{r})\cdot d\boldsymbol{S} = \sum_{i=1}^{n}\oint_{\mathrm{S}}\frac{q_i\,\boldsymbol{e}_{r-r_i}\cdot d\boldsymbol{S}}{4\pi|\boldsymbol{r}-\boldsymbol{r}_i|^2} = \sum_{i(\mathrm{S}内)} q_i = q_{内部} \tag{3.22}$$

が成り立つ．$q_{内部}$ は，閉曲面 S の内部に含まれる電荷の総量を表す．

(3.13) から，もちろん

$$\oint_S \boldsymbol{E}(\boldsymbol{r})\cdot d\boldsymbol{S} = \sum_{i(\text{S内})} \frac{q_i}{\varepsilon_0} = \frac{q_{\text{内部}}}{\varepsilon_0} \tag{3.23}$$

である．ただし，§7.6で述べるように（3.22）は物質を含む場合にも成り立つのに対し，（3.23）は真空中でなければ成り立たない．

§3.4 粗視化による連続体近似

19世紀末以来の諸実験やその後に発展した量子力学によって，我々は，実在の物質は原子から成り，原子はさらに原子核と電子という粒子から成り立っていることを知っている．しかし，巨視的（マクロ）なスケールで見ると，そのような粒子は小さすぎて認識することができず，物質はいくらでも細かく分割することのできる連続的な実体のように見える．マクロな電磁気学は，物質や電荷の分布をそのような連続的な実体として扱う．

物質が原子から成ることを知る我々としては，電荷密度を連続体として扱うための方法を確立しなければならない．その手続きを**粗視化**という．物質の誘電的性質や磁気的性質を扱う際には，電気双極子モーメントや磁気モーメントの粗視化が重要になるので，その理解のためにも，基本となる電荷密度の粗視化についての考え方をよく理解しておきたい．

いま，正の電荷をもつ粒子の集合体を考える．粒子間の距離は実在の物質の原子間の距離の程度であるとする．この集合体に対して，ある点$\boldsymbol{r}$の電荷密度$\rho(\boldsymbol{r})$を（2.32）によって定めようとすると，右辺は$\Delta V \to 0$の極限操作の途中で，図3.5に模式的に描いてあるように，一度一定値に達した後，振動し始める．ΔVが小さくなると，粒子が1個ずつΔVの範囲から外れていくときの不連続な変化が目立ってくるからである．しかも最

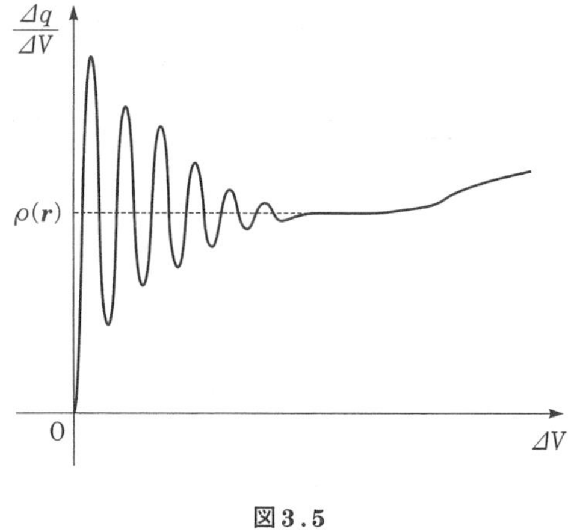

図3.5

終的な極限値は，$\boldsymbol{r}$ が粒子の位置か粒子間の空間の1点かで大きく異なる.（図3.5は $\boldsymbol{r}$ が後者の場合を描いてある.）

$$\lim_{\Delta V\to 0}\frac{\Delta q}{\Delta V}\bigg|_{\text{粒子上}} \neq \lim_{\Delta V\to 0}\frac{\Delta q}{\Delta V}\bigg|_{\text{粒子外}} = 0 \tag{3.24}$$

これでは極限をとった目的に合わないから, $\Delta V\to 0$ の途中で得られる安定した値を, その点の電荷密度 $\rho(\boldsymbol{r})$ とする. 通常の物質では大体 $\Delta V\approx 10^{-21}\,\mathrm{m}^3$, すなわち, 半径 10^{-7} m 程度の球で, 10^8 個程度の原子を含んだ領域を考えればよいであろう．これを**マクロな微小領域**とよぶ．このような操作を $\boldsymbol{r}$ を連続的にずらしながら行えば，$\boldsymbol{r}$ が粒子の上にあるかどうかにかかわらず，$\rho(\boldsymbol{r})$ を連続的な関数で表すことができる．このように，極限操作を途中でやめてなめらかな場（3次元空間の連続関数）を作る手続きが粗視化である.

$$\rho(\boldsymbol{r}) = \lim_{\Delta V\to 0}\frac{\Delta q}{\Delta V} \qquad \text{（粗視化の意味で）} \tag{3.25}$$

粗視化した物体は連続体として扱える．したがって，粗視化した電荷分布中の微小体積 ΔV（または無限小体積 dV）の中に含まれる電荷の量は

$$\Delta q \approx \rho(\boldsymbol{r})\,\Delta V, \qquad dq = \rho(\boldsymbol{r})\,dV \tag{3.26}$$

である．よって，任意の領域Vの中の電荷は

$$q = \int_{\mathrm{V}} dq = \int_{\mathrm{V}} \rho(\boldsymbol{r})\,dV \tag{3.27}$$

で与えられることになる.

なお，以上では1種類の電荷の分布の粗視化を考えたが，通常の物体は，外から帯電させない限り，原子核が担う正の電荷と電子が担う負の電荷が等量存在する．よって，帯電しておらず，また§5.2で述べる導体の静電誘導のように，マクロなスケールで電荷分布の偏りが起こっていない限り，正負の電荷を同時に粗視化すると，すべての位置で $\rho(\boldsymbol{r})=0$ になる．また，別々に粗視化して重ね合わせても0になる.

§3.5　連続的電荷分布の周りの $\boldsymbol{D}$，$\boldsymbol{E}$ とガウスの法則

次頁の図3.6のように，領域Vの中に粗視化した電荷密度分布 $\rho(\boldsymbol{r})$ があるとする．点 $\boldsymbol{r}'$ の周りの微小体積 $\Delta V'$ 内には $\rho(\boldsymbol{r}')\,\Delta V'$ の電荷が含まれる

から，それが点 $\boldsymbol{r}$ に作る電束密度と電場は

$$\Delta \boldsymbol{D}(\boldsymbol{r}) \approx \frac{\rho(\boldsymbol{r}')\,\Delta V'}{4\pi|\boldsymbol{r}-\boldsymbol{r}'|^2}\boldsymbol{e}_{r-r'}, \qquad \Delta \boldsymbol{E}(\boldsymbol{r}) \approx \frac{\rho(\boldsymbol{r}')\,\Delta V'}{4\pi\varepsilon_0|\boldsymbol{r}-\boldsymbol{r}'|^2}\boldsymbol{e}_{r-r'} \tag{3.28}$$

である．領域 V 内のすべての電荷が点 $\boldsymbol{r}$ に作る場は，体積を細かく分けてそれぞれの寄与を加え合わせればよく，(3.19)，(3.21) より

$$\boldsymbol{D}(\boldsymbol{r}) = \int_{\mathrm{V}} \frac{\rho(\boldsymbol{r}')\boldsymbol{e}_{r-r'}}{4\pi|\boldsymbol{r}-\boldsymbol{r}'|^2}\,dV' = \int_{\mathrm{V}} \frac{\rho(\boldsymbol{r}')(\boldsymbol{r}-\boldsymbol{r}')}{4\pi|\boldsymbol{r}-\boldsymbol{r}'|^3}\,dV' \tag{3.29}$$

$$\boldsymbol{E}(\boldsymbol{r}) = \int_{\mathrm{V}} \frac{\rho(\boldsymbol{r}')\boldsymbol{e}_{r-r'}}{4\pi\varepsilon_0|\boldsymbol{r}-\boldsymbol{r}'|^2}\,dV' = \int_{\mathrm{V}} \frac{\rho(\boldsymbol{r}')(\boldsymbol{r}-\boldsymbol{r}')}{4\pi\varepsilon_0|\boldsymbol{r}-\boldsymbol{r}'|^3}\,dV' \tag{3.30}$$

である．面積 S 上に面密度 $\sigma(\boldsymbol{r})$ で分布しているすべての電荷が点 $\boldsymbol{r}$ に作る電場や，曲線 l 上に線密度 $\lambda(\boldsymbol{r})$ で分布しているすべての電荷が点 $\boldsymbol{r}$ に作る電場も，同様に次式で与えられる．

$$\boldsymbol{D}(\boldsymbol{r}) = \int_{\mathrm{S}} \frac{\sigma(\boldsymbol{r}')\boldsymbol{e}_{r-r'}}{4\pi|\boldsymbol{r}-\boldsymbol{r}'|^2}\,dS' = \int_{\mathrm{S}} \frac{\sigma(\boldsymbol{r}')(\boldsymbol{r}-\boldsymbol{r}')}{4\pi|\boldsymbol{r}-\boldsymbol{r}'|^3}\,dS' \tag{3.31}$$

$$\boldsymbol{E}(\boldsymbol{r}) = \int_{\mathrm{S}} \frac{\sigma(\boldsymbol{r}')\boldsymbol{e}_{r-r'}}{4\pi\varepsilon_0|\boldsymbol{r}-\boldsymbol{r}'|^2}\,dS' = \int_{\mathrm{S}} \frac{\sigma(\boldsymbol{r}')(\boldsymbol{r}-\boldsymbol{r}')}{4\pi\varepsilon_0|\boldsymbol{r}-\boldsymbol{r}'|^3}\,dS' \tag{3.32}$$

$$\boldsymbol{D}(\boldsymbol{r}) = \int_{l} \frac{\lambda(\boldsymbol{r}')\boldsymbol{e}_{r-r'}}{4\pi|\boldsymbol{r}-\boldsymbol{r}'|^2}\,dl' = \int_{l} \frac{\lambda(\boldsymbol{r}')(\boldsymbol{r}-\boldsymbol{r}')}{4\pi|\boldsymbol{r}-\boldsymbol{r}'|^3}\,dl' \tag{3.33}$$

$$\boldsymbol{E}(\boldsymbol{r}) = \int_{l} \frac{\lambda(\boldsymbol{r}')\boldsymbol{e}_{r-r'}}{4\pi\varepsilon_0|\boldsymbol{r}-\boldsymbol{r}'|^2}\,dl' = \int_{l} \frac{\lambda(\boldsymbol{r}')(\boldsymbol{r}-\boldsymbol{r}')}{4\pi\varepsilon_0|\boldsymbol{r}-\boldsymbol{r}'|^3}\,dl' \tag{3.34}$$

連続的電荷分布があるときのガウスの法則は

$$\oint_{\mathrm{S}} \boldsymbol{D}(\boldsymbol{r})\cdot d\boldsymbol{S} = \int_{\mathrm{V}} \rho(\boldsymbol{r})\,dV \tag{3.35}$$

である．右辺は (3.26) で示した領域 V 内に含まれる電荷の総量を表す．点電荷の場合の (3.22) を参照して，点電荷と連続的電荷分布が両方存在するときのガウスの法則は

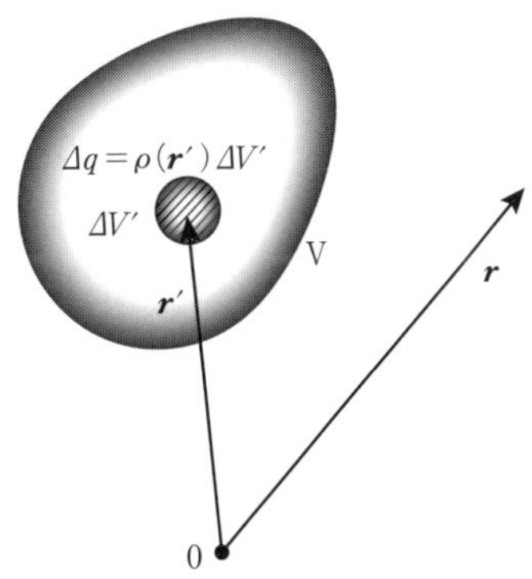

図 3.6

$$\oint_S \boldsymbol{D}(\boldsymbol{r})\cdot d\boldsymbol{S} = q_{内部} \tag{3.36}$$

と書ける．$q_{内部}$ は閉曲面Sの内部に含まれる電荷（点電荷および連続的に分布した電荷）の総量である．ガウスの法則（3.35）は，本書で順次述べていく4つの**マクスウェル方程式**の第1の法則である．（マクスウェル方程式の並べ方に決まりがあるわけではない．本書では，登場順に第2，第3，… とよび，第13章では改めて異なる順に並べる．）

§3.6　極座標と円筒座標（円柱座標）

ここで，空間内の点を表す座標系として極座標と円筒座標を紹介しよう．本書では，これを用いてむずかしい計算をするわけではない．ガウスの法則を利用すると電場を簡単に計算することができるが，それができるのは，電荷分布の対称性が良い場合に限られる．そして，電荷分布が球対称のときは3次元の極座標，軸対称のときは円筒座標を用いると表示や計算が簡単なので，利用しようというわけである．

デカルト座標系では単位ベクトル $\boldsymbol{e}_x$，$\boldsymbol{e}_y$，$\boldsymbol{e}_z$ はすべての点で同じ向きを向いているが，以下の説明から明らかなように，極座標や円筒座標の単位ベクトル $\boldsymbol{e}_r$，$\boldsymbol{e}_\xi$，$\boldsymbol{e}_\varphi$，$\boldsymbol{e}_\theta$ などは，点の位置で向きが異なる．

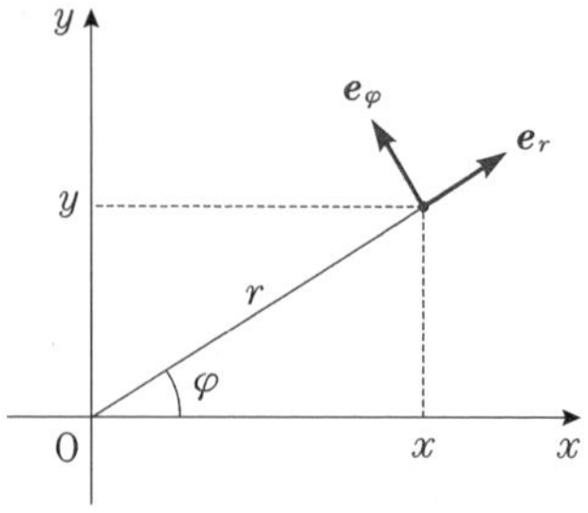

図3.7

2次元極座標

図3.7のように，2次元デカルト座標 (x, y) との関係が

$$x = r\cos\varphi, \qquad y = r\sin\varphi,$$
$$r = \sqrt{x^2 + y^2} \tag{3.37}$$

であるような座標系 (r, φ) を **2次元極座標**という．r（**動径**）方向と φ（**偏角**または**方位角**）方向の単位ベクトル

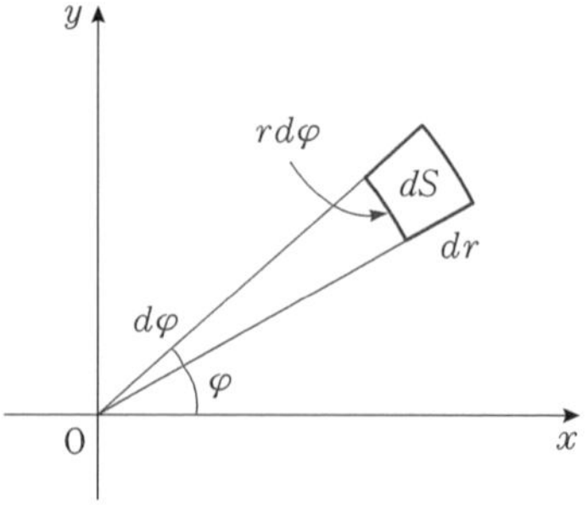

図3.8

は，図に示すとおりである．

なお，平面上の面積分は，dS として図3.8のような，dr と方位角の微小変化 $d\varphi$ に対応する長さの変化 $r\,d\varphi$ を2辺とする面素（無限小の極限でのみ真の長方形）を考え，$dS = dr \times r\,d\varphi = r\,dr\,d\varphi$ として

$$\int_S f(\boldsymbol{r})dS = \iint_S f(r,\varphi)r\,dr\,d\varphi \tag{3.38}$$

と書くことができる．ただし，極座標による計算が便利なのは，この二重積分を r 方向，φ 方向に沿って順次計算する（順序はどちらが先でもよい）ことが可能な場合に限られる．

例題 3.1

半径 a の円の面積 A を極座標で計算しなさい．

［**解**］

$$A = \int_{\text{半径}\,\boldsymbol{a}\,\text{の円}} dS = \iint_{\text{半径}\,\boldsymbol{a}\,\text{の円}} r\,dr\,d\varphi = \int_0^a r\,dr\int_0^{2\pi}d\varphi = \frac{1}{2}a^2 \times 2\pi = \pi a^2$$

¶

3次元極座標

図3.9のように，3次元デカルト座標 (x, y, z) との関係が

$$\left.\begin{aligned} x &= r\sin\theta\cos\varphi \\ y &= r\sin\theta\sin\varphi \\ z &= r\cos\theta \\ r &= \sqrt{x^2+y^2+z^2} \end{aligned}\right\} \tag{3.39}$$

であるような座標系 (r, θ, φ) を**3次元極座標**という．r（動径）方向，θ（**天頂角**）方向，φ（方位角）方向の単位ベクトル $\boldsymbol{e}_r$，$\boldsymbol{e}_\theta$，$\boldsymbol{e}_\varphi$ は，図に示すとおりである．

半径 r の球面上の面積分は，dS として図3.10のような，天頂

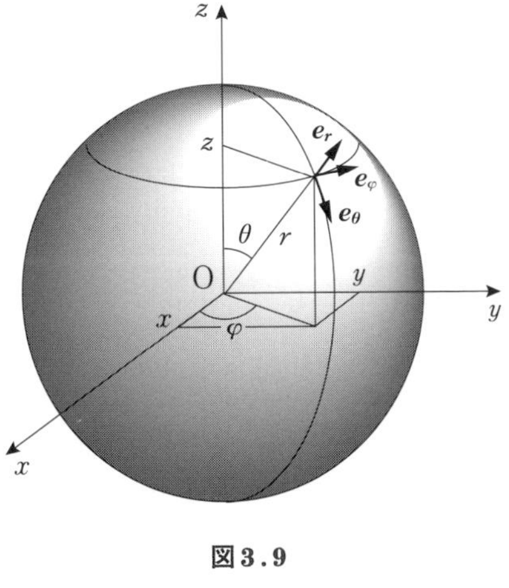

図3.9

角の微小変化 $d\theta$ に対応する長さの変化 $r\,d\theta$ と方位角の微小変化 $d\varphi$ に対応する長さの変化 $r\sin\theta\,d\varphi$ を2辺とする面素（球面の一部であり，無限小の極限でのみ正確な長方形）を考えることにより，その面積 $dS = r\sin\theta\,d\varphi \times r\,d\theta$ を用いて

$$\int_{\mathrm{S}} f(\boldsymbol{r})dS = \iint_{\mathrm{S}} f(r,\theta,\varphi)r^2\sin\theta\,d\theta\,d\varphi \tag{3.40}$$

と書くことができる．

また，体積積分は，同じく図3.10に示すように，上記 dS を底面積，高さを dr とする体積素片を考え，$dV = r\sin\theta\,d\varphi \times r\,d\theta \times dr = r^2\sin\theta\,dr\,d\theta\,d\varphi$ として

$$\int_{\mathrm{V}} f(r)dV = \iiint_{\mathrm{V}} f(r,\theta,\varphi)r^2\sin\theta\,dr\,d\theta\,d\varphi \tag{3.41}$$

と書くことができる．極座標による面積分や体積積分の計算が便利なのは，r 方向，θ 方向，φ 方向に沿って順次計算する（順序はどちらが先でもよい）ことが可能な場合に限られる．

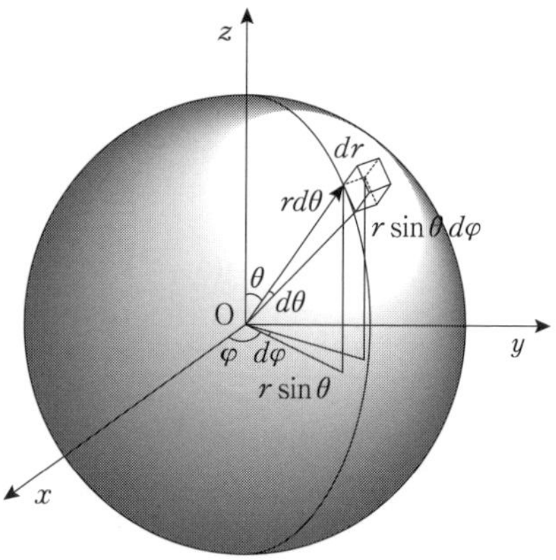

図 3.10

円筒座標（円柱座標）

図3.11のように，3次元デカルト座標 (x, y, z) との関係が

$$x = \xi\cos\varphi, \quad y = \xi\sin\varphi,$$
$$z = z, \quad \xi = \sqrt{x^2+y^2} \quad (\xi：クシー) \tag{3.42}$$

であるような座標系 (ξ, φ, z) を**円筒座標**または**円柱座標**という．ξ 方

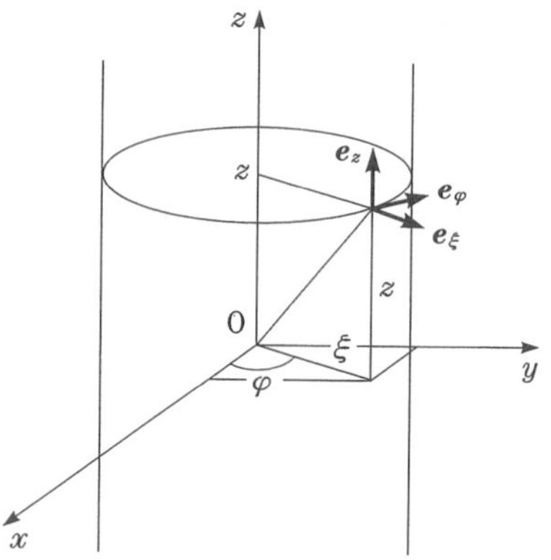

図 3.11

向，φ 方向，z 方向の単位ベクトル $(\boldsymbol{e}_\xi, \boldsymbol{e}_\varphi, \boldsymbol{e}_z)$ は，図に示すとおりである（円筒座標での積分の表示については章末の演習問題［3］を参照）.

例題 3.2

デカルト座標の点 $(1, 1, \sqrt{2})$ を極座標と円筒座標で表しなさい（図 3.12）.

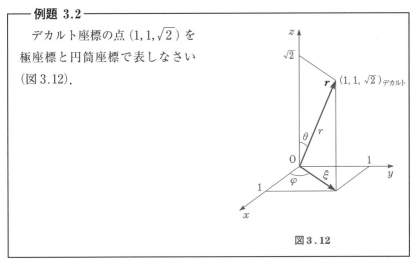

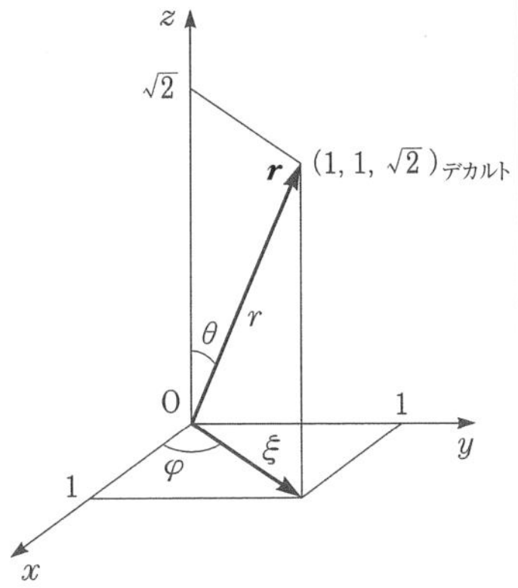

図 3.12

［**解**］ 極座標：

$$r = \sqrt{1+1+2} = \sqrt{4} = 2 \tag{3.43}$$

注目する点の位置ベクトル $\boldsymbol{r}$ と単位ベクトル $\boldsymbol{e}_z$ のスカラー積から

$$\cos\theta = \frac{\boldsymbol{r}\cdot\boldsymbol{e}_z}{r} = \frac{(1, 1, \sqrt{2})\cdot(0, 0, 1)}{2} = \frac{\sqrt{2}}{2} \rightarrow \theta = \frac{\pi}{4} \tag{3.44}$$

また，明らかに

$$\varphi = \frac{\pi}{4}, \quad \text{よって} \quad \left(2, \frac{\pi}{4}, \frac{\pi}{4}\right) \tag{3.45}$$

円筒座標：

$$\xi = \sqrt{1+1} = \sqrt{2}, \quad \text{よって} \quad \left(\sqrt{2}, \frac{\pi}{4}, \sqrt{2}\right) \tag{3.46}$$

¶

§3.7 ガウスの法則の応用

ガウスの法則の積分形は積分の形で表現された法則だから，各点の電場を直接計算するのには役立たない．しかし，対称性の良い場の場合は，そしてその場合に限り，電場の計算に用いることができる．これは，対称性を考慮して適当に選んだ面の上での積分を，積に置き換えることができるからである．（なお，第13章で述べるガウスの法則の微分形式も，各点の電場を直接表してはおらず，各点での電場の空間微分を与える法則である．）

［例1］ 球対称の電荷分布 $\rho(\boldsymbol{r}) = \rho(r)$ の周りの電場

ある点の周りに球対称な電荷分布（図3.13）は，その点を原点に選ぶと，極座標の動径成分 r のみで

$$\rho(\boldsymbol{r}) = \rho(r) \quad (3.47)$$

と書ける．この電荷分布が作る電場も球対称のはずだから r 成分しかもたず

$$\boldsymbol{D}(\boldsymbol{r}) = D(r)\boldsymbol{e}_r \quad (3.48)$$

と書ける．半径 r の球の表面をSとすると，ガウスの法則から

$$\oint_{\mathrm{S}} \boldsymbol{D}(\boldsymbol{r})\cdot d\boldsymbol{S} = q_{\text{内部}}(\boldsymbol{r}) \quad (3.49)$$

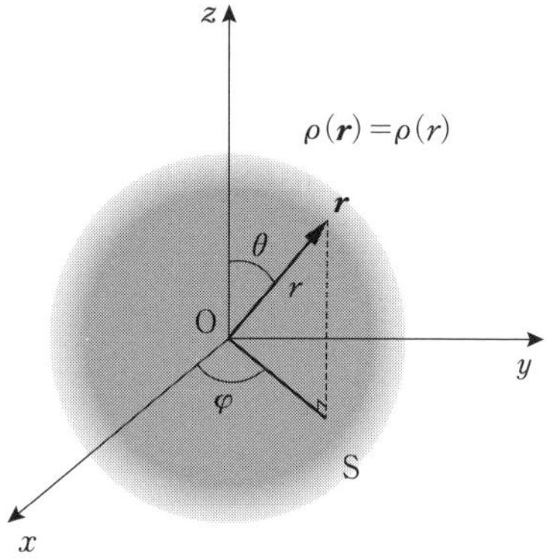

図3.13

であるが，左辺は (3.48) より

$$\text{左辺} = \oint_{\mathrm{S}} D(r)\boldsymbol{e}_r\cdot\boldsymbol{e}_r\, dS = D(r)\oint_{\mathrm{S}} dS = 4\pi r^2 D(r) \qquad (3.50)$$

である．よって，

$$\boldsymbol{D}(\boldsymbol{r}) = \frac{q_{\text{内部}}(\boldsymbol{r})}{4\pi r^2}\boldsymbol{e}_r, \qquad \boldsymbol{E}(\boldsymbol{r}) = \frac{q_{\text{内部}}(\boldsymbol{r})}{4\pi\varepsilon_0 r^2}\boldsymbol{e}_r \qquad (3.51)$$

である．ここで $q_{\text{内部}}(\boldsymbol{r})$ は，半径 r の球の内部の電荷を表す．

このように，球対称の電荷分布の内外の点 $\boldsymbol{r}$ の電場は，$q_{\text{内部}}(\boldsymbol{r})$ が中心に集中したときの電場に等しい．外側の空間の電荷は，その点の電場には寄与しない（効果が打ち消し合って0になる）．このことが結論づけられるためには，本節冒頭の下線部分の前提が極

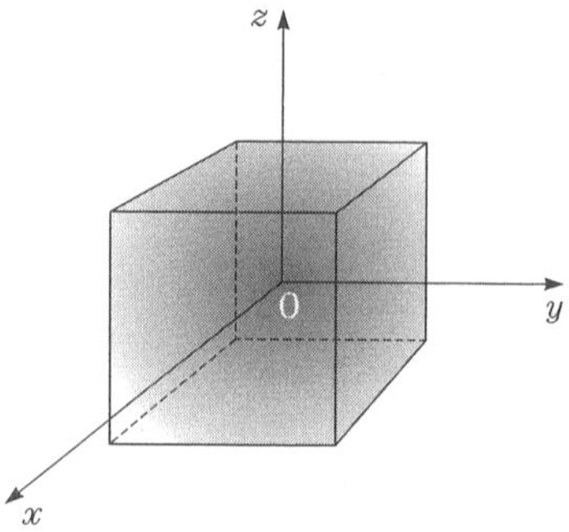

図3.14

めて重要である．たとえば，図 3.14 のように球対称の電荷分布を立方体の形に切り取った，その外では $\rho(\boldsymbol{r})=0$ であるような分布の場合は，全体として球対称ではないので，(3.48) が成り立たず，(3.49) の左辺を (3.50) のように計算することができない．

話を球対称の場合にもどすと，$\rho(r)$ の関数形がわかっている場合には，$q_{内部}(\boldsymbol{r})$ を

$$q_{内部}(\boldsymbol{r})=\int_{\mathrm{V}}\rho(\boldsymbol{r})dV=\int_{\mathrm{V}}\rho(r')4\pi r'^2\,dr'=4\pi\int_0^r\rho(r')r'^2\,dr' \quad (3.52)$$

から具体的に計算することができる．

例題 3.3

図 3.15 のように半径 a の球内に一様な密度 ρ で分布した電荷の周りの電場を求め，ρ および全電荷 q を用いて表しなさい．また，それを中心からの距離の関数としてグラフに表しなさい．

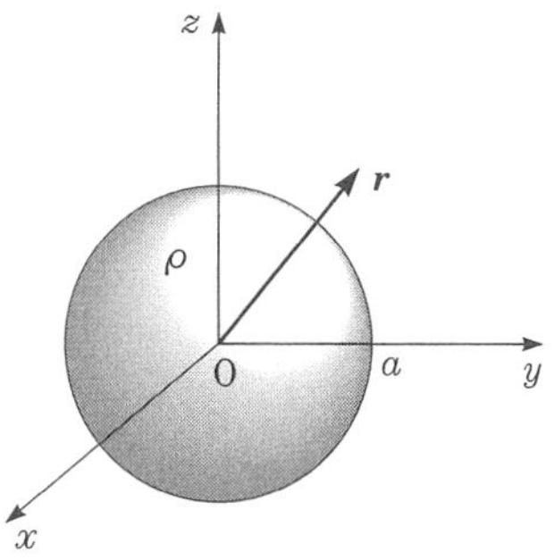

図 3.15

［**解**］　全電荷は

$$q=\frac{4\pi a^3}{3}\rho \quad (3.53)$$

である．電荷分布は球対称だから［例 1］の計算がそのまま成り立つ．すなわち，$\boldsymbol{D}(\boldsymbol{r})$ は (3.48) のように表せ，(3.49)，(3.50) も成り立つので，結局 (3.51) が得られる．よって，電束密度は $q_{内部}(\boldsymbol{r})$ を計算すればわかる．

$$q_{内部}(\boldsymbol{r})=\int_{\mathrm{V}}\rho(\boldsymbol{r})\,dV, \qquad \rho(\boldsymbol{r})=\begin{cases}\rho & r\leqq a\\ 0 & r>a\end{cases} \quad (3.54)$$

であるから，

$$r\leqq a\text{ のとき}\quad q_{内部}=\frac{4\pi r^3}{3}\rho\quad\text{だから}\quad D(r)=\frac{1}{4\pi r^2}\frac{4\pi r^3}{3}\rho=\frac{r}{3}\rho=\frac{qr}{4\pi a^3} \quad (3.55)$$

である．したがって

$$\boldsymbol{D}(\boldsymbol{r}) = \frac{\rho}{3} r\,\boldsymbol{e}_r = \frac{qr}{4\pi a^3}\boldsymbol{e}_r, \qquad \boldsymbol{E}(\boldsymbol{r}) = \frac{\rho}{3\varepsilon_0} r\,\boldsymbol{e}_r = \frac{qr}{4\pi\varepsilon_0 a^3}\boldsymbol{e}_r \tag{3.56}$$

である．また

$r \geqq a$ のとき

$$q_{内部}(\boldsymbol{r}) = \frac{4\pi a^3}{3}\rho = q \quad だから \quad D(r) = \frac{1}{4\pi r^2}\frac{4\pi a^3}{3}\rho = \frac{a^3\rho}{3r^2} = \frac{q}{4\pi r^2} \tag{3.57}$$

である．したがって，次のようになる．

$$\boldsymbol{D}(\boldsymbol{r}) = \frac{a^3\rho}{3r^2}\boldsymbol{e}_r = \frac{q}{4\pi r^2}\boldsymbol{e}_r, \qquad \boldsymbol{E}(\boldsymbol{r}) = \frac{a^3\rho}{3\varepsilon_0 r^2}\boldsymbol{e}_r = \frac{q}{4\pi\varepsilon_0 r^2}\boldsymbol{e}_r \tag{3.58}$$

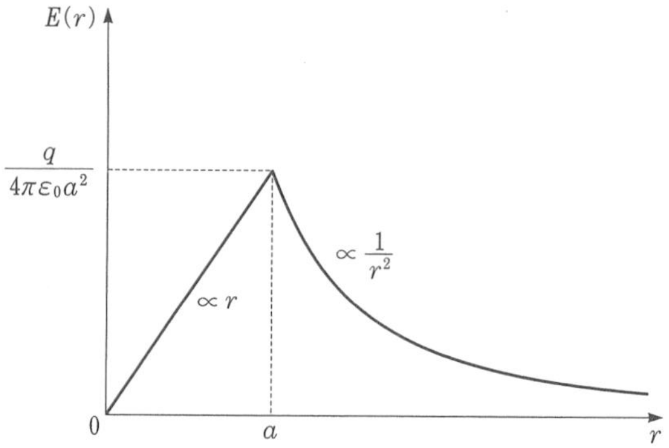

図 3.16

図 3.16 に，$E(\boldsymbol{r})$ を r の関数として描いて示す．$r \geqq a$ では，電荷 q がすべて中心に集中したときの電場に等しい．　¶

［例 2］　無限に広い平面上に一定の面密度 $\boldsymbol{\sigma}$ で分布している電荷の周りの電場

図 3.17 のように面内に x，y 軸をとり，垂直に z 軸をもつデカルト座標で点 $\boldsymbol{r}(x, y, z)$ の電場を考える．電荷分布は，$\boldsymbol{r}(x, y, z)$ を通り xy 面に垂直な任意の面について対称だから

$$D_x = D_y = 0 \tag{3.59}$$

であり，D_z は x, y に依存しない．よって

$$\boldsymbol{D}(\boldsymbol{r}) = D_z(z)\boldsymbol{e}_z \tag{3.60}$$

と書ける．また

$$D_z(-z) = -D_z(z) \tag{3.61}$$

である．以上を確認すると以下の計算が可能になる．

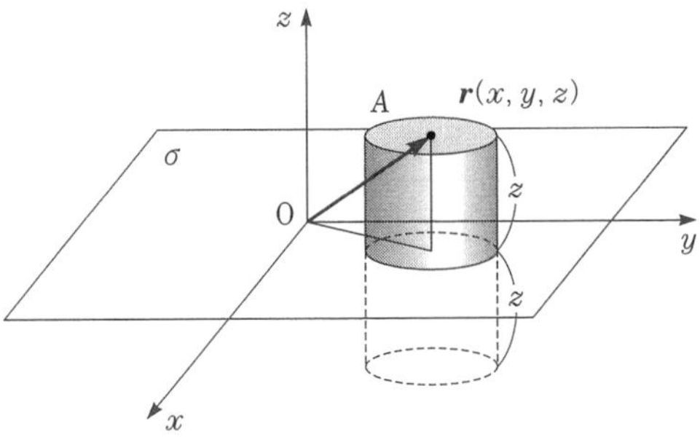

図3.17

$\boldsymbol{r}$ を通り平面に垂直な軸をもつ底面積 A，高さ $2z$ の，面を貫く円筒を考えると，ガウスの法則から

$$\oint_S \boldsymbol{D}(\boldsymbol{r})\cdot d\boldsymbol{S} = q_{\text{内部}} \tag{3.62}$$

である．

$$\text{左辺} = \int_{\text{上底}} \boldsymbol{D}(\boldsymbol{r})\cdot d\boldsymbol{S} + \int_{\text{側面}} \boldsymbol{D}(\boldsymbol{r})\cdot d\boldsymbol{S} + \int_{\text{下底}} \boldsymbol{D}(\boldsymbol{r})\cdot d\boldsymbol{S} \tag{3.63}$$

であるが，側面では $\boldsymbol{D}(\boldsymbol{r}) \perp d\boldsymbol{S}$ だから

$$\boldsymbol{D}(\boldsymbol{r})\cdot d\boldsymbol{S} = 0 \tag{3.64}$$

で，上底では

$$\int_{\text{上底}} \boldsymbol{D}(\boldsymbol{r})\cdot d\boldsymbol{S} = \int_{\text{上底}} D_z(z)\boldsymbol{e}_z\cdot\boldsymbol{e}_z\, dS = D_z(z)\int_{\text{上底}} dS = AD_z(z) \tag{3.65}$$

下底では

$$\int_{\text{下底}} \boldsymbol{D}(\boldsymbol{r})\cdot d\boldsymbol{S} = \int_{\text{下底}} D_z(-z)\boldsymbol{e}_z\cdot(-\boldsymbol{e}_z)\, dS = D_z(z)\int_{\text{下底}} dS = AD_z(z) \tag{3.66}$$

だから

$$\text{左辺} = 2AD_z(z) \tag{3.67}$$

である．

一方，$q_{\text{内部}}$ は，この円筒で切り取られる平面に含まれる電荷だから，

$$\text{右辺} = A\sigma \tag{3.68}$$

となり，

$$2AD_z(z) = A\sigma \rightarrow D_z(z) = \frac{\sigma}{2} \tag{3.69}$$

である．これは z に依存しないので

$$\boldsymbol{D}(\boldsymbol{r}) = \frac{\sigma}{2}\boldsymbol{e}_z$$

また，(3.61) から

$$\boldsymbol{D}(-\boldsymbol{r}) = -\frac{\sigma}{2}\boldsymbol{e}_z$$

となり，図 3.17 の特定の点 $\boldsymbol{r}$ に依存しないので，一般的に書くと次のようになる．

$$\boldsymbol{D}(\boldsymbol{r}) = \begin{cases} \dfrac{\sigma}{2}\boldsymbol{e}_z & (z > 0) \\ -\dfrac{\sigma}{2}\boldsymbol{e}_z & (z < 0) \end{cases} \tag{3.70}$$

$$\boldsymbol{E}(\boldsymbol{r}) = \begin{cases} \dfrac{\sigma}{2\varepsilon_0}\boldsymbol{e}_z & (z > 0) \\ -\dfrac{\sigma}{2\varepsilon_0}\boldsymbol{e}_z & (z < 0) \end{cases} \tag{3.71}$$

例題 3.4

無限に長い直線上に一様な線密度 λ で分布した電荷の周りの電場を求めなさい．

［**解**］ 図 3.18 のような，この直線を z 軸とする円筒座標 (ξ, φ, z) で，任意の点 $\boldsymbol{r}$ の電場を考える．$\boldsymbol{D}(\boldsymbol{r})$ は点 $\boldsymbol{r}$ と z 軸を含む面内にあるはずだから，$D_\varphi = 0$ である．また，直線は無限に長いから，$\boldsymbol{D}(\boldsymbol{r})$ は点 $\boldsymbol{r}$ を通り z 軸に垂直な面内にあるはずであり，$D_z = 0$ である．したがって

$$\boldsymbol{D}(\boldsymbol{r}) = D_\xi(\boldsymbol{r})\boldsymbol{e}_\xi \tag{3.72}$$

であることがわかる．そこで点 $\boldsymbol{r}$ を側面上にもつ，半径 ξ，長さ l の円筒を考える．ガウスの法則

$$\oint_S \boldsymbol{D}(\boldsymbol{r})\cdot d\boldsymbol{S} = q_{内部} \tag{3.73}$$

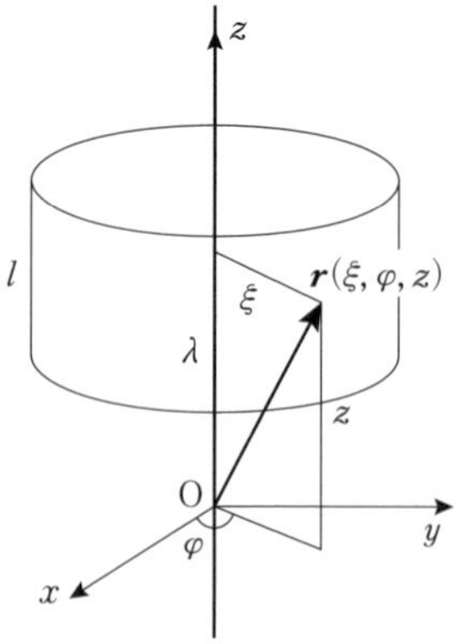

図 3.18

において

$$\text{左辺} = \int_{\text{上底}} \boldsymbol{D}(\boldsymbol{r})\cdot d\boldsymbol{S} + \int_{\text{側面}} \boldsymbol{D}(\boldsymbol{r})\cdot d\boldsymbol{S} + \int_{\text{下底}} \boldsymbol{D}(\boldsymbol{r})\cdot d\boldsymbol{S} \tag{3.74}$$

であるが，上底・下底では $\boldsymbol{D}(\boldsymbol{r}) \perp d\boldsymbol{S}$ だから

$$\boldsymbol{D}(\boldsymbol{r})\cdot d\boldsymbol{S} = 0 \tag{3.75}$$

であり，側面では

$$\int_{\text{側面}} \boldsymbol{D}(\boldsymbol{r})\cdot d\boldsymbol{S} = \int_{\text{側面}} D_\xi(\boldsymbol{r})\boldsymbol{e}_\xi\cdot\boldsymbol{e}_\xi\, dS = \int_{\text{側面}} D_\xi(\boldsymbol{r})\, dS$$

$$= D_\xi(\boldsymbol{r}) \int_{\text{側面}} dS = 2\pi\,\xi\, l\, D_\xi(\boldsymbol{r}) \tag{3.76}$$

だから

$$\text{左辺} = 2\pi\,\xi\, l\, D_\xi(\boldsymbol{r}) \tag{3.77}$$

である．

一方，右辺の $q_{\text{内部}}$ はこの円筒で切り取られる直線の部分に含まれる電荷だから，

$$\text{右辺} = \lambda l \tag{3.78}$$

である．よって

$$2\pi\,\xi\, l\, D_\xi(\boldsymbol{r}) = \lambda l \;\rightarrow\; D_\xi(\boldsymbol{r}) = \frac{\lambda}{2\pi\xi} \tag{3.79}$$

より

$$\boldsymbol{D}(\boldsymbol{r}) = \frac{\lambda}{2\pi\xi}\boldsymbol{e}_\xi, \qquad \boldsymbol{E}(\boldsymbol{r}) = \frac{\lambda}{2\pi\varepsilon_0\xi}\boldsymbol{e}_\xi \tag{3.80}$$

である．つまり，$\boldsymbol{D}(\boldsymbol{r})$ も $\boldsymbol{E}(\boldsymbol{r})$ も大きさは ξ だけの関数で，向きは $\boldsymbol{e}_\xi$ の向きである． ¶

演習問題

[**1**] 質量数 A の原子核の半径は $R_0 = 1.1 \times 10^{-15} A^{1/3}$ m で近似できる．アルミニウムの原子核（原子番号 $Z = 13$，$A = 27$）の半径 R_0 を求めなさい．また，電荷は球対称に分布しているとして，中心から $2R_0$ の位置の電場を求めなさい．ただし，電気素量を $e = 1.60 \times 10^{-19}$ C とする．

[**2**] 半径 a の球の表面積と体積を極座標を用いて計算しなさい．

[**3**] 半径 ξ の円柱の側面上のスカラー関数 $f(\boldsymbol{r})$ の面積分を円筒座標で表しなさい．また，円筒座標で体積積分を表しなさい．

[**4**] 半径 a の細い円環に一様な線密度 λ で分布した電荷の中心軸上高さ z の点の電場の向きと大きさを求めなさい．

［**5**］ 半径 a の薄い円板上に一様な面密度 σ で分布した電荷の中心軸上高さ z の点の電場の向きと大きさを求めなさい．

［**6**］ 半径 a の球殻上に一定の面密度 σ で分布した電荷の周りの電場を求めなさい．

［**7**］ 内半径 a_1，外半径 a_2，すなわち厚さ $a_2 - a_1$ の球殻内に一様な密度 ρ で分布した電荷の周りの電場を求めなさい．

［**8**］ 半径 a の無限に長い円柱内に一様な密度 ρ で分布した電荷の周りの電場を求めなさい．

［**9**］ 半径 a の無限に長い薄い円筒に一様な面密度 σ で分布した電荷の周りの電場を求めなさい．

［**10**］ 半径 a と $b(> a)$ で同じ長さ $L(\gg b)$ の長く薄い同軸の円筒にそれぞれ電荷 q と $-q$ が一様な面密度で分布しているとき，円筒の近くで両端から離れた部分の電場を求めなさい．

［**11**］ 一様な面密度 σ で帯電した半径 a の薄い円板がある．

（a） この円板の中心付近（表と裏）の電場を求めなさい．

（b） この円板の中心から離れた点の付近の電場について，ガウスの法則から何かいえることがあるか．

4 静電場と電位

ベクトル場の一種に，保存場とよばれる場がある．電荷が作る静電場（クーロン場）は，その例である．同じ電場でも，第9章で述べる，磁場の変化が原因で作られる誘導電場は保存場ではない．静電場が保存場であることから，電場と重なって存在する，静電ポテンシャルというスカラー場を定義することができる．スカラー場はベクトル場より取扱いが簡単なので，静電ポテンシャルは電場を計算するときの便利な手段になる．

電場が保存場であることを表す方程式は，誘導電場を含む，より一般的なマクスウェル方程式の1つ（第9章）を，静電場だけに対して適用したものに相当する．ここでは，その積分形を述べる．

また本章では，ガウスの法則からは計算できない，双極子モーメントの周りの電場とその静電ポテンシャルについても述べる．

§4.1 静電ポテンシャル

保存場

一般に，ベクトル場 $\boldsymbol{A}(\boldsymbol{r})$ の図4.1のような経路Cに沿っての線積分

$$\int_{\substack{r_0 \\ (\mathrm{C})}}^{r_1} \boldsymbol{A}(\boldsymbol{r})\cdot d\boldsymbol{r} \qquad (4.1)$$

が，経路によらないとき，すなわち，図4.2(a)のような任意の2つの経路C，C′に対して

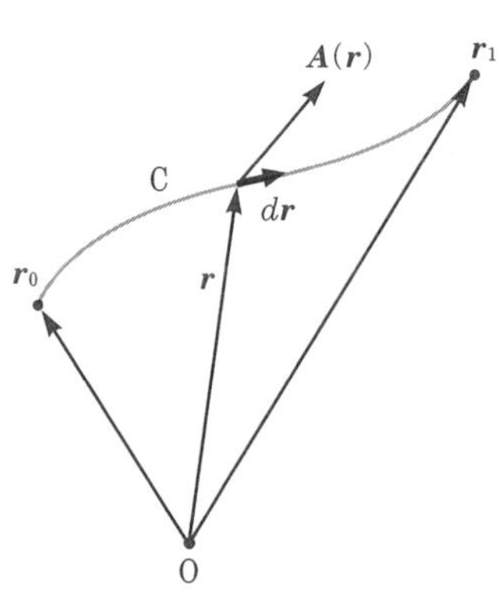

図4.1

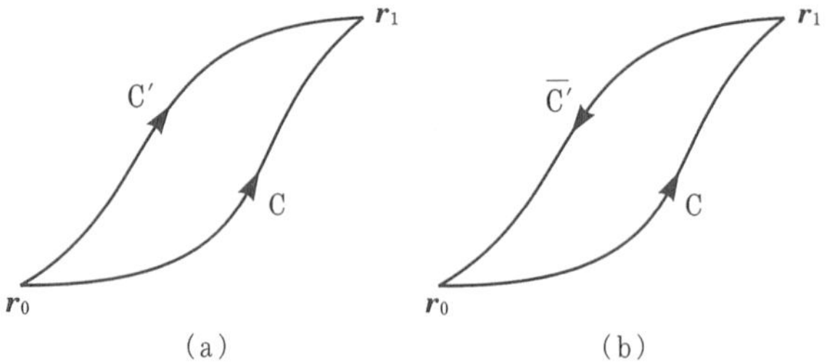

図 4.2

$$\int_{r_0 \atop (\mathrm{C})}^{r_1} \boldsymbol{A}(\boldsymbol{r})\cdot d\boldsymbol{r} = \int_{r_0 \atop (\mathrm{C}')}^{r_1} \boldsymbol{A}(\boldsymbol{r})\cdot d\boldsymbol{r} \tag{4.2}$$

のとき，$\boldsymbol{A}(\boldsymbol{r})$ を**保存場**という．このとき

$$\int_{r_0 \atop (\mathrm{C})}^{r_1} \boldsymbol{A}(\boldsymbol{r})\cdot d\boldsymbol{r} - \int_{r_0 \atop (\mathrm{C}')}^{r_1} \boldsymbol{A}(\boldsymbol{r})\cdot d\boldsymbol{r} = \int_{r_0 \atop (\mathrm{C})}^{r_1} \boldsymbol{A}(\boldsymbol{r})\cdot d\boldsymbol{r} + \int_{r_1 \atop (\overline{\mathrm{C}'})}^{r_0} \boldsymbol{A}(\boldsymbol{r})\cdot d\boldsymbol{r} = 0 \tag{4.3}$$

より

$$\oint_{\mathrm{C}+\overline{\mathrm{C}'}} \boldsymbol{A}(\boldsymbol{r})\cdot d\boldsymbol{r} = 0 \tag{4.4}$$

である．ただし，図 4.2(b) のように C′ を逆向きに辿ることを $\overline{\mathrm{C}'}$ で表した．C や C′ は任意に選んだ経路だから，

$$\oint_{\text{任意の閉曲線}} \boldsymbol{A}(\boldsymbol{r})\cdot d\boldsymbol{r} = 0 \tag{4.5}$$

である．左辺の積分を $\boldsymbol{A}(\boldsymbol{r})$ の**循環**（**周回積分**）という．$\oint$ は (2.54) で閉曲面上の積分を表す記号として使ったが，ここでは閉曲線上の積分に使った．

静電場（クーロン場）は保存場である

［証明］　図 4.3 のように電荷 q が原点にあるとき，その周りの電場は

$$\boldsymbol{E}(\boldsymbol{r}) = \frac{q}{4\pi\varepsilon_0 r^2}\boldsymbol{e}_r \tag{4.6}$$

であるから，

$$\int_{r_0 \atop (\mathrm{C})}^{r_1} \boldsymbol{E}(\boldsymbol{r})\cdot d\boldsymbol{r} = \int_{r_0 \atop (\mathrm{C})}^{r_1} \frac{q}{4\pi\varepsilon_0 r^2}\boldsymbol{e}_r\cdot d\boldsymbol{r} \tag{4.7}$$

であるが，図に示すように

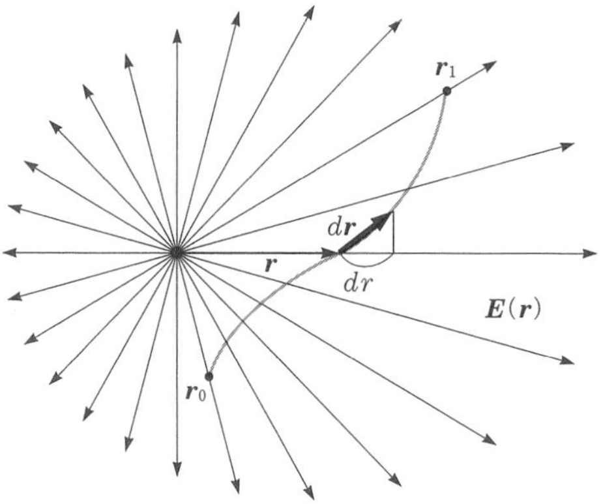

図4.3

$$\boldsymbol{e}_r\cdot d\boldsymbol{r} = dr \quad (= \text{変位ベクトル}\ d\boldsymbol{r}\ \text{の}\ r\ \text{方向成分}) \tag{4.8}$$

であるから

$$\int_{r_0 \atop (\mathrm{C})}^{r_1} \boldsymbol{E}(\boldsymbol{r})\cdot d\boldsymbol{r} = \int_{r_0 \atop (\mathrm{C})}^{r_1} \frac{q}{4\pi\varepsilon_0 r^2}\,dr = \frac{q}{4\pi\varepsilon_0}\int_{r_0}^{r_1}\frac{dr}{r^2}$$

$$= -\frac{q}{4\pi\varepsilon_0}\frac{1}{r}\bigg|_{r_0}^{r_1} = -\frac{q}{4\pi\varepsilon_0}\left(\frac{1}{r_1} - \frac{1}{r_0}\right) \tag{4.9}$$

である．dr は $d\boldsymbol{r}$ の大きさ $|d\boldsymbol{r}|$ ではなく，その r 方向成分である．(4.9) は始点と終点の座標の r 成分のみに依存するから，途中の経路には依存しない．したがって，(4.6) は保存場である．任意の静電場 $\boldsymbol{E}(\boldsymbol{r})$ は，(3.19) のようにクーロン場の重ね合わせで表せるから，保存場である．つまり，

$$\oint_{\mathrm{C}} \boldsymbol{E}(\boldsymbol{r})\cdot d\boldsymbol{r} = 0 \tag{4.10}$$

である．これは2番目の**マクスウェル方程式**（積分形）の，静電場（クーロン電場）しか存在しないときの表式である．誘導電場を含む完全な方程式は

$$\oint_{\mathrm{C}} \boldsymbol{E}(\boldsymbol{r},t)\cdot d\boldsymbol{r} = -\int_{\mathrm{S}} \frac{\partial \boldsymbol{B}(\boldsymbol{r},t)}{\partial t}\cdot d\boldsymbol{S} \quad (\text{S は C を外周とする任意の面}) \tag{4.11}$$

である．これについては第9章で述べる．

静電ポテンシャル

上に示したように，静電場 $\boldsymbol{E}(\boldsymbol{r})$ は保存場だから，任意の点 $\boldsymbol{r}_0$ から点 $\boldsymbol{r}$ までの積分

$$\phi(\boldsymbol{r}) = -\int_{r_0}^{r} \boldsymbol{E}(\boldsymbol{r})\cdot d\boldsymbol{r} \qquad (\phi：ファイ) \tag{4.12}$$

は経路に依存しない（よって，経路Cは明示しなくてよい）．これを電場 $\boldsymbol{E}(\boldsymbol{r})$ の点 $\boldsymbol{r}_0$ を基準とする**静電ポテンシャル**という．または**電位**という．負号を付ける理由については，次節で明らかになる．

原点に電荷 q があるとき，周りの静電ポテンシャルは (4.9) に負号を付けたものだから

$$\phi(\boldsymbol{r}) = -\int_{r_0}^{r} \frac{q}{4\pi\varepsilon_0 r^2}\boldsymbol{e}_r\cdot d\boldsymbol{r} = \frac{q}{4\pi\varepsilon_0}\left(\frac{1}{r} - \frac{1}{r_0}\right) \tag{4.13}$$

である．特に，$\boldsymbol{r} = \boldsymbol{r}_0$ とすると

$$\phi(\boldsymbol{r}_0) = -\int_{r_0}^{r_0} \boldsymbol{E}(\boldsymbol{r})\cdot d\boldsymbol{r} = 0 \tag{4.14}$$

である．これが，点 $\boldsymbol{r}_0$ を基準とするという意味である．無限遠 $r_0 \to \infty$ を基準にとると

$$\frac{1}{r_0} \to 0$$

だから

$$\phi(\boldsymbol{r}) = \frac{q}{4\pi\varepsilon_0 r} \tag{4.15}$$

となる．普通は，このように無限遠を基準に選ぶ．図1.10のように電荷 q_1 が原点ではなく点 $\boldsymbol{r}_1$ にあるとき，点 $\boldsymbol{r}$ の静電ポテンシャルは

$$\phi(\boldsymbol{r}) = \frac{q_1}{4\pi\varepsilon_0|\boldsymbol{r} - \boldsymbol{r}_1|} \tag{4.16}$$

である．また，多数の電荷 $q_1, q_2, \cdots, q_n$ が位置 $\boldsymbol{r}_1, \boldsymbol{r}_2, \cdots, \boldsymbol{r}_n$ にあるときの点 $\boldsymbol{r}$ の静電ポテンシャルは，重ね合わせの原理より次のようになる．

$$\phi(\boldsymbol{r}) = \sum_{i=1}^{n} \frac{q_i}{4\pi\varepsilon_0|\boldsymbol{r} - \boldsymbol{r}_i|} \tag{4.17}$$

以上は点電荷の場合であるが，図 4.4 のような連続的な電荷分布 $\rho(\boldsymbol{r})$ が作る静電ポテンシャルは，点 $\boldsymbol{r}'$ の周りの微小体積 $\Delta V'$ 内にある電荷 $\rho(\boldsymbol{r}')\Delta V'$ が作る静電ポテンシャルをすべて重ね合わせればよいから，積分を用いて，

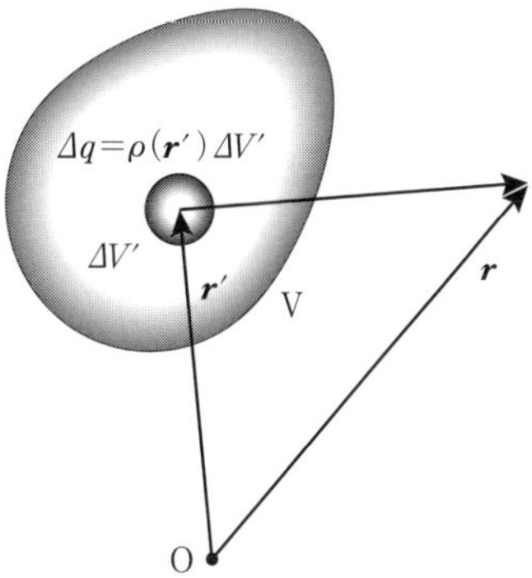

図 4.4

$$\phi(\boldsymbol{r}) = \int_{\mathrm{V}} \frac{\rho(\boldsymbol{r}')dV'}{4\pi\varepsilon_0|\boldsymbol{r}-\boldsymbol{r}'|} \tag{4.18}$$

である．面 S 上に面電荷密度 $\sigma(\boldsymbol{r})$ で分布している電荷や，曲線 C 上に線電荷密度 $\lambda(\boldsymbol{r})$ で分布している電荷による静電ポテンシャルも同様にして

$$\phi(\boldsymbol{r}) = \int_{\mathrm{S}} \frac{\sigma(\boldsymbol{r}')\,dS'}{4\pi\varepsilon_0|\boldsymbol{r}-\boldsymbol{r}'|} \tag{4.19}$$

$$\phi(\boldsymbol{r}) = \int_{\mathrm{C}} \frac{\lambda(\boldsymbol{r}')\,dl'}{4\pi\varepsilon_0|\boldsymbol{r}-\boldsymbol{r}'|} \tag{4.20}$$

で与えられる．静電ポテンシャルはスカラー量なので，$\boldsymbol{E}(\boldsymbol{r})$ より計算が容易である．

静電ポテンシャルの次元と SI 単位は

$$[\phi] = [E]\mathsf{L} = \mathsf{MLT^{-2}Q^{-1}L} = \mathsf{ML^2T^{-2}Q^{-1}} :$$
$$\mathrm{kg\,m^2/s^2\,C} = \mathrm{V} = \mathrm{volt}(\textbf{ボルト}) \tag{4.21}$$

である．静電ポテンシャルは応用上重要な量なので，このように特別な単位 V が与えられている．これを用いると，電場 E の SI 単位は V/m である．

電 位 差

点 $\boldsymbol{r}$ と点 $\boldsymbol{r}'$ の静電ポテンシャル（電位）の差

$$\phi(\boldsymbol{r}') - \phi(\boldsymbol{r}) = -\int_{r_0}^{r'} \boldsymbol{E}(\boldsymbol{r})\cdot d\boldsymbol{r} - \left[-\int_{r_0}^{r} \boldsymbol{E}(\boldsymbol{r})\cdot d\boldsymbol{r}\right] = -\int_{r}^{r'} \boldsymbol{E}(\boldsymbol{r})\cdot d\boldsymbol{r} \tag{4.22}$$

を**電位差**という．これは，点 $\boldsymbol{r}$ を基準とする点 $\boldsymbol{r}'$ の静電ポテンシャルでもある．

§4.2 ポテンシャル・エネルギー

図 4.5(a) のように，点 $\boldsymbol{r}$ にある電荷 q が基準点 $\boldsymbol{r}_0$ まで移動するときに $\boldsymbol{E}(\boldsymbol{r})$ がする仕事

$$U(\boldsymbol{r}) = q\int_{r}^{r_0}\boldsymbol{E}(\boldsymbol{r})\cdot d\boldsymbol{r} = -q\int_{r_0}^{r}\boldsymbol{E}(\boldsymbol{r})\cdot d\boldsymbol{r} = q\,\phi(\boldsymbol{r}) \qquad (4.23)$$

を，点 $\boldsymbol{r}$ にある q がもつ**ポテンシャル・エネルギー**という．(4.12) の定義に負号が付いていたのは，$U(\boldsymbol{r})$ と $q\,\phi(\boldsymbol{r})$ がこのように同じ符号になるように予め配慮したものである．ポテンシャルには「潜在的な」という意味があり，移動前にエネルギーを潜在的にもっていたので仕事ができたと考える．ただし，力学で学ぶように，電場の中の任意の点 $\boldsymbol{r}$ にある点電荷 q を<u>任意の</u>経路を辿って点 $\boldsymbol{r}_0$ にもって来るには，静電気力以外の力を加えて誘導する必要がある．(4.23) はその余分な力のことは無視して，静電気力 $q\,\boldsymbol{E}(\boldsymbol{r})$ がする仕事のみをとりだしたものが $U(\boldsymbol{r})$ に等しいという意味である．逆に図 4.5(b) のように，$q\,\boldsymbol{E}(\boldsymbol{r})$ に抗する静電気力以外の力を使って，電荷 q を基準点 $\boldsymbol{r}_0$ から点 $\boldsymbol{r}$ まで，つり合いを保ちつつ十分ゆっくりと移動させるのに必要な仕事が $U(\boldsymbol{r})$ であるといってもよい．

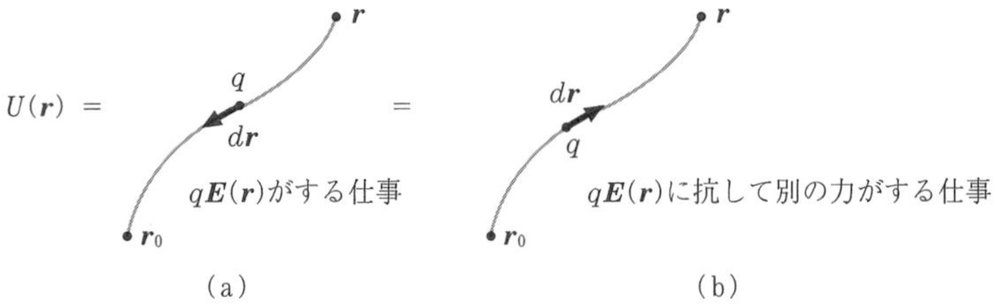

図 4.5

ポテンシャル・エネルギーの次元と SI 単位は

$$[U] = \mathsf{Q}[E]\mathsf{L} = [F]\mathsf{L} = \mathsf{ML^2T^{-2}} = [\text{エネルギー}]:$$
$$\mathrm{J} = \mathrm{joule}(\textbf{ジュール}) \qquad (4.24)$$

である．

(4.23) は，電場が予め与えられているとき，その中に置かれた電荷の

ポテンシャル・エネルギーである．次に，電荷 q_1, q_2 がそれぞれ位置 $\boldsymbol{r}_1, \boldsymbol{r}_2$ にあり，他に電場の原因がないときのポテンシャル・エネルギーを求めよう．q_1 が q_2 の位置に作る静電ポテンシャルは

$$\phi_1(\boldsymbol{r}_2) = \frac{q_1}{4\pi\varepsilon_0|\boldsymbol{r}_2 - \boldsymbol{r}_1|} \tag{4.25}$$

だから，電荷 q_2 がもつポテンシャル・エネルギーは

$$U_2(\boldsymbol{r}_2) = q_2\phi_1(\boldsymbol{r}_2) = \frac{q_1 q_2}{4\pi\varepsilon_0|\boldsymbol{r}_2 - \boldsymbol{r}_1|} \tag{4.26}$$

である．一方，電荷 q_1 がもつポテンシャル・エネルギーは，同様に

$$U_1(\boldsymbol{r}_1) = q_1\phi_2(\boldsymbol{r}_1) = \frac{q_1 q_2}{4\pi\varepsilon_0|\boldsymbol{r}_1 - \boldsymbol{r}_2|} \tag{4.27}$$

であるが，明らかに $U_2(\boldsymbol{r}_2) = U_1(\boldsymbol{r}_1)$ である．$U_2(\boldsymbol{r}_2)$ は，互いに無限に離れていた電荷 q_1 と q_2 のうち，まず q_1 を $\boldsymbol{r}_1$ にもってきた後で，q_2 を $\boldsymbol{r}_2$ にもってくるのに要する仕事とみなすことができる．最初は電場がないから，q_1 の移動には力，したがって仕事を要しないからである．同様に，$U_1(\boldsymbol{r}_1)$ の方は，逆の順序でこの電荷配置を作ったとしたときに要する仕事とみなすことができる．つまり，これらは同じポテンシャル・エネルギーの異なる立場からの見方と考えてよいので，等しいのは当然である．

一般にポテンシャル・エネルギーは，電荷の「位置」のエネルギーというよりは「配置」のエネルギーと考えるべきものである．このような立場からは $U_2(\boldsymbol{r}_2)$ と $U_1(\boldsymbol{r}_1)$ は対等であり，この配置がもつエネルギーとして，対称的に

$$U = \frac{1}{2}[U_1(\boldsymbol{r}_1) + U_2(\boldsymbol{r}_2)] = \frac{1}{2}[q_1\phi_2(\boldsymbol{r}_1) + q_2\phi_1(\boldsymbol{r}_2)] \tag{4.28}$$

と書くことができる．これを一般化して，n 個の電荷 $q_1, \cdots, q_n$ のある配置がもつ静電エネルギーは

$$U = \frac{1}{2}\sum_{i=1}^{n} q_i\phi_i \tag{4.29}$$

と書くことができる．ただし，q_i の位置 $\boldsymbol{r}_i$ を省略し ϕ の添え字の意味を変え，q_i 以外のすべての電荷が $\boldsymbol{r}_i$ に作る静電ポテンシャルを ϕ_i とした（上の例では，$\phi_1(\boldsymbol{r}_2) \to \phi_2$）．

連続的な電荷が密度 $\rho(\boldsymbol{r})$ で分布している場合に，その連続的な電荷配置がもつポテンシャル・エネルギーが

$$U = \frac{1}{2}\int \phi(\boldsymbol{r})\rho(\boldsymbol{r})\,dV \tag{4.30}$$

で与えられることは積分（積分領域は全空間）の意味から明らかであろう．

例題 4.1

陽子と電子が距離 $a_{\mathrm{B}} = 5.29 \times 10^{-11}\,\mathrm{m}$（水素原子のボーア半径）だけ離れて存在しているときのポテンシャル・エネルギーを求めなさい．また，それを eV（**電子ボルト**）単位で求めなさい．ただし，$1\,\mathrm{eV} = 1.60 \times 10^{-19}\,\mathrm{J}$ である．

［**解**］ 陽子と電子の電荷は $\pm q = \pm e = \pm 1.60 \times 10^{-19}\,\mathrm{C}$ だから

$$U = \frac{-e^2}{4\pi\varepsilon_0 a_{\mathrm{B}}} = -8.99 \times 10^9 \frac{(1.60 \times 10^{-19})^2}{5.29 \times 10^{-11}} = -4.35 \times 10^{-18}\,\mathrm{J} = -27.2\,\mathrm{eV}$$

¶

§4.3 静電ポテンシャルの例

いくつかの電荷分布について，静電ポテンシャルを計算しよう．

［例 1］ 一様な電場

図 4.6 のように，一様な電場の向きを x 軸に選ぶと，電場は

$$\boldsymbol{E}(\boldsymbol{r}) = E\,\boldsymbol{e}_x = 一定 \tag{4.31}$$

と表すことができる．よって，$\boldsymbol{r}_0$ を基準とする静電ポテンシャルは

$$\boldsymbol{e}_x \cdot d\boldsymbol{r} = dx \tag{4.32}$$

より

$$\phi(\boldsymbol{r}) = -\int_{\boldsymbol{r}_0}^{\boldsymbol{r}} \boldsymbol{E}\cdot d\boldsymbol{r} = -\int_{\boldsymbol{r}_0}^{\boldsymbol{r}} E\,\boldsymbol{e}_x\cdot d\boldsymbol{r}$$
$$= -E\int_{x_0}^{x} dx = -E[x]_{x_0}^{x}$$
$$= -E(x - x_0) \tag{4.33}$$

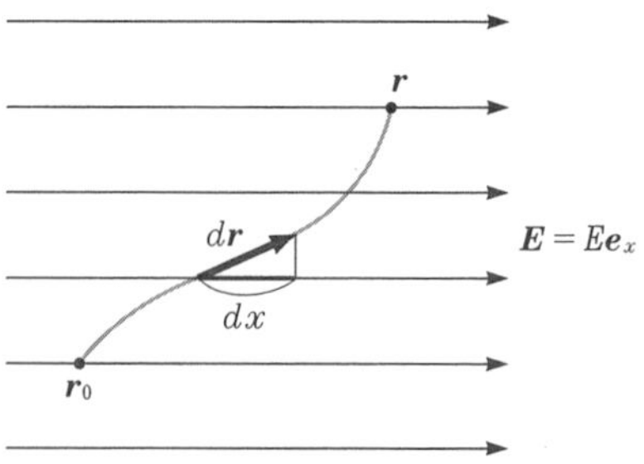

図 4.6

である．この場合は無限遠を基準点に選ぶことはできない．

［例 2］ 半径 a の球形領域に一様な密度 ρ で分布した電荷

これは，図 4.7 のような電荷分布である．全電荷 q は (3.53) で，電場 $\boldsymbol{E}(\boldsymbol{r})$ は (3.56), (3.58) で与えられ，その大きさは図 3.16 のようになるが，無限遠を基準にとると

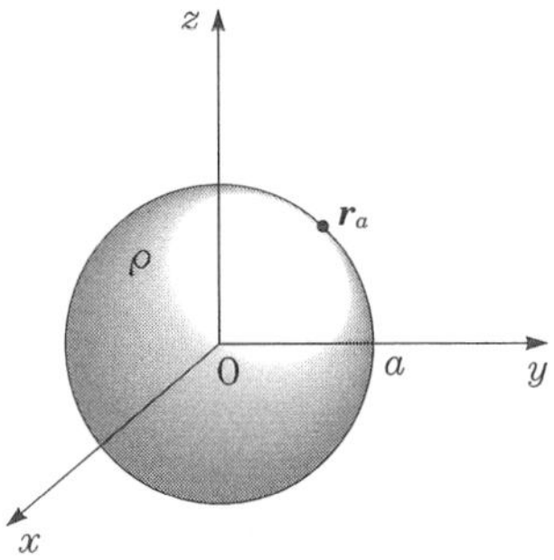

図 4.7

$r \geqq a$ のとき

$$\phi(\boldsymbol{r}) = -\int_\infty^r \frac{q}{4\pi\varepsilon_0 r^2}\boldsymbol{e}_r\cdot d\boldsymbol{r} = \left.\frac{q}{4\pi\varepsilon_0 r}\right|_\infty^r = \frac{q}{4\pi\varepsilon_0 r} \tag{4.34}$$

$r \leqq a$ のとき

$$\begin{aligned}\phi(\boldsymbol{r}) &= -\int_\infty^{r_a} \frac{q}{4\pi\varepsilon_0 r^2}\boldsymbol{e}_r\cdot d\boldsymbol{r} - \int_{r_a}^r \frac{qr}{4\pi\varepsilon_0 a^3}\boldsymbol{e}_r\cdot d\boldsymbol{r}\\ &= \left[\frac{q}{4\pi\varepsilon_0 r}\right]_\infty^a - \left[\frac{q}{4\pi\varepsilon_0 a^3}\frac{r^2}{2}\right]_a^r\\ &= \frac{q}{4\pi\varepsilon_0 a} - \frac{qr^2}{8\pi\varepsilon_0 a^3} + \frac{q}{8\pi\varepsilon_0 a} = \frac{q}{8\pi\varepsilon_0 a^3}(3a^2 - r^2)\end{aligned} \tag{4.35}$$

である．$\phi(\boldsymbol{r})$ を動径座標 r の関数として表すと，図 4.8 のようになっている．

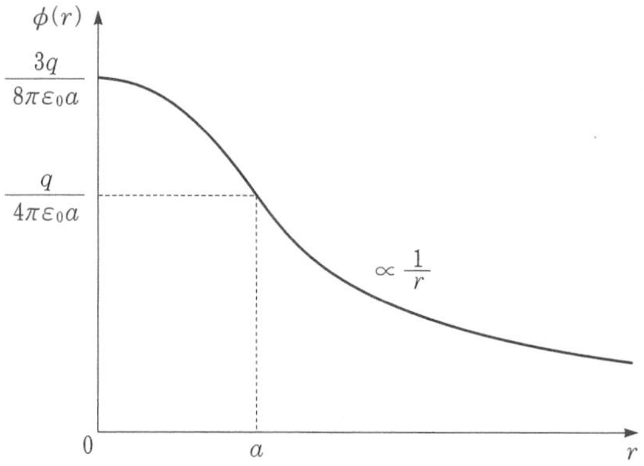

図 4.8

［例 3］ 線電荷密度 λ で一様に帯電した無限に長い直線

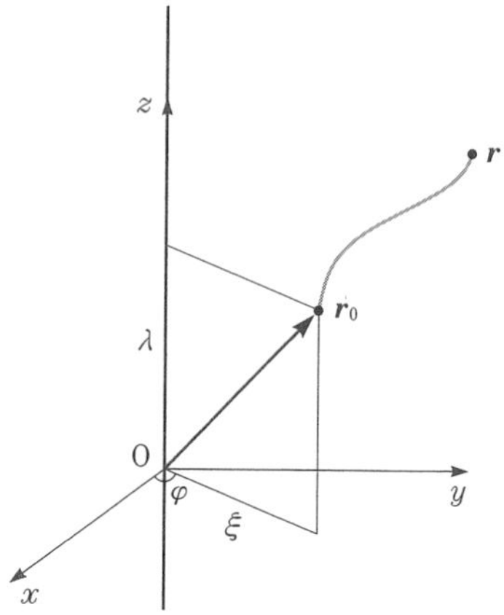

図 4.9

図 4.9 のように直線上に原点をとり，直線を z 軸とする円筒座標 (ξ, φ, z) で表すと，周りの電場は，(3.80)

$$\boldsymbol{E}(\boldsymbol{r}) = \frac{\lambda}{2\pi\varepsilon_0 \xi}\boldsymbol{e}_\xi$$

で与えられる．任意に選んだ点 $\boldsymbol{r}_0$ を基準とする静電ポテンシャルは，$\boldsymbol{e}_\xi \cdot d\boldsymbol{r} = d\xi$ を利用して

$$\begin{aligned}\phi(\boldsymbol{r}) &= -\int_{r_0}^{r} \frac{\lambda}{2\pi\varepsilon_0 \xi}\boldsymbol{e}_\xi \cdot d\boldsymbol{r} \\ &= -\int_{\xi_0}^{\xi} \frac{\lambda\, d\xi}{2\pi\varepsilon_0 \xi} = -\frac{\lambda}{2\pi\varepsilon_0}\log \xi\Big|_{\xi_0}^{\xi} \\ &= -\frac{\lambda}{2\pi\varepsilon_0}\log\frac{\xi}{\xi_0} \qquad (4.36)\end{aligned}$$

である．ξ_0 は，点 $\boldsymbol{r}_0$ の ξ 座標である．この場合も，無限遠を基準点に選ぶことはできない．図 4.10 に，$\phi(\boldsymbol{r})$ を ξ の関数として示した．

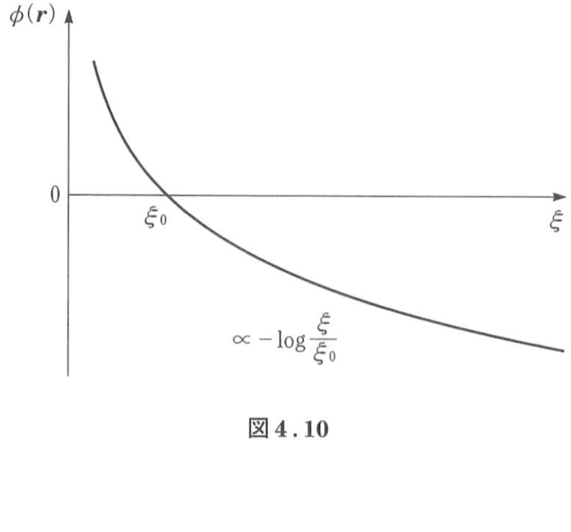

図 4.10

例題 4.2

図 4.11 のように半径 a の球面上に一様な面密度 σ で分布した電荷の周りの静電ポテンシャルを求め，中心からの距離 r の関数として図示しなさい．

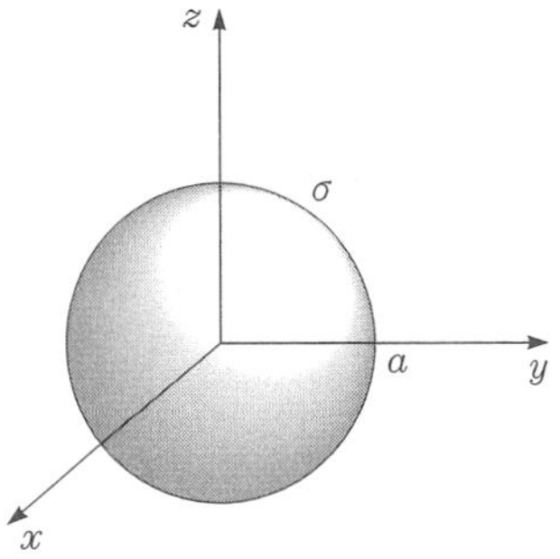

図 4.11

［**解**］　電荷の総量は

$$q = 4\pi a^2 \sigma \tag{4.37}$$

である．電場は，第 3 章の演習問題［6］で求めたように

$$\boldsymbol{E}(\boldsymbol{r}) = \begin{cases} 0 & (r < a) \\ \dfrac{q}{4\pi\varepsilon_0 r^2}\boldsymbol{e}_r = \dfrac{\sigma a^2}{\varepsilon_0 r^2}\boldsymbol{e}_r & (r > a) \end{cases} \tag{4.38}$$

であるから，無限遠を基準にとると

$$r \geqq a \text{のとき}\quad \phi(\boldsymbol{r}) = -\int_\infty^r \frac{q}{4\pi\varepsilon_0 r^2}\boldsymbol{e}_r\cdot d\boldsymbol{r} = \left.\frac{q}{4\pi\varepsilon_0 r}\right|_\infty^r = \frac{q}{4\pi\varepsilon_0 r} = \frac{\sigma a^2}{\varepsilon_0 r} \tag{4.39}$$

$$r \leqq a \text{のとき}\quad \phi(\boldsymbol{r}) = \frac{q}{4\pi\varepsilon_0 a} = \frac{\sigma a}{\varepsilon_0} \tag{4.40}$$

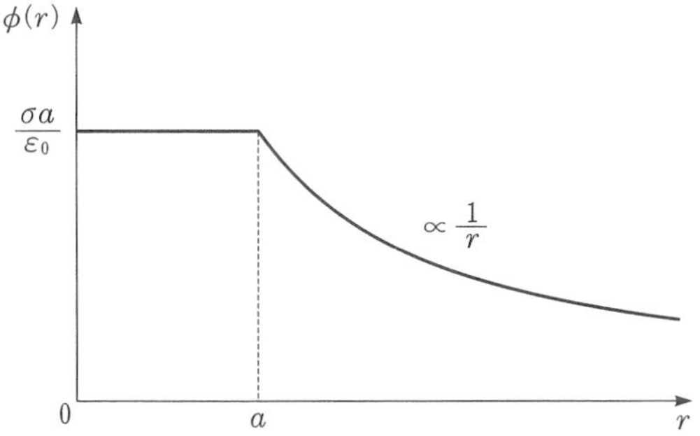

図 4.12

である．$\phi(r)$ を動径座標 r の関数として示すと，図 4.12 のようになる． ¶

§4.4 電場と静電ポテンシャルの微分関係

静電ポテンシャル $\phi(\boldsymbol{r})$ は電場 $\boldsymbol{E}(\boldsymbol{r})$ から(4.12)の積分の関係で定義されたが，逆に，$\boldsymbol{E}(\boldsymbol{r})$ を $\phi(\boldsymbol{r})$ で表すことも可能である．それには偏微分を使う．

2 変数関数 $z = g(x, y)$ があるとき，その x に関する**偏導関数**は

$$\frac{\partial g}{\partial x} = \lim_{\Delta x \to 0} \frac{g(x + \Delta x, y) - g(x, y)}{\Delta x} = \lim_{\Delta x \to 0} \frac{\Delta g(x, y)}{\Delta x}\bigg|_{y=\mathrm{const}} \tag{4.41}$$

である（図 4.13）．このように，他の変数（いまの場合は y）の値を止めて 1 つの変数（いまの場合は x）についてだけ微分しておいて，その結果をあらためて 2 変数（x，y）の関数とみなすものが偏導関数であり，そのような微分計算を**偏微分**という．偏微分の計算は他の変数を止めておいて行うから，1 変数関数 $y = f(x)$ の常微分と同じようにできる．

3 変数以上の場合も，関数 $g(x_1, x_2, \cdots, x_n)$ の変数 x_i に関する偏導関数は

$$\frac{\partial g}{\partial x_i} = \lim_{\Delta x_i \to 0} \frac{g(x_1, \cdots, x_i + \Delta x_i, \cdots, y_n) - g(x_1, \cdots, x_i, \cdots, y_n)}{\Delta x_i} \tag{4.42}$$

と定義される．

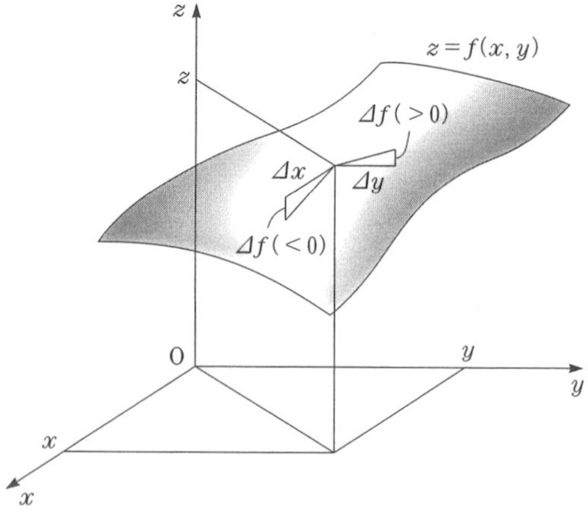

図 4.13

さて，$\phi(\boldsymbol{r})$ と $\boldsymbol{E}(\boldsymbol{r})$ の関係を，離れた2点間のある経路に沿った積分ではなく，1点 $\boldsymbol{r}$ における関係として表すのがいまの目的である．そのために，図4.14のような点 $\boldsymbol{r}$ から x 軸に平行な方向に離れた近傍の点 $\boldsymbol{r}+\Delta x\,\boldsymbol{e}_x$ と点 $\boldsymbol{r}$ の静電ポテンシャルの差を求めると，(4.22) より

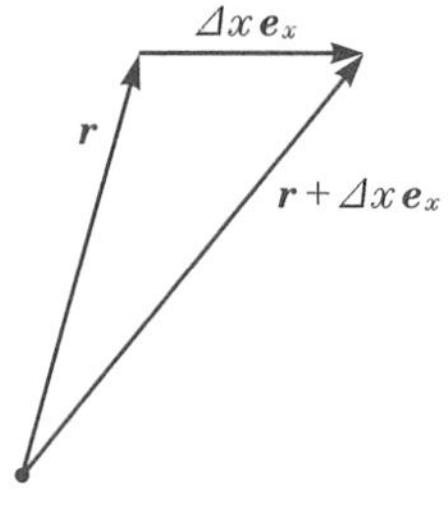

図4.14

$$\phi(\boldsymbol{r}+\Delta x\,\boldsymbol{e}_x)-\phi(\boldsymbol{r}) = -\int_{\boldsymbol{r}}^{\boldsymbol{r}+\Delta x\,\boldsymbol{e}_x}\boldsymbol{E}(\boldsymbol{r})\cdot d\boldsymbol{r} \tag{4.43}$$

である．ここで積分の意味は (2.19) のように，2点の間を細かく分けて，各点での $\boldsymbol{E}(\boldsymbol{r}_i)\cdot\Delta\boldsymbol{r}_i$ の和の分割数を無限大にした極限であった．しかし，いまの場合はそもそも2点間の距離がすでに微小なのだから，その中をさらに分割するまでもなく

$$\phi(\boldsymbol{r}+\Delta x\,\boldsymbol{e}_x)-\phi(\boldsymbol{r}) \approx -\boldsymbol{E}(\boldsymbol{r})\cdot\Delta x\,\boldsymbol{e}_x = -E_x(\boldsymbol{r})\Delta x$$

である．よって，

$$E_x(\boldsymbol{r}) \approx -\frac{\phi(\boldsymbol{r}+\Delta x\,\boldsymbol{e}_x)-\phi(\boldsymbol{r})}{\Delta x} \tag{4.44}$$

である．この ≈ は，2点間の距離が無限小 ($\Delta x\to 0$) になれば = に置き換えることができ，またそのとき，これは偏導関数の定義そのものになっているから，次のようになる．

$$E_x(\boldsymbol{r}) = -\lim_{\Delta x\to 0}\frac{\phi(x+\Delta x, y, z)-\phi(x, y, z)}{\Delta x} = -\frac{\partial\phi(\boldsymbol{r})}{\partial x} \tag{4.45}$$

同様に，微小な変位 $\Delta\boldsymbol{r}=\Delta y\,\boldsymbol{e}_y$ および $\Delta z\,\boldsymbol{e}_z$ を考えることにより，

$$E_y(\boldsymbol{r}) = -\frac{\partial\phi(\boldsymbol{r})}{\partial y}, \qquad E_z(\boldsymbol{r}) = -\frac{\partial\phi(\boldsymbol{r})}{\partial z} \tag{4.46}$$

が得られる．したがって，求める関係は

$$\begin{aligned}\boldsymbol{E}(\boldsymbol{r}) &= \left(-\frac{\partial\phi(\boldsymbol{r})}{\partial x}, -\frac{\partial\phi(\boldsymbol{r})}{\partial y}, -\frac{\partial\phi(\boldsymbol{r})}{\partial z}\right)\\ &= -\left(\frac{\partial\phi(\boldsymbol{r})}{\partial x}\boldsymbol{e}_x+\frac{\partial\phi(\boldsymbol{r})}{\partial y}\boldsymbol{e}_y+\frac{\partial\phi(\boldsymbol{r})}{\partial z}\boldsymbol{e}_z\right)\end{aligned} \tag{4.47}$$

である．負号は (4.43) の負号，さらにさかのぼれば $\phi(\boldsymbol{r})$ の定義 (4.12)

の負号に由来する．上式は形式的に

$$\boldsymbol{E}(\boldsymbol{r}) = -\left(\frac{\partial}{\partial x}, \frac{\partial}{\partial y}, \frac{\partial}{\partial z}\right)\phi(\boldsymbol{r}) \tag{4.48}$$

と書くことができる．

$$\nabla = \left(\frac{\partial}{\partial x}, \frac{\partial}{\partial y}, \frac{\partial}{\partial z}\right) \tag{4.49}$$

は x, y, z 成分をもつ演算子（ベクトル演算子）で，**ナブラ**または**デル**とよぶ．これはスカラー場に作用して，その x, y, z に関する偏微分をそれぞれ x 成分，y 成分，z 成分とするベクトル場を作る演算子である．これを用いると（4.48）は

$$\boldsymbol{E}(\boldsymbol{r}) = -\nabla\phi(\boldsymbol{r}) \tag{4.50}$$

と書ける．$\nabla\phi(\boldsymbol{r})$ を $\mathrm{grad}\,\phi(\boldsymbol{r})$ とも書くことがあり，これを用いると

$$\boldsymbol{E}(\boldsymbol{r}) = -\mathrm{grad}\,\phi(\boldsymbol{r}) \tag{4.51}$$

である．負号を除いた $\mathrm{grad}\,\phi(\boldsymbol{r})$ つまり $\nabla\phi(\boldsymbol{r})$ を，$\phi(\boldsymbol{r})$ の**勾配**ともいう．

（4.47），（4.48），（4.50），（4.51）などを見ると，$\phi(\boldsymbol{r})$ は電場 $\boldsymbol{E}(\boldsymbol{r})$ を導く潜在的なスカラー場であることがわかる．この意味で，$\phi(\boldsymbol{r})$ はポテンシャルとよばれるのである．

例題 4.3

$\nabla(1/r)$ を計算し，点電荷の周りの静電ポテンシャルが（4.15）で与えられることがわかっているとして，電場を求めなさい．

［解］ $\nabla(1/r)$ の x 成分は

$$\left(\nabla\frac{1}{r}\right)_x = \frac{\partial}{\partial x}\frac{1}{\sqrt{x^2+y^2+z^2}} = -\frac{x}{(x^2+y^2+z^2)^{3/2}} \tag{4.52}$$

であり，y 成分，z 成分も同様に求まるから，

$$\nabla\frac{1}{r} = -\frac{(x, y, z)}{(x^2+y^2+z^2)^{3/2}} = -\frac{\boldsymbol{r}}{r^3} = -\frac{1}{r^2}\boldsymbol{e}_r \tag{4.53}$$

である．よって，求める電場は

$$\boldsymbol{E}(\boldsymbol{r}) = -\nabla\left(\frac{q}{4\pi\varepsilon_0 r}\right) = \frac{q}{4\pi\varepsilon_0 r^2}\boldsymbol{e}_r \tag{4.54}$$

となり，確かに（3.14）に等しい．　¶

§4.5 等ポテンシャル面

3次元空間の

$$\phi(\boldsymbol{r}) = \text{一定} \tag{4.55}$$

の関係を満たす点の集合は面であるが，それを**等ポテンシャル面**あるいは**等電位面**という．$\phi(\boldsymbol{r})$ の勾配 $\nabla\phi(\boldsymbol{r})$ は等ポテンシャル面に垂直であり，したがって (4.50) の電場 $\boldsymbol{E}(\boldsymbol{r})$ もそうである．

［証明］ 図4.15のように，等ポテンシャル面上の点 $\boldsymbol{r}$ からの任意の無限小変位 $d\boldsymbol{r} = (dx, dy, dz)$ を考えると

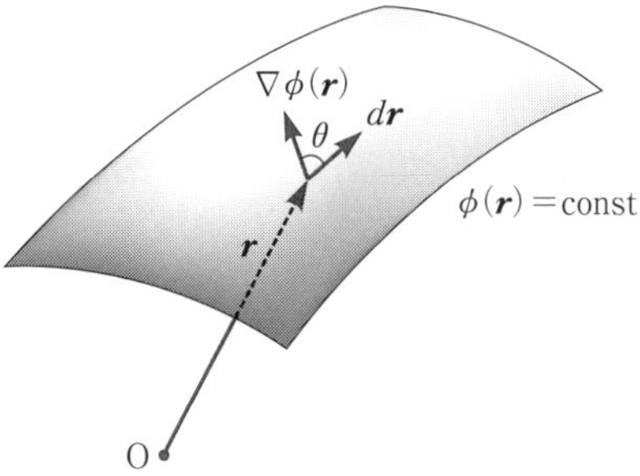

図4.15

$$\begin{aligned}\phi(\boldsymbol{r}+d\boldsymbol{r}) - \phi(\boldsymbol{r}) &= \frac{\partial\phi}{\partial x}dx + \frac{\partial\phi}{\partial y}dy + \frac{\partial\phi}{\partial z}dz \\ &= \left(\frac{\partial\phi}{\partial x}, \frac{\partial\phi}{\partial y}, \frac{\partial\phi}{\partial z}\right)\cdot(dx, dy, dy) \\ &= \nabla\phi\cdot d\boldsymbol{r} = |\nabla\phi||d\boldsymbol{r}|\cos\theta\end{aligned} \tag{4.56}$$

である．θ は，$\nabla\phi$ と $d\boldsymbol{r}$ の間の角である．いま，$\boldsymbol{r}+d\boldsymbol{r}$ も $\boldsymbol{r}$ を含む等ポテンシャル面上にあるなら，

$$0 = |\nabla\phi||d\boldsymbol{r}|\cos\theta \tag{4.57}$$

であるが，これは

$$\nabla\phi \neq 0 \quad \text{のとき} \quad \cos\theta = 0 \quad \text{だから} \quad \theta = \frac{\pi}{2} \tag{4.58}$$

すなわち，$\nabla\phi(\boldsymbol{r})$ が（したがって (4.50) より $\boldsymbol{E}(\boldsymbol{r})$ も）等ポテンシャル面に垂直であることを意味している．

§4.6 電気双極子

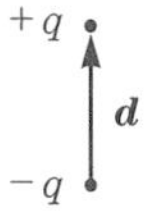

図4.16

図4.16のように，同じ大きさの正負の電荷 $+q$ と $-q$ の対が距離 d だけ離れて存在するとき，両方をまとめて**電気双極子**

という．$-q$ から $+q$ に向かう相対位置ベクトルを $\boldsymbol{d}$ とするとき

$$\boldsymbol{p} = q\boldsymbol{d} \tag{4.59}$$

を（**電気**）**双極子モーメント**という．多くの分子は双極子モーメントをもっていないが，電場 $\boldsymbol{E}$ をかけると電子の電荷分布の中心と原子核の電荷分布の中心の位置がずれて，双極子モーメント $\boldsymbol{p}$ をもつ．$\boldsymbol{p}$ は $\boldsymbol{E}$ に比例し，

$$\boldsymbol{p} = \alpha\varepsilon_0\boldsymbol{E} \tag{4.60}$$

と書ける．α を**分極率**という．$\boldsymbol{p}$ と α の次元と SI 単位は

$$[\boldsymbol{p}] = \mathsf{LQ}：\ \mathrm{C\,m} \tag{4.61}$$

$$[\alpha] = [p][\varepsilon_0 E]^{-1} = [p][D]^{-1} = \mathsf{QLQ}^{-1}\mathsf{L}^2 = \mathsf{L}^3：\ \mathrm{m}^3 \tag{4.62}$$

である．(4.60) に ε_0 を含ませたのは，α の次元をこのように単純にするためといってよい．

塩化水素 HCl のような分子は，図 4.17 のように原子核による正電荷の分布の重心と電子による負電荷の分布の重心が異なる（電子が Cl の側に偏って分布している）ので，電場がなくても電気双極子になっている．このような状態を**永久電気双極子モーメント**をもつという．

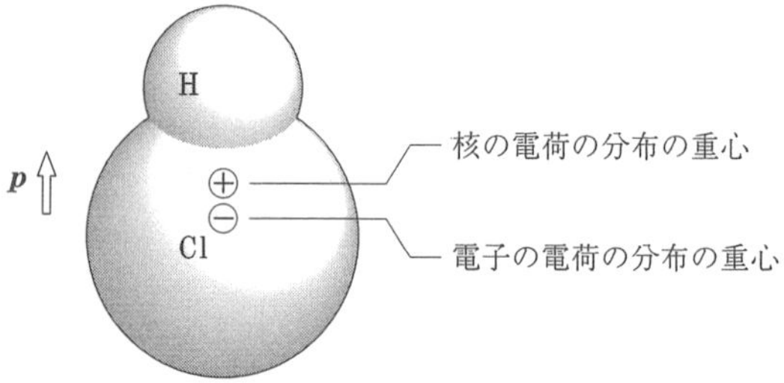

図 4.17

電気双極子の周りの電場

電気双極子だけを内部に含む任意の閉曲面についてガウスの法則を適用すると

$$\oint_{\mathrm{S}} \boldsymbol{D}(\boldsymbol{r})\cdot d\boldsymbol{S} = 0 \tag{4.63}$$

となるが，これは，左辺の積分が必ず満たすべき性質を表しているだけで，それ自体，周りの点 $\boldsymbol{r}$ の電束密度 $\boldsymbol{D}(\boldsymbol{r})$ や電場 $\boldsymbol{E}(\boldsymbol{r})$ についての情報は与え

ない．ガウスの法則を利用して各点の電場の計算ができるのは，対称性の高い場合だけであった．電気双極子は対称性が高くないので，ガウスの法則で電場を計算することはできない．しかし，静電場は必ずクーロンの法則の重ね合わせで表されるから，それを用いれば求めることができる．

$-q$ と $+q$ の中点を原点に選ぶと，(3.19) より

$$\boldsymbol{E}(\boldsymbol{r}) = \frac{q\left(\boldsymbol{r} - \dfrac{\boldsymbol{d}}{2}\right)}{4\pi\varepsilon_0\left|\boldsymbol{r} - \dfrac{\boldsymbol{d}}{2}\right|^3} + \frac{-q\left(\boldsymbol{r} + \dfrac{\boldsymbol{d}}{2}\right)}{4\pi\varepsilon_0\left|\boldsymbol{r} + \dfrac{\boldsymbol{d}}{2}\right|^3} \tag{4.64}$$

であるが，

$$\begin{aligned}\left|\boldsymbol{r} \pm \frac{\boldsymbol{d}}{2}\right| &= \sqrt{\left(\boldsymbol{r} \pm \frac{\boldsymbol{d}}{2}\right)\cdot\left(\boldsymbol{r} \pm \frac{\boldsymbol{d}}{2}\right)} = \sqrt{r^2 \pm \boldsymbol{r}\cdot\boldsymbol{d} + \frac{d^2}{4}} \\ &= r\left(1 \pm \frac{\boldsymbol{r}\cdot\boldsymbol{d}}{r^2} + \frac{d^2}{4r^2}\right)^{1/2}\end{aligned} \tag{4.65}$$

だから

$$\boldsymbol{E}(\boldsymbol{r}) = \frac{q\left(\boldsymbol{r} - \dfrac{\boldsymbol{d}}{2}\right)}{4\pi\varepsilon_0 r^3\left(1 - \dfrac{\boldsymbol{r}\cdot\boldsymbol{d}}{r^2} + \dfrac{d^2}{4r^2}\right)^{3/2}} + \frac{-q\left(\boldsymbol{r} + \dfrac{\boldsymbol{d}}{2}\right)}{4\pi\varepsilon_0 r^3\left(1 + \dfrac{\boldsymbol{r}\cdot\boldsymbol{d}}{r^2} + \dfrac{d^2}{4r^2}\right)^{3/2}} \tag{4.66}$$

である．ここまでは，近似のない厳密な表式である．

次に，電気双極子より十分離れた点での電場の近似表式を求める．そのような $|r| \gg |\boldsymbol{d}|$ である点では，マクローリン級数に展開して

$$\begin{aligned}\boldsymbol{E}(\boldsymbol{r}) &= \frac{q}{4\pi\varepsilon_0 r^3}\left\{\left(\boldsymbol{r} - \frac{\boldsymbol{d}}{2}\right)\left[1 + \frac{3\,\boldsymbol{r}\cdot\boldsymbol{d}}{2r^2} + O\left(\frac{d}{r}\right)^2\right]\right. \\ &\qquad\left. -\left(\boldsymbol{r} + \frac{\boldsymbol{d}}{2}\right)\left[1 - \frac{3\,\boldsymbol{r}\cdot\boldsymbol{d}}{2r^2} + O\left(\frac{d}{r}\right)^2\right]\right\} \\ &\approx \frac{q}{4\pi\varepsilon_0 r^3}\left[\frac{3(\boldsymbol{r}\cdot\boldsymbol{d})}{r^2}\boldsymbol{r} - \boldsymbol{d}\right]\end{aligned} \tag{4.67}$$

である．$O(d/r)^2$ は，d/r についての 2 次以上の微小量を表す．(4.59) より

$$\boldsymbol{E}(\boldsymbol{r}) \approx \frac{1}{4\pi\varepsilon_0}\left[\frac{3(\boldsymbol{p}\cdot\boldsymbol{r})}{r^5}\boldsymbol{r} - \frac{\boldsymbol{p}}{r^3}\right] \tag{4.68}$$

とも書ける．$\boldsymbol{p}$ と平行に z 軸を選ぶと，$\boldsymbol{p} = p\,\boldsymbol{e}_z$ より

$$\boldsymbol{E}(\boldsymbol{r}) \approx \frac{1}{4\pi\varepsilon_0}\left[\frac{3p(\boldsymbol{e}_z\cdot\boldsymbol{r})}{r^5}\boldsymbol{r} - \frac{\boldsymbol{p}}{r^3}\right] = \frac{1}{4\pi\varepsilon_0}\left(\frac{3zp}{r^5}\boldsymbol{r} - \frac{\boldsymbol{p}}{r^3}\right) \tag{4.69}$$

である．また，$\boldsymbol{e}_r = \boldsymbol{r}/r$ を用いれば

$$\boldsymbol{E}(\boldsymbol{r}) \approx \frac{3(\boldsymbol{p}\cdot\boldsymbol{e}_r)\boldsymbol{e}_r - \boldsymbol{p}}{4\pi\varepsilon_0 r^3} = \frac{3p\cos\theta\,\boldsymbol{e}_r - \boldsymbol{p}}{4\pi\varepsilon_0 r^3} \tag{4.70}$$

とも書ける．ただし，θ は $\boldsymbol{p}$ と $\boldsymbol{r}$ の間の角度である．さらに，

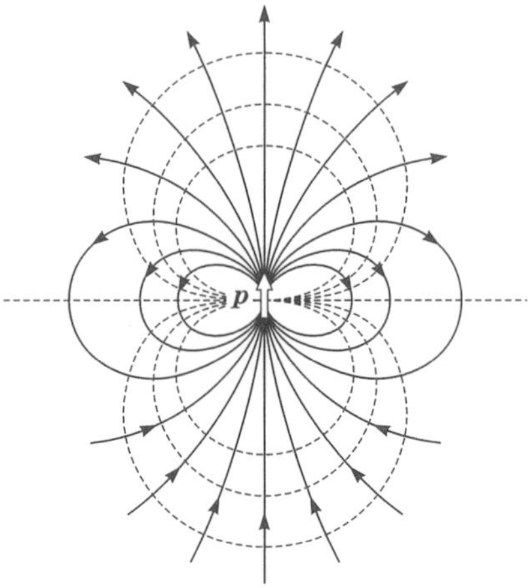

図 4.18

$$\boldsymbol{p} = p\,\boldsymbol{e}_z = p(\cos\theta\,\boldsymbol{e}_r - \sin\theta\,\boldsymbol{e}_\theta) \tag{4.71}$$

を用いて書き直すと

$$\boldsymbol{E}(\boldsymbol{r}) = \frac{2p\cos\theta\,\boldsymbol{e}_r + p\sin\theta\,\boldsymbol{e}_\theta}{4\pi\varepsilon_0 r^3} \tag{4.72}$$

である．これらから，双極子モーメントの周りの電場は r^3 に反比例することがわかる．$\boldsymbol{E}(\boldsymbol{r})$ の様子を図 4.18 に実線で示す．

電気双極子の周りの静電ポテンシャル

電気双極子の周りの静電ポテンシャルも，正負の電荷が作る静電ポテンシャルの重ね合わせから，同様に求められる．

$$\begin{aligned}\phi(\boldsymbol{r}) &= \frac{q}{4\pi\varepsilon_0\left|\boldsymbol{r} - \dfrac{\boldsymbol{d}}{2}\right|} + \frac{-q}{4\pi\varepsilon_0\left|\boldsymbol{r} + \dfrac{\boldsymbol{d}}{2}\right|} \\ &= \frac{q}{4\pi\varepsilon_0}\left(\frac{1}{r\sqrt{1 - \dfrac{\boldsymbol{r}\cdot\boldsymbol{d}}{r^2} + \dfrac{d^2}{4r^2}}} - \frac{1}{r\sqrt{1 + \dfrac{\boldsymbol{r}\cdot\boldsymbol{d}}{r^2} + \dfrac{d^2}{4r^2}}}\right) \\ &= \frac{q}{4\pi\varepsilon_0 r}\left\{\left[1 + \frac{\boldsymbol{r}\cdot\boldsymbol{d}}{2r^2} + O\left(\frac{d}{r}\right)^2\right] - \left[1 - \frac{\boldsymbol{r}\cdot\boldsymbol{d}}{2r^2} + O\left(\frac{d}{r}\right)^2\right]\right\} \\ &\approx \frac{q}{4\pi\varepsilon_0 r}\frac{\boldsymbol{r}\cdot\boldsymbol{d}}{r^2} = \frac{\boldsymbol{p}\cdot\boldsymbol{r}}{4\pi\varepsilon_0 r^3}\end{aligned} \tag{4.73}$$

これから決まる等ポテンシャル面を図 4.18 に破線で示した．特に，正負の電荷を結ぶ線の垂直二等分面上の点は $\boldsymbol{r}\cdot\boldsymbol{d} = 0$ を満たすので，

$$\phi(\boldsymbol{r}) = 0 \tag{4.74}$$

である．つまり，この平面は等ポテンシャル面である．

例題 4.4

電気双極子の周りの静電ポテンシャル (4.73) を，電場の場合にならってさまざまな異なる表現で表しなさい．

［**解**］　まず，$\boldsymbol{p} = p\,\boldsymbol{e}_z$ より

$$\phi(\boldsymbol{r}) \approx \frac{p\,\boldsymbol{e}_z\cdot\boldsymbol{r}}{4\pi\varepsilon_0 r^3} = \frac{pz}{4\pi\varepsilon_0 r^3} \tag{4.75}$$

である．また，$\boldsymbol{r} = r\,\boldsymbol{e}_r$ より

$$\phi(\boldsymbol{r}) \approx \frac{p\,\boldsymbol{e}_z\cdot\boldsymbol{e}_r}{4\pi\varepsilon_0 r^2} = \frac{p\cos\theta}{4\pi\varepsilon_0 r^2} \tag{4.76}$$

である．これから，双極子モーメントの周りの静電ポテンシャルは r^2 に反比例することがわかる．また，(4.53) を用いれば

$$\phi(\boldsymbol{r}) \approx -\frac{\boldsymbol{p}}{4\pi\varepsilon_0}\cdot\nabla\left(\frac{1}{r}\right) \tag{4.77}$$

である．¶

例題 4.5

半径 a の球内に一様な密度 ρ で分布した正電荷と，同じ半径の球内に一様な密度 $-\rho$ で分布した負電荷がある．これらが中心を一致させて存在するときは，電荷が全く無いのと同じで，電場はできない．いま，図 4.19 のように正電荷密度が z 方向に微小距離 $\delta/2(\ll a)$ だけずれ，負電荷が z 方向に $-\delta/2(\ll a)$ だけずれたとする．ただし，全体は依然として球で近似できるとする．

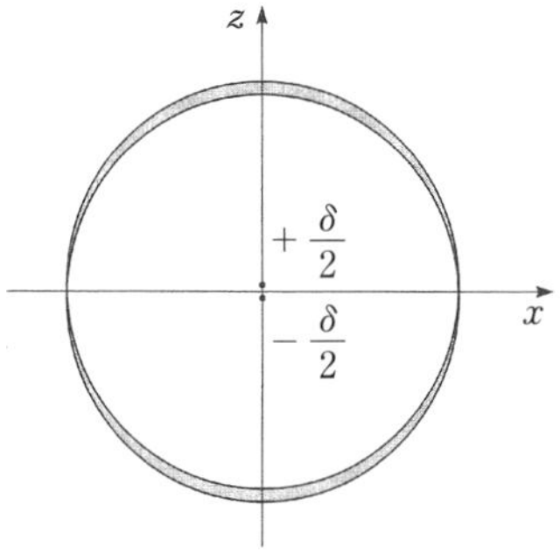

図 4.19

（1）極座標の点 (a, θ, ϕ) に現れる表面電荷密度を求めなさい.

（2）球内外の電場を求めなさい.

［**解**］（1） 表面付近では正負の分布の重なりが外れて，上半分の表面には正の電荷が現れ，下半分の表面には負の電荷が現れる．ずれがすべての点で z 方向に $\pm\delta/2$ だから，球面上の点 (a, θ, ϕ) におけるずれの厚さ（r 方向のずれ）t は

$$t = \delta\cos\theta \qquad (4.78)$$

である(図 4.20)．ずれの部分には密度 ρ の電荷が現れているから，厚さを無視して面電荷密度としてみると，(2.39) より次のようになる.

$$\sigma(\boldsymbol{r}) = \rho t = \rho\delta\cos\theta \qquad (4.79)$$

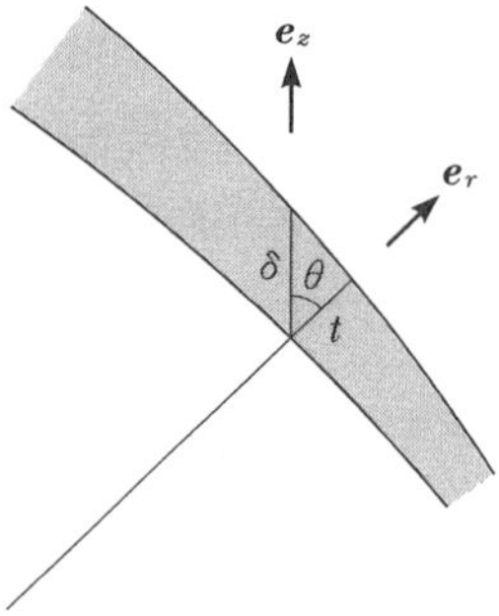

図 4.20

（2） 原点を中心として半径 a の球内に一様に分布した電荷が作る電場は［例題 3.3］で求めたから，求める電場はこれをずらして重ね合わせればよい．まず，球内 $r < a$ の電場は (3.56) を参照して

$$\boldsymbol{E}(\boldsymbol{r}) = \frac{\rho}{3\varepsilon_0}\left(\boldsymbol{r} - \frac{\delta\boldsymbol{e}_z}{2}\right) + \frac{-\rho}{3\varepsilon_0}\left(\boldsymbol{r} + \frac{\delta\boldsymbol{e}_z}{2}\right) = -\frac{\rho\delta}{3\varepsilon_0}\boldsymbol{e}_z \qquad (4.80)$$

である．これは一様な電場である.

また，球外 $r > a$ の電場は (3.58) を参照して重ね合わせ，

$$\boldsymbol{E}(\boldsymbol{r}) = \frac{q[\boldsymbol{r} - (\delta/2)\boldsymbol{e}_z]}{4\pi\varepsilon_0|\boldsymbol{r} - (\delta/2)\boldsymbol{e}_z|^3} + \frac{-q[\boldsymbol{r} + (\delta/2)\boldsymbol{e}_z]}{4\pi\varepsilon_0|\boldsymbol{r} + (\delta/2)\boldsymbol{e}_z|^3} \qquad (4.81)$$

である．ただし

$$q = \frac{4\pi a^3}{3}\rho \qquad (4.82)$$

は，半径 a の球内に一様に分布した正電荷の総和である．つまり，$r > a$ の領域の電場は，仮に正負各々の全電荷が中心から $\pm(\delta/2)\boldsymbol{e}_z$ だけずれ

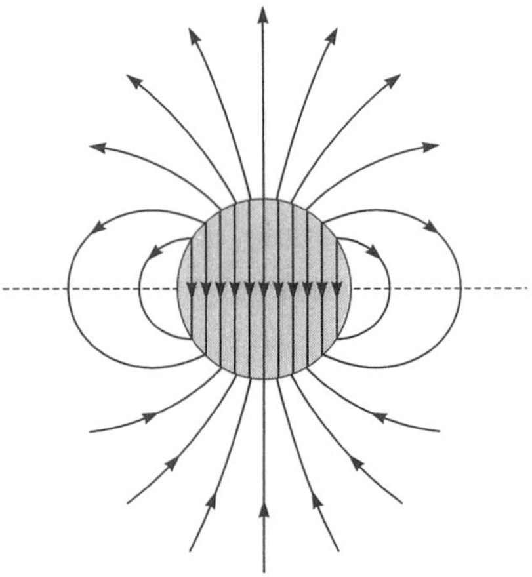

図 4.21

た位置に集中したときにできる双極子モーメント

$$\boldsymbol{p} = q\,\delta \boldsymbol{e}_z = \frac{4\pi a^3}{3}\rho\,\delta \boldsymbol{e}_z \tag{4.83}$$

が作る電場に等しい．δ が十分に小さければ $r \gg \delta$ だから，(4.67) で用いた近似が成り立ち，結果のさまざまな表現は (4.69)，(4.70)，(4.72) で (4.83) の置き換えをすればよく，各々に対応して

$$\begin{aligned}\boldsymbol{E}(\boldsymbol{r}) &= \frac{\rho a^3}{3\varepsilon_0}\left(\frac{3z\delta}{r^5}\boldsymbol{r} - \frac{\delta \boldsymbol{e}_z}{r^3}\right) = \frac{3\rho a^3\delta\cos\theta\,\boldsymbol{e}_r - \rho a^3\delta \boldsymbol{e}_z}{3\varepsilon_0 r^3} \\ &= \frac{2\rho a^3\delta\cos\theta\,\boldsymbol{e}_r + \rho a^3\delta\sin\theta\,\boldsymbol{e}_\theta}{3\varepsilon_0 r^3} \qquad (r > a \gg \delta)\end{aligned} \tag{4.84}$$

などの表式が得られる．これは $r > a$ で図 4.18 と同じはずだから，(4.80)，(4.84) が表す球内外の電場の様子は図 4.21 のようになる． ¶

演習問題

［1］ 電場の強さが 3.3×10^6 V/m になると，空気が放電するものとする．空気中に孤立した半径 1 cm の導体球に与えることのできる電荷の最大値と，そのときの導体球の電位を求めなさい．

［2］ 半径 a の細い円環に一様な線密度 λ で分布した電荷の中心軸上 z の静電ポテンシャルを求め，それから電場の向きと大きさを求めなさい．

［3］ 半径 a の薄い円板上に一様な面密度 σ で分布した電荷の中心軸上 z の点の静電ポテンシャルを求め，それから電場の向きと大きさを求めなさい．

［4］ 位置ベクトル $\boldsymbol{r}$ に作用するナブラ演算子を ∇ とするとき，

$$\nabla\frac{1}{|\boldsymbol{r} - \boldsymbol{r}'|}$$

を計算しなさい．

［5］ HCl 分子の電気双極子モーメントは 1.3×10^{-29} C m である．正負の電荷分布の重心の中間を原点に，双極子モーメント・ベクトルの向きに z 軸をとるとき，x 軸上 $x = 2 \times 10^{-10}$ m および z 軸上 $z = 2 \times 10^{-10}$ m の位置の電場の強さと向きを求めなさい．

［6］ 図 4.22 のように，一様な電場 $\boldsymbol{E}$ の中に角度 θ で置かれた双極子モーメント $\boldsymbol{p}$ のポテンシャル・エネルギーを求めなさい．

［7］ 双極子モーメント $\boldsymbol{p}$ の周りの静電ポテンシャルから電場を求めなさい．

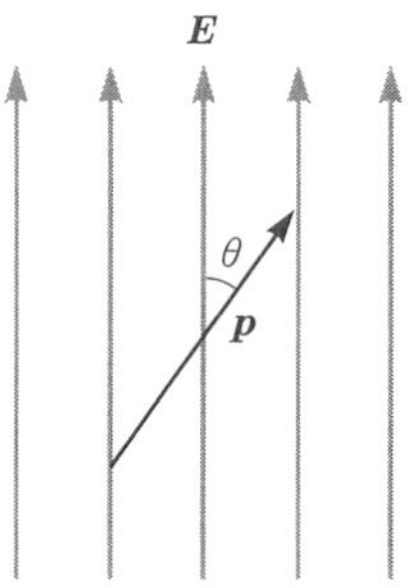

図 4.22

5 導体と静電場

前章で，球状に一様に分布した電荷についての考察をしたとき，真空中に同種の電荷が決まった分布の形を保ちながら存在することは不可能ではないか，という感じをもった読者がいるとすれば，それは正しい感覚である．同種の電荷がクーロン力で反発し合って，分布の範囲が広がってしまうのは当然だからである．これまで考えてきたことは，仮にそのような電荷分布があったとして，電場はどうなっているかという考察だったのである．物理学では，このような理想化した状態についての考察をまず行って，現実の状況についての考え方の基本とすることがよくある．これは，現象をなるべく少ない基本原則から理解しようとする物理学が，複雑な現実の現象の理解に取り組む際の，1つの方法である．

現実の固体は，正の電荷をもった原子核と負の電荷をもった電子から成る中性の原子の集合体である．この正と負の電荷の引力が元になって量子力学で説明される凝集力が生じ，固体はその形を保っている．マクロな電磁気学は，凝集力を暗黙の前提として，膨大な数の正の電荷と負の電荷が打ち消し合った後に残る正味の電荷についての学問である．このことに注意しながら，本章では導体，第7章では絶縁体が存在するときの電場の性質を調べる．

§5.1 導体に関する実験事実

物質には電気の通りやすさについて大きな差がある．電気の通りやすさによって物質を分類すると，金属，半金属，半導体，絶縁体などに分けられる．これらのうち，絶縁体以外を**導体**とよぶ．代表的な導体としては，アルミニウムや銅や銀などの金属を想定すればよい．導体中を電流が流れる現象については第6章で述べることにして，ここでは，電流が流れていない場合を扱う．

導体に特有な静電気的な現象をまとめると

（1）図5.1のように，導体に電荷 q を近づけると，q に近い側に q と反対符号の電荷が，遠い側に同じ符号の電荷が誘起される．この現象を**静電誘導**という．

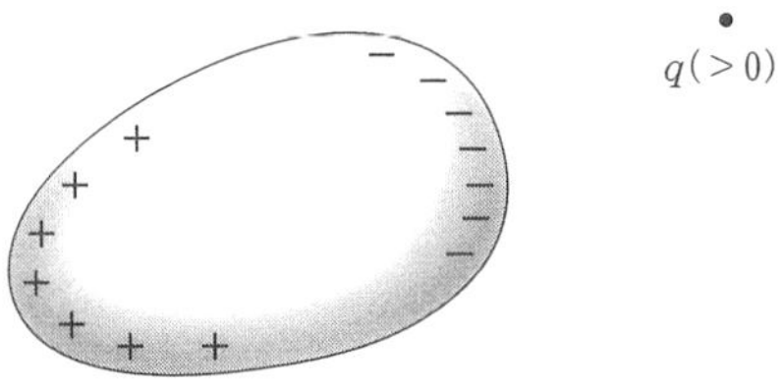

図5.1

（2）導体を（1）の状態のままで図5.2のように q に近い側と遠い側の2つに切り分けると，それぞれが正と負に帯電する．（図5.2は，その後 q を遠ざけ，切り分けた2つの部分は近づけたままの場合の電荷分布を示す．2つの部分を互いに離すと各部分の余分の電荷は表面全体に広がって分布する．）

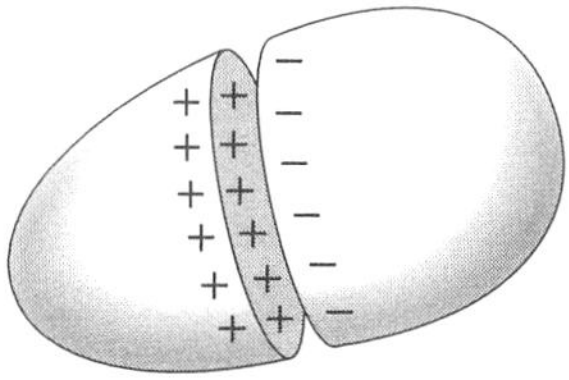

図5.2

（3）導体表面を絶縁体で摩擦したり（摩擦電気），帯電した他の導体と接触させたりして，電荷を与える（**帯電させる**）ことができる．与えられた電荷は表面上の他の部分に広がって分布する．

（4）空洞をもった導体の内表面に電荷を与えても，その電荷はすべて導体の外表面に移って分布する．

§5.2　導体の基本的性質と諸現象の理解

導体がどのようなものであるかを知り，それによって，前節に述べた現象を理解しよう．

物質といえども，正の電荷（原子核）と負の電荷（電子）が真空中に浮かんでいることには変わりない．重ね合わせの原理から，これらすべての粒子が作る電場を加え合わせれば，周りの電場は表現できる．しかし，すべての粒子の位置を知ることは不可能であるし，また，正負の電荷の効果は結局大部分打ち消し合っているのに，その元にさかのぼって重ね合わせるのは実用的なアプローチではない．そこで，基本的に正負の電荷が打ち消し合っているという立場から出発して，そこからの変化の効果をとらえることにする．

実際にマクロに観測される電場も，そのような平均からの ずれによる効果のみである．

導体は，多数の自由に動ける電荷（**自由電子**）を含む物質である．巨視的（マクロ）な電磁気学では，この自由電子を粗視化して連続的に分布した負の電荷密度として扱い，一方，原子核とその周りに束縛されている電子を合わせた正イオンも，粗視化して連続的に分布した正の電荷密度として扱う．

「導体は多数の自由に動ける電荷を含む」という事実だけから，以下のような基本的性質をもつことが理解できる．

（ i ）　導体の内部では $\boldsymbol{E}(\boldsymbol{r}) = 0$ である．

もし仮に $\boldsymbol{E}(\boldsymbol{r}) \neq 0$ の部分があると，自由に動ける電荷が力を受けて，内部が $\boldsymbol{E}(\boldsymbol{r}) = 0$ となるような電荷分布になるまで移動し，配置を変えるはずである．

（ ii ）　導体内部には正味の電荷は存在しない．

なぜなら，（ i ）より，導体内はいつでもどこでも $\boldsymbol{E}(\boldsymbol{r}) = 0$ になるから $\boldsymbol{D}(\boldsymbol{r}) = 0$ である．そうであれば，ガウスの法則から，図 5.3 のような導体内の任意の閉曲面 S について

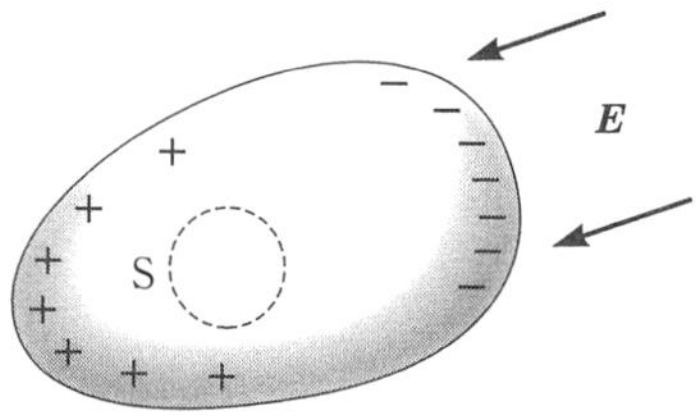

図 5.3

$$q_{\text{内部}} = \int_V \rho(\boldsymbol{r})\, dV = \oint_S \boldsymbol{D}(\boldsymbol{r}) \cdot d\boldsymbol{S} = 0 \qquad (5.1)$$

といえる．

（ iii ）　導体に電荷があるとすれば表面である．

なぜなら，（ ii ）より正味の電荷は導体内部には存在できないから，（ i ）の過程で最後に行き着く先は表面である．凝集力のために，外には出られない．

以上（ i ）～（ iii ）から，前節の静電誘導についての説明が可能になる．正負の電荷を同量ずつ含む帯電していない導体に，外から電場がかかっていないときは，これらの電荷は重なり合って中性になり，あたかもそこに電荷がないかのようになっている．外からの電場（外場）として，たとえば図 5.4 のように導体に電荷 $q(>0)$ を近づけると，q が作る電場 $\boldsymbol{E}_0(\boldsymbol{r})$ は導体内に

も存在する．しかし，その外場を感じた自由電子が表面に移動して適切に分布し，内部の外場を打ち消すような電場を作る．自由電子が移動すると，後にはイオンの正電荷が残る．そのイオンの位置に別の電子が来て電荷を打ち消す．このようにして，イオンはみかけ上，電子と反対方向に動く．最後に，反対側の表面の原子の付近の電子が移動して正イオンが残されるとそれ以上の変化は起きないから，その部分に正の電荷が現れる．このようにしてできた電子分布が作る電場 $\boldsymbol{E}_-'(\boldsymbol{r})$ と正電荷分布が作る電場 $\boldsymbol{E}_+'(\boldsymbol{r})$ が重ね合わさって，外からの電場を打ち消す．このようにして，導体内のいたるところで

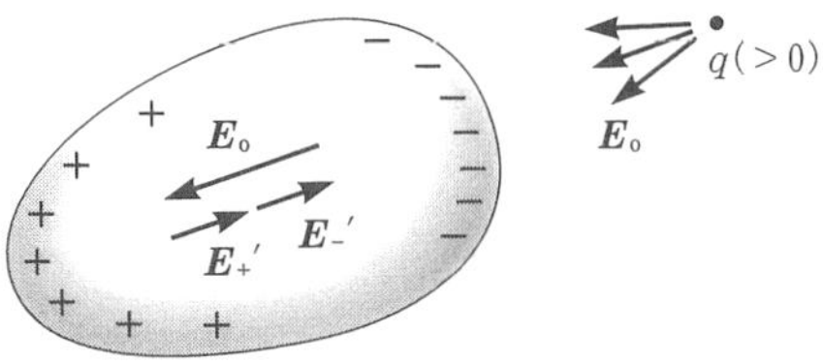

図 5.4

$$\boldsymbol{E}_0(\boldsymbol{r}) + \boldsymbol{E}_-'(\boldsymbol{r}) + \boldsymbol{E}_+'(\boldsymbol{r}) = 0 \tag{5.2}$$

となる．外場に応じて，内部が必ずそうなるように正負の電荷が表面に分布するのである．

以上では，自由電子が動くとして現象を説明したが，物質のミクロな構造や性質に立ち入らないときは，何らかの正電荷が自由に動いて負の電荷が取り残されるというイメージで考えても，両方が自由に動いて相対的にずれると考えてもよい．要するに，電荷の総和が 0 の状態から出発して，表面に図 5.4 のような電荷分布の偏りができて，それが外からの電場を完全に打ち消したときが最終的な電荷分布である．必要なときに限って自由電子の電荷が負であることを考慮するのが，マクロな電磁気学では実用的である．

導体の性質について，さらに調べを続けよう．

(iv) 導体内部および表面は等ポテンシャル（同電位）である．

導体の内部では $\boldsymbol{E}(\boldsymbol{r}) = 0$ だから，(4.12) より

$$\phi(\boldsymbol{r}) = \text{一定} \tag{5.3}$$

である．導体の外には q と導体表面の正負の電荷分布が作る電場が存在するので，表面では一般に電場 $\boldsymbol{E}(\boldsymbol{r})$ に有限の大きさのとび（不連続性）があって $\boldsymbol{E}(\boldsymbol{r})$ を定義できない．しかし，静電ポテンシャル $\phi(\boldsymbol{r})$ は積分 (4.12)

で定義されているから，連続的に変化し，表面でも値をもつ．よって，表面を含めて，導体全体が等ポテンシャルである．導体の静電ポテンシャルを**導体の電位**ともいう．

（v） 導体表面のごく近傍の電場 $\boldsymbol{E}(\boldsymbol{r})$ は表面に垂直である．

なぜなら，（iv）より導体表面は等ポテンシャル面だから，§4.5で述べたように，電場はこの面に垂直のはずである．

以上述べた（i）～（v）は，導体内外の静的な電場に対しては，いかなる場合にも成立する．繰り返すが，そうなるように，自由電子と正イオンが配置するのである．

例題 5.1

導体でできた半径 a の球に電荷 Q を与えたときの，導体内外の電場 $\boldsymbol{E}(\boldsymbol{r})$ と静電ポテンシャル $\phi(\boldsymbol{r})$ を求めなさい．

［**解**］ 電荷は導体内部には存在できないから，表面に現れる．表面の形が球なので，同種の電荷が反発し合って一様に分布する．面密度は $\sigma = Q/4\pi a^2$ である（表面が球でなければ，密度は位置によって異なる）．よって，［例題 4.2］で与えられた状況が実現している．［例題 4.2］では，とにかくそのような電荷分布が与えられたとして計算したが，いまの場合は実際にそのような分布になることがわかった上で，その結果を使い，ここでは Q を用いて表す．導体の内部（$r < a$）では，$\boldsymbol{E}(\boldsymbol{r}) = 0$ である．外部（$r > a$）の電場は，中心を原点に選ぶと，

$$\boldsymbol{E}(\boldsymbol{r}) = \frac{Q}{4\pi\varepsilon_0 r^2}\boldsymbol{e}_r \qquad (4.38)'$$

である．つまり外部では，中心に電荷 Q が存在するときの電場に等しい．無限遠を基準とする静電ポテンシャルも，［例題 4.2］より

$$\phi(\boldsymbol{r}) = \frac{Q}{4\pi\varepsilon_0 r} \qquad (r \geqq a) \qquad (4.39)'$$

$$= \frac{Q}{4\pi\varepsilon_0 a} \qquad (r \leqq a) \qquad (4.40)'$$

である．静電ポテンシャル $\phi(\boldsymbol{r})$ は図 4.12 に示されている．　¶

§5.3　中空導体の内表面上の電荷

導体がある場合の電場の考察を続けよう．中空部をもった導体では，中空

部に孤立した電荷が存在する場合を除き，内表面に電荷は現れない．これは次のようにして証明することができる．

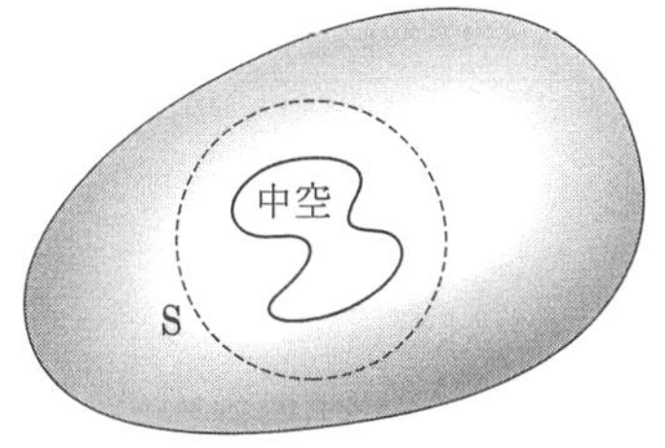

図5.5

内表面にある電荷の総量 $q_{\text{内表面}}$ は，ガウスの法則で計算できる．図5.5のように中空部を内部に含み，導体内部だけを通る閉曲面Sを考えると，その上では常に $\boldsymbol{D}(\boldsymbol{r})=0$ だから，ガウスの法則(3.11)より

$$q_{\text{内表面}} = \oint_{\mathrm{S}} \boldsymbol{D}(\boldsymbol{r})\cdot d\boldsymbol{S} = 0 \quad (5.4)$$

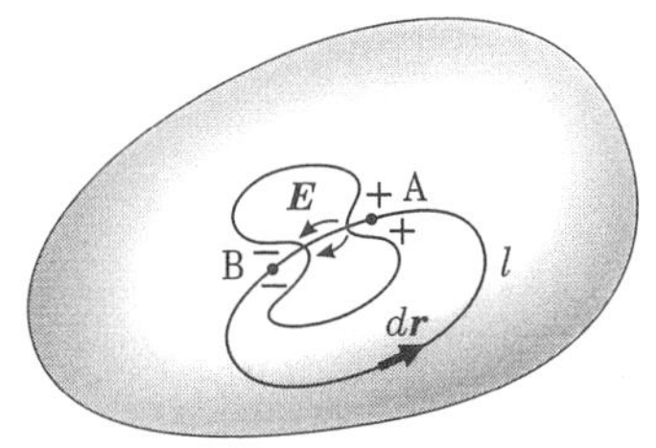

図5.6

である．よって，Sに囲まれた領域内には，電荷が存在しないか，存在する場合は内表面上に正負が同量，分離して存在しているはずである．もし仮に，後者のように電荷が存在したとすると，当然，中空部に電場 $\boldsymbol{E}(\boldsymbol{r})$ が存在することになる．そこで，次に，中空部内を図5.6のように通り，導体内を通って閉じる閉曲線 l を考えて，l に沿っての電場 $\boldsymbol{E}(\boldsymbol{r})$ の循環を計算すると，導体内では $\boldsymbol{E}(\boldsymbol{r})=0$ だから

$$\oint_l \boldsymbol{E}(\boldsymbol{r})\cdot d\boldsymbol{r} = \underset{(\text{空洞内})}{\int_{\mathrm{A}}^{\mathrm{B}}} \boldsymbol{E}(\boldsymbol{r})\cdot d\boldsymbol{r} + \underset{(\text{導体内})}{\int_{\mathrm{B}}^{\mathrm{A}}} \boldsymbol{E}(\boldsymbol{r})\cdot d\boldsymbol{r} = \underset{(\text{空洞内})}{\int_{\mathrm{A}}^{\mathrm{B}}} \boldsymbol{E}(\boldsymbol{r})\cdot d\boldsymbol{r} \neq 0 \quad (5.5)$$

である．これは，静電場が保存場であるという性質(4.10)に反する．このことから，外表面に与えられた電荷が内表面に現れることはなく，逆にもし導体の内表面に電荷を与えても，それは必ず外表面に移動してそこに現れることがわかる．また，導体内の空洞は，外にどれだけ強い電場が存在しても常に導体と同電位に保たれ，電場が存在しない．これを**静電遮蔽**という．

中空部に電荷があるときは，(5.1)が成り立たないから，あらためて基本性質(ⅰ)，(ⅲ)にしたがって考えると，異なる結論が出てくる．これについては§5.5で述べる．

なお，ガウスの法則はクーロンの法則の r^{-2} 依存性の帰結であった．このことから，その高精度の検証は，図5.7のように，中空の導体の内部に別の導体を置き，それを外の導体と導線でつないで一体とし，その導線の途中に検流計Gを置いて，外表面に与えた電荷が内部の導体に移らないことを確かめることで行われている．現在では，10^{-16} の精度でこのべき数が整数の -2 に近いことが確かめられている．

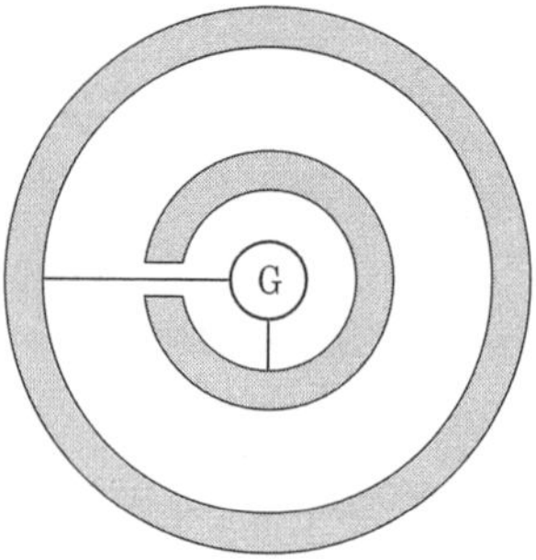

図5.7

§5.4　導体表面近傍の電場と表面電荷密度

以上で，静電誘導で現れた電荷も，外から与えられた電荷も，導体の表面に分布することがわかったが，その電荷密度分布の詳細は，次節で述べるような対称性が良い場合以外は，簡単には知ることができない．しかし，導体表面の任意の1点に注目したとき，その点の表面電荷密度とそのすぐ外の空間の電場との間に成り立つ関係は知ることができる．

図5.8のような導体表面上の点 $\boldsymbol{r}$ の面電荷密度を $\sigma(\boldsymbol{r})$ とする．その点のすぐ外の点 $\boldsymbol{r}_>$ の電場を考える．点 $\boldsymbol{r}_>$ を中心とする導体表面に平行な上底と導体表面に垂直な側面をもち，点 $\boldsymbol{r}$ を内部に含む微小円筒を考える．上底下底の面積 $\varDelta A$ は十分小さいものとする．この円筒について，ガウスの法則

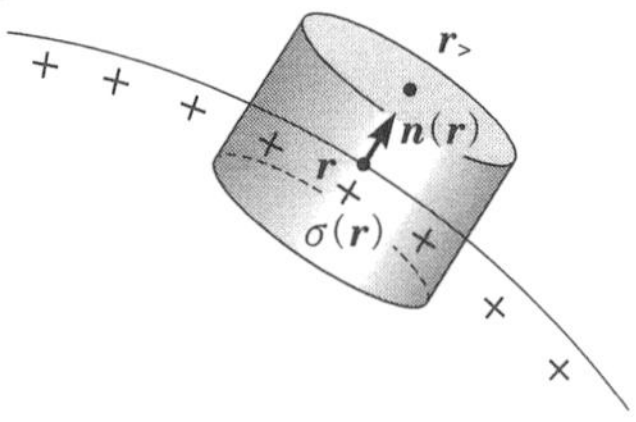

図5.8

$$\oint_S \boldsymbol{D}(\boldsymbol{r})\cdot d\boldsymbol{S} = q_{内部} \tag{5.6}$$

を適用しよう．上底では $\boldsymbol{D}(\boldsymbol{r}) \mathbin{/\!/} d\boldsymbol{S}$，導体外の側面では $\boldsymbol{D}(\boldsymbol{r}) \perp d\boldsymbol{S}$，導体内部では $\boldsymbol{D}(\boldsymbol{r}) = 0$ だから

$$\text{左辺} = \int_{\text{上底}} \boldsymbol{D}(\boldsymbol{r}) \cdot d\boldsymbol{S} + \int_{\text{下底}} \boldsymbol{D}(\boldsymbol{r}) \cdot d\boldsymbol{S} + \int_{\text{側面}} \boldsymbol{D}(\boldsymbol{r}) \cdot d\boldsymbol{S}$$
$$\approx D(\boldsymbol{r}_>)\,\Delta A + 0 + 0 = D(\boldsymbol{r}_>)\,\Delta A \tag{5.7}$$

である．一方，$q_{\text{内部}}$ は円筒内部に含まれる導体表面の電荷だから

$$\text{右辺} \approx \sigma(\boldsymbol{r})\,\Delta A \tag{5.8}$$

である．よって，

$$D(\boldsymbol{r}_>) \approx \sigma(\boldsymbol{r}), \qquad E(\boldsymbol{r}_>) \approx \frac{\sigma(\boldsymbol{r})}{\varepsilon_0} \tag{5.9}$$

である．ここで，$\Delta A \to 0$ とし，かつ $\boldsymbol{r}_>$ を表面上の点 $\boldsymbol{r}$ に限りなく近づけると，≈ は = になるが，さらに，導体表面が等電位面なので，$\boldsymbol{r}_>$ の電場の向きが表面の法線ベクトル $\boldsymbol{n}(\boldsymbol{r})$ に平行であることも考慮すると

$$\boldsymbol{D}(\boldsymbol{r}_>) = \sigma(\boldsymbol{r})\boldsymbol{n}(\boldsymbol{r}), \qquad \boldsymbol{E}(\boldsymbol{r}_>) = \frac{\sigma(\boldsymbol{r})}{\varepsilon_0}\boldsymbol{n}(\boldsymbol{r}) \tag{5.10}$$

である．導体表面は電場 $\boldsymbol{E}$ が 0 から有限の値に変わる境目だから，$\boldsymbol{E}$ は定義できない．そこで，左辺では外の場であることを示す $\boldsymbol{r}_>$ を残した．(5.10) は，導体表面付近の $\sigma(\boldsymbol{r})$ と $\boldsymbol{D}(\boldsymbol{r}_>)$ や $\boldsymbol{E}(\boldsymbol{r}_>)$ の間に必ず成り立つので，片方の辺がわかると他辺がわかる関係として，重要である．なお，$\boldsymbol{D}(\boldsymbol{r}_>)$ や $\boldsymbol{E}(\boldsymbol{r}_>)$ は，$\boldsymbol{r}_>$ の辺傍の電荷が作る電場だけでなく導体表面全体に誘起されたすべての表面電荷が点 $\boldsymbol{r}_>$ に作る場と外場を重ね合わせた，実際にそこに存在する場であることを強調しておく．

例題 5.2

半径 a_1，a_2 $(a_1 > a_2)$ の 2 個の導体球を遠くに離して，細い導線でつないで，電荷 Q を与えた．導線上の電荷は無視できるとして，各球の電位，電荷，表面電荷密度，表面のすぐ近くの電場を求め，大小を比較しなさい．

［解］　与えられた電荷 Q は両球の表面に分布するが，両球は十分離れているので，各球の表面電荷密度 σ_1，σ_2 は一様であり，無限遠に対する電位は (4.40) で与えられるものと考えてよい．両球は導線でつながれているから，電位 ϕ は等しくなければならない．よって，各球の電荷を q_1，q_2 とすると

$$\phi = \frac{q_1}{4\pi\varepsilon_0 a_1} = \frac{q_2}{4\pi\varepsilon_0 a_2}, \qquad q_1 + q_2 = Q \tag{5.11}$$

より,

$$q_1 = \frac{a_1 Q}{a_1 + a_2}, \quad q_2 = \frac{a_2 Q}{a_1 + a_2}, \quad \text{また} \quad \phi = \frac{Q}{4\pi\varepsilon_0 (a_1 + a_2)} \tag{5.12}$$

である. よって, 面電荷密度は

$$\sigma_1 = \frac{q_1}{4\pi a_1{}^2} = \frac{Q}{4\pi a_1(a_1 + a_2)}, \qquad \sigma_2 = \frac{Q}{4\pi a_2(a_1 + a_2)} \tag{5.13}$$

したがって, 表面のすぐ近くの電場の大きさ E_1, E_2 は, (5.10) より

$$E_1 = \frac{\sigma_1}{\varepsilon_0} = \frac{Q}{4\pi\varepsilon_0 a_1(a_1 + a_2)}, \qquad E_2 = \frac{Q}{4\pi\varepsilon_0 a_2(a_1 + a_2)} \tag{5.14}$$

で, 向きは表面に垂直である. これは, もちろん (4.38) から求めてもよい. 大小関係は, $a_1 > a_2$ より

$$q_1 > q_2, \qquad \sigma_1 < \sigma_2, \qquad E_1 < E_2 \tag{5.15}$$

である. これから推測できるように, つながった導体のすぐ外側の電場は, 曲率半径が小さく尖った部分ほど大きい. ¶

§5.5　対称性の良い導体の周りの静電場の例

ここで, 対称性の良い場合の例として, 図 5.9 のような, 帯電していない内半径 a_1, 外半径 a_2 の中空導体球の共通の中心に点電荷 $q\,(>0)$ がある場合の, 空間のすべての点の電場を求めてみよう. 中心に原点をもつ球座標で考える. 対称性より, 電場は中心の周りに球対称であるから, どこでも

$$\boldsymbol{D}(\boldsymbol{r}) = D(r)\boldsymbol{e}_r \tag{5.16}$$

である. 原点に近い部分から順に考えていくと

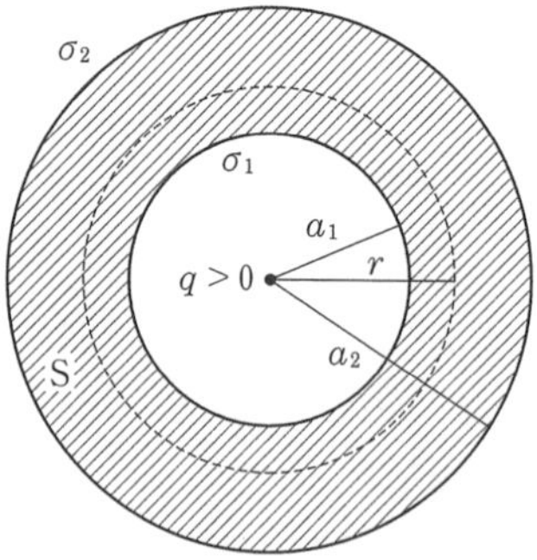

図 5.9

(1)　中空部の, $r < a_1$ である点では, §3.7 の [例 1] と同様の考察を点

電荷に適用して

$$\boldsymbol{D}(\boldsymbol{r}) = \frac{q}{4\pi r^2}\boldsymbol{e}_r, \quad \boldsymbol{E}(\boldsymbol{r}) = \frac{q}{4\pi\varepsilon_0 r^2}\boldsymbol{e}_r \tag{5.17}$$

である．

（2） $a_1 < r < a_2$ である点は導体内部だから，

$$\boldsymbol{D}(\boldsymbol{r}) = 0, \quad \boldsymbol{E}(\boldsymbol{r}) = 0 \tag{5.18}$$

である．

（3） ここで，$r = a_1$ である内表面上の点の考察にもどると，ここでは電場が不連続だから，$\boldsymbol{D}$ や $\boldsymbol{E}$ は定義できない．この表面には，静電誘導で電荷が生じている．その表面電荷の総量を q_1 とすると，ガウスの法則より

$$\oint_{\text{導体内を通る面 S}} \boldsymbol{D}(\boldsymbol{r}) \cdot d\boldsymbol{S} = q + q_1 = 0 \tag{5.19}$$

から，

$$q_1 = -q \tag{5.20}$$

である．このように，中空部に孤立した電荷が存在するときは，静電誘導で内表面にも電荷が現れる．対称性から，この電荷は一様な表面電荷密度で分布しているはずである．よって，その密度は

$$\sigma_1 = -\frac{q}{4\pi {a_1}^2} \tag{5.21}$$

である．

（4） 次に，$r = a_2$ である外表面上の点でも電場は不連続だから定義できないが，電荷密度はわかる．この外表面の電荷分布も，対称性より一様のはずである．この導体はもともと帯電していないとしたから，外表面の全電荷 q_2 は内表面全体の電荷の符号を変えたものに等しくなければならない．つまり，

$$q_2 = -q_1 = q \tag{5.22}$$

である．よって，表面電荷密度は

$$\sigma_2 = \frac{q}{4\pi {a_2}^2} \tag{5.23}$$

である．

（5） 最後に，$r > a_2$ である球の外部の点では (5.16) とガウスの法則より

$$\oint_{\text{半径}\,r\,\text{の球面}} \boldsymbol{D}(\boldsymbol{r})\cdot d\boldsymbol{S} = 4\pi r^2 D(\boldsymbol{r}) = q \tag{5.24}$$

である．よって

$$\boldsymbol{D}(\boldsymbol{r}) = \frac{q}{4\pi r^2}\boldsymbol{e}_r, \qquad \boldsymbol{E}(\boldsymbol{r}) = \frac{q}{4\pi\varepsilon_0 r^2}\boldsymbol{e}_r \tag{5.25}$$

であり，あたかも中心の点電荷 q の周りの導体球がない場合と同じように電場が広がっていることがわかる．

例題 5.3

上の例で，内表面の電荷密度 σ_1 を中空部の電場から求めなさい．

［**解**］ 図 5.10 のように，内表面上の点 $\boldsymbol{r}$ のすぐそばの中空部の点を $\boldsymbol{r}'$ とすると，(5.17) より，

$$\boldsymbol{D}(\boldsymbol{r}') = \frac{q}{4\pi r'^2}\boldsymbol{e}_r \tag{5.26}$$

である．$\boldsymbol{r}'$ は導体表面のすぐ外側という意味では (5.10) の $\boldsymbol{r}_>$ に相当し，点 $\boldsymbol{r}$ の法線ベクトルは $\boldsymbol{n}(\boldsymbol{r}) = -\boldsymbol{e}_r$ だから，(5.10)，(5.26) より

$$\frac{q}{4\pi r'^2}\boldsymbol{e}_r = \sigma(\boldsymbol{r})(-\boldsymbol{e}_r) \tag{5.27}$$

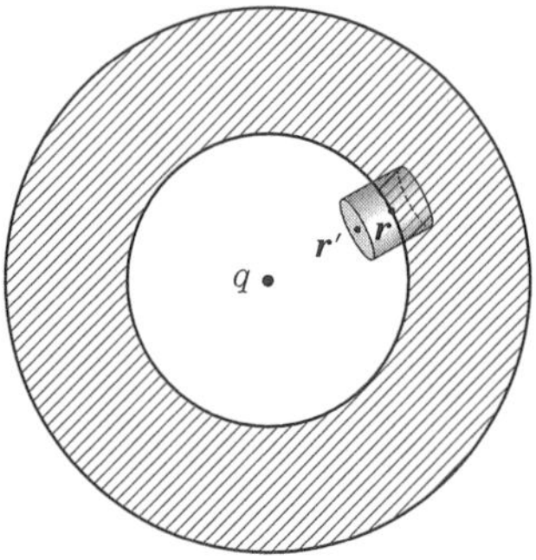

図 5.10

である．$|\boldsymbol{r}'|$ を内表面の半径 a_1 に等しいと置くと

$$\sigma(\boldsymbol{r}) = -\frac{q}{4\pi {a_1}^2} \tag{5.28}$$

が得られる．これは，(5.21) に一致する．

このように，静電誘導で内表面に現れた電荷が作る場は互いに打ち消し合って空洞内の電場には全く寄与しないが，内表面の電荷とそのすぐ近くの電場との間には確かに基本的関係 (5.10) が成り立っている．　¶

§5.6　鏡像電荷

いかなる場合でも，導体表面上の電荷分布がわかれば，クーロン電場の重ね合わせから空間の電場を計算できる．しかし，導体表面上の電荷分布は，導体内部の電場をいたるところ 0 にするように配置されたものであり，外場

や導体の形によって変化するので，容易にわかるものではない．しかし，ある種の対称性が残っている特殊な場合については，導体の周りの電場を知ることができ，さらに，それから逆に表面電荷分布を知ることさえできる．それには，まさに表面電荷が導体内部の電場を 0 にするように分布すること（あるいは，導体表面が等電位面であること）を積極的に利用する．

例として，図 5.11 のような，無限に広い導体表面から a だけ離れた点 A に点電荷 $q(>0)$ がある場合の，表面のすぐ外側にある点 B の電場を考えよう．この電荷が作るクーロン電場は，導体の存在に関係なく（3.18）の形に広がっている．よって，点 B に作っている電場を $\boldsymbol{E}_0$ とすると，点 B のすぐ近くの導体表面内側の点 B′ に作っている電場 $\boldsymbol{E}_0'$ も $\boldsymbol{E}_0$ にほぼ等しい．

$$\boldsymbol{E}_0' \approx \boldsymbol{E}_0 \tag{5.29}$$

しかし，実際には導体内で負の電荷がその電場を感じて表面に集まり，それを打ち消すような電場を作っているはずである．いま，そのようにしてでき上がった表面電荷密度を $\sigma(\boldsymbol{r})$（<0）としよう．その表面電荷全体が点 B′ に作っている電場 $\boldsymbol{E}_s'$ は，$\boldsymbol{E}_0'$ を打ち消しているのだから

$$\boldsymbol{E}_s' = -\boldsymbol{E}_0' \tag{5.30}$$

を満たしていなければならない．この $\sigma(\boldsymbol{r})$ が導体外に作っている電場はどうなっているであろうか．我々は，むしろこちらに興味がある．

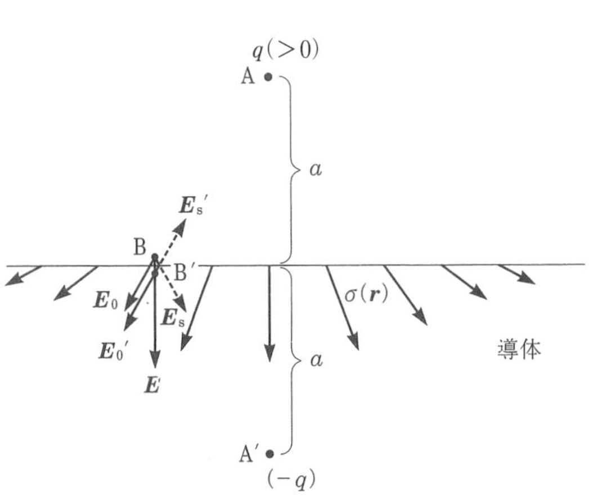

図 5.11

表面に分布した電荷全体が点 B′ のすぐ外側の点 B に作る電場は，表面に関して対称なはずだから，図のベクトル $\boldsymbol{E}_\mathrm{s}$ のはずである．したがって，点 B に実際に存在している電場は重ね合わせ

$$\boldsymbol{E} = \boldsymbol{E}_0 + \boldsymbol{E}_\mathrm{s} \tag{5.31}$$

で与えられる．作図により，$\boldsymbol{E}$ は確かに導体表面に垂直であるという性質を満たしていることがわかる．

表面電荷分布が導体内に作る電場 $\boldsymbol{E}_\mathrm{s}'$ は，(5.30) より当然，点 A に向かうベクトル（点 A に電荷 $-q$ があるときに生じる電場）である．一方，$\boldsymbol{E}_\mathrm{s}$ は導体表面に関して $\boldsymbol{E}_\mathrm{s}'$ と対称なベクトルであるから，A と対称な位置（鏡像の位置）A′ に向かうベクトルである．このように，$\boldsymbol{E}_\mathrm{s}$ はあたかも A′ に電荷 $-q$ が存在したときに生じるであろう電場に一致する．よって，導体の外側の任意の点の電場は，点 A に存在する電荷 $+q$ と，点 A′ に存在する仮想的な電荷 $-q$ が作る電場の重ね合わせに等しい．それを図示すると図 5.12（実線部のみ）のようになる．A′ に仮想した電荷 $-q$ を**鏡像電荷**という．

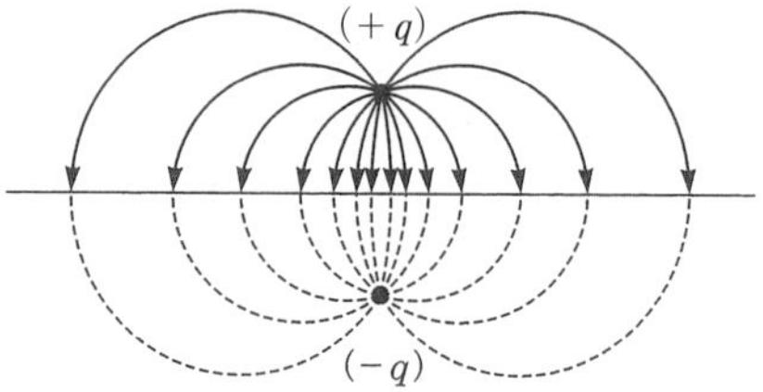

図 5.12

導体の外の電荷と鏡像電荷は図 5.12 のように電気双極子を作っているので，導体の外の電場 $\boldsymbol{E}(\boldsymbol{r})$ を式で表すことも簡単にできる．点 A′ から点 A に向かう線を z 軸とし，(4.64) において $\boldsymbol{d} = 2a\boldsymbol{e}_z$ と置くと，

$$\begin{aligned}\boldsymbol{E}(\boldsymbol{r}) &= \frac{q(\boldsymbol{r} - a\boldsymbol{e}_z)}{4\pi\varepsilon_0 |\boldsymbol{r} - a\boldsymbol{e}_z|^3} + \frac{-q(\boldsymbol{r} + a\boldsymbol{e}_z)}{4\pi\varepsilon_0 |\boldsymbol{r} + a\boldsymbol{e}_z|^3} \\ &= \frac{q(\boldsymbol{r} - a\boldsymbol{e}_z)}{4\pi\varepsilon_0 (r^2 - 2az + a^2)^{3/2}} - \frac{q(\boldsymbol{r} + a\boldsymbol{e}_z)}{4\pi\varepsilon_0 (r^2 + 2az + a^2)^{3/2}}\end{aligned} \tag{5.32}$$

である．特に，導体表面のすぐ近くの点の電場は，円筒座標 (ξ, φ, z) を用いると，

$$z \approx 0, \qquad r \approx \xi \tag{5.33}$$

だから

$$\boldsymbol{E}(\xi) = \frac{-aq}{2\pi\varepsilon_0(\xi^2 + a^2)^{3/2}}\boldsymbol{e}_z \tag{5.34}$$

である．

例題 5.4

上の例において，導体表面に誘起されている表面電荷密度 $\sigma(\boldsymbol{r})$ を求めなさい．

［**解**］（5.10）において（5.34）と $\boldsymbol{n}(\boldsymbol{r}) = \boldsymbol{e}_z$ を考慮すると，円筒座標で表した導体表面上の点 $\boldsymbol{r}(\xi, \varphi, 0)$ の面電荷密度は，φ には依存せず，

$$\frac{-aq}{2\pi\varepsilon_0(\xi^2 + a^2)^{3/2}}\boldsymbol{e}_z = \frac{\sigma(\boldsymbol{r})}{\varepsilon_0}\boldsymbol{e}_z \quad \text{より} \quad \sigma(\boldsymbol{r}) = \frac{-aq}{2\pi(\xi^2+a^2)^{3/2}} \tag{5.35}$$

である．¶

§5.7　孤立した導体の静電容量

孤立した任意の形の導体に電荷 q を与えたときの，無限遠を基準とする導体の電位 ϕ は q に比例する．周りの電場 $\boldsymbol{E}(\boldsymbol{r})$ が関数形は同じ形のまま，q に比例して強くなるからである．これを，逆に q が ϕ に比例する

$$q = C\phi \tag{5.36}$$

という形に書いたときの比例係数 C を，その導体の**静電容量**という．静電容量は導体の形と大きさに依存する．その次元，および SI 単位は

$$[C] = \mathsf{Q}[\phi]^{-1} = \mathsf{M}^{-1}\mathsf{L}^{-2}\mathsf{T}^2\mathsf{Q}^2 :$$

$$\mathrm{C/V} = \mathrm{C^2\,s^2/kg\,m^2} = \mathrm{F} = \text{farad}(\textbf{ファラッド}) \tag{5.37}$$

である（2 行目の C は電荷の単位クーロン）．静電容量 C も実用上重要な量なので，ファラッド（F）という特別な名称が与えられている．C が静電容量とよばれるのは，C が大きいほど，導体の電位を上げずに多くの電荷を蓄えられるからである．なお，静電容量の単位として，pF（ピコファラッド）$= 10^{-12}$ F や，μF（マイクロファラッド）$= 10^{-6}$ F もよく用いられる．

例題 5.5

孤立した半径 a の導体球の静電容量を求めなさい．半径 1 m の導体球の静電容量はいくらか．

［**解**］ この導体球に与えられた電荷 q は表面に均一に分布するから，導体表面および内部の電位は（4.40）と同じで，

$$\phi = \frac{q}{4\pi\varepsilon_0 a} \tag{5.38}$$

である．よって，この球の静電容量は

$$C = \frac{q}{\phi} = 4\pi\varepsilon_0 a \tag{5.39}$$

である．半径 1 m の導体球の静電容量は

$$C = 1.11 \times 10^{-10}\,\mathrm{F} = 111\,\mathrm{pF} \tag{5.40}$$

である．なお，（5.39）を参照すると，ε_0 の次元と SI 単位は

$$[\varepsilon_0] = [C][a]^{-1} = [C]\mathsf{L}^{-1}：\ \mathrm{F/m} \tag{5.41}$$

でもあることがわかる． ¶

§5.8　2 個の導体の静電容量

前節では 1 個の導体の静電容量を考えたが，2 個の導体 1，2 に電荷 q_1，q_2 を帯電させたときは，それぞれの電位 ϕ_1，ϕ_2 は，自分の電荷だけでなく他方の電荷にも依存する．ここでは応用上重要な場合として，図 5.13 のように，双方に大きさが同じで符号の異なる電荷

$$q_1 = q, \qquad q_2 = -q \tag{5.42}$$

を与えた場合のみを考える．この場合，無限遠を基準とする導体の電位 ϕ_1，ϕ_2 は，ともに q に比例する．理由は，孤立した導体の場合と同じで，周りの電場 $\boldsymbol{E}(\boldsymbol{r})$ が関数形は同じままで，q に比例して強くなるからである．したがって，この 2 個の導体の電位差 V_{12} も q に比例する．

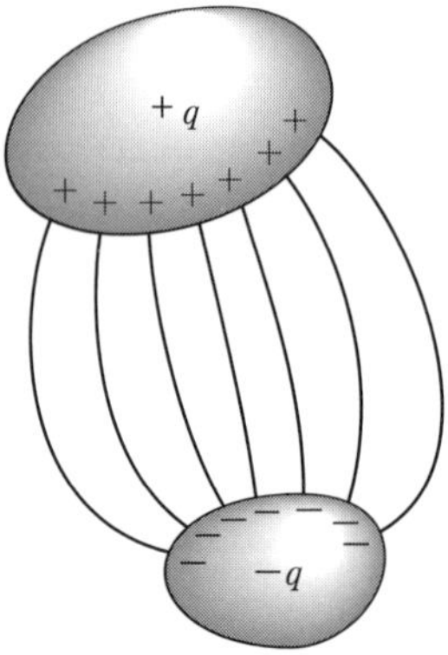

図 5.13

$$V_{12} = \phi_1 - \phi_2 \propto q \tag{5.43}$$

V_{12} は**電圧**ともよばれる．(5.43) を

$$q = CV_{12} \tag{5.44}$$

と書いたとき，C をこの導体対の**静電容量**という．C の値は，それぞれの導体の形状と両者の配置によって決まる．このような導体対を，**コンデンサー**という．C が大きいほど，導体間の電位差を上げずに多くの電荷を蓄えることができる．回路図では，コンデンサーを図5.14のような記号で表す．

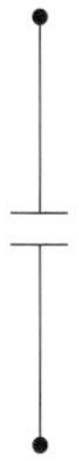

図5.14

例題 5.6

同じ形の平面導体を図5.15のように平行に配置したものを**平行板コンデンサー**という．この平面導体を**極板**という．極板の面積を A，間隔を d として，このコンデンサーの静電容量を求めなさい．

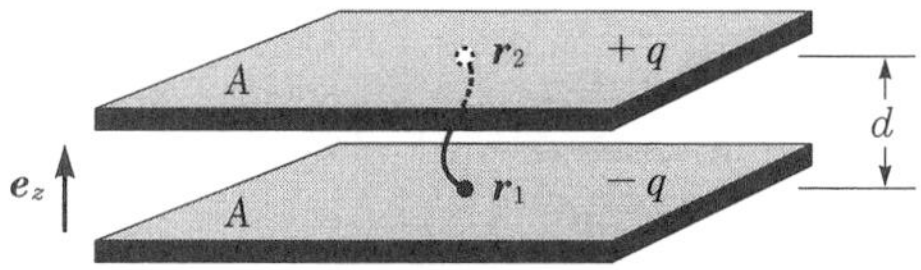

図5.15

［**解**］ 上の極板に電荷 $+q$，下の極板に電荷 $-q$ を与える．d が十分小さければ，縁辺部を除き，電荷密度 σ は一様になることが知られている．また，面の間の空間で，$\boldsymbol{D}$ は極板に垂直である．このとき，z 方向の単位ベクトル $\boldsymbol{e}_z$ を図のように定めると

$$\boldsymbol{D} = -D\boldsymbol{e}_z = -\sigma\boldsymbol{e}_z \tag{5.45}$$

だから

$$\boldsymbol{E} = -\frac{\sigma}{\varepsilon_0}\boldsymbol{e}_z \tag{5.46}$$

である．したがって，両極板間の電位差は (4.22) より

$$V_{21} = -\int_{r_1}^{r_2} \boldsymbol{E}\cdot d\boldsymbol{r} = -\int_{z_1}^{z_2}\left(-\frac{\sigma}{\varepsilon_0}\right)dz = \frac{\sigma}{\varepsilon_0}d \tag{5.47}$$

である．ただし，

$$\boldsymbol{e}_z\cdot d\boldsymbol{r} = dz \tag{5.48}$$

を用いた．よって，この平行板コンデンサーの静電容量は次のようになる．

$$C=\frac{q}{V_{12}}=\frac{\sigma A}{\frac{\sigma}{\varepsilon_0}d}=\frac{\varepsilon_0 A}{d} \tag{5.49}$$

なお，電荷をもつコンデンサーのエネルギーについては§12.1で述べる． ¶

§5.9 起電力とコンデンサーの接続

これまで，電荷qに力をおよぼすものとして，別の電荷が作る静電場（クーロン電場）$\boldsymbol{E}$のみを暗黙に考えてきたが，それ以外にも電荷を動かせるものがある．電池（化学反応），熱起電力，力学的な運搬，ローレンツ力（運動による起電力），誘導起電力等である．このうち，誘導起電力だけは，第9章で述べるように，マクスウェル方程式の1つに含まれるが，それ以外はマクスウェル方程式には含まれない現象である．

これらの現象が電荷を運ぶはたらきを，**起電力**という量で表す．起電力とは，クーロン力以外の力が電荷qを動かしてする仕事をqで割ったものである．代表的な起電力の源は電池（一般に定電圧源）で，これは，端子間の電圧が常に決まった値（起電力で決まる値）になるように電荷を送り出す装置である．回路図では，定電圧源を図5.16のような記号で表す．起電力は，**電源電圧**または単に**電圧**ともよばれる．

図5.16

起電力の決まった電源を，抵抗を介してコンデンサーの両極板につなぐと，極板に電荷が供給され，極板間の電位差が起電力の値に等しくなる．

コンデンサーの並列接続

静電容量$C_1, C_2, \cdots, C_n$のコンデンサーを図5.17のようにまとめて回路の他の部分につなぐことを，**並列**につなぐという．このときの全体の静電容量を求めよう．

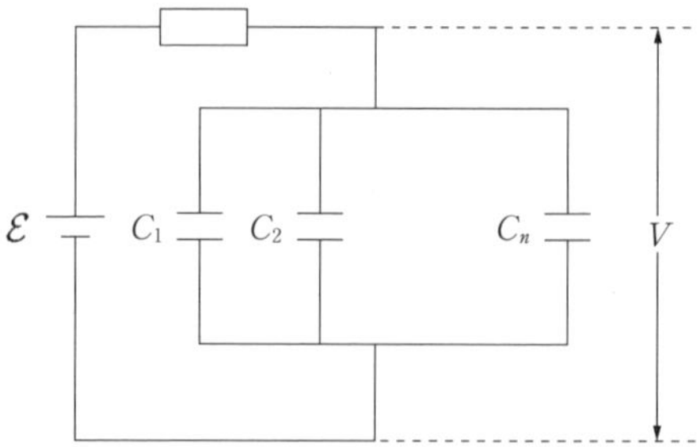

図5.17

両端を起電力$\mathcal{E}$の電源につないで十分に時間が経った後の各C_iの両極の電圧Vは，すべて$\mathcal{E}$に等しく，

$$V = \mathcal{E} \tag{5.50}$$

である．このときの両極板の電荷をそれぞれq_i，$-q_i$（$i = 1, \cdots, n$）とすると，電荷の総和は

$$Q = q_1 + \cdots + q_n = C_1 V + \cdots + C_n V = (C_1 + \cdots + C_n) V \tag{5.51}$$

である．一方，この場合の合成(静電)容量をCとすると

$$Q = CV \tag{5.52}$$

だから，次のようになる．

$$C = C_1 + \cdots + C_n \tag{5.53}$$

コンデンサーの直列接続

静電容量$C_1, C_2, \cdots, C_n$のコンデンサーを図5.18のようにまとめてつなぐことを，**直列**につなぐという．両端を起電力$\mathcal{E}$の電源につないで十分に時間が経った後，C_1とC_nの間の電圧は，やはり(5.50)を満たす．このときのC_1の両極板の電荷をq，$-q$とすると，C_2の極板の電荷もq，$-q$である．これは，C_1とC_2を結んでいる導線の部分はもともと帯電していなかったので，C_1の負の極板に$-q$が集まると，C_2の正の極板には$+q$が残されるためである．同様に，すべてのコンデンサーの両極板の電荷はq，$-q$である．そうすると，各C_iの両端の電圧は$V_i = q/C_i$であるから

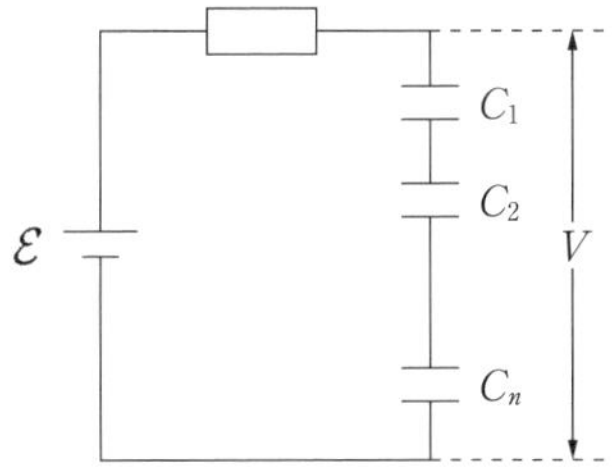

図5.18

$$V = \frac{q}{C_1} + \cdots + \frac{q}{C_n} \tag{5.54}$$

である．この場合の全体の合成容量をCとすると

$$V = \frac{q}{C} \tag{5.55}$$

だから

$$\frac{1}{C} = \frac{1}{C_1} + \cdots + \frac{1}{C_n} \tag{5.56}$$

である．よって，次のようになる．

$$C = \frac{1}{\dfrac{1}{C_1} + \cdots + \dfrac{1}{C_n}} \tag{5.57}$$

演習問題

［**1**］ 導体表面のある位置のすぐ外側で電場の大きさが $E = 1 \times 10^4\,\mathrm{N/C}$ であった．導体表面のその部分の電荷密度を求めなさい．

［**2**］ 地球（半径 $6.38 \times 10^3\,\mathrm{km}$）と太陽（半径 $6.96 \times 10^5\,\mathrm{km}$）を導体と扱って，孤立した球としての静電容量を求めなさい．

［**3**］ 面間隔 1 mm の平行板コンデンサーの容量を $C = 1\,\mathrm{F}$ とするためには，面積を何 m^2 としなければならないか．

［**4**］ 面間隔 10 cm の水平な平行板コンデンサーの間の電場で，電子が落下しないように支えるのに必要な極板間の電圧は何 V か．陽子の場合はどうか．

［**5**］ 半径 a と $b(> a)$ の同心導体球殻の，導体対としての静電容量を求めなさい．

［**6**］ 半径 a と $b(> a)$ で長さ $l(\gg b)$ の 2 個の導体円筒（厚さは無視できるものとする）が，両端がそろい中心軸が一致している．外側の円筒に対する内側の円筒の電位を $V(> 0)$ としたときの，円筒間の空間の電場を求めなさい．

［**7**］ 前問の導体円筒対の静電容量を求めなさい．また，円筒の隙間の間隔 $d = b - a \ll a$ のときは，d と片方の円筒の側面積 A を用いて，$C \approx \varepsilon_0 A/d$ と近似できることを示しなさい．

［**8**］ 十分広い導体平面から a だけ離れた位置に点電荷 q がある．

（a） 点電荷が受ける力を求めなさい．

（b） 表面電荷の総和は $-q$ に等しいことを示しなさい．

［**9**］ 一様な電場 $\boldsymbol{E}_0 = E_0\boldsymbol{e}_z$ の中に帯電していない導体球を置いた．導体表面に誘起される面電荷密度と周りの電場を求めなさい．

6 定常電流と直流回路

これまでは，静的な電場のみを考えてきた．本章では，電荷が動いている場合を扱う．ただし，電荷の空間的な流れの様子が時間的に変化しない場合を考える．そのような流れを定常電流という．定常電流は直流電源につながれた導体の中に生じる．電荷が動いていても，電流として一定であれば静的な現象として扱われる．

§6.1 電　流

正の電荷が，図 6.1 のような線状の導体(導線)を流れているとする．その導体の断面を単位時間当たりに通り抜ける電荷量を**電流**という．

$$I = \frac{dq}{dt} \tag{6.1}$$

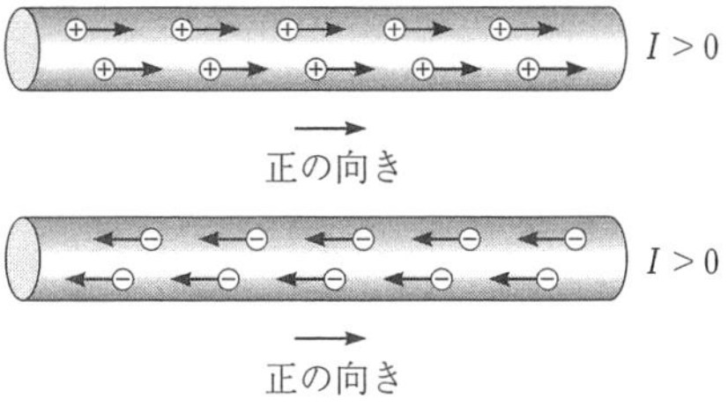

図 6.1

電流はスカラー量であるが，流れには向きがある．それを表すには，図 6.1 のように，予め正の向きを指定し（図 6.1 では右向きを正としている），その向きに正の電荷が流れているとき，あるいはその逆の向きに負の電荷が流れているとき

$$I > 0 \tag{6.2}$$

とする．

電流の次元と SI 単位は

$$[I] = \mathsf{QT}^{-1}：\mathrm{C/s} = \mathrm{A} = \mathrm{ampere}\ (\textbf{アンペア}) \tag{6.3}$$

である．すなわち1Aは，1秒間に1Cの電荷が流れる電流の大きさである．Aは電磁気量全体の基本単位である．1Aの大きさは，磁気的な力を介して定義されていたが，現在では，ちょうどそれと同じ大きさになる電子の流れ（1秒間に約 6.24×10^{18} 個）で定義されている（付録Bを参照）．

§6.2　電流密度

現実の導線には太さがあるから，その中を流れる電流の3次元的な流束密度，すなわち**電流密度**の場 $\boldsymbol{j}(\boldsymbol{r})$ を考えることができる．電流密度は，導体を流れる電流の場合だけでなく，空間に広がって流れている任意の電荷の流れを表すことができる．いまは導線内の定常電流を考えているから，次々に同じ量の電荷が供給され続けており，$\boldsymbol{j}(\boldsymbol{r})$ は時間に依存しない．

実際に電荷を運んでいるものは図6.2のように電子やイオンのような微粒子であるが，これを粗視化して扱う．川の流れを解析するのに水分子の運動を考えず，連続的な流体としての水の流れを考えるのと同様である．

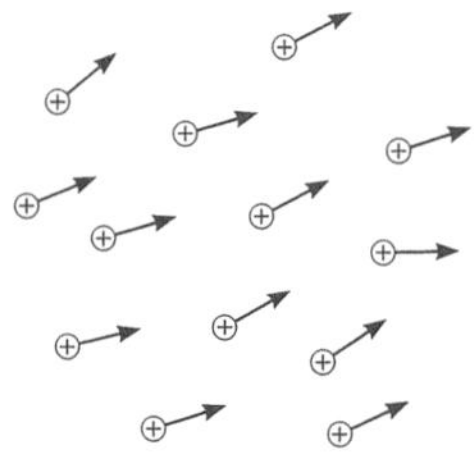

図6.2

正か負のいずれか1種類の電荷をもった粒子だけが流れているときは，電流密度 $\boldsymbol{j}(\boldsymbol{r})$ は粗視化した電荷密度の場 $\rho(\boldsymbol{r})$ と，点 $\boldsymbol{r}$ 付近の流れの平均速度 $\boldsymbol{v}(\boldsymbol{r})$ を用いて（2.46）の

$$\boldsymbol{j}(\boldsymbol{r}) = \rho(\boldsymbol{r})\boldsymbol{v}(\boldsymbol{r}) \tag{6.4}$$

で表される．$\boldsymbol{v}(\boldsymbol{r})$ はマクロな移動の速度で，**ドリフト速度**とよばれる．ドリフト速度は衝突によって向きを変えながら進んでいる粒子の流れの平均の速度で，個々の粒子の瞬間的な速度よりはるかに遅い．負の電荷の流れの場合は $\rho(\boldsymbol{r}) < 0$ だから，$\boldsymbol{j}(\boldsymbol{r})$ は $\boldsymbol{v}(\boldsymbol{r})$ と向きが逆になる．

一般に，正負の電荷が存在してそれぞれ密度 $\rho_+(\boldsymbol{r})$，$\rho_-(\boldsymbol{r})$，ドリフト速度 $\boldsymbol{v}_+(\boldsymbol{r})$，$\boldsymbol{v}_-(\boldsymbol{r})$ で流れているときは，電流密度ベクトルの場は

$$\boldsymbol{j}(\boldsymbol{r}) = \rho_+(\boldsymbol{r})\boldsymbol{v}_+(\boldsymbol{r}) + \rho_-(\boldsymbol{r})\boldsymbol{v}_-(\boldsymbol{r})\ ;\ \rho_+(\boldsymbol{r}) > 0,\ \rho_-(\boldsymbol{r}) < 0 \tag{6.5}$$

である．一方，正味の電荷密度は

$$\rho(\boldsymbol{r}) = \rho_+(\boldsymbol{r}) + \rho_-(\boldsymbol{r}) \tag{6.6}$$

である．これらの流れは共通の電場から力を受けて生じているから，$\boldsymbol{v}_+(\boldsymbol{r})$ と $\boldsymbol{v}_-(\boldsymbol{r})$ は互いに逆向きである．よって，(6.5) は実効的に加算になっており，一方，(6.6) は実効的に減算になって打ち消し合っている．固体の導体に電流が流れている場合は，正イオンと自由電子の数密度は等しいから

$$\rho_+(\boldsymbol{r}) = -\rho_-(\boldsymbol{r}) \tag{6.7}$$

である．また，正イオンは動かないから

$$\boldsymbol{v}_+(\boldsymbol{r}) = 0 \tag{6.8}$$

である．よって，

$$\rho(\boldsymbol{r}) = 0, \qquad \boldsymbol{j}(\boldsymbol{r}) = \rho_-(\boldsymbol{r})\boldsymbol{v}_-(\boldsymbol{r}) \tag{6.9}$$

である．これが，電気的に中性の導体中を，負の電荷をもつ電子によって運ばれる電流が流れている状態である．

マクロな電磁気学では，導体中を流れる電流は，仮想的な正の電荷が運ぶと考えてもよい（ただし，ホール効果のような，電流を運んでいる電荷の正負によって効果が異なる現象もある）．

電流密度の次元と SI 単位は次のようになる．

$$[j] = [\rho][v] = \mathsf{QL^{-3}LT^{-1}} = \mathsf{QT^{-1}L^{-2}}:\ \mathrm{A/m^2} \tag{6.10}$$

一般論にもどろう．空間内に任意の無限小の面素 dS（図 6.3）を考え，表の向き（法線 $\boldsymbol{n}$ の向き）を選ぶ．

$$d\boldsymbol{S} = dS\,\boldsymbol{n} \tag{6.11}$$

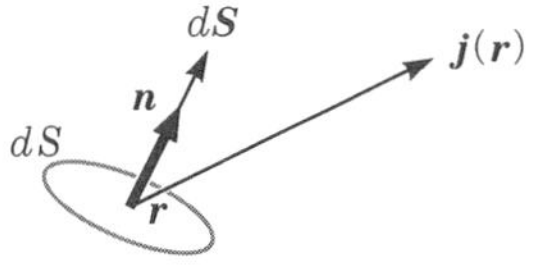

図 6.3

(2.48) より，この面素を $\boldsymbol{n}$ の向きに，単位時間に通り抜ける電荷の量（流束），すなわち電流は次のようになる．

$$dI = \rho(\boldsymbol{r})\boldsymbol{v}(\boldsymbol{r})\cdot d\boldsymbol{S} = \boldsymbol{j}(\boldsymbol{r})\cdot d\boldsymbol{S} \tag{6.12}$$

図 6.4 のような有限の広さの面 S を貫いて流れる電流は，その面を細かく分けた面素を貫いて流れる電流の和（積分）で与えられ

$$I = \int_{\mathrm{S}} dI = \int_{\mathrm{S}} \boldsymbol{j}(\boldsymbol{r})\cdot d\boldsymbol{S} \tag{6.13}$$

である．

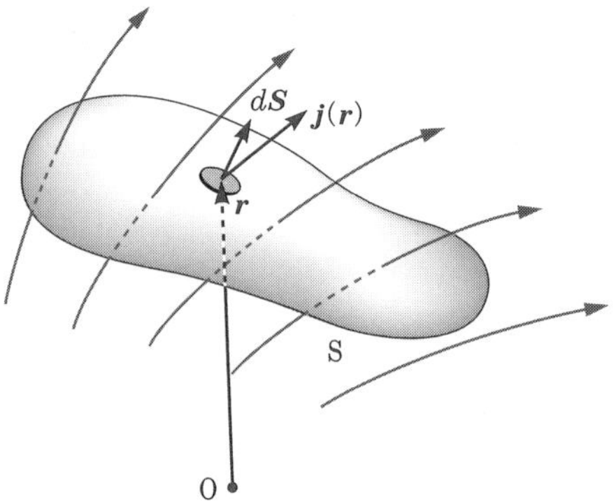

図 6.4

電流には，この他に面に沿って流れるものや曲線に沿って流れるものが考えられる．図 6.5 のような厚さのない面上に分布した面電荷密度 $\sigma(\boldsymbol{r})$ の電荷が速度 $\boldsymbol{v}(\boldsymbol{r})$ で流れているとする．このとき，$\boldsymbol{v}(\boldsymbol{r})$ に垂直な無限小線分 dl を横切って無限小時間 dt の間に流れる電荷 dq は，面積 $dl \times v(\boldsymbol{r})dt$ に含まれる電荷の量に等しいから

$$dq = \sigma(\boldsymbol{r})dl\, v(\boldsymbol{r})dt \tag{6.14}$$

である．よって，単位時間当たりにこの線分を横切って流れる電荷，すなわち，電流は

$$dI = \frac{dq}{dt} = \sigma(\boldsymbol{r})v(\boldsymbol{r})dl \tag{6.15}$$

である．ここで，**面電流密度ベクトル**

$$\boldsymbol{J}(\boldsymbol{r}) = \sigma(\boldsymbol{r})\boldsymbol{v}(\boldsymbol{r}) \tag{6.16}$$

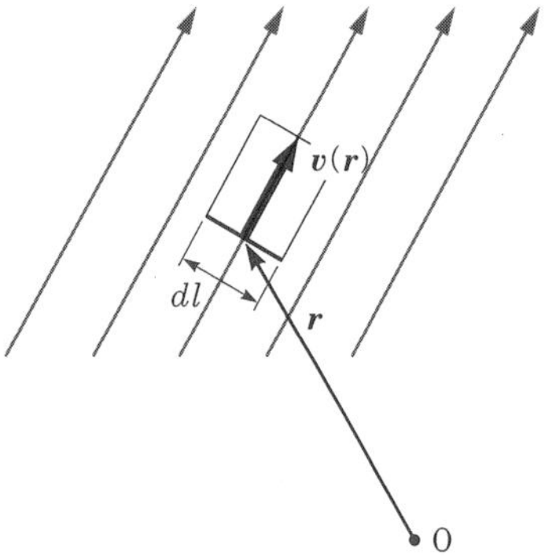

図 6.5

を定義すると，(6.15) は $|\boldsymbol{J}(\boldsymbol{r})| = J(\boldsymbol{r})$ を用いて

$$dI = J(\boldsymbol{r})dl \qquad \text{あるいは} \qquad J(\boldsymbol{r}) = \frac{dI}{dl} \tag{6.17}$$

である．面電流密度の次元と SI 単位は次のようになる．

$$[J] = [I]\mathsf{L}^{-1} = \mathsf{QT}^{-1}\mathsf{L}^{-1}:\ \mathrm{A/m} \tag{6.18}$$

なお，太さのない曲線上のある点を単位時間に流れる電荷の量は電流そのものであるから，“線電流密度” という概念はない．また，面電流密度で表される電流も，太さのない曲線を流れる電流も，面積のない部分を貫いて流れているから，（体積）電流密度 $\boldsymbol{j}(\boldsymbol{r})$ として見ると無限大に発散している．

例題 6.1

銅の自由電子は原子 1 個につき 1 個である．いま，断面積が $1\,\mathrm{mm}^2$ の銅線を 0.1 A の電流が流れている．ドリフト速度を求めなさい．ただし，銅の質量密度は $8.93 \times 10^3\,\mathrm{kg/m^3}$，銅原子の原子量は 63.5，アボガドロ定数を $6.02 \times 10^{23}\,\mathrm{mol^{-1}}$，電子 1 個の電荷を $-e = -1.60 \times 10^{-19}\,\mathrm{C}$ とする．

［**解**］ 銅線中の自由電子の数密度は

$$n = \frac{8.93 \times 10^3}{63.5 \times 10^{-3}/(6.02 \times 10^{23})} = 8.47 \times 10^{28}\,\mathrm{m^{-3}} \tag{6.19}$$

よって，電荷密度は

$$\rho = -en = -1.60 \times 10^{-19} \times 8.47 \times 10^{28} = -1.35 \times 10^{10}\,\mathrm{C/m^3} \tag{6.20}$$

であり，したがってドリフト速度は

$$v = \frac{0.1}{1 \times 10^{-6} \times 1.35 \times 10^{10}} = 7.41 \times 10^{-5}\,\mathrm{m/s} \tag{6.21}$$

である．¶

§6.3 オームの法則

第 5 章で述べたように，孤立した導体を電場の中に置くと，短時間のうちに(理想的な導体の場合は瞬時に)必ず全体が等電位になるように表面電荷が配置する．一方，一定の起電力をもつ電源は，その出力端子を決まった電圧に保とうとする．よって，理想的な導体を理想的な電源につなぐことは矛盾を引き起こす．

図 6.6 のように，現実の導体を現実の電源につなぐと，孤立した導体の場合と異なり，導体中に§6.9 で述べるようなクーロン電場が生じ続けて電流が流れ続ける．このとき電子は真空中の電子のよ

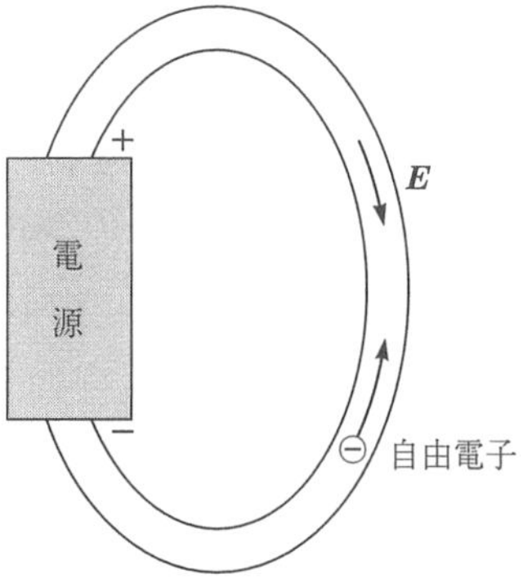

図 6.6

うに加速度運動をするのではなく，熱振動しているイオンに衝突して運動が妨げられ，マクロに見ると，ある平均的な速さで流れる．［例題 6.1］では，その速さを求めた．巨視的な電磁気学では，特別な現象を除き，電子で考えずに，仮想的な正の電荷が電源の正の極から導体を通って負の極に辿りつき，起電力によって電源の内部を正の極まで運ばれ，電流が流れ続けると考えてもよい．

電気抵抗

電流が流れている導体の両端には**電圧**が生じる．電圧 V と流れている電流 I の間には比例関係があることが実験的に知られている．

$$I = \frac{V}{R} \tag{6.22}$$

これを**オームの法則**という．ドイツのオーム（G. S. Ohm, 1787－1854）が発見した法則である．R を，その導体の**抵抗値**といい，物質の種類と形で決まる．抵抗値の次元と SI 単位は

$$[R] = [V][I]^{-1}:\ \mathrm{V/A} = \Omega = \mathrm{ohm}(\textbf{オーム}) \tag{6.23}$$

である．導体の電気を通す性質ではなくその抵抗値を利用するとき，その導体そのもののことを，単に**抵抗**とよぶ．文字記号は，抵抗にローマン体の R，抵抗値にイタリック体の R を用いる．ただし本書では，抵抗値 R の抵抗 R のことを抵抗 R と略記することもある．回路図では，抵抗は図 6.7 の記号で表す．いろいろな値の抵抗値をもつ抵抗が製造され市販されている．電気回路では，抵抗のない導体の線も考える．これを理想的な**導線**といい，それで抵抗同士や電源をつなぐと考える．実際の回路では銅線（半導体集積回路（IC）などでは金線）を用いてつなぐが，通常の場合は，このような現実の導線も抵抗がないとして回路の性質を解析してよい．

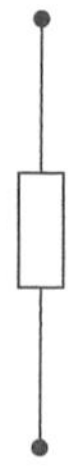

図 6.7

またオームの法則は，抵抗 R に電流 I を流すとその両端の電圧が

$$V = IR \tag{6.24}$$

になる，とも解釈できる．これを**電圧降下**という．あるいは，電圧 V をかけたとき電流 I が流れるような抵抗は

$$R = \frac{V}{I} \tag{6.25}$$

である，とも解釈できる．このように見方を変えてオームの法則を解釈することは，実用的な回路のはたらきを解析するときに役立つ．

電源の内部抵抗

図 6.8 のように，起電力 $\mathcal{E}$ の通常の電源に抵抗値 R の抵抗をつないだとき，電源の**端子電圧**（出力端子の電圧）を V とすると，$V < \mathcal{E}$ である．これは，理想的でない電源には**内部抵抗**があるためである．内部抵抗を r とすると，V は内部抵抗 r による電圧降下 rI の分だけ $\mathcal{E}$ より低い．

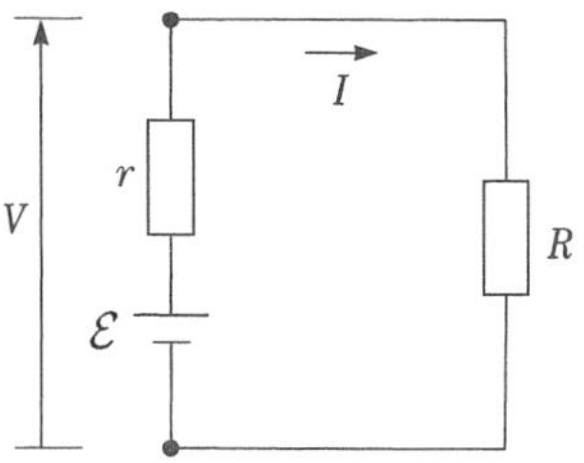

図 6.8

$$V = \mathcal{E} - Ir \tag{6.26}$$

このとき流れる電流は，

$$I = \frac{\mathcal{E}}{R + r} \tag{6.27}$$

だから，これと (6.22) から，

$$V = \frac{\mathcal{E}R}{R + r} \tag{6.28}$$

である．外に付けた抵抗の抵抗値 R が小さいほど，つまり流れる電流が大きいほど，V は低い．

例題 6.2

起電力 10 V の直流電源に 10 Ω の抵抗をつないだところ，0.98 A の電流が流れた．電源の内部抵抗を求めなさい．

［**解**］ (6.27) を参照して

$$0.98 = \frac{10}{10 + r} \quad \text{より} \quad r = \frac{10}{0.98} - 10 = 0.20\ \Omega \tag{6.29}$$

¶

抵 抗 率

一様な導体を図 6.9 のような長さ l，断面積 A の円筒形に切り出し，l や A が異なる場合について測定してみると，その抵抗は l に比例し，A に反比例する．

$$R = \rho \frac{l}{A} \tag{6.30}$$

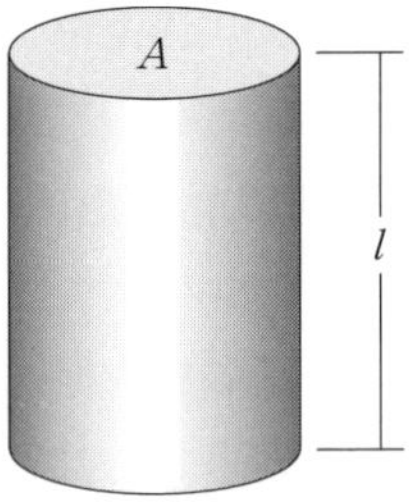

図 6.9

比例係数 ρ はその物質固有の量（ただし，含まれている不純物や温度によって変わる）で，**抵抗率**あるいは**比抵抗**という．抵抗率の次元と SI 単位は

$$[\rho] = [R]\mathsf{L} : \Omega\,\mathrm{m} \tag{6.31}$$

である．その逆数

$$\sigma = \frac{1}{\rho} \tag{6.32}$$

を**電気伝導率**あるいは**電気伝導度**という．電気伝導率の次元と SI 単位は

$$[\sigma] = [\rho]^{-1} = [R]^{-1}\mathsf{L}^{-1} : \Omega^{-1}\,\mathrm{m}^{-1} \tag{6.33}$$

である．$\rho(\sigma)$ の物質による値の違いは著しく，金属では非常に小さいが，水晶などの絶縁体では非常に大きい．具体例を表 6.1 に示す．（半金属と半導体の区別は電気伝導率による違いというよりは，物質の電子の状態による分類で，それを理解するには固体物理学の知識が必要である．）

表 6.1　種々の物質の抵抗率（20°C）

分　類	物　質	抵抗率（Ω m）
導　体	銀	1.59×10^{-8}
	銅	1.72×10^{-8}
	アルミニウム	2.82×10^{-8}
	タングステン	5.6×10^{-8}
	ニクロム	1.50×10^{-6}
半金属	炭素	3.5×10^{-5}
半導体	珪素など	$10^{-1}\sim10^{3}$
絶縁体	ガラス	$10^{10}\sim10^{14}$
	融溶石英	7.5×10^{17}

例題 6.3

表 6.1 を参照して，半径 0.5 mm，長さ 10 m の銅線の抵抗を求めなさい．

［解］

$$R = \frac{1.72\times10^{-8}\times10}{\pi(0.5\times10^{-3})^2} = 2.18\times10^{-1}\,\Omega$$ ¶

§6.4　電荷の保存則

物理法則の中でも，最も高精度に確認されている法則の 1 つに，次の**電荷の保存則**がある．

“正味の電荷（正と負の電荷が打ち消し合った残りの電荷）は
生成も消滅もしない”

これは，マクスウェル方程式に顕わには見えない形で含まれているが，ここではこの法則そのものについて述べる．

いま，空間に任意の閉曲面Sで囲まれた領域Vを考える（図6.10）．この中の電荷の総量は，電荷密度を $\rho(\boldsymbol{r})$ とすると，

$$\int_{\mathrm{V}} \rho(\boldsymbol{r})\, dV \qquad (6.34)$$

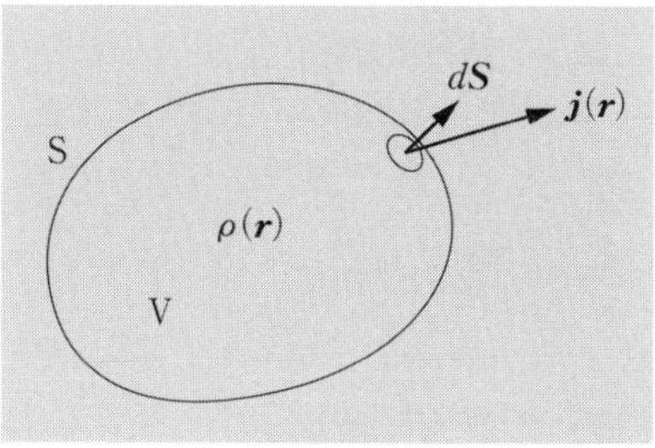

図6.10

である．これが消えてなくなることはない，というわけだから，もしこの総量に変化があったとすると，この領域から外へ出ていっただけのはずである．出ていくためには電荷が移動しなければならず，その動きは電流密度ベクトル $\boldsymbol{j}(\boldsymbol{r})$ で表される．表面Sから流れ出る電荷の総量は

$$\oint_{\mathrm{S}} \boldsymbol{j}(\boldsymbol{r})\cdot d\boldsymbol{S} \qquad (6.35)$$

である．これを用いて，電荷の保存則を「ある空間内の電荷の総量は移動によってしか増減しない」という意味そのままに

$$\frac{d}{dt}\int_{\mathrm{V}} \rho(\boldsymbol{r})\, dV = -\oint_{\mathrm{S}} \boldsymbol{j}(\boldsymbol{r})\cdot d\boldsymbol{S} \qquad (6.36)$$

と表すことができる．これは一般的に**連続の式**とよばれている．左辺の時間微分はV内の電荷が増加したときに正であり，(6.35) は電荷が外に出て行ったとき正だから，(6.36) の右辺には負号が付くことになる．(6.36) は電荷に限らず，連続的に分布する物理量の保存則を表す重要な式である．

§6.5　定常電流とキルヒホフの第1法則

定常電流回路に電荷の保存則を適用すると，実用上重要な**キルヒホフの第1法則**が得られる．定常電流回路は電流がどこでもよどむことなく流れて，

流れの様子が時間的に変化しないような回路であり，**直流回路**ともいわれる．このような回路の任意の部分，たとえば，図 6.11 のような T 字形に分岐した部分を仮想的な閉曲面で切り取ってみよう．i 番目の断面の断面積を A_i，外向きの法線ベクトルを $\boldsymbol{n}_i$ とし，流れ出る電流の密度を一様で $\boldsymbol{j}_i$ とすると，(6.36) の右辺は

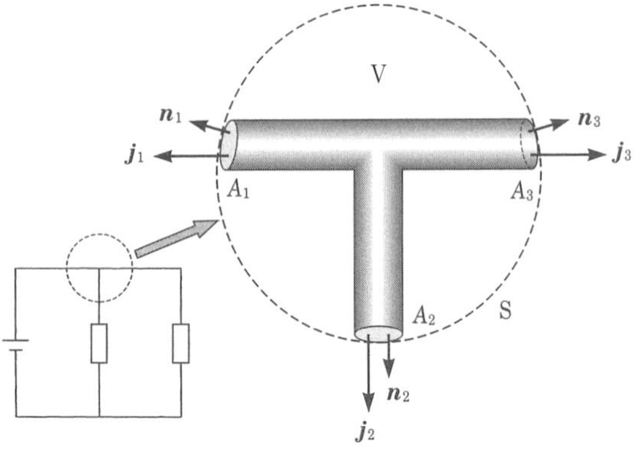

図 6.11

$$-\oint_{\mathrm{S}} \boldsymbol{j}(\boldsymbol{r})\cdot d\boldsymbol{S} = -\sum_{i=1}^{3} \boldsymbol{j}_i\cdot\boldsymbol{n}_i A_i = -\sum_{i=1}^{3} I_i \qquad (6.37)$$

となる．I_i は，各断面を流れ出る電流である．一方，いまは定常流を考えているから，S に囲まれる領域内の総電荷は変化しない．つまり，(6.36) の左辺は 0 である．よって，

$$\sum_{i=1}^{3} I_i = 0 \qquad (6.38)$$

である．これが**キルヒホフの第 1 法則**であり，定常電流回路の節点（分岐点）から流れ出る電流の総和は 0 であることを主張する法則である．

§6.6　キルヒホフの第 2 法則

回路に関するもう 1 つの重要な法則に，**キルヒホフの第 2 法則**がある．これは，閉じた回路と起電力に関する法則である．

すでに述べたように，起電力とは，クーロン力以外の電荷を運ぶはたらきを，静電ポテンシャルと同じ次元の量で表したものである．いま，図 6.12 のような端子 A，B をもつ電源の起電力を $\mathcal{E}$ とする．

図 6.13 のように，この電源に抵抗値 R の抵抗の端子 C，D をつなぐと，

外側の回路 ACDB に沿って電流 I が流れる．CD 間の電圧 V はオームの法則より，当然

$$V = IR \qquad (6.39)$$

で与えられる．一方，電流と抵抗は導体のみでつながっているから，電源の内部抵抗を無視すると，

$$\mathcal{E} = V \qquad (6.40)$$

である．

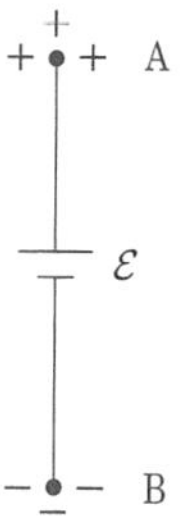

図 6.12

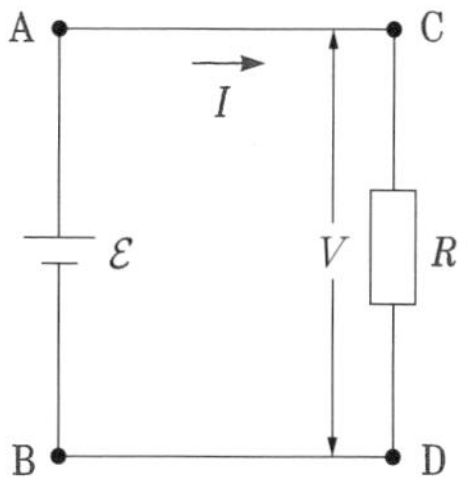

図 6.13

一般に，図 6.14 のような回路の中の任意の閉回路を考えると，そこに起電力 $\mathcal{E}_i$ $(i = 1, \cdots, m)$ と抵抗 R_j $(j = 1, \cdots, n)$ があって，抵抗にそれぞれ電流 I_j $(j = 1, \cdots, n)$ が流れ，電圧 V_j が生じていれば，

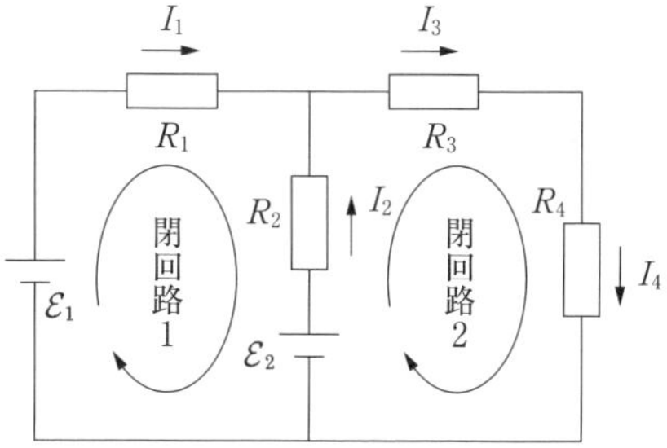

図 6.14

$$\sum_i \mathcal{E}_i = \sum_j V_j = \sum_j I_j R_j \qquad (6.41)$$

が成り立つ．これが**キルヒホフの第2法則**である．起電力と抵抗が与えられた回路を流れる電流を求めるには，独立な分岐についての (6.38) と独立な閉回路についての (6.41) を連立させて解けばよい．ただし，各回路をひと回りする向きは予め決めておき，電源が電流を送り出す向きとその向きが一致するときは $+\mathcal{E}_i$，逆のときは $-\mathcal{E}_i$ とする．また，電流についてはそれぞれ予め仮の流れの向きを決めておき，それが回路を回る向きと一致するとき $+I_i$，反対向きのとき $-I_i$ とする．そして，連立方程式の解が $I_i > 0$ なら仮の流れの向き，$I_i < 0$ なら，その逆の向きと解釈する．たとえば，図 6.14 の電流の仮の向きを図のように定めると，閉回路1については

$$\mathcal{E}_1 - \mathcal{E}_2 = I_1 R_1 - I_2 R_2 \qquad (6.42)$$

が成り立ち，閉回路2については

$$\mathcal{E}_2 = I_2 R_2 + I_3 R_3 + I_4 R_4, \qquad I_3 = I_4 \qquad (6.43)$$

が成り立つ．このため，**起電力**も素子の両端の**電位差**も**電圧**とよばれる．

例題 6.4

起電力 $\mathcal{E}_1$，内部抵抗 r_1 の電源と，起電力 $\mathcal{E}_2$，内部抵抗 r_2 の電源と，抵抗値 R の抵抗を図 6.15 のようにつないだとき，抵抗に流れる電流 I を求めなさい．

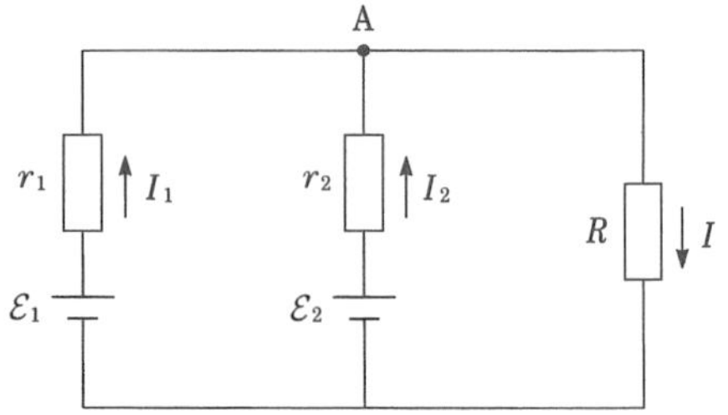

図 6.15

［**解**］ それぞれの電源を流れる電流を I_1，I_2 とし，その正の向きを仮に図の矢印の向きとする．また，I の正の向きも仮に図の矢印のように定めると，キルヒホフの第 1 法則を分岐点 A に適用して

$$I = I_1 + I_2 \tag{6.44}$$

また，それぞれの電源と抵抗 R を通る回路にキルヒホフの第 2 法則を適用して

$$\mathcal{E}_1 = I_1 r_1 + IR, \qquad \mathcal{E}_2 = I_2 r_2 + IR \tag{6.45}$$

である．これを解くと

$$I = \frac{\mathcal{E}_1 r_2 + \mathcal{E}_2 r_1}{r_1 r_2 + (r_1 + r_2)R} \tag{6.46}$$

である．明らかに $I > 0$ だから，I は図の矢印の向きに流れる．　¶

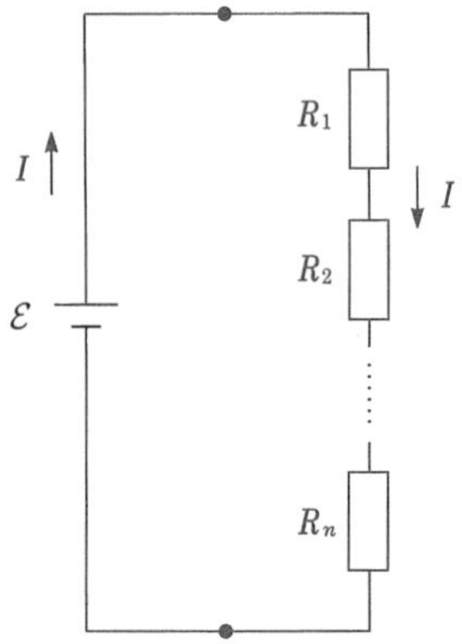

図 6.16

抵抗の直列接続

キルヒホフの第 1 法則，第 2 法則から，複数の抵抗を接続したときの全体の合成抵抗値について簡単な法則を導くことができる．

まず，抵抗 $R_1, R_2, \cdots, R_n$ を図 6.16 のようにまとめて回路の他の部分に接続した場合を**直列接続**という．この場合，キルヒホフの第 1 法則から，すべての抵抗に同じ電流 I が流れる．さらに，第 2 法則からこれらの抵抗における電

圧降下の和が電源の起電力に等しくなければならない．よって，

$$\mathcal{E} = I(R_1 + R_2 + \cdots + R_n) \tag{6.47}$$

である．一方，この場合の合成抵抗値を R とすると

$$\mathcal{E} = IR \tag{6.48}$$

だから，次のようになる．

$$R = R_1 + R_2 + \cdots + R_n \tag{6.49}$$

抵抗の並列接続

抵抗値 $R_1, R_2, \cdots, R_n$ の n 個の抵抗を図6.17のようにまとめて回路の他の部分に接続した場合を**並列接続**という．この場合，電源と1つの抵抗 R_i だけを通る閉回路を考えるとキルヒホフの第2法則から

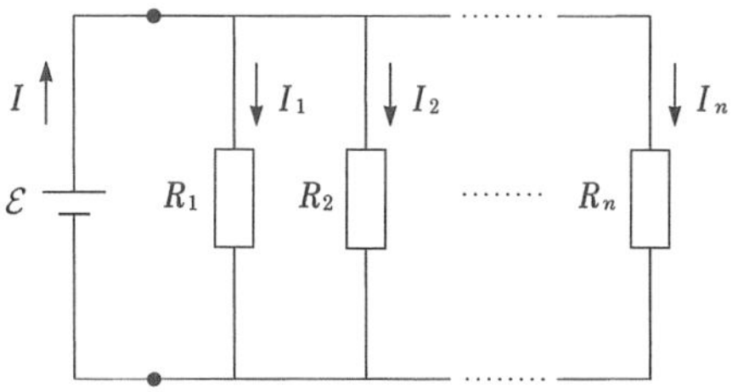

図6.17

$$\mathcal{E} = I_i R_i \qquad (i = 1, 2, \cdots, n) \tag{6.50}$$

である．さらに，キルヒホフの第1法則から，各抵抗に流れる電流 I_i の和は電源から供給される電流 I に等しい．よって

$$\begin{aligned} I &= I_1 + I_2 + \cdots + I_n \\ &= \frac{\mathcal{E}}{R_1} + \frac{\mathcal{E}}{R_2} + \cdots + \frac{\mathcal{E}}{R_n} \\ &= \mathcal{E}\left(\frac{1}{R_1} + \frac{1}{R_2} + \cdots + \frac{1}{R_n}\right) \end{aligned} \tag{6.51}$$

である．一方，この場合の合成抵抗値を R とすると

$$\mathcal{E} = IR \longrightarrow I = \frac{\mathcal{E}}{R} \tag{6.52}$$

だから

$$\frac{1}{R} = \frac{1}{R_1} + \frac{1}{R_2} + \cdots + \frac{1}{R_n} \tag{6.53}$$

すなわち，次のようになる．

$$R = \frac{1}{\dfrac{1}{R_1} + \dfrac{1}{R_2} + \cdots + \dfrac{1}{R_n}} \tag{6.54}$$

§6.7　場の関係としてのオームの法則

オームの法則を，場（位置ベクトル $\boldsymbol{r}$ の関数）の関係式として表現することができる．抵抗内の点 $\boldsymbol{r}$ の抵抗率（電気伝導率）の場を $\rho(\boldsymbol{r})\,(\sigma(\boldsymbol{r}))$，電場を $\boldsymbol{E}(\boldsymbol{r})$，電流密度を $\boldsymbol{j}(\boldsymbol{r})$ とする．等方的な物質では，$\boldsymbol{j}(\boldsymbol{r})$ は $\boldsymbol{E}(\boldsymbol{r})$ に平行である．いま，図 6.18 のように，点 $\boldsymbol{r}$ の周りに，側面が $\boldsymbol{E}(\boldsymbol{r})$ に平行な微小直円柱を考える．その断面積を ΔA，高さを Δl とする．上下面間の電圧は

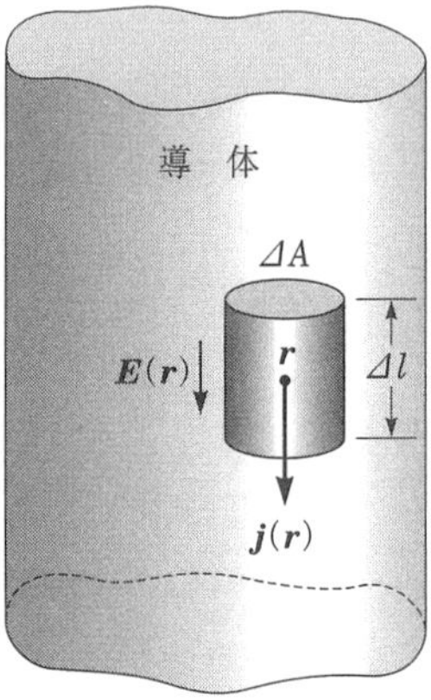

図 6.18

$$\Delta V = E(\boldsymbol{r})\,\Delta l \tag{6.55}$$

で，断面 ΔA を流れる電流は

$$\Delta I = j(\boldsymbol{r})\,\Delta A \tag{6.56}$$

である．この円柱の抵抗値は（6.30）より

$$R = \rho(\boldsymbol{r})\frac{\Delta l}{\Delta A} \tag{6.57}$$

であるから，オームの法則

$$\Delta I = \frac{\Delta V}{R} \tag{6.58}$$

の両辺に（6.55），（6.56），（6.57）を代入すると

$$j(\boldsymbol{r})\,\Delta A = \frac{E(\boldsymbol{r})\,\Delta l}{\rho(\boldsymbol{r})\dfrac{\Delta l}{\Delta A}} \qquad \text{よって} \qquad j(\boldsymbol{r}) = \frac{1}{\rho(\boldsymbol{r})}E(\boldsymbol{r}) \tag{6.59}$$

である．向きも含めて表すと

$$\boldsymbol{j}(\boldsymbol{r}) = \frac{1}{\rho(\boldsymbol{r})}\boldsymbol{E}(\boldsymbol{r}) = \sigma(\boldsymbol{r})\boldsymbol{E}(\boldsymbol{r}) \tag{6.60}$$

となる．これが，場の関係式としてのオームの法則である．

§6.8 ジュール熱

抵抗値が0でない導体，すなわち抵抗に電流を流すと，熱が発生する．白熱電球やニクロム線ヒーターは，この現象を積極的に利用したものである．

図6.19のように，抵抗値 R の抵抗のA端の電位を V_A，B端の電位を V_B とし，一端Aから他端Bに電流 I が流れているとする．無限小時間 dt の間にA端に流れ込む電荷は

$$dq = I\,dt \tag{6.61}$$

である．定常電流の場合，B端からも同じ量の電荷が流れ出している（キルヒホフの第1法則）．

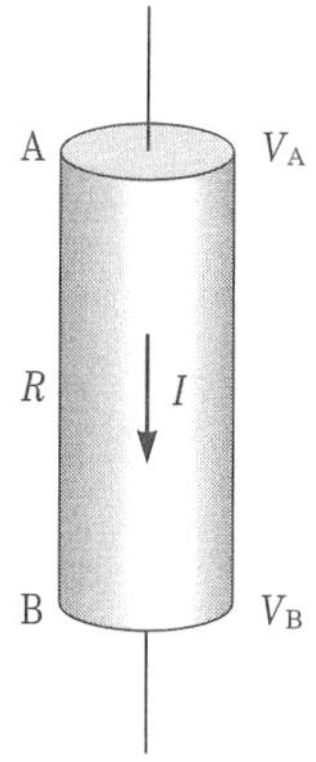

図6.19

この現象は，図6.20のように，真空中で平板電極A，B間の電位を V_A，V_B に保って，その間の電場で電荷 q を加速する場合とは異なる．真空中では，q は等加速度運動をしながら電極Bに達する．電極Aの位置で静止（運動エネルギー0）の状態であったとすると，電極Bに達したときの運動エネルギーは，$q(V_A - V_B)$ に等しい．これは，q が電極Aの位置にあるときのポテンシャル・エネルギー qV_A が，電極Bの位置では qV_B に下がり，その差が運動エネルギーに変化したためである．電極の間の真空はもちろん温度が上昇することはなく，電荷が衝突する電極Bの温度が上がる．図6.19の導体中を流れる電荷の場合は，AB間のすべての部分の温度が上昇する．しかも，ドリフト速度の大きさは，A端からB端まで変わらない．

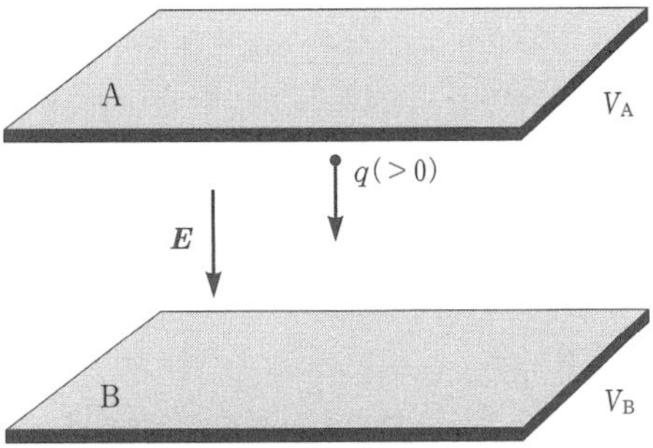

図6.20

この現象は次のように考えることができる．抵抗のある導体を流れる自由電子は，物質中の熱振動している原子や不純物と絶えず衝突しながら，B から A へ流れている．あるいは，図 6.21 のように，仮想的な正の電荷が衝突によってエネルギーを失いながら，A から B の方へ流れていると考えてもよい．つまり，真空中の電極 B でまとめて起こることがあらゆる部分に分散して起こっている．いま，正の電荷 $q(>0)$ が流れているとして考えると，導体の A 端で電荷がもっていたポテンシャル・エネルギー qV_{A} と B 端でのポテンシャル・エネルギー qV_{B} の差 $qV_{\mathrm{A}}-qV_{\mathrm{B}}$ は，途中で抵抗の内部エネルギーに変わる．

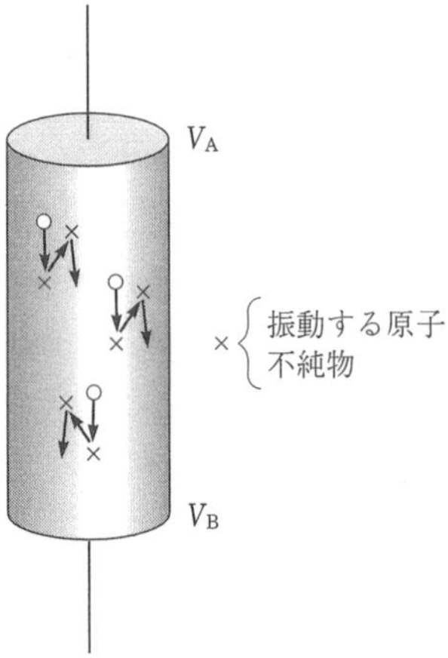

図 6.21

このようなエネルギー変換が本当に起こっているかどうかは定量的な実験をしてみなければわからないことであるが，英国のジュール（J. P. Joule, 1818－1889）は実際に測定を行い，電気的エネルギーと熱とが同等であることを示した．有名な，力学的エネルギーと熱の同等性を証明した実験より前に行われた実験である．

これにより，抵抗の中で時間 dt の間に失われて内部エネルギー（**ジュール熱**という）に変わるエネルギーは，

$$\begin{aligned} dW &= dq\,V_{\mathrm{A}} - dq\,V_{\mathrm{B}} \\ &= I\,dt\,V_{\mathrm{A}} - I\,dt\,V_{\mathrm{B}} = I(V_{\mathrm{A}} - V_{\mathrm{B}})dt \end{aligned} \tag{6.62}$$

である．よって，単位時間に失われる電気的エネルギーは

$$P = \frac{dW}{dt} = I(V_{\mathrm{A}} - V_{\mathrm{B}}) = I\cdot IR = I^2R \tag{6.63}$$

である．これを**電力**という．抵抗の両端の電圧降下を V とすると

$$V = V_{\mathrm{A}} - V_{\mathrm{B}} \tag{6.64}$$

だから，(6.22) より次のようにも表せる．

$$P = VI = \frac{V^2}{R} \tag{6.65}$$

なお，電力の次元とSI単位は次のようになる．

$$[P] = [V]\,\mathrm{I}:\ \mathrm{J/s} = \mathrm{W} = \mathrm{watt}\ (\textbf{ワット}) \tag{6.66}$$

例題 6.5

起電力$\mathcal{E}$，内部抵抗rの電源に抵抗値Rの抵抗をつなぐ．抵抗中で単位時間に内部エネルギーに変わる電力Pを求めなさい．また，Rの大きさを変えたとき，Pが最大になるRの値を求めなさい．

［**解**］ 回路を流れる電流は$I = \mathcal{E}/(R + r)$だから

$$P = RI^2 = \frac{\mathcal{E}^2 R}{(R + r)^2} \tag{6.67}$$

よって，これが最大になるのは

$$\frac{d}{dR}\frac{\mathcal{E}^2 R}{(R + r)^2} = \frac{\mathcal{E}^2[(R + r)^2 - 2R(R + r)]}{(R + r)^4}$$

$$= \frac{\mathcal{E}^2(r^2 - R^2)}{(R + r)^4} = 0 \tag{6.68}$$

より

$$R = r \tag{6.69}$$

のときである． ¶

§6.9 キルヒホフの第2法則の導出

本章の終わりに補足として，§6.6で扱ったキルヒホフの第2法則を，起電力と静電場（クーロン場）に対する基本的考察から導いておこう．

電源の起電力（クーロン場以外が電荷を運ぶはたらき）$\mathcal{E}$が電源内部にあるときは，端子P, Q間を結ぶ内部の経路に沿った積分で形式的に

$$\mathcal{E} = \int_{\mathrm{Q}}^{\mathrm{P}} \boldsymbol{E}_{\mathrm{emf}} \cdot d\boldsymbol{r} \tag{6.70}$$

と定義できる．$\boldsymbol{E}_{\mathrm{emf}}$は一般に電場ではなく，化学反応などの電荷を運ぶはたらきを形式的に表したものである．第9章で述べる誘導起電力の原因である誘導電場の場合のみ$\boldsymbol{E}_{\mathrm{emf}}$は電場で，空間に広がって場として存在する．その場合を含む一般的な定義では，起電力は任意の閉曲線についての周回積分

$$\mathcal{E} = \oint_{\mathrm{C}} \boldsymbol{E}\cdot d\boldsymbol{r} \tag{6.71}$$

で定義する．クーロン場 $\boldsymbol{E}_{\mathrm{C}}$ は保存場なので

$$\oint_{\mathrm{C}} \boldsymbol{E}_{\mathrm{C}}\cdot d\boldsymbol{r} = 0 \tag{6.72}$$

であり，起電力をもたない．よって，(6.71) の $\boldsymbol{E}$ には $\boldsymbol{E}_{\mathrm{C}}$ が含まれていてもよい（起電力のみが抽出される）．

$$\boldsymbol{E} = \boldsymbol{E}_{\mathrm{C}} + \boldsymbol{E}_{\mathrm{emf}} \tag{6.73}$$

ここでは，場でない起電力も形式的に同等に扱うために，$\boldsymbol{E}(\boldsymbol{r}, t)$ ではなく単に $\boldsymbol{E}$ と記した．これからキルヒホフの第2法則を導こう．

化学反応がイオンと電子を分離する化学電池の起電力をイメージして記述するが，考えやすいように正の電荷が動くものとする．$\boldsymbol{E}_{\mathrm{emf}}$ は電池の内部にだけあり，$\boldsymbol{E}_{\mathrm{C}}$ は各々の電荷が作る放射状の場の重ね合わせであることに注意しよう．

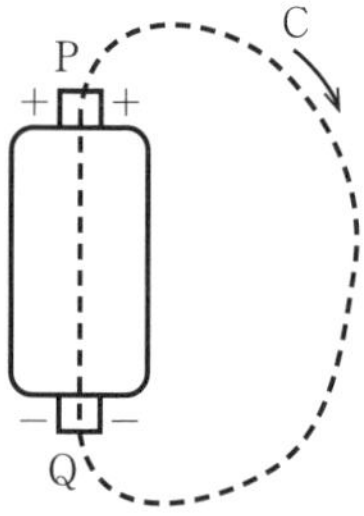

図 6.22

いま，電池の正極を P，負極を Q として，周回積分 (6.71) の閉じた任意の経路 C として図 6.22 の点線を選び，積分の向きを矢印のように選ぶと

$$\begin{aligned}\mathcal{E} &= \oint_{\mathrm{C}} (E_{\mathrm{C}} + E_{\mathrm{emf}})\cdot d\boldsymbol{r} = \oint_{\mathrm{C}} E_{\mathrm{C}}\cdot d\boldsymbol{r} + \oint_{\mathrm{C}} E_{\mathrm{emf}}\cdot d\boldsymbol{r} = \oint_{\mathrm{C}} E_{\mathrm{emf}}\cdot d\boldsymbol{r} \\ &= \int_{\mathrm{Q(内)}}^{\mathrm{P}} \boldsymbol{E}_{\mathrm{emf}}\cdot d\boldsymbol{r} \end{aligned} \tag{6.74}$$

となり，定義 (6.71) から電池内にのみ存在する起電力 (6.70) が得られたことになる．

外に回路がつながれていないときの電池では，想定した動きやすい正電荷が＋端子に集積して正に帯電し，−端子は負に帯電する．たまった電荷は互いに反発し，電池の化学反応が止まっているので，内部だけ考えると

$$\int_{\mathrm{Q(内)}}^{\mathrm{P}} (\boldsymbol{E}_{\mathrm{C}} + \boldsymbol{E}_{\mathrm{emf}})\cdot d\boldsymbol{r} = 0 \tag{6.75}$$

である．一方，$\boldsymbol{E}_{\mathrm{C}}$ の周回積分 (6.72) は電池の内外の経路に分けて

$$\int_{\mathrm{Q(内)}}^{\mathrm{P}} \boldsymbol{E}_{\mathrm{C}}\cdot d\boldsymbol{r} + \int_{\mathrm{P(外)}}^{\mathrm{Q}} \boldsymbol{E}_{\mathrm{C}}\cdot d\boldsymbol{r} = 0 \tag{6.76}$$

と表せる（保存場だから）．よって，(6.75)，(6.76) より

$$\int_{Q(\text{内})}^{P} \boldsymbol{E}_{\text{emf}} \cdot d\boldsymbol{r} - \int_{P(\text{外})}^{Q} \boldsymbol{E}_{C} \cdot d\boldsymbol{r} = 0 \tag{6.77}$$

すなわち，

$$\int_{Q(\text{内})}^{P} \boldsymbol{E}_{\text{emf}} \cdot d\boldsymbol{r} = \int_{P(\text{外})}^{Q} \boldsymbol{E}_{C} \cdot d\boldsymbol{r} = -\int_{Q(\text{外})}^{P} \boldsymbol{E}_{C} \cdot d\boldsymbol{r} = V(\mathrm{P}) - V(\mathrm{Q}) \tag{6.78}$$

である．ここで，$V(\mathrm{P}) - V(\mathrm{Q})$ は点 P と点 Q の間の電位差である．つまり，起電力と，電極に蓄積した電荷が作る電位差が等しくなっている．

次に，この電池の端子間に回路をつなぐ．具体的に考えるために，導線に抵抗を2個直列につないだ図6.23のような回路とする．そうすると，電荷は動ける範囲が広がって導線の中を流れはじめ，化学反応の電荷の供給が再開・継続する．電池の化学反応による起電力は，内部で電荷を移動させるはたらきしかない．一方，外に出た電荷は，他の電荷か，自分の位置の電場からしか力を受けない．電荷が導線の外に出られないのは量子力学的な凝集力のためであり，それによって回路の表面には外に出られない電荷が分布して，他の電荷を曲がった回路に沿って進ませたり，抵抗の中を一定の速さで進ませたりしている．

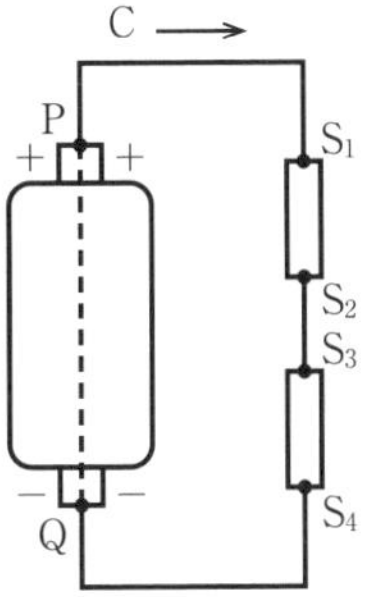

図6.23

この状態に対して，電池内部は図6.22と同じ電池の化学反応部分を通り，外部は回路を通る閉曲線 C について，図6.22についての議論を繰り返す．回路の各部分に存在する電荷が作る電場の詳細はすぐにはわからないが，クーロン場なので任意の閉曲線について (6.72) が成り立つことは保証されている．よって，同じ式変形を繰り返すと，(6.77) に相当する

$$\int_{Q(\text{内})}^{P} \boldsymbol{E}_{\text{emf}} \cdot d\boldsymbol{r} - \int_{P(\text{外の回路})}^{Q} \boldsymbol{E}_{C} \cdot d\boldsymbol{r} = 0 \tag{6.79}$$

が得られる．したがって，

$$\int_{\mathrm{Q}(\text{内})}^{\mathrm{P}} \boldsymbol{E}_{\mathrm{emf}}\cdot d\boldsymbol{r} = -\int_{\mathrm{Q}(\text{外の回路})}^{\mathrm{P}} \boldsymbol{E}_{\mathrm{C}}\cdot d\boldsymbol{r} = V(\mathrm{P}) - V(\mathrm{Q})$$
$$= (V(\mathrm{P}) - V(\mathrm{S}_1)) + (V(\mathrm{S}_1) - V(\mathrm{S}_2)) + (V(\mathrm{S}_2) - V(\mathrm{S}_3))$$
$$+ (V(\mathrm{S}_3) - V(\mathrm{S}_4)) + (V(\mathrm{S}_4) - V(\mathrm{Q}))$$
$$\approx (V(\mathrm{S}_1) - V(\mathrm{S}_2)) + (V(\mathrm{S}_3) - V(\mathrm{S}_4)) \qquad (6.80)$$

となる．最後の $\approx$ は，導線が理想的な導線であるときの近似式である．

こうして，電源につながる回路の＋端子から－端子にいたる一筆書きの道筋にある抵抗の両端の電圧の和は，電源の起電力に等しいという，**キルヒホフの第2法則**が導かれた．

なお，実際の乾電池の電極金属の配置を模式的に示すと図6.24のようになっているので，正負の電荷は正極金属と負極金属の端が近づいている部分に集中している．それでも，各電極の全体は同電位なので上に記した議論は成り立つ．

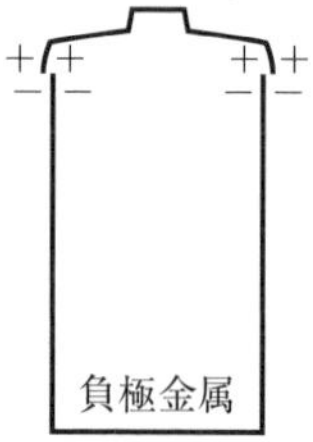

図6.24

(6.78) や (6.80) の $V(\mathrm{P})$ などは，電荷が作る静電場のポテンシャル（電位）であるが，通常，回路を扱うときは，上記のような表面電荷を確認しながら考えることはない．そのため，電位が起電力と同じ概念であるような錯覚をもってしまいかねない．電位を作るのは電荷が作るクーロン場だけであるという基本を忘れないように，本書では，回路が関係するときは，なるべく，起電力にも静電場にも使える電圧という言葉で表現している．

演習問題

［**1**］ 図6.25のような回路をホイートストン・ブリッジといい，未知の抵抗 R_x の値を知るために用いる．R_1 は可変抵抗（抵抗値を変化させられる抵抗）の抵抗値であり，Gは微小な電流を検出できる検流計である．

（a） R_1 を調節してGに電流が流れないようにしたときの R_x を，R_1，R_2，R_3 を用いて表しなさい．

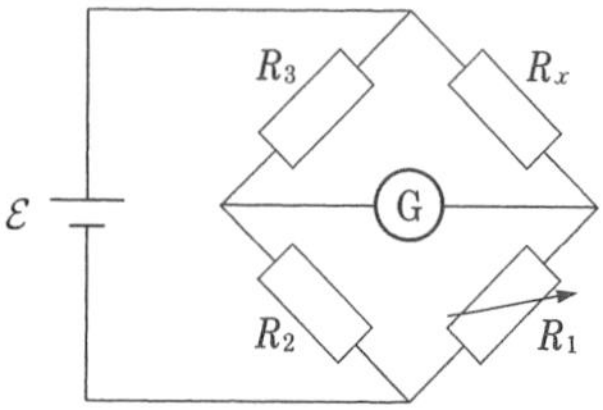

図6.25

（b）この方法は，非常に優れた未値の抵抗の測定法である．その理由を述べなさい．

［**2**］起電力 $\mathcal{E}$ で内部抵抗を無視できる電源に，抵抗値 R_1 と R_2 の抵抗を直列あるいは並列につないだ場合，それぞれどちらの抵抗における発熱が大きいか．ただし，$R_1 < R_2$ とする．

［**3**］起電力 $\mathcal{E}$ で内部抵抗 r の電源に，抵抗を図 6.26 のようにつないだ．R_2 は可変抵抗である．R_1，R_2，R_3 における発熱の和が最大になる R_2 の値を求めなさい．

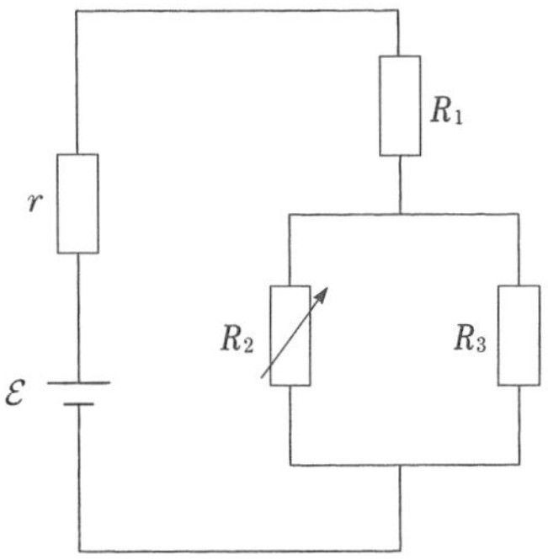

図 6.26

［**4**］半径 a で長さ l の導体円柱と，それと同じ長さで内半径が b の円筒が中心軸を共通にして置かれている．これらの導体を電極として，間の空間に電気伝導率 σ の物質を満たした．電極間に起電力 $\mathcal{E}$ の電源をつなぎ，内部電極から外部電極に放射状に電流を流した．流れる電流の大きさ I を求めなさい．

［**5**］抵抗率 ρ（電気伝導度 σ）の一様な物質に電流が流れているとき，電流密度が $\boldsymbol{j}$ の部分の単位体積当たりの消費電力が次式で与えられることを示しなさい．

$$p = \rho j^2 = \frac{j^2}{\sigma}$$

［**6**］最大 I_0［A］まで測定できるアナログ電流計は，電流 I_0 を流したときに内部のコイルが受ける力を利用して，針が最大目盛を指すように作られている．この電流計と並列に外部に抵抗をつなぐと，測定できる最大電流を増すことができる．内部抵抗が r の電流計の最大測定可能電流を kI_0（k は定数）にするために必要な外部抵抗の抵抗値 R を求めなさい．

［**7**］アナログ電流計は，直列に外部に抵抗をつなぐことで，電圧計として用いることができる．内部抵抗 r の電流計を最大 V_0［V］まで測定できる電圧計とするために必要な外部抵抗の抵抗値 R を求めなさい．また，これを用いて電圧を測定するときに注意すべきことは何か．

7 誘電体と静電場

第5章で，導体が存在するときの電場について調べた．そこでは，真空中で成り立つ基本法則に加えて，導体中には多数の自由に動ける電荷が存在するという性質を考慮するだけで，マクロな静電場に関するすべてのことを説明することができた．

それでは，絶縁体ではどうであろうか．絶縁体には自由に動ける電荷は存在しない．導体の場合と同様，絶縁体に対する実験事実を知り，その後で，絶縁体の1つの性質から，誘電体が関係するマクロな静電場のすべてを理解することを試みよう．

§7.1　誘電体に関する実験事実

絶縁体は，電場の中に置かれると以下のような興味深い性質を示すため，**誘電体**ともよばれる．本書でも，この習慣にしたがうことにする．濡れていない紙，布，木や普通のプラスチックなど，電気を通さない物質はすべて誘電体である．外から余分な電荷を与えられていない誘電体を，帯電していない誘電体という．

（1）　帯電していない誘電体に，図7.1のように電荷 q（実際の実験では帯電した金属球や，摩擦電気で帯電した別の誘電体など）を近づけると，誘電体との間に引力が生じる．このとき，q に近い側に q と異種の電荷が，q から遠い側に q と同種の電荷が存在しているかのようである．

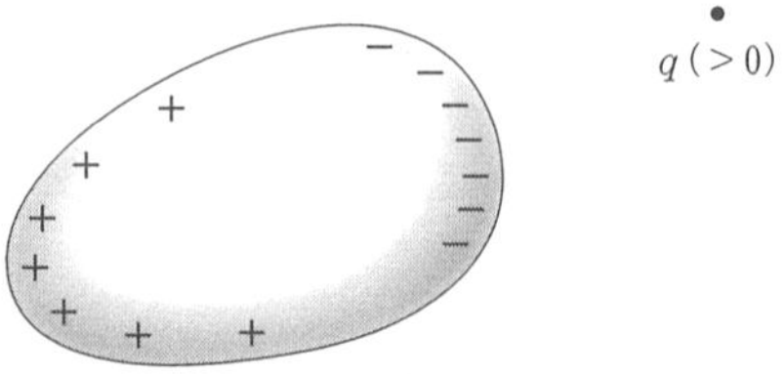

図7.1

この現象を**誘電分極**という．

（2） しかし，もともと帯電していなかった誘電体を，（1）の状態のまま図 7.2 のように q に近い側と遠い側の 2 つに切り分けた後，q を遠ざけてみると，§5.1 で述べた導体の場合と違い，どちらも帯電していない．

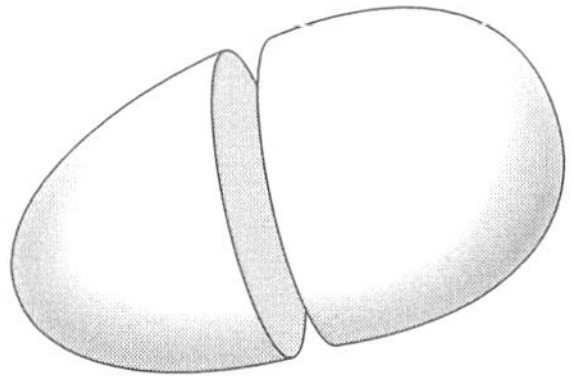

図 7.2

（3） 誘電体を帯電させる（摩擦電気などの電荷を与える）と，導体の場合と異なり，電荷は与えられた位置にとどまる．

（4） 充電した平行板コンデンサーを電源から切り離し極板間を誘電体で満たすと，極板間の電位差が減少する．つまり，このとき静電容量が増加する．

（4）′ 電源につないだままの平行板コンデンサーの極板間を誘電体で満たすと，電源から電流が流れ込む．つまり，このとき静電容量が増加する．

§7.2 物質の誘電率

まず，（4），（4）′ の実験事実は，**物質の誘電率**が真空の誘電率と異なることで説明できることを示そう．もちろん，誘電体の誘電率は内部のミクロな分子の振る舞いに基づいて理解されるべきものであり，それについての説明は後に行う．

（4）の状況を式で表現してみよう．面積 A，間隔 d の平行板コンデンサーの容量は (5.49) の

$$C = \frac{\varepsilon_0 A}{d}$$

である．図 7.3(a) のように電源をつなぎ，十分に時間が経って，極板間の電圧が $V (= \mathcal{E})$ になったとき，正の極板上の電荷は

$$q = CV = \frac{\varepsilon_0 A}{d} V \tag{7.1}$$

である．次に，図 7.3(b) のように電源との接続を切って極板間に誘電体を挟むと電圧が下がることから，そのときの電位差は

$$V' = \frac{V}{\kappa_e} \qquad (\kappa_e > 1) \qquad (\kappa：カッパ) \tag{7.2}$$

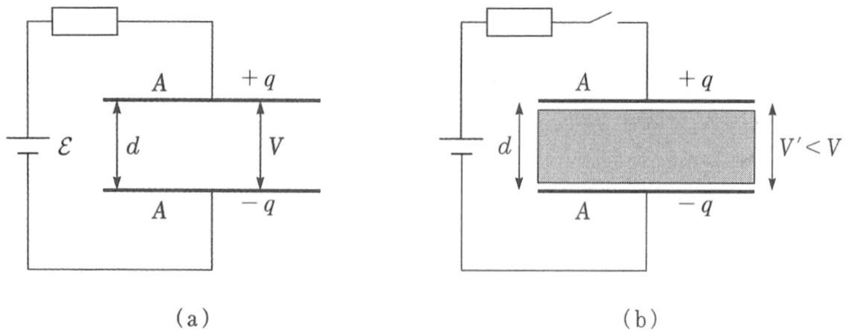

図 7.3

と書ける．この操作で極板の電荷は不変だから，コンデンサーの容量は

$$C' = \frac{q}{V'} = \frac{\kappa_e q}{V} = \kappa_e C = \kappa_e \frac{\varepsilon_0 A}{d} = \frac{\varepsilon A}{d} \tag{7.3}$$

になったといえる．ここに導入した

$$\varepsilon = \kappa_e \varepsilon_0 > \varepsilon_0 \tag{7.4}$$

をその誘電体の**誘電率**といい，κ_e を**比誘電率**または相対誘電率という．比誘電率は ε_r と書かれることもある．

誘電率の次元と SI 単位は，真空の誘電率と同じで

$$[\varepsilon] = [\varepsilon_0] = \mathsf{Q}^2\mathsf{L}^{-2}[F]^{-1}：\ \mathrm{C^2/m^2\,N} \tag{7.5}$$

であり，比誘電率は無次元である．

$$[\kappa_e] = [\varepsilon_r] = [\varepsilon][\varepsilon_0]^{-1} = 1 \tag{7.6}$$

例題 7.1

上記，(4)′ の状況を式で表現しなさい．

［**解**］ 最初の状態は (4) の場合と同じであるが，今度は，図 7.4 のように電源をつないだままで極板間に誘電体を挟むと電流が流れ込むというのだから，極板上の電荷は増加して

$$q' = \kappa_e' q \qquad (\kappa_e' > 1) \tag{7.7}$$

と書けるはずである．極板間の電位差は V のままだから，コンデンサーの容量は

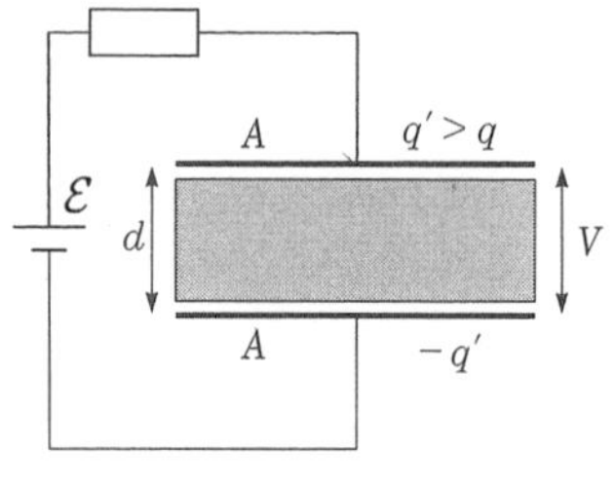

図 7.4

$$C'' = \frac{q'}{V} = \frac{\kappa_e' q}{V} = \kappa_e' C = \kappa_e' \frac{\varepsilon_0 A}{d} = \frac{\varepsilon' A}{d} \tag{7.8}$$

になったことになる．挟んだのは（4）の場合と同じ誘電体であるとすれば，$C'' = C'$ のはずである．よって，κ_e' は比誘電率 $\kappa_e (= \varepsilon_r)$ に等しく，ε' は (7.4) の誘電率 ε と同じものである．¶

§7.3　誘電体のミクロな性質とマクロな電場

誘電体の周りのマクロな電場の性質に関係する誘電体のミクロな性質は，以下の 3 点である．

（i）　誘電体中の電子は，導体中の自由電子とは異なり，すべて分子内に束縛されている．

（ii）　誘電体を電場中に置くと，各分子の電子（負電荷）の分布の重心が図 7.5 のように原子核（正電荷）の分布の重心からずれ，**（誘起）双極子モーメント**を作る．これを，**分子が分極する**という．

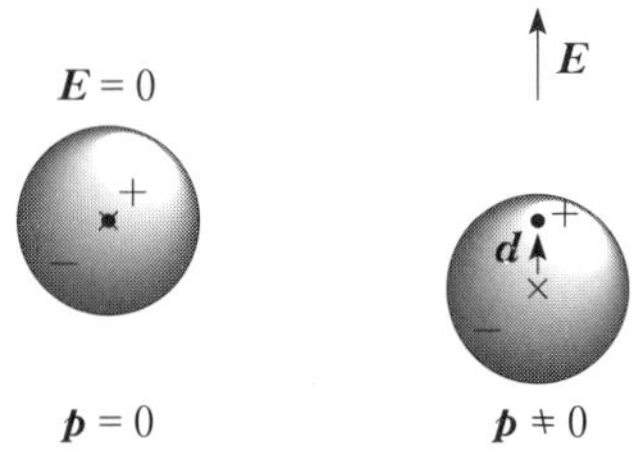

図 7.5

（iii）　HCl や H_2O のように，正負の電荷の分布が電場がなくてもずれていて，**（永久）双極子モーメント**をもっている分子もある（図 4.17）．ただし，外場がないときは各分子がそれぞれ勝手な向きを向いているので，マクロなスケールではその双極子モーメントの効果は現れない．しかし，電場の中に置くと各分子の双極子モーメントの向きがそろって，効果が現れる．これを，**分子が配向する**という．

§7.4　誘電体を粗視化したモデル

導体の場合もそうであったが，誘電体も真空中に荷電粒子（原子核と電子）が浮かんでいるだけであるから，すべての原子核や電子の位置を指定することができれば，クーロンの法則の重ね合わせで周りの電場を説明できる．しかし，たとえそのような位置の指定が可能であったとしても，正負の電荷の寄与が大部分打ち消し合い，差として残る小さな効果だけが実際のマクロな場を作っている．したがって，マクロな電磁気学では，はじめから中性の分子を前提として，それからのずれが引き起こす効果を扱う．

ミクロな状態とマクロな場の説明をつなぐものは，ここでも**粗視化**の手続きである．粗視化の概念が曖昧な読者は，§3.4の電荷密度の粗視化のプロセスを復習してから読み進んで欲しい．

双極子モーメントの粗視化の場合，まず注意すべきことは，各分子の電荷分布のずれはマクロなスケールでは0であることである．つまり，誘電体の中の分極した分子は，正味の電荷0（中性）の，大きさのない点状粒子が，双極子モーメント$\boldsymbol{p}$をもっている状態とみなすことができる．§4.6で述べたように，双極子モーメントの起因はあくまで正負の電荷が距離dだけ離れていることであるが，図7.6のようにその双極子モーメント$\boldsymbol{p}$の向きと大きさを保ちつつ，$d\to 0$，$q\to\infty$の極限をとった点状粒子を考える，といってもよい．

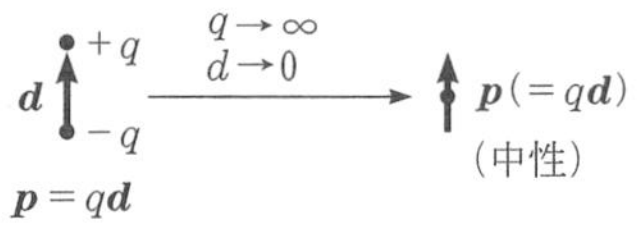

図7.6

つまり，

誘電体内の分子は，電場の中に置かれると，中性のままで電気双極子モーメントを生じる．

これが，誘電体を理解するために必要な，物質のミクロな性質である．後はこれを粗視化すれば，誘電体の周りのマクロな静電場に関するすべての現象を理解することができる．

分　極

双極子モーメントはベクトルだから，図7.7(a)のような集団を粗視化すると，ベクトル場（位置ベクトル$\boldsymbol{r}$の連続関数として与えられる

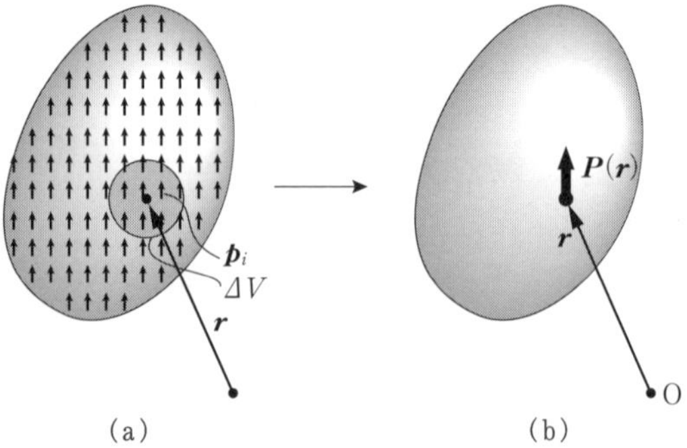

図7.7

物理量）になる．それを**分極**といい，$\boldsymbol{P}(\boldsymbol{r})$ で表す．

$$\boldsymbol{P}(\boldsymbol{r}) = \lim_{\Delta V \to 0} \frac{\sum_{i(\Delta V\text{内})} \boldsymbol{p}_i}{\Delta V} \qquad \text{（粗視化の意味で）} \tag{7.9}$$

これは，§3.4 で点電荷の集合の粗視化によって電荷密度というスカラー場 $\rho(\boldsymbol{r})$ を定義したのと同様のプロセスである．粗視化の意味の極限 $\lim_{\Delta V \to 0}$ とは，点 $\boldsymbol{r}$ の周りの微小体積 ΔV を次第に 0 に近づけていく過程で，まだ多数（たとえば，数千万個程度）の双極子モーメント（分極した分子）をその中に含む状態で，右辺の比の値が一時 ΔV を減らしてもほとんど変化しなくなる，そのときの値をもって $\lim_{\Delta V \to 0}$ の極限値とする，という意味であった．（ΔV をさらに小さくしてしまうとかえって極限値が定義できないのは，電荷密度の場合と同様である．）この手続きを点 $\boldsymbol{r}$ を連続的に移動させながら続けると，ベクトル場 $\boldsymbol{P}(\boldsymbol{r})$（図 7.7(b)）が得られる．

定義が (7.9) だから，分極 $\boldsymbol{P}(\boldsymbol{r})$ の大きさ $P(\boldsymbol{r})$ は，点 $\boldsymbol{r}$ 付近の単位体積当たりの双極子モーメントの大きさ（すなわち，分子 1 個の双極子モーメントの $\boldsymbol{P}(\boldsymbol{r})$ と同じ向きの成分 × 分子の数密度）に等しい．分極の次元と SI 単位は

$$[P] = [p]\mathsf{L}^{-3} = \mathsf{QL}^{-2} : \ \mathrm{C/m^2} \tag{7.10}$$

であり，電束密度および面電荷密度と同じ次元であることに注意しておく．当然，双極子モーメント $\boldsymbol{p}$ とは次元が異なる．

用　語

ここで，先に進む前に，用語の意味と使い方を整理しておこう．1 個の分子内の正負の電荷分布がずれて双極子モーメントを生じることを，**分子が分極する**という．また，誘電体内の分子集団がそろって双極子モーメントを生じること，あるいは永久双極子モーメントをもった分子集団が配向する現象を，**誘電体が分極する**あるいは**誘電分極する**，または**誘電体の誘電分極が起こる**という．このような動詞的な使い方に対して，名詞の**分極**は，双極子モーメントの集団を粗視化して定義したベクトル場 $\boldsymbol{P}(\boldsymbol{r})$ のことである．双極子モーメント $\boldsymbol{p}$ と分極 $\boldsymbol{P}(\boldsymbol{r})$ とは，記号は似ており互いに関連してはいるが，

異なる量であること，また特に前者が分子1個1個に付随してとびとびに存在する量であるのに対し，後者は電場の強さ $\boldsymbol{E}(\boldsymbol{r})$ や電束密度 $\boldsymbol{D}(\boldsymbol{r})$ などと同様，場の量であることを，繰り返し強調しておく．

§7.5　分極が作る電場

誘電分極した誘電体自体，その内外に電場を作る．この電場は，その誘電分極を引き起こした外からの電場（外場）と重ね合わさって存在し，それも分極の原因になる．基本原理である重ね合わせの原理は，厳然として成り立つからである．

しかしここでは，しばらく分極が作る電場のみをとり出して考える．その電場は，誘電体内のすべての分子の双極子が作る電場の重ね合わせのはずであるが，それを前節で導入した分極 $\boldsymbol{P}(\boldsymbol{r})$ で表現しようというわけである．ただし，ベクトル場である電場よりもスカラー場である静電ポテンシャルの方が扱いが簡単なので，それで考える．

§4.6で，原点にある双極子モーメントが点 $\boldsymbol{r}$ に作る静電ポテンシャルが (4.73) で近似できることを述べたが，いまの我々のマクロなモデルでは，$d \to 0$ の極限をとって $\boldsymbol{p}$ は大きさのない点の上に存在するから，この式は近似ではなく，すべての $\boldsymbol{r}$ に対して厳密に成り立つ．よって，図7.8の点 $\boldsymbol{r}'$ にある双極子モーメント $\boldsymbol{p}'$ が点 $\boldsymbol{r}$ に作る静電ポテンシャルは

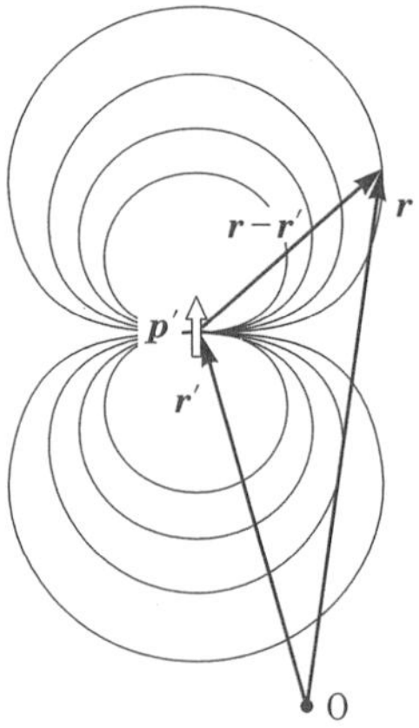

図7.8

$$\phi(\boldsymbol{r}) = \frac{\boldsymbol{p}'\cdot(\boldsymbol{r}-\boldsymbol{r}')}{4\pi\varepsilon_0|\boldsymbol{r}-\boldsymbol{r}'|^3} \tag{7.11}$$

である．これは

$$\phi(\boldsymbol{r}) = \frac{1}{4\pi\varepsilon_0}\boldsymbol{p}'\cdot\nabla'\frac{1}{|\boldsymbol{r}-\boldsymbol{r}'|} \tag{7.12}$$

とも書ける．∇' は，$\boldsymbol{r}'$ に関するナブラ演算子 ∇ である．

例題 7.2

$$\nabla' \frac{1}{|\boldsymbol{r}-\boldsymbol{r}'|} = \frac{\boldsymbol{r}-\boldsymbol{r}'}{|\boldsymbol{r}-\boldsymbol{r}'|^3} \tag{7.13}$$

を示しなさい．

［**解**］
$$\left(\nabla' \frac{1}{|\boldsymbol{r}-\boldsymbol{r}'|}\right)_x = \frac{\partial}{\partial x'} \frac{1}{\sqrt{(x-x')^2+(y-y')^2+(z-z')^2}}$$
$$= \frac{x-x'}{[(x-x')^2+(y-y')^2+(z-z')^2]^{3/2}} \tag{7.14}$$

だから

$$\nabla' \frac{1}{|\boldsymbol{r}-\boldsymbol{r}'|} = \frac{(x-x',\ y-y',\ z-z')}{[(x-x')^2+(y-y')^2+(z-z')^2]^{3/2}} = \frac{\boldsymbol{r}-\boldsymbol{r}'}{|\boldsymbol{r}-\boldsymbol{r}'|^3} \tag{7.15}$$

である．¶

分極電荷密度

以下，(7.12) を利用して，図 7.9 のような空間内の領域 V を占めている誘電体の分極 $\boldsymbol{P}(\boldsymbol{r}')$ 全体が作る静電ポテンシャルを計算する．これは，点電荷が作る静電ポテンシャル (4.16) を参照しながら，連続的な電荷密度分布が作る静電ポテンシャルの表式 (4.18) を導いた手続きと同様の考え方である．数学的には本書の程度を超えるが，正しいイメージを損なわずにこの過程を説明する他の方法は見当たらない．初読の際は計算の詳細は無視し

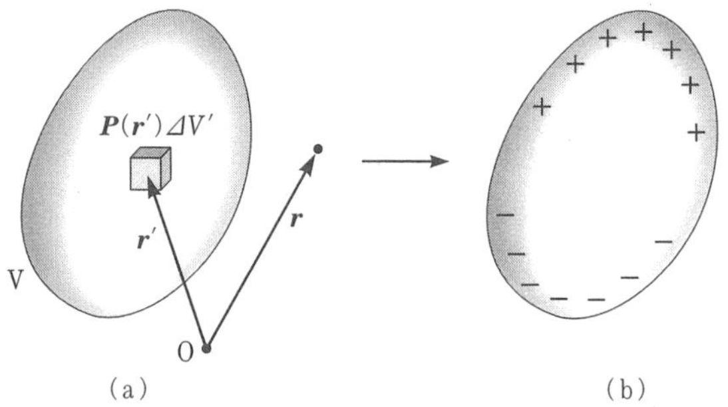

図 7.9

て，その手続きの流れと結果のみに注目していただければ結構である．

分極 $\boldsymbol{P}(\boldsymbol{r}')$ の大きさは双極子モーメントの密度に等しいから，$\boldsymbol{r}'$ の周りの微小体積 $\varDelta V'$ 内に含まれる“双極子モーメント”は，

$$\varDelta \boldsymbol{p}(\boldsymbol{r}') \approx \boldsymbol{P}(\boldsymbol{r}')\varDelta V', \quad \varDelta V' \to 0 \quad \text{の極限では} \quad d\boldsymbol{p}(\boldsymbol{r}') = \boldsymbol{P}(\boldsymbol{r}')\, dV' \tag{7.16}$$

で与えられる．粗視化によって定義された $\boldsymbol{P}(\boldsymbol{r}')$ は連続関数なので，ここでの $\varDelta V' \to 0$ は数学的な意味での，どこまでも 0 に近づけることのできる極限である．これが点 $\boldsymbol{r}$ に作る静電ポテンシャルは（7.11）より，

$$d\phi(\boldsymbol{r}) = \frac{(\boldsymbol{r}-\boldsymbol{r}')\cdot\boldsymbol{P}(\boldsymbol{r}')\, dV'}{4\pi\varepsilon_0|\boldsymbol{r}-\boldsymbol{r}'|^3} \tag{7.17}$$

である．したがって，領域 V 内の分極全体が点 $\boldsymbol{r}$ に作る静電ポテンシャルはその重ね合わせ，すなわち，積分で表され，

$$\begin{aligned}
\phi(\boldsymbol{r}) &= \int_{\mathrm{V}} d\phi(\boldsymbol{r}) \\
&= \int_{\mathrm{V}} \frac{(\boldsymbol{r}-\boldsymbol{r}')\cdot\boldsymbol{P}(\boldsymbol{r}')\, dV'}{4\pi\varepsilon_0|\boldsymbol{r}-\boldsymbol{r}'|^3} \\
&= \frac{1}{4\pi\varepsilon_0}\int_{\mathrm{V}} \left(\nabla' \frac{1}{|\boldsymbol{r}-\boldsymbol{r}'|}\right)\cdot\boldsymbol{P}(\boldsymbol{r}')\, dV' \\
&= \frac{1}{4\pi\varepsilon_0}\int_{\mathrm{V}} \nabla'\cdot\frac{\boldsymbol{P}(\boldsymbol{r}')}{|\boldsymbol{r}-\boldsymbol{r}'|}\, dV' - \frac{1}{4\pi\varepsilon_0}\int_{\mathrm{V}} \frac{1}{|\boldsymbol{r}-\boldsymbol{r}'|}\nabla'\cdot\boldsymbol{P}(\boldsymbol{r}')\, dV' \\
&= \frac{1}{4\pi\varepsilon_0}\oint_{\mathrm{S}} \frac{\boldsymbol{P}(\boldsymbol{r}')\cdot d\boldsymbol{S}'}{|\boldsymbol{r}-\boldsymbol{r}'|} + \frac{1}{4\pi\varepsilon_0}\int_{\mathrm{V}} \frac{-\nabla'\cdot\boldsymbol{P}(\boldsymbol{r}')}{|\boldsymbol{r}-\boldsymbol{r}'|}\, dV'
\end{aligned} \tag{7.18}$$

となる．S は，誘電体の全表面である．$\nabla\cdot\boldsymbol{A}(\boldsymbol{r})$ はベクトル場 $\boldsymbol{A}(\boldsymbol{r})$ の**発散**とよばれるスカラー場で，$\mathrm{div}\,\boldsymbol{A}(\boldsymbol{r})$ とも書かれる．デカルト座標では

$$\begin{aligned}
\mathrm{div}\,\boldsymbol{A}(\boldsymbol{r}) = \nabla\cdot\boldsymbol{A}(\boldsymbol{r}) &= \left(\frac{\partial}{\partial x}, \frac{\partial}{\partial y}, \frac{\partial}{\partial z}\right)\cdot(A_x, A_y, A_z) \\
&= \frac{\partial A_x}{\partial x} + \frac{\partial A_y}{\partial y} + \frac{\partial A_z}{\partial z}
\end{aligned} \tag{7.19}$$

である．ベクトル場の発散は，マクスウェル方程式の微分形に登場する非常に重要な概念である．詳しくは，付録 A.4 を参照されたい．

なお，上の計算の途中で，一般にスカラー場 $f(\boldsymbol{r})$ とベクトル場 $\boldsymbol{A}(\boldsymbol{r})$ の積に対して成り立つ公式である付録 A の（A.47）の

$$\nabla\cdot(f(\boldsymbol{r})\boldsymbol{A}(\boldsymbol{r})) = (\nabla f(\boldsymbol{r}))\cdot\boldsymbol{A}(\boldsymbol{r}) + f(\boldsymbol{r})(\nabla\cdot\boldsymbol{A}(\boldsymbol{r})) \quad (7.20)$$

を，$\boldsymbol{r}\to\boldsymbol{r}'$，$\nabla\to\nabla'$ として，

$$f(\boldsymbol{r}') = \frac{1}{|\boldsymbol{r}-\boldsymbol{r}'|}, \qquad \boldsymbol{A}(\boldsymbol{r}') = \boldsymbol{P}(\boldsymbol{r}') \quad (7.21)$$

の場合に適用し，また，最後にベクトル場の発散に対する**ガウスの定理**（付録 A の（A.19）を参照）を用いて，誘電体が占める領域 V に関する体積積分を，その外表面に対する面積分に変換した．

得られた結果（7.18）は 2 つの項の和になっているが，ともに静電ポテンシャル（4.19），（4.18）の形をしている．すなわち，誘電体表面上の点 $\boldsymbol{r}'$ の周りの無限小面積 dS' に存在する みかけの電荷

$$dq_{\mathrm{S}}(\boldsymbol{r}') = \boldsymbol{P}(\boldsymbol{r}')\cdot d\boldsymbol{S}' = \boldsymbol{P}(\boldsymbol{r}')\cdot\boldsymbol{n}(\boldsymbol{r}')\,dS' = \sigma_{\mathrm{P}}(\boldsymbol{r}')\,dS' \quad (7.22)$$

と，内部の点 $\boldsymbol{r}'$ の周りの無限小体積 dV' 内に存在するみかけの電荷

$$dq_{\mathrm{V}}(\boldsymbol{r}') = -\nabla'\cdot\boldsymbol{P}(\boldsymbol{r}')\,dV' = \rho_{\mathrm{P}}(\boldsymbol{r}')\,dV' \quad (7.23)$$

が作る静電ポテンシャルの（積分による）重ね合わせの表式になっている．（7.22）に現れた

$$\sigma_{\mathrm{P}}(\boldsymbol{r}) = \boldsymbol{P}(\boldsymbol{r})\cdot\boldsymbol{n}(\boldsymbol{r}) \quad (7.24)$$

を**分極（表面）電荷密度**といい，（7.23）に現れた

$$\begin{aligned}\rho_{\mathrm{P}}(\boldsymbol{r}) &= -\nabla\cdot\boldsymbol{P}(\boldsymbol{r}) = -\mathrm{div}\,\boldsymbol{P}(\boldsymbol{r})\\ &= -\left[\frac{\partial P_x(\boldsymbol{r})}{\partial x} + \frac{\partial P_y(\boldsymbol{r})}{\partial y} + \frac{\partial P_z(\boldsymbol{r})}{\partial z}\right]\end{aligned} \quad (7.25)$$

を**分極（体積）電荷密度**という．つまり，誘電体全体の分極が作る静電ポテンシャルは，これらの分極電荷が作る静電ポテンシャルに等しい．したがって，誘電体全体の分極が作る静電場も，これらの分極電荷が作る静電場に等しい．ただし，これらの分極電荷は，誘電体内の分極 $\boldsymbol{P}(\boldsymbol{r})$ 全体の効果と数学的に同等な効果を生み出す仮想的な概念であるから，実際にそこに電荷があるわけではない．

誘電体の分極が一様な場合などは，分極の発散（7.25）で表される分極体積電荷密度がいたるところ $\rho_{\mathrm{P}}(\boldsymbol{r}) = 0$ になるので，分極が作る電場は，図 7.9(b) のような分極表面電荷密度 $\sigma_{\mathrm{P}}(\boldsymbol{r})$ によるものだけである．

観測事実の解釈

以上で準備が完了したので，§7.1 に挙げた観測事実の解釈をしよう．

まず，（1）の誘電分極の現象は，上にくわしく述べた分極表面電荷で解釈できる．図 7.1 のように外場が点電荷で作られている場合，電場は一様ではないので各分子の双極子モーメント $\boldsymbol{p}$ は場所によって異なり，したがって，分極 $\boldsymbol{P}(\boldsymbol{r})$ も一様ではない．しかし，その場合でも誘電体内部に仮想的に生じる分極体積電荷密度 $\rho_{\mathrm{P}}(\boldsymbol{r})$ (7.25) はないと考えてよい．分極を引き起こしている外からの静電場は，真電荷のないところでは発散（div）が 0 であるような場（第 13 章を参照）だから，その影響で生じる $\boldsymbol{P}(\boldsymbol{r})$ も $\mathrm{div}\,\boldsymbol{P}(\boldsymbol{r}) = 0$ を満たすように分布している可能性が高いからである．$\mathrm{div}\,\boldsymbol{P}(\boldsymbol{r}) \neq 0$ が起こるのは，マクロなスケールで誘電率が変化する，一様でない物質の場合のみであると考えてよい．

次に，（2）については，もともと，各分子は中性のままで正負の電荷の分布が少しずれていただけであるから，誘電体を分極した状態で二分して外場を除くと，各部分とも電気双極子モーメントのない中性の分子の集合体にもどるのは当然である．また，二分させて外場を除く前の状態では，各部分の分極全体を別々に分極表面電荷に置き換えることができるから，切り口両面にも図 7.10 のように互いに符号が逆の分極表面電荷を想定することになる．もし，両方をあまり離さず切り口のギャップが狭いままで保持すると，切り口の分極表面電荷は互いに打ち消し合うので，切断する前と状況はほとんど変わらない．

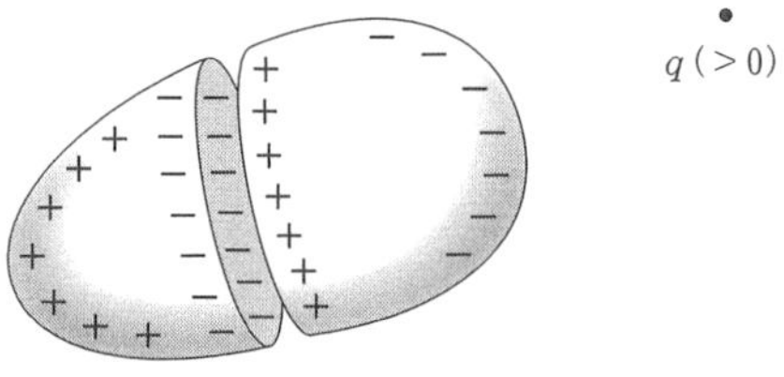

図 7.10

（3）については，誘電体の電荷は自由に動けないので，外から加えられた真の電荷はその場にとどまらざるをえないと解釈できる．

一様な分極

例として，図 7.11(a) のような直方体をした誘電体が，その側面に平行に一様に分極している場合を考えよう．一様なので，分極ベクトルの場 $\boldsymbol{P}(\boldsymbol{r})$

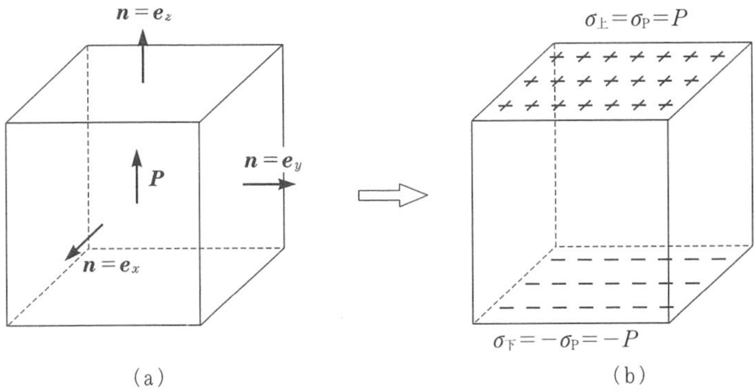

図 7.11

の $\boldsymbol{r}$ を省略して $\boldsymbol{P}$ と書く．$\boldsymbol{P}$ の向きに z 軸をとり，側面に垂直に x 軸，y 軸をとると，

$$\boldsymbol{P} = P\,\boldsymbol{e}_z \tag{7.26}$$

と書ける．側面の法線ベクトル $\boldsymbol{n}$ は $\boldsymbol{e}_z$ 成分をもたないから，側面の分極表面電荷密度は，(7.24) より

$$\sigma_{側} = P\,\boldsymbol{e}_z\cdot\boldsymbol{n} = 0 \tag{7.27}$$

である．上下面の法線ベクトルはそれぞれ $\boldsymbol{e}_z$，$-\boldsymbol{e}_z$ だから，分極表面電荷密度は，同じく (7.24) より

$$\sigma_{上} = P\,\boldsymbol{e}_z\cdot\boldsymbol{e}_z = P, \qquad \sigma_{下} = P\,\boldsymbol{e}_z\cdot(-\boldsymbol{e}_z) = -P \tag{7.28}$$

である．つまり，この直方体の誘電体の分極全体の効果は，図 7.11(b) のように，上表面に面密度 $\sigma_P = P$ の表面電荷，下表面に面密度 $-\sigma_P = -P$ の表面電荷があると仮定したときと同じ電場を内外に作る．もし誘電体が薄い板状であれば，ちょうど平行平板コンデンサーと同じ状態だから，側面付近を除き，外部にはほとんど電場を作らず，内部にのみ分極と逆向きの電場を作っているはずである．ただし，この他に，分極を作る原因となった外場が必ず存在しているはずだから，それを加え合わせた電場が実際の電場である．それは当然ながら，分極と同じ向きを向いている．詳細は次節で述べる．

ところで，以上の議論は，結果だけを見ると，図 7.12(a) のような多数の分子の双極子モーメントの電荷のずれが，上下の隣り同士打ち消し合って表面の電荷のみが残り，図 7.12(b) のようになったものであると解釈できそ

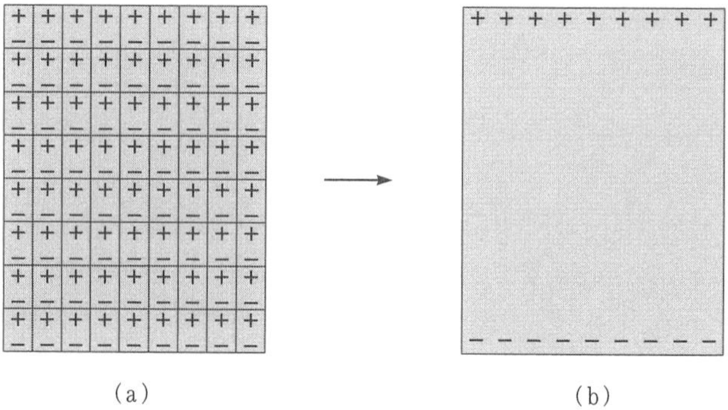

図 7.12

うであるが，そのイメージは正しくない．分極した分子の正電荷のずれの距離は，誘電体中の隣り合う分子の距離よりはるかに小さい．よって，打ち消しを考えるなら，分子内の打ち消しをまず考えなければならず，そうすると分子の分極自体がなくなってしまう．§7.5 の計算は電荷のずれを，まず，点状の中性の双極子モーメント $\boldsymbol{p}$ で表し，それが作る場を粗視化の手続きによって重ね合わせたものであった．よって，図 7.12(a) の各ブロックの電荷は，粗視化した誘電体のマクロな微小領域ごとの分極表面電荷を表していると考えるべきである．それなら，微小領域の表面に存在するから打ち消しを容易に理解できる．

例題 7.3

図 7.13 のような一様な分極 $\boldsymbol{P}$ をもつ半径 a の球形の誘電体の分極表面電荷密度を求めなさい．また，この分極が誘電体の内外に作る電場 $\boldsymbol{E}(\boldsymbol{r})$ を求めなさい．（注：実際に誘電体の内外に存在する電場は，ここで求める $\boldsymbol{E}(\boldsymbol{r})$ に，この分極を生じさせた外場を重ね合わせたものである．章末の演習問題［8］を参照．）

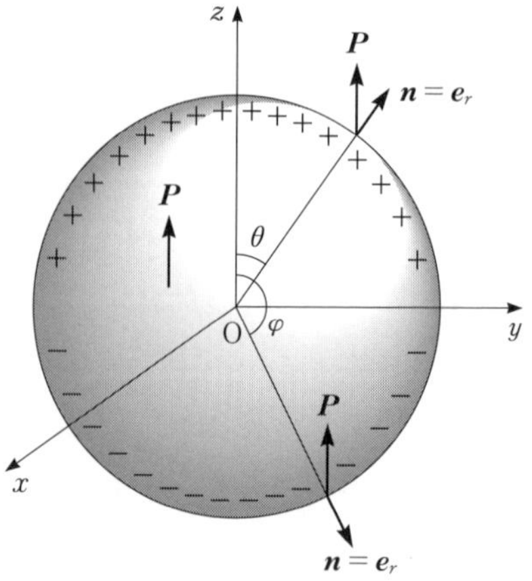

図 7.13

［**解**］ 図のように，球の中心を原点として，分極の方向に z 軸をもつ極座標 (r, θ, φ) を定める．

$$\boldsymbol{P} = P\,\boldsymbol{e}_z \tag{7.29}$$

であり，球の表面上の点 $\boldsymbol{r}(a, \theta, \varphi)$ の法線ベクトルは $\boldsymbol{n} = \boldsymbol{e}_r$ だから，任意の θ で

$$\sigma(\boldsymbol{r}) = \boldsymbol{P}\cdot\boldsymbol{n} = P\,\boldsymbol{e}_z\cdot\boldsymbol{e}_r = P\cos\theta \tag{7.30}$$

である．$\sigma(\boldsymbol{r})$ は φ に依存しないので，$\boldsymbol{E}(\boldsymbol{r})$ も φ に依存しない．

これは，［例題 4.5］の表面電荷分布（4.79）と同じ形をしている．よって，$\rho\delta \leftrightarrow P$ の対応に注意して，内外の電場 $\boldsymbol{E}(\boldsymbol{r})$ を求めることができる．すなわち，内部 $r < a$ では（4.80）を参照して，

$$\boldsymbol{E}(\boldsymbol{r}) = -\frac{P}{3\varepsilon_0}\boldsymbol{e}_z = -\frac{\boldsymbol{P}}{3\varepsilon_0} \tag{7.31}$$

である．また，外部 $r > a$ では，（4.84）を参照して

$$\begin{aligned}\boldsymbol{E}(\boldsymbol{r}) &= \frac{a^3 P\cos\theta}{\varepsilon_0 r^3}\boldsymbol{e}_r - \frac{a^3 P}{3\varepsilon_0 r^3}\boldsymbol{e}_z \\ &= \frac{2a^3 P\cos\theta}{3\varepsilon_0 r^3}\boldsymbol{e}_r + \frac{a^3 P\sin\theta}{3\varepsilon_0 r^3}\boldsymbol{e}_\theta \end{aligned} \tag{7.32}$$

（7.31），（7.32）の $\boldsymbol{E}(\boldsymbol{r})$ の概形は図 4.21 と全く同じである． ¶

§7.6 誘電体中の電束密度

ここまでは，誘電体の分極が作る電場 $\boldsymbol{E}(\boldsymbol{r})$ を考えてきた．

次に，分極が作る電束密度 $\boldsymbol{D}(\boldsymbol{r})$ について考えよう．空気の分極を無視すると，誘電体の外では真空中の法則が成り立つ．そこには，分極が作る電場と外場を重ね合わせた電場の強さ $\boldsymbol{E}(\boldsymbol{r})$ にともなって，電束密度の場

$$\boldsymbol{D}(\boldsymbol{r}) = \varepsilon_0 \boldsymbol{E}(\boldsymbol{r}) \tag{7.33}$$

が存在している．では，誘電体の内部ではどうだろうか．実は，誘電体内の $\boldsymbol{E}$ も $\boldsymbol{D}$ も，それぞれ真空中と同じ形のマクスウェル方程式（4.10），（3.35）を満たすはずであることが次のようにしてわかる．

誘電体があるときのマクスウェル方程式

まず，電場 $\boldsymbol{E}(\boldsymbol{r})$ については，双極子が作る場はもともとクーロン場だから，それを粗視化して重ね合わせても，さらに外場（静電場であるとする）を重ね合わせても，当然，静的なクーロン場が満たすべき法則

$$\oint_{\mathrm{C}} \boldsymbol{E}(\boldsymbol{r})\cdot d\boldsymbol{r} = 0 \tag{7.34}$$

を満たす．C は任意の閉曲線である．

また，電束密度 $\boldsymbol{D}(\boldsymbol{r})$ は，粗視化して分極 $\boldsymbol{P}(\boldsymbol{r})$ を導入する前に，各分子の双極子モーメントを，電荷をもたない点状の双極子モーメントに置き換えた．したがって，それは中性であるから，粗視化した後でも，誘電体上に摩擦電気など外から与えた真の電荷がない場合は，当然

$$\oint_{\mathrm{S}} \boldsymbol{D}(\boldsymbol{r})\cdot d\boldsymbol{S} = 0 \tag{7.35}$$

を満たす．よって，ガウスの法則

$$\oint_{\mathrm{S}} \boldsymbol{D}(\boldsymbol{r})\cdot d\boldsymbol{S} = q_{内部} \tag{7.36}$$

は，これまで通り，$q_{内部}$ としては，任意の閉曲面 S 内に含まれる真の電荷のみを考えればよく，何ら変更を要しない．

誘電体中の電束密度

以上で，電場 $\boldsymbol{E}(\boldsymbol{r})$ と電束密度 $\boldsymbol{D}(\boldsymbol{r})$ のそれぞれは，物質が存在する場合も真空中と全く同じマクスウェル方程式（7.34），（7.36）を満たすことがわかった．しかし，マクスウェル方程式は積分方程式（微分形で書けば微分方程式）であるから，$\boldsymbol{E}(\boldsymbol{r})$ や $\boldsymbol{D}(\boldsymbol{r})$ そのものに対する直接の情報ではない．そこで，誘電体内外の電場 $\boldsymbol{E}(\boldsymbol{r})$ が分極電荷密度を使って表されることと，マクスウェル方程式を利用して，誘電体内部の電束密度 $\boldsymbol{D}(\boldsymbol{r})$ を表す式を求めよう．

一般的に求める手続きには微分形の表現を必要とするので，ここでは単純な場合についての考察から，その関係を導く．それには§7.2 と同様に，平行板コンデンサーの極板間に誘電体を挿入した場合を考える．まず，図 7.14 のように挿入前の状態で電源をつなぎ，極板を帯電させる．縁辺部以外では，極板の面電荷密度 σ は一様である．極板間の電場も縁辺部を除き一様だから，$\boldsymbol{r}$ を省略して $\boldsymbol{E}_0$，$\boldsymbol{D}_0$ と書くと

$$\boldsymbol{D}_0 = D_0\,\boldsymbol{e}_x = \sigma\,\boldsymbol{e}_x, \qquad \boldsymbol{E}_0 = \frac{\boldsymbol{D}_0}{\varepsilon_0} = \frac{\sigma}{\varepsilon_0}\boldsymbol{e}_x \tag{7.37}$$

が成り立っているはずである．次に，電源をはずして極板間に誘電体を挟

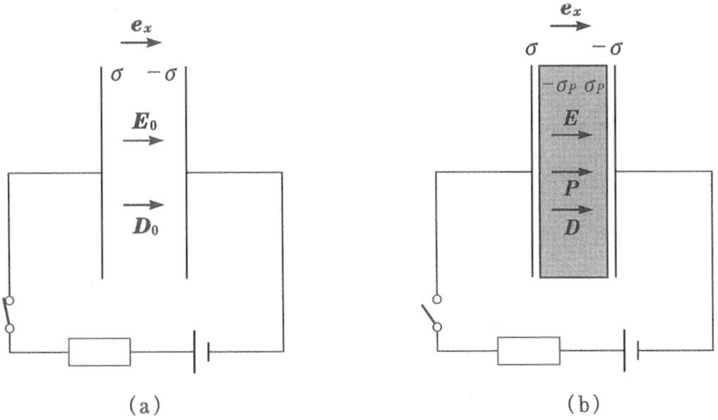

図 7.14

む．極板上の電荷の増減はなく，対称性も変わらないから，極板の面電荷密度 σ は不変である．このときの誘電体内部の（外場と分極 $\boldsymbol{P}$ が作る場を重ね合わせた）場を $\boldsymbol{D}$，$\boldsymbol{E}$ とすると，これらも当然一様で，

$$\boldsymbol{D} = D\,\boldsymbol{e}_x, \qquad \boldsymbol{E} = E\,\boldsymbol{e}_x, \qquad \boldsymbol{P} = P\,\boldsymbol{e}_x \tag{7.38}$$

である．マクスウェル方程式（ガウスの法則）(7.36) が成立するから，誘電体を挟んでも $\boldsymbol{D}$ と極板表面上の真の電荷の面密度 σ との関係は変わらない．

$$\boldsymbol{D} = \sigma\,\boldsymbol{e}_x (= \boldsymbol{D}_0) \tag{7.39}$$

一方，誘電体内の $\boldsymbol{E}$ は，極板上の真電荷密度 σ が作る外場と，誘電体表面に仮想的に生じる分極表面電荷密度 $\pm\,\sigma_P = \boldsymbol{P}\cdot(\pm\,\boldsymbol{e}_x) = \pm\,P$ の寄与の重ね合わせで書けるから，平行板コンデンサーの場合の類推で求めると

$$\boldsymbol{E} = \frac{\sigma}{\varepsilon_0}\boldsymbol{e}_x - \frac{\sigma_P}{\varepsilon_0}\boldsymbol{e}_x = \frac{\sigma\,\boldsymbol{e}_x - \sigma_P\,\boldsymbol{e}_x}{\varepsilon_0} = \frac{\boldsymbol{D} - \boldsymbol{P}}{\varepsilon_0} \tag{7.40}$$

である．よって

$$\boldsymbol{D} = \varepsilon_0 \boldsymbol{E} + \boldsymbol{P} \tag{7.41}$$

であることがわかる．これを一般化して，場が一様でない場合も，誘電体中の各点 $\boldsymbol{r}$ の電束密度を

$$\boldsymbol{D}(\boldsymbol{r}) = \varepsilon_0\,\boldsymbol{E}(\boldsymbol{r}) + \boldsymbol{P}(\boldsymbol{r}) \tag{7.42}$$

で定義することができる．もちろん，$\boldsymbol{E}(\boldsymbol{r})$ は外場と分極 $\boldsymbol{P}(\boldsymbol{r})$ が作った電

場の重ね合わせである．

電気感受率と誘電率

強誘電体を除く通常の誘電体では，$\boldsymbol{P}(\boldsymbol{r})$ と $\boldsymbol{E}(\boldsymbol{r})$ は比例する．その関係を

$$\boldsymbol{P}(\boldsymbol{r}) = \chi_e \varepsilon_0 \boldsymbol{E}(\boldsymbol{r}) \qquad (\chi：カイ) \tag{7.43}$$

と書くとき，χ_e を**電気感受率**という．$\boldsymbol{P}(\boldsymbol{r})$ は $\varepsilon_0 \boldsymbol{E}(\boldsymbol{r})$ と同じ次元をもつから，このように書くと χ_e は無次元の量になる．

$$[\chi_e] = [P][\varepsilon_0 E]^{-1} = [P][D]^{-1} = 1(\text{無次元}) \tag{7.44}$$

$\chi_e > 0$ である．(7.31) と (7.43) は異なるが，前者は $\boldsymbol{P}(\boldsymbol{r})$ が作る電場だけで，後者は外場も含む電場だから矛盾はない．

(7.43) を (7.42) に代入すると $\boldsymbol{D}(\boldsymbol{r})$ も $\boldsymbol{E}(\boldsymbol{r})$ に比例し，

$$\boldsymbol{D}(\boldsymbol{r}) = \varepsilon_0(1+\chi_e)\boldsymbol{E}(\boldsymbol{r}) = \varepsilon \boldsymbol{E}(\boldsymbol{r}) \tag{7.45}$$

$$\varepsilon = \varepsilon_0(1+\chi_e)\,(>\varepsilon_0) \tag{7.46}$$

と書ける．ε を，その物質の**誘電率**という．また，比誘電率は

$$\kappa_e = \frac{\varepsilon}{\varepsilon_0} = 1 + \chi_e(>1) \qquad (\kappa：カッパ) \tag{7.47}$$

と表すことができる．比誘電率は ε_r と書かれることもある．表 7.1 に，種々の誘電体の比誘電率を示す．

表 7.1　種々の物質の比誘電率 (20℃)

物　質	比誘電率 κ_e	絶縁強度 (V/m)
ダイヤモンド	16.5	
ガラス	5〜10	9×10^6
ナイロン	3.5	19×10^6
ポリエチレン	2.3	18×10^6
紙	2〜3.5	14×10^6
蒸留水	80.1	
空気 (1 気圧)	1.0059	3×10^6

話を平行板コンデンサーにもどすと (7.37)，(7.39)，(7.45) より

$$\boldsymbol{E} = \frac{\boldsymbol{D}}{\varepsilon} = \frac{\varepsilon_0}{\varepsilon}\boldsymbol{E}_0 \tag{7.48}$$

である．したがって，誘電体を挿入した後の極板間の電位差は

$$V = Ed = \frac{\varepsilon_0}{\varepsilon}E_0 d = \frac{\varepsilon_0}{\varepsilon}V_0 = \frac{V_0}{\kappa_e} \tag{7.49}$$

である．これを (7.2) と比較すると，ここで導入した ε と κ_e は §7.2 の ε，κ_e と同じものであることがわかる．

§7.7　誘電体境界面での $\boldsymbol{E}$ と $\boldsymbol{D}$ の接続条件

$\boldsymbol{E}$ と $\boldsymbol{D}$ が，誘電体の有無にかかわらず真空中と同じマクスウェル方程式を満たすことから，誘電体境界面での $\boldsymbol{E}$ と $\boldsymbol{D}$ の性質，つまり**接続条件**を知ることができる．それらは，$\boldsymbol{E}$ や $\boldsymbol{D}$ の本質的な性質だから，(7.42)～(7.45) と異なり，分極の効果で生じた場だけでも，またそれと外場を重ね合わせた，実際にそこに存在するマクロな場でも，同様に成り立つ．以下の議論は，誘電体と真空の境界面でも成り立つ．

$\boldsymbol{D}$ の法線成分 D_n は誘電体境界面で連続

境界面には真の電荷はないとする．図 7.15(a) のように境界面の両側の 2 点 $\boldsymbol{r}, \boldsymbol{r}'$ の場を考える．この 2 点を境界面に平行な上底,下底の中心にもつ，底面積 $\varDelta A$ で非常に薄い円筒（全表面 S）について，ガウスの法則を適用する．上底，下底の法線ベクトルはそれぞれ $\boldsymbol{n}$，$-\boldsymbol{n}$ だから，(7.35) より

$$\oint_{\mathrm{S}} \boldsymbol{D}(\boldsymbol{r})\cdot d\boldsymbol{S} \approx \boldsymbol{D}(\boldsymbol{r})\cdot\boldsymbol{n}\,\varDelta A + \boldsymbol{D}(\boldsymbol{r}')\cdot(-\boldsymbol{n})\varDelta A + (\text{側面の寄与})$$

$$\approx q_{\text{内部}} = 0 \tag{7.50}$$

である．$\boldsymbol{r}$ と $\boldsymbol{r}'$ を境界面を挟んで無限に接近させれば $\boldsymbol{r} \to \boldsymbol{r}'$ になり，また側面の寄与は 0 になる．さらに $\varDelta A \to 0$ とすれば ≈ は = になる．よって，電束密度の法線成分 $\boldsymbol{D}(\boldsymbol{r})\cdot\boldsymbol{n} = D_{\mathrm{n}}(\boldsymbol{r}) = D(\boldsymbol{r})\cos\theta$ は，誘電体境界面で連続

$$D_{\mathrm{n}}(\boldsymbol{r}) = D_{\mathrm{n}}(\boldsymbol{r}'), \qquad \text{つまり } D(\boldsymbol{r})\cos\theta = D(\boldsymbol{r}')\cos\theta' \tag{7.51}$$

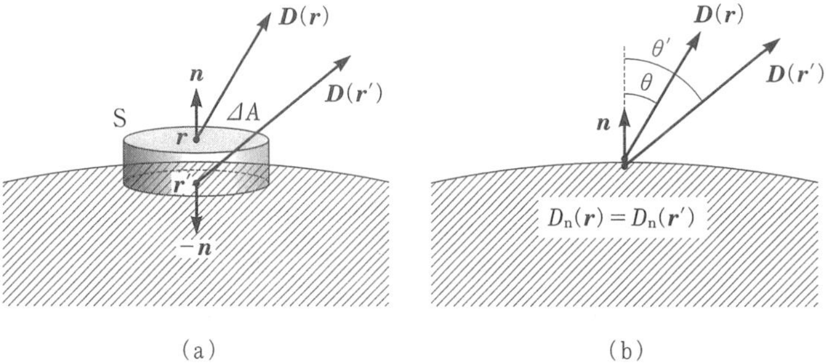

図 7.15

である．なお，境界面に真の面電荷がある場合の接続条件については，章末の演習問題［6］を参照されたい．

$\boldsymbol{E}$ の接線成分 E_{t} は誘電体境界面で連続

図7.16のように，境界面の両側の2点 $\boldsymbol{r}$, $\boldsymbol{r}'$ を接面に平行な長さ Δl の2辺の中心にもつ，高さの非常に低い長方形の経路Cについて $\boldsymbol{E}$ の循環(4.10)を計算する．境界面に沿った辺上の変位 $d\boldsymbol{r}$ を接線ベクトル（境界面に平行な単位ベクトル）$\boldsymbol{t}$ を用いて表すことができ，

$$\oint_l \boldsymbol{E}(\boldsymbol{r})\cdot d\boldsymbol{r} \approx \boldsymbol{E}(\boldsymbol{r})\cdot\boldsymbol{t}\,\Delta l + \boldsymbol{E}(\boldsymbol{r}')\cdot(-\,\boldsymbol{t})\Delta l$$
$$+\,(\text{境界面に垂直な辺の寄与}) \approx 0 \qquad (7.52)$$

である．$\boldsymbol{r}$ と $\boldsymbol{r}'$ を境界面を挟んで無限に接近させれば，面に垂直な辺の寄与は0になり，さらに，$\Delta l \to 0$ とすれば $\approx$ は $=$ になる．これは，静電場の基本法則だから，表面に真の面電荷があるかどうかにかかわらず成り立つ．よって，電場の強さの接線成分 $\boldsymbol{E}(\boldsymbol{r})\cdot\boldsymbol{t} = E_{\mathrm{t}}(\boldsymbol{r}) = E(\boldsymbol{r})\sin\theta$ は誘電体境界面で連続である．

$$E_{\mathrm{t}}(\boldsymbol{r}) = E_{\mathrm{t}}(\boldsymbol{r}'), \qquad \text{つまり} \qquad E(\boldsymbol{r})\sin\theta = E(\boldsymbol{r}')\sin\theta' \qquad (7.53)$$

上の証明はともにマクスウェル方程式しか使っておらず ε を含んでいないから，これらの接続条件は（7.45）が成り立たない強誘電体を含めてすべての誘電体に対して成り立つ．

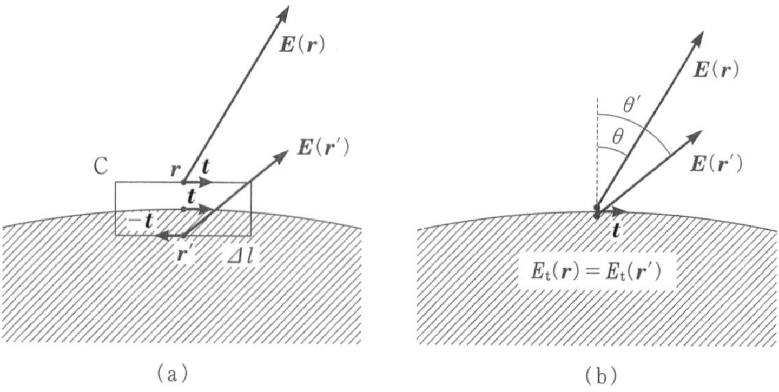

図7.16

電場の屈折の法則

(7.45) が成り立つ普通の誘電体の場合には，(7.51)，(7.53) から，θ, θ' と誘電率 ε, ε' の間に次式が成り立つ．これを，**電場の屈折の法則**という．

$$\frac{\varepsilon}{\tan\theta} = \frac{\varepsilon'}{\tan\theta'} \tag{7.54}$$

例題 7.4

図 7.17 のような，誘電率が ε_1, ε_2 の 2 種類の誘電体の境界がある．どちらも強誘電体ではなく (7.45) の比例関係が成り立つものとする．境界を挟んだ 2 点 A_1, A_2 の電場が図に示された向きを向いているとき，各点の電場 $\boldsymbol{E}$ と電束密度 $\boldsymbol{D}$ を図示しなさい．また，ε_1 と ε_2 はどちらが大きいか．

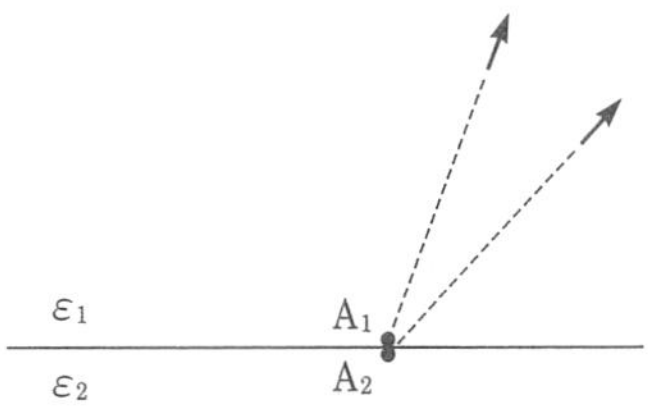

図 7.17

［解］ それぞれの誘電体の中で，電場と電束密度は比例するから同じ向きを向いている．まず，図 7.18 のように $\boldsymbol{E}_1$ と $\boldsymbol{D}_1$ を描く．これらは異なる次元の量だから，どちらを長く描いても構わない．(どちらを長く描いても，ε に関して同じ結論が得られる．) ここでは $\boldsymbol{D}_1$ の方を長く描いた．次に，$\boldsymbol{E}_2$ は，題意の向きに，$\boldsymbol{E}_1$ と接線成分が等しくなるように描く．同様に，$\boldsymbol{D}_2$ は $\boldsymbol{E}_2$ と同じ向きに，$\boldsymbol{D}_1$ と法線成分が等しくなるように描く．$\varepsilon = D/E$ だから，図より $\varepsilon_1 < \varepsilon_2$ である．¶

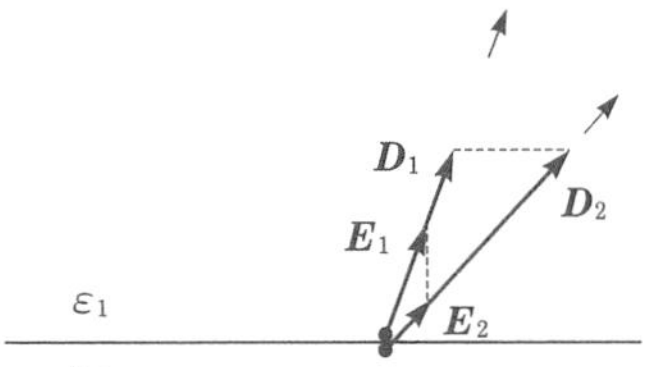

図 7.18

例題 7.5

一様な電場をかけて一様に分極させた誘電体の内部に作った，電場に垂直な薄い円板状のマクロな空洞と，電場に平行な細長い棒状のマクロな空洞について，その中央部の電場を求め，空洞以外の部分の電場との大小を比較しなさい．マクロな空洞とは，半径や高さが原子間隔よりはるかに大きな空洞である．

［**解**］ 空洞以外の部分の一様なマクロな電場を $\boldsymbol{E}$，電束密度を $\boldsymbol{D}$ とする．誘電率を ε とすると (7.45) が成り立つ．空洞の中央部のマクロな場を $\boldsymbol{E}_{\mathrm{cav}}$，$\boldsymbol{D}_{\mathrm{cav}}$ とすると，これらは対称性より $\boldsymbol{E}$，$\boldsymbol{D}$ に平行で，真空中の関係

$$\boldsymbol{D}_{\mathrm{cav}} = \varepsilon_0 \boldsymbol{E}_{\mathrm{cav}} \tag{7.55}$$

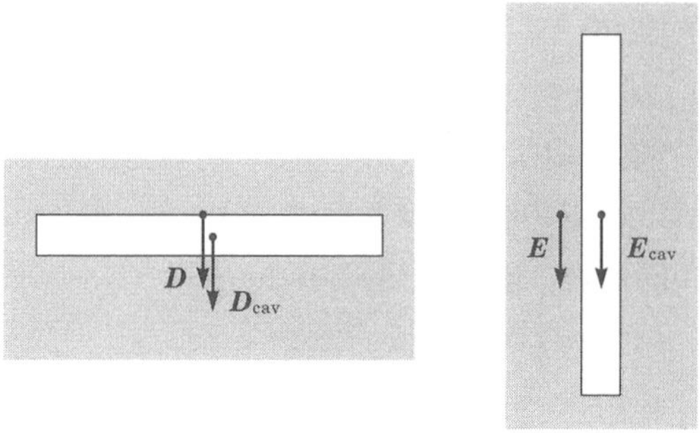

図 7.19

を満たしている．まず図 7.19(a) のような円板状の空洞の中央部の付近の場は，上面，下面に垂直だから，電束密度の法線成分の連続性から場の連続性

$$\boldsymbol{D}_{\mathrm{cav}} = \boldsymbol{D} \quad \text{が成り立ち，したがって} \quad \boldsymbol{E}_{\mathrm{cav}} = \frac{\boldsymbol{D}_{\mathrm{cav}}}{\varepsilon_0} = \frac{\boldsymbol{D}}{\varepsilon_0} > \boldsymbol{E} \tag{7.56}$$

である．また，図 7.19(b) のような細長い空洞の中央部の付近の場は，側面に平行だから，電場の接線成分の連続性から場の連続性

$$\boldsymbol{E}_{\mathrm{cav}} = \boldsymbol{E} \quad \text{が成り立ち，したがって} \quad \boldsymbol{D}_{\mathrm{cav}} = \varepsilon_0 \boldsymbol{E}_{\mathrm{cav}} < \boldsymbol{D} \tag{7.57}$$

である． ¶

§7.8 誘電体中のミクロな電場

§4.6 で述べたように，孤立した分子が電場 $\boldsymbol{E}(\boldsymbol{r})$ の中に置かれたとき，その双極子モーメント $\boldsymbol{p}$ は分子の位置の $\boldsymbol{E}(\boldsymbol{r})$ に比例して，(4.60) の

$$\boldsymbol{p} = \alpha\varepsilon_0 \boldsymbol{E}(\boldsymbol{r})$$

で与えられる．それでは，誘電体が分極して分子が双極子モーメントをもっているとき，その中の 1 つの分子が感じている電場は，本章でいままで考えてきたマクロな電場 $\boldsymbol{E}(\boldsymbol{r})$ に等しいであろうか．$\boldsymbol{E}(\boldsymbol{r})$ は外場 $\boldsymbol{E}_{\mathrm{ext}}(\boldsymbol{r})$ と他の分子の双極子モーメントが作る電場 $\boldsymbol{E}_{\mathrm{pol}}(\boldsymbol{r})$ の重ね合わせである．これで十分だろうか．実は十分でなく，液体・固体中の分子が感じる場はこれと異なる．それは固体物理学で扱われるが，ここではその概要をみておく．

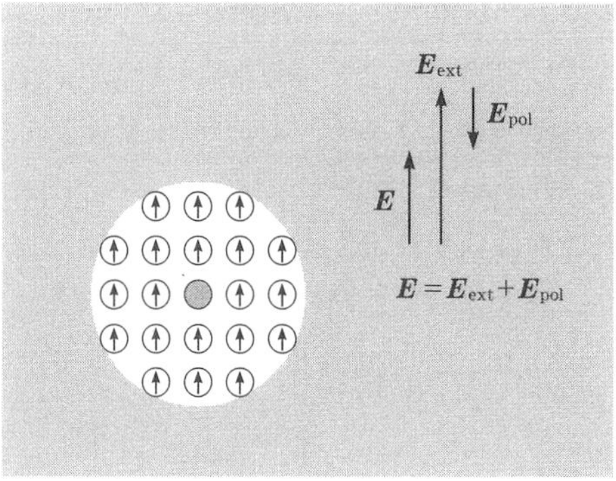

図 7.20

誘電体中のマクロな電場 $\boldsymbol{E}(\boldsymbol{r})$ は，双極子モーメントを粗視化した連続的な分極 $\boldsymbol{P}(\boldsymbol{r})$ があるときに，その中に置かれた点電荷（試電荷）が感じるであろう電場である．ところが，実際の固体中の分子の周りをミクロに見ると，そこにはそのような連続的な $\boldsymbol{P}(\boldsymbol{r})$ の分布はなく，図 7.20 のように，同じような分子が 10 分の数 nm（ナノメートル $= 10^{-9}$ m）程度の格子間隔で規則正しく並んでいる．分子にはそれが「見える」ので，それを塗りつぶして（粗視化して）しまう扱いは近似が良くない．正しく計算しようと思えば，1 つ 1 つの分子の寄与を加え合わせざるをえない．

とはいえ，すべての分子について加え合わせるのは困難だから，図 7.21 のように，注目する分子を中心として，ある半径の球を考えて，球内の分子の寄与については 1 つ 1 つ加え合わせ，その外の分子については粗視化して扱うというのが 1 つの近似計算法である．

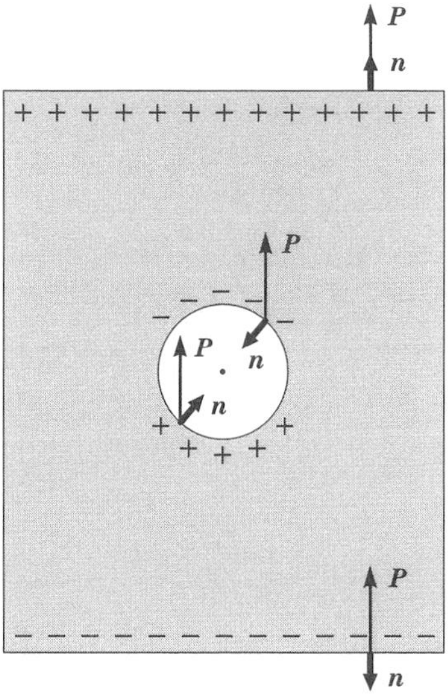

図 7.21

簡単のために，誘電体中のマクロな電場 $\boldsymbol{E}$ や分極 $\boldsymbol{P}$ は一様であるとする．詳細は省略するが，液体のように分子が平均として等方的に一様に分布しているときや，固体でも立方格子とよばれる対称性の良い結晶構造で分子が配列しているときには，球内の個々の分子の双極子モーメントが球の中心に作る電場を重ね合わせたものは，互いに打ち消し合って0になる．よって，分子が感じるミクロな電場は，空洞の外側の分子の寄与を粗視化して計算したマクロな場でよい．これは，外場と，外表面の分極表面電荷と，球形の内表面の分極電荷の寄与の和になる．前2者は球形の穴をくりぬく前と変わらず，これまで扱ってきた$\boldsymbol{E}$に等しい．後者は計算してみると面白いことに，球の半径に関係なく$\boldsymbol{P}/3\varepsilon_0$に等しい．よって，この近似のもとで，分子が感じるミクロな電場は

$$\boldsymbol{E}_{\text{micro}} = \boldsymbol{E} + \frac{\boldsymbol{P}}{3\varepsilon_0} = \left(1 + \frac{\chi_{\text{e}}}{3}\right)\boldsymbol{E} \tag{7.58}$$

である．ここで，(7.43) を用いた．これを**ローレンツの局所電場**という．

(7.58) は誘電体内の1分子が感じる電場を求めようとしたものであり，空洞内に存在する他の分子の双極子モーメントが作る電場の重ね合わせが，注目する分子が存在する空洞中心で0になる場合に限って正しい．しかし，もし実際に存在するマクロな球形のときは，球内に分子が存在しないのだから，(7.58) が空洞内の電場（一様）を与える．

気体の場合は

$$\boldsymbol{E}_{\text{micro}} = \boldsymbol{E} \tag{7.59}$$

がほぼ成り立つ．これは，最も近い他の分子が固体・液体の場合に比べてはるかに遠く離れて存在するので，個別に考慮しなければならない分子が近くになく，粗視化したマクロな場が良い近似になっているためである．

例題 7.6

(7.58) を導きなさい．

［**解**］ 空洞の中心を原点とし，$\boldsymbol{E}$の向きにz軸をもつ極座標で記述する．空洞半径をaとすると，空洞表面上の点$\boldsymbol{r}(a, \theta, \varphi)$の法線ベクトルは$\boldsymbol{n} = -\boldsymbol{e}_r$だから，

$$\sigma_P(\boldsymbol{r}) = \boldsymbol{P}\cdot\boldsymbol{n} = -\boldsymbol{P}\cdot\boldsymbol{e}_r = -P\cos\theta \tag{7.60}$$

である．つまり，空洞表面には，［例題7.3］の分極した誘電体球の場合と符号が逆の分極表面電荷が現れる．同様の計算を行うと，この分極表面電荷による空洞内部の電場は，(7.31) とは向きが逆の

$$\boldsymbol{E}_{\text{S}} = \frac{P}{3\varepsilon_0}\boldsymbol{e}_z = \frac{\boldsymbol{P}}{3\varepsilon_0} \tag{7.61}$$

である．これとマクロな電場 $\boldsymbol{E}(\boldsymbol{r})$ を加え合わせ，さらに (7.43) を用いると，空洞中心での電場は確かに

$$\boldsymbol{E}_{\text{micro}} = \boldsymbol{E} + \boldsymbol{E}_{\text{S}} = \boldsymbol{E} + \frac{\boldsymbol{P}}{3\varepsilon_0} = \left(1 + \frac{\chi_{\text{e}}}{3}\right)\boldsymbol{E} \tag{7.62}$$

である． ¶

§7.9 強誘電体

最後に**強誘電体**について簡単に触れておこう．強誘電体に外から電場をかけると，分子が協力し合って各分子は通常の誘電体よりも大きな双極子モーメントをもち，整列する．これを粗視化すると，通常の誘電体よりも大きな分極 $\boldsymbol{P}(\boldsymbol{r})$ が生じる．さらに，外場を 0 にもどしても，この双極子モーメントの整列の状態が残るものもある．これを**自発分極**という．この状態を粗視化すると，外場なしで，ある大きさの分極 $\boldsymbol{P}(\boldsymbol{r})$ が存在することになる．

自発分極

自発分極した強誘電体について考えよう．§7.5 で，外場によって分極した誘電体の分極 $\boldsymbol{P}(\boldsymbol{r})$ だけが周りに作る場をまず計算した．自発分極した強誘電体では，外場を 0 にもどした後でもまさにそのように分極が残っている．したがってたとえば，一様な分極 $\boldsymbol{P}$ をもつ直方体の強誘電体の周りの電場は，図 7.22 のように上下の面に現れる分極表面電荷だけが作る $\boldsymbol{E}(\boldsymbol{r})$ に等しい．明らかに，外場があってはじめて分極する普通の誘電体の場合と異なり，自発分極の中の $\boldsymbol{E}$ は $\boldsymbol{P}$ と逆向きである．一方，電束密度 $\boldsymbol{D}$ については (7.42) の

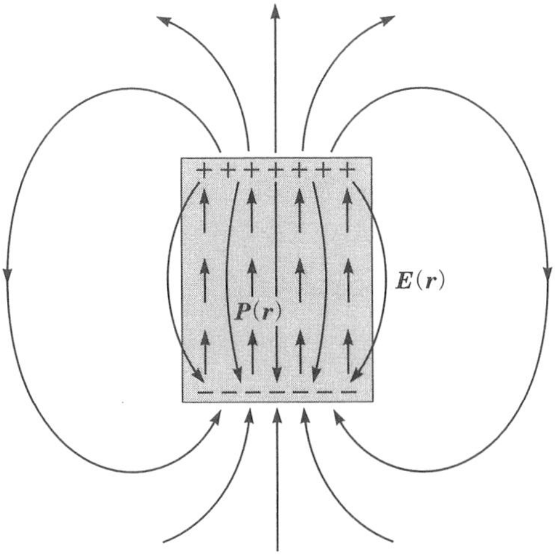

図 7.22

$$\boldsymbol{D}(\boldsymbol{r}) = \varepsilon_0 \boldsymbol{E}(\boldsymbol{r}) + \boldsymbol{P}(\boldsymbol{r}) \tag{7.63}$$

が強誘電体に対しても成り立つ．強誘電体の外では $\boldsymbol{P} = 0$ だから，当然 $\boldsymbol{D}(\boldsymbol{r}) = \varepsilon_0 \boldsymbol{E}(\boldsymbol{r})$ である．しかし，内部について§7.6の（7.43）以降で行った場の比例関係を基礎とする議論は成り立たない．図7.22の電場 $\boldsymbol{E}(\boldsymbol{r})$ は，極板の電荷密度が $\pm\sigma_P = \pm P$ であるような平行板コンデンサーの周りの電場と同じである．ただし，コンデンサーの場合もそうであるように，図7.22のように厚さがある場合は，場は単純ではない．

では，図7.23(a)のような薄い板状の強誘電体が，その厚さ方向に一様な分極をしている場合を考えてみよう．粗視化すると，図(b)のように一様な分極 $\boldsymbol{P} = P\boldsymbol{e}_z$ が存在する．$\boldsymbol{P}$ の効果は，図(c)のような分極表面電荷密度 $\pm\sigma_P$ で表される．これは極板間の距離が十分狭い平行板コンデンサーの場合と同じだから，誘電体内の電場は，縁辺部を除き単純に

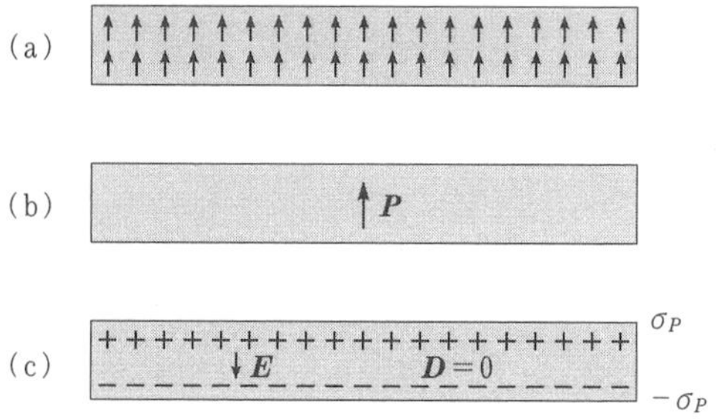

図7.23

$$\boldsymbol{E} = -\frac{\sigma_P}{\varepsilon_0}\boldsymbol{e}_z = -\frac{\boldsymbol{P}}{\varepsilon_0} \tag{7.64}$$

であり，誘電体の外の $\boldsymbol{E}$ は縁辺部を除き，ほとんど0である．したがって，電束密度 $\boldsymbol{D}$ も外部では縁辺部を除き0である．一方，誘電体内の $\boldsymbol{D}$ は，(7.42)，(7.64) より縁辺部を除き

$$\boldsymbol{D} = \varepsilon_0 \boldsymbol{E} + \boldsymbol{P} = -\boldsymbol{P} + \boldsymbol{P} = 0 \tag{7.65}$$

である．つまり，自発分極した薄い板状の強誘電体の内部では，電場だけが存在する．これは，(7.43) 以下の議論と一見矛盾するが，上に述べたように，そもそも自発分極した強誘電体に定数の χ_e や ε を用いる線形の理論は適用できないのである．

強誘電体の中和

実在の強誘電体には，さらに次のような現象が起こっているのが普通である．自発分極した強誘電体を放置しておくと，分極表面電荷が縁辺部から次第に空気中の反対符号の真の電荷（イオンや帯電したほこりなど）を引きつける．十分に時間が経つと図 7.24 のように，表面の $\sigma_P \neq 0$ の部分にイオンや電子などの真の表面電荷が密度 $\sigma_t = -\sigma_P$ で付着する．この現象を，強誘電体が**中和**されるという．このため，分極表面電荷の効果は打ち消されて，自発分極した誘電体の内部でも外部でも，マクロな電場は 0 になる．

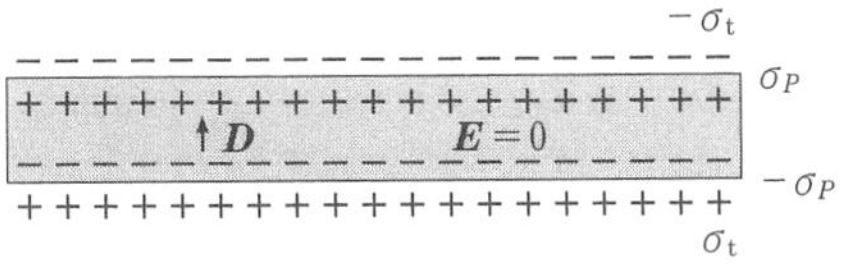

図 7.24

$$\boldsymbol{E} = 0 \tag{7.66}$$

しかし，今度は誘電体内部の電束密度は

$$\boldsymbol{D} = \varepsilon_0 \boldsymbol{E} + \boldsymbol{P} = \boldsymbol{P} \neq 0 \tag{7.67}$$

となっている．これは，真の電荷が上下面に存在するので，電束密度は平行板コンデンサーの類推から

$$\boldsymbol{D} = -\sigma \boldsymbol{e}_z = -(-\sigma_P)\boldsymbol{e}_z = P\boldsymbol{e}_z = \boldsymbol{P} \tag{7.68}$$

となり，向きも含めてつじつまが合っている．

他の形の場合も，(7.43) や (7.45) を使わず，誘電体中の $\boldsymbol{D}$ の定義 (7.42) と基本法則（静電場に対するマクスウェル方程式）(7.34)，(7.36)，あるいはそれらから導かれた接続条件 (7.51)，(7.53) にしたがって考えればマクロな電場の解析は可能である．

演習問題

［**1**］ 直径 5 cm，高さ 10 cm，厚さ 0.3 mm の直円筒型のプラスチック製コップの側面と底（ともに外側）にアルミ箔を貼り，中に 9 cm の高さまで食塩水を入れた．食塩水は導体である．プラスチックの比誘電率が 2 であるとして，食塩水と外側のアルミ箔の間の静電容量を求めなさい．

［**2**］ 帯電した導体が誘電率 ε の誘電体に囲まれている．導体表面の真電荷密度が σ である部分のすぐ外の $\boldsymbol{D}$，$\boldsymbol{E}$，および，導体に接している誘電体表面の分

極電荷密度 σ_P を求めなさい．

［**3**］ 極板の面積 A，面間隔 d の平行板コンデンサーの極板間の空間を誘電体で満たす．厚さ d_1 を誘電率 ε_1 の誘電体，残りの部分を誘電率 ε_2 の誘電体で満たしたときの静電容量を求めなさい．

［**4**］ 極板の面積 A，面間隔 d の平行板コンデンサーの面積 A_1 の部分の厚さ全体にわたって誘電率 ε_1 の誘電体，残りの部分に誘電率 ε_2 の誘電体を満たしたときの静電容量を求めなさい．

［**5**］ 電荷 q だけ帯電した半径 a の導体球の周りを，半径 $b(>a)$ の誘電率 ε の誘電体の球で包んだときの，内外の電束密度 $\boldsymbol{D}(\boldsymbol{r})$，電場の強さ $\boldsymbol{E}(\boldsymbol{r})$，および誘電体内の分極 $\boldsymbol{P}(\boldsymbol{r})$ と誘電体表面の分極電荷密度を求めなさい．

［**6**］ 誘電体の境界に面密度 $\sigma(\boldsymbol{r})$ の真電荷があるときの電場の接続条件を求めなさい．また，境界付近に体積密度 $\rho(\boldsymbol{r})$ の真電荷が分布しているときはどうか．

［**7**］ 電場の屈折の法則（7.54）を証明しなさい．

［**8**］ 一様な電場 $\boldsymbol{E}_0 = E_0\,\boldsymbol{e}_z$ の中に半径 a の球形の誘電体を置いた．この誘電体の比誘電率が κ_{e} であるとき，分極 $\boldsymbol{P}$，分極表面電荷密度 $\sigma_P(\boldsymbol{r})$，および誘電体内外の電束密度 $\boldsymbol{D}(\boldsymbol{r})$，電場の強さ $\boldsymbol{E}(\boldsymbol{r})$ を，$\boldsymbol{E}_0$ と κ_{e} で表しなさい．

8 電流の周りの磁場

本章から，何らかの形で磁場が関係する現象について述べる．電流があれば磁場ができること，磁場は電流に力をおよぼすこと，磁場中で回路が運動すると運動による起電力が発生すること，回路を貫く磁束が変化すると誘導起電力が発生すること，誘導起電力を発生する回路素子，すなわちコイルを含む回路の性質などである．本章では，まず電流が作る磁場について述べ，磁場と磁場の強さに対するマクスウェル方程式を導入する．

§8.1 電流の周りの磁場に関する実験事実

電流が流れていると，その周りに次のような現象が見られる．

（1） 直線電流 I の周りに，図 8.1 のような軸を回る渦状の磁場ができる．電流の向きを z 軸の正の向きとする円筒座標を用いると

$$\boldsymbol{B}(\boldsymbol{r}) \propto \frac{I}{\xi^{1.0}}\boldsymbol{e}_\varphi \qquad (8.1)$$

である．すなわち，磁場は電流からの距離に反比例する大きさをもつ．正確に反比例しているかどうかは，実験によってのみ確認できることである．そのことを表すために，分母を単に ξ ではなく $\xi^{1.0}$ とした．$\boldsymbol{B}$ の向きは，右ネジ（ペットボトルのふたなど）を I の方向に進めるときに回す向きである．

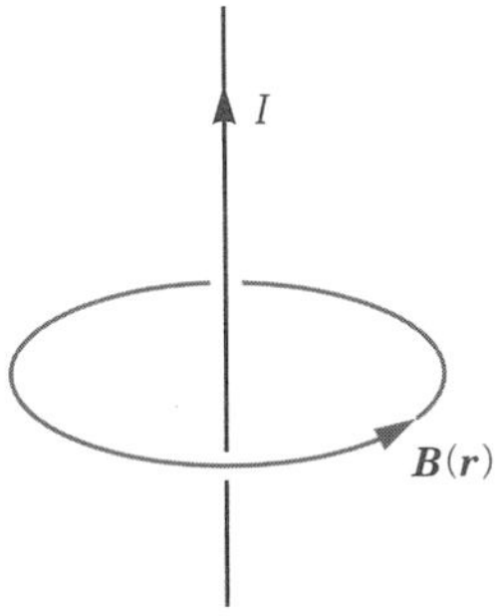

図8.1

（2） 図 8.2 のような距離 a だけ離れて

平行に流れている直線電流 I_1，I_2 の間には，積 I_1I_2 に比例し，a に反比例する力が働く．

$$F \propto \frac{I_1I_2}{a^{1.0}} \tag{8.2}$$

ただし，I_1，I_2 が同じ向きならば引力，逆向きならば斥力である．また，この力は直線電流のすべての部分に働いており，導線の部分に働く力はその部分の長さに比例する．よって，これを定量的に扱うときは**片方の導線の単位長さ当たりの力**で考えなければならない．

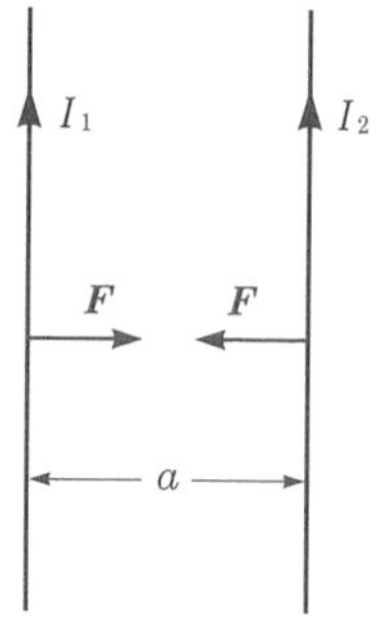

図 8.2

§8.2　ベクトルのベクトル積

磁場に関する現象の記述にはベクトル積が必要なので，まずそれについて述べる．ベクトル $\boldsymbol{A}$，$\boldsymbol{B}$ があるとき，

$$\boldsymbol{C} = \boldsymbol{A} \times \boldsymbol{B} \tag{8.3}$$

を $\boldsymbol{A}$ と $\boldsymbol{B}$ の**ベクトル積**（または**外積**）という．これは，図 8.3 に示すようなベクトルである．向きは

$$\boldsymbol{C} \perp \boldsymbol{A}, \boldsymbol{B} \tag{8.4}$$

で，$\boldsymbol{A}$ と $\boldsymbol{B}$ で決まる面に垂直な 2 つの向きのうち，$\boldsymbol{A}$ から $\boldsymbol{B}$ に向かって回した右ネジが進む向きである．また，大きさは，

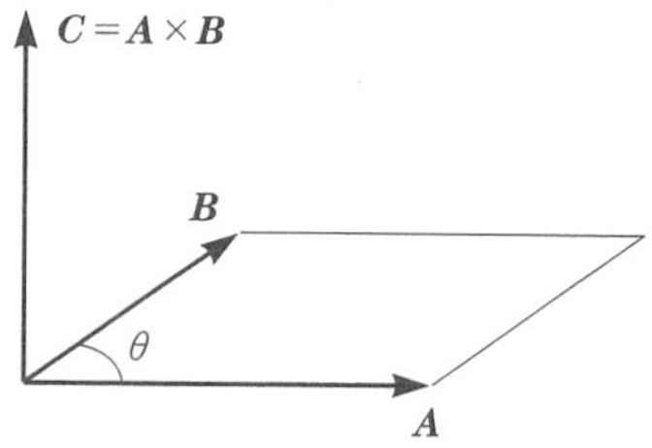

図 8.3

$$|\boldsymbol{C}| = |\boldsymbol{A}||\boldsymbol{B}|\sin\theta \tag{8.5}$$

である．ただし，θ は $\boldsymbol{A}$ と $\boldsymbol{B}$ の間の角度（$< \pi$）である．つまり，$|\boldsymbol{A} \times \boldsymbol{B}|$ は $\boldsymbol{A}$ と $\boldsymbol{B}$ が作る平行四辺形の面積に等しい．この定義から

$$\boldsymbol{B} \times \boldsymbol{A} = -\boldsymbol{A} \times \boldsymbol{B} \tag{8.6}$$

また

$$\boldsymbol{A} /\!/ \boldsymbol{B} \quad \text{なら} \quad \boldsymbol{A} \times \boldsymbol{B} = 0, \qquad \text{特に} \quad \boldsymbol{A} \times \boldsymbol{A} = 0 \tag{8.7}$$

であることは明らかである．デカルト座標，極座標，円筒座標等の単位ベクトルは互いに垂直だから，図 1.7，図 3.9，図 3.11 より

$$\boldsymbol{e}_x \times \boldsymbol{e}_x = \boldsymbol{e}_y \times \boldsymbol{e}_y = \boldsymbol{e}_z \times \boldsymbol{e}_z = \boldsymbol{e}_r \times \boldsymbol{e}_r = \boldsymbol{e}_\theta \times \boldsymbol{e}_\theta$$
$$= \boldsymbol{e}_\varphi \times \boldsymbol{e}_\varphi = \boldsymbol{e}_\xi \times \boldsymbol{e}_\xi = 0 \tag{8.8}$$

$$\boldsymbol{e}_x \times \boldsymbol{e}_y = \boldsymbol{e}_z, \quad \boldsymbol{e}_y \times \boldsymbol{e}_z = \boldsymbol{e}_x, \quad \boldsymbol{e}_z \times \boldsymbol{e}_x = \boldsymbol{e}_y \tag{8.9}$$

$$\boldsymbol{e}_r \times \boldsymbol{e}_\theta = \boldsymbol{e}_\varphi, \quad \boldsymbol{e}_\theta \times \boldsymbol{e}_\varphi = \boldsymbol{e}_r, \quad \boldsymbol{e}_\varphi \times \boldsymbol{e}_r = \boldsymbol{e}_\theta \tag{8.10}$$

$$\boldsymbol{e}_\xi \times \boldsymbol{e}_\varphi = \boldsymbol{e}_z, \quad \boldsymbol{e}_\varphi \times \boldsymbol{e}_z = \boldsymbol{e}_\xi, \quad \boldsymbol{e}_z \times \boldsymbol{e}_\xi = \boldsymbol{e}_\varphi \tag{8.11}$$

が成り立つ．これから，デカルト座標で

$$\boldsymbol{A} = (A_x, A_y, A_z), \quad \boldsymbol{B} = (B_x, B_y, B_z) \tag{8.12}$$

とすると，

$$\boldsymbol{A} \times \boldsymbol{B} = (A_yB_z - A_zB_y,\ A_zB_x - A_xB_z,\ A_xB_y - A_yB_x) \tag{8.13}$$

である．

> **例題 8.1**
>
> ベクトル $\boldsymbol{A}$，$\boldsymbol{B}$，$\boldsymbol{C}$ についてベクトル積の分配則 $(\boldsymbol{A} + \boldsymbol{B}) \times \boldsymbol{C} = \boldsymbol{A} \times \boldsymbol{C} + \boldsymbol{B} \times \boldsymbol{C}$ が成り立つ（証明略）．これを用いて（8.13）を示せ．

［**解**］

$$\begin{aligned}
\boldsymbol{A} \times \boldsymbol{B} &= (A_x\,\boldsymbol{e}_x + A_y\,\boldsymbol{e}_y + A_z\,\boldsymbol{e}_z) \times (B_x\,\boldsymbol{e}_x + B_y\,\boldsymbol{e}_y + B_z\,\boldsymbol{e}_z) \\
&= A_xB_x\,\boldsymbol{e}_x \times \boldsymbol{e}_x + A_xB_y\,\boldsymbol{e}_x \times \boldsymbol{e}_y + A_xB_z\,\boldsymbol{e}_x \times \boldsymbol{e}_z \\
&\qquad + A_yB_x\,\boldsymbol{e}_y \times \boldsymbol{e}_x + A_yB_y\,\boldsymbol{e}_y \times \boldsymbol{e}_y + A_yB_z\,\boldsymbol{e}_y \times \boldsymbol{e}_z \\
&\qquad + A_zB_x\,\boldsymbol{e}_z \times \boldsymbol{e}_x + A_zB_y\,\boldsymbol{e}_z \times \boldsymbol{e}_y + A_zB_z\,\boldsymbol{e}_z \times \boldsymbol{e}_z \\
&= (A_xB_y - A_yB_x)\boldsymbol{e}_x \times \boldsymbol{e}_y + (A_yB_z - A_zB_y)\boldsymbol{e}_y \times \boldsymbol{e}_z \\
&\qquad + (A_zB_x - A_xB_z)\boldsymbol{e}_z \times \boldsymbol{e}_x \\
&= (A_yB_z - A_zB_y)\boldsymbol{e}_x + (A_zB_x - A_xB_z)\boldsymbol{e}_y + (A_xB_y - A_yB_x)\boldsymbol{e}_z \\
&= (A_yB_z - A_zB_y,\ A_zB_x - A_xB_z,\ A_xB_y - A_yB_x)
\end{aligned} \tag{8.14}$$

¶

§8.3　ローレンツ力と磁場

ベクトル積について理解できたので，第 1 章で磁場 $\boldsymbol{B}$ の定義のために導入したローレンツ力（1.9）の

$$\boldsymbol{F} = q\boldsymbol{E}(\boldsymbol{r}) + q\,\boldsymbol{v} \times \boldsymbol{B}(\boldsymbol{r}) \tag{8.15}$$

の第 2 項の意味がわかる．電場はないものとすると $\boldsymbol{E}(\boldsymbol{r}) = 0$ で，点電荷 $q(> 0)$ が静止しているときには力が働かない．この電荷を速度 $\boldsymbol{v}$ で動かし

たときに力が働けば，そこに磁場 $\boldsymbol{B}$ があるとわかる．ただし，たまたま $\boldsymbol{v}$ が磁場に平行であると力が働かないから，別の方向にも動かして確かめる必要がある．$\boldsymbol{B}$ の大きさと向きを定めるには，同じ速さ $|\boldsymbol{v}|$ でさまざまな方向に動かして，最も力が大きくなる $\boldsymbol{v}$ の向きを探す．そのとき $\boldsymbol{v}$ は $\boldsymbol{B}$ と直角のはずだから，$F = qvB$ であり，よって，$\boldsymbol{B}$ の大きさは $B = F/qv$ である．また，向きは図 8.4 からわかるように，ベクトル積 $\boldsymbol{F} \times \boldsymbol{v}$ と同じ向きである．

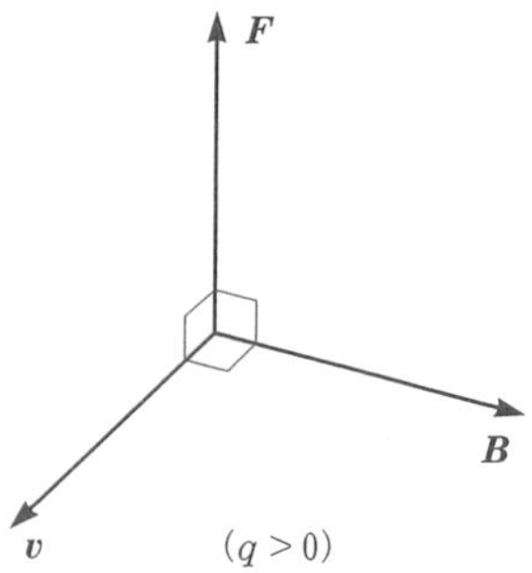

図 8.4

例題 8.2

一様な磁場 $\boldsymbol{B}$ の領域で，$\boldsymbol{B}$ に垂直な速度 $\boldsymbol{v}_0$ で放出された電子のその後の運動を調べなさい．

［解］ 図 8.5 のような $\boldsymbol{B}$ に平行な z 軸と，$\boldsymbol{v}_0$ に平行な x 軸をもつデカルト座標系で考える．電子の質量を m，電荷を $-e$ とすると，放出された瞬間 $(t = 0)$ に電子が受けるローレンツ力は

$$\boldsymbol{F} = -ev_0\,\boldsymbol{e}_x \times B\,\boldsymbol{e}_z = ev_0 B\,\boldsymbol{e}_y \tag{8.16}$$

である．この力には z 成分がないので，電子は xy 平面内にとどまって運動を続ける．

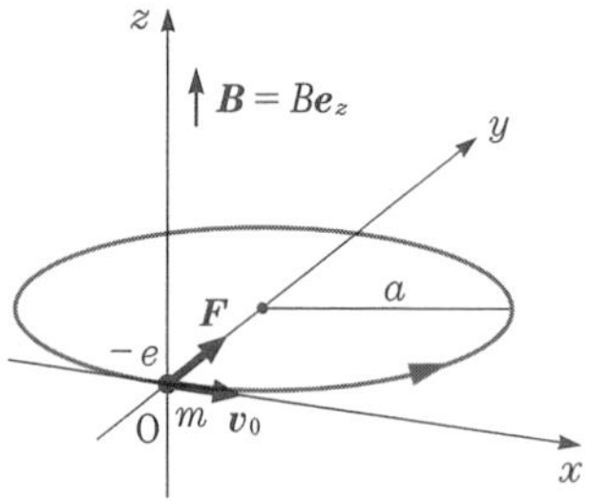

図 8.5

つまり，電子の速度 $\boldsymbol{v}$ は常に $\boldsymbol{B}$ に垂直である．また，力は速度に垂直だから，電子の速さは変わらない．よって，力の大きさも常に一定で，各瞬間の速度 $\boldsymbol{v}$ に垂直にかかり続けるため，電子は等速円運動を続ける．軌道の半径を a とすると，円運動に必要な向心力は $m{v_0}^2/a$ で，これがローレンツ力に等しいから

$$\frac{m{v_0}^2}{a} = ev_0 B \qquad \text{より} \qquad a = \frac{mv_0}{eB} \tag{8.17}$$

である．また，回転の周期 T と角周波数 ω は

$$T = \frac{2\pi a}{v_0} = \frac{2\pi m}{eB}, \quad \omega = \frac{2\pi}{T} = \frac{eB}{m} \tag{8.18}$$

で，初速度 v_0 に依存しない．ω を**サイクロトロン角周波数**という．¶

§8.4　ビオ - サバールの法則

直線電流の周りに（8.1）のような磁場ができることは，**ビオ - サバールの法則**に基づいた計算で説明できる．導線中の電流は，負の電荷をもった電子の集団の流れである．したがって，電流が他の電流によって生じた磁場の中に置かれると力を受ける．それが電流の間の力（8.2）である．

導線の中には正電荷をもった多くのイオンがあるが，静止しているので磁場は作らず，磁場からの力も受けない．一方，イオンの数は電子の電荷をちょうど打ち消すだけあるので，導線は電気的に中性でその周りに電場はできず，また，導線が電場から力を受けることもない．電流が流れている導線同士は，電子の流れによる磁気的な力しかおよぼし合わないのである．

位置 $\boldsymbol{r}_1$ にある電荷 q_1 が $\boldsymbol{r}$ に作る電場（クーロン電場）は，（1.33）で表される．これは測定で確かめることができる．しかし，磁場については，ある1点を流れる電流だけが作る磁場をとり出して測定することはできず，ましてや，ある1点を流れる電流が別の1点を流れる電流におよぼす力だけを測定することはできない．測定できるのは，回路全体を流れる電流が作る磁場や，2個の回路全体同士の力である．

それでも理論的には，電流の一部が作る磁場を式で表して，回路を流れる電流全体が作る磁場を計算することができる．それが**ビオ - サバールの法則**である．それによると，電流 I_1 が流れている回路上の点 $\boldsymbol{r}_1$ の近くの微小部分 $d\boldsymbol{r}_1$ が点 $\boldsymbol{r}$ に作る磁場 $d\boldsymbol{B}(\boldsymbol{r})$ は

$$d\boldsymbol{B}(\boldsymbol{r}) = k_{\mathrm{m}} \frac{I_1\, d\boldsymbol{r}_1 \times \boldsymbol{e}_{\boldsymbol{r}-\boldsymbol{r}_1}}{|\boldsymbol{r} - \boldsymbol{r}_1|^2} = k_{\mathrm{m}} \frac{I_1\, d\boldsymbol{r}_1 \times (\boldsymbol{r} - \boldsymbol{r}_1)}{|\boldsymbol{r} - \boldsymbol{r}_1|^3} \tag{8.19}$$

である．ここで $\boldsymbol{e}_{\boldsymbol{r}-\boldsymbol{r}_1}$ は，点 $\boldsymbol{r}_1$ から点 $\boldsymbol{r}$ に向かう向きの単位ベクトル $(\boldsymbol{r} - \boldsymbol{r}_1)/|\boldsymbol{r} - \boldsymbol{r}_1|$ である．$\boldsymbol{B}(\boldsymbol{r})$ でなく微小磁場を表す $d\boldsymbol{B}(\boldsymbol{r})$ なのは，この式が表している磁場が回路の微小部分 $d\boldsymbol{r}_1$ だけによるものだからである．$I_1\, d\boldsymbol{r}_1$ を**電流素片**という．（8.19）は電流素片の大きさに比例し，距離の

2乗に反比例する点ではクーロン電場の式（1.33）に似ているが，ベクトル積が含まれるので，大きさも向きも電流素片の向きに依存する．また，比例係数 k_m は，クーロンの法則の比例係数 k_e とは次元も大きさも異なる．

真空中の電場の場合に，力で定義される電場 $\boldsymbol{E}$ に加えて，純粋に電荷の存在から定義される場である電束密度の場 $\boldsymbol{D}$ を定義し，$\boldsymbol{E}$ は $\boldsymbol{D}$ に比例するとした．真空中の磁場の場合も同じように，力で定義される磁場 $\boldsymbol{B}$ に加えて，純粋に電流の存在から定義される場である**磁場の強さ**の場 $\boldsymbol{H}$ を定義し，$\boldsymbol{B}$ はそれに比例するとする．

（8.19）で k_m を除いた場が磁場の強さ $d\boldsymbol{H}(\boldsymbol{r})$ であるが，SIでは，マクスウェル方程式に余計な係数が付かないようにするため，予め分母に 4π を付けて定義する．

$$d\boldsymbol{H}(\boldsymbol{r}) = \frac{I_1\, d\boldsymbol{r}_1 \times \boldsymbol{e}_{\boldsymbol{r}-\boldsymbol{r}_1}}{4\pi|\boldsymbol{r}-\boldsymbol{r}_1|^2} = \frac{I_1\, d\boldsymbol{r}_1 \times (\boldsymbol{r}-\boldsymbol{r}_1)}{4\pi|\boldsymbol{r}-\boldsymbol{r}_1|^3} \tag{8.20}$$

電場の場合の（3.7）と同じ，**有理化**である．

真空中にある回路Cを流れる電流が点 $\boldsymbol{r}$ に作る磁場を求めるときは，（8.20）をCに沿って積分して，その位置の磁場の強さ

$$\boldsymbol{H}(\boldsymbol{r}) = \oint_\mathrm{C} \frac{I\, d\boldsymbol{r}_1 \times \boldsymbol{e}_{\boldsymbol{r}-\boldsymbol{r}_1}}{4\pi|\boldsymbol{r}-\boldsymbol{r}_1|^2} = \oint_\mathrm{C} \frac{I\, d\boldsymbol{r}_1 \times (\boldsymbol{r}-\boldsymbol{r}_1)}{4\pi|\boldsymbol{r}-\boldsymbol{r}_1|^3} \tag{8.21}$$

を求め，その後で $\boldsymbol{H}(\boldsymbol{r})$ に比例する $\boldsymbol{B}(\boldsymbol{r})$ を求める．

$$\boldsymbol{B}(\boldsymbol{r}) = \mu_0 \boldsymbol{H}(\boldsymbol{r}) \tag{8.22}$$

ここで，比例係数 μ_0 を**真空の透磁率**（**磁気定数**）という．比例係数だけの違いなので，最初から μ_0 を付けて $\boldsymbol{B}(\boldsymbol{r})$ を求めてもよい．（8.19）～（8.22）をみると，SIでは，k_m を

$$k_\mathrm{m} = \frac{\mu_0}{4\pi} \tag{8.23}$$

と定めたことに相当する．SIにおける μ_0 の値については，§8.9および付録Bを参照されたい．

磁場の強さ $\boldsymbol{H}(\boldsymbol{r})$ の次元とSI単位は

$$[H] = [\mathsf{I}]\mathsf{L}^{-1} = \mathsf{QT}^{-1}\mathsf{L}^{-1}：\ \mathrm{A/m} \tag{8.24}$$

であり，μ_0 の次元とSI単位は

$$[\mu_0] = [B][H]^{-1} = [F]\mathsf{Q}^{-1}\mathsf{L}^{-1}\mathsf{TQ}^{-1}\mathsf{TL} = [F]\mathsf{Q}^{-2}\mathsf{T}^2 : \ \mathrm{N/A^2 = T\,m/A} \tag{8.25}$$

である（次元の式の T は時間の次元，SI 単位の T は磁束密度の単位テスラを表す.）

場の名称

ここで場の名称について注意すると，電場では，**電場 $\boldsymbol{E}$** が電荷に力をかける場であり，**電束密度（電気変位）$\boldsymbol{D}$** は電荷から直接生じると定義した場であった．磁場では**磁場 $\boldsymbol{B}$** が運動する電荷に力をかける場であり，**磁場の強さ $\boldsymbol{H}$** は電流から直接生じると定義した場である．その意味で，$\boldsymbol{E}$ と $\boldsymbol{B}$，$\boldsymbol{D}$ と $\boldsymbol{H}$ が対応している．一方，§13.1 で見るように，マクスウェル方程式では $\boldsymbol{E}$ と $\boldsymbol{H}$，$\boldsymbol{B}$ と $\boldsymbol{D}$ が似た形の式を満たしている．それを反映して，磁場 $\boldsymbol{B}$ は**磁束密度**とよばれることもある．しかし，このいずれかの対応に基づいて電場と磁場を理解しようとしても限度がある．むしろ，それぞれの場の定義と性質を，二重の対応関係とともに正しく理解して利用しつつ，より本質的な場である $\boldsymbol{E}$ と $\boldsymbol{B}$ についての理解を深めるのがよい．なお，電場，電束密度（電気変位），磁場（磁束密度），磁場の強さを表す記号としてそれぞれ $\boldsymbol{E}$，$\boldsymbol{D}$，$\boldsymbol{B}$，$\boldsymbol{H}$ を使うことは，科学や技術の分野で国際的に確定しているので，混乱なく通じるときは，記号だけでそれぞれの場を表してもよい．

電流素片間の力

図 8.6 のような，電流 I_1 が流れる導線の電流素片 $I_1\,d\boldsymbol{r}_1$ が作る磁場 $d\boldsymbol{B}_1$ を（8.19）を用いて表すことにより，電流 I_2 が流れる別の回路の電流素片 $I_2\,d\boldsymbol{r}_2$ が受ける力を

$$d(d\boldsymbol{F}_{21}) = I_2\,d\boldsymbol{r}_2 \times d\boldsymbol{B}_1(\boldsymbol{r}_2)$$
$$= \mu_0 \frac{I_2\,d\boldsymbol{r}_2 \times (I_1\,d\boldsymbol{r}_1 \times \boldsymbol{e}_{\boldsymbol{r}_2-\boldsymbol{r}_1})}{4\pi|\boldsymbol{r}_2 - \boldsymbol{r}_1|^2}$$
$$= \mu_0 \frac{I_2\,d\boldsymbol{r}_2 \times I_1\,d\boldsymbol{r}_1 \times (\boldsymbol{r}_2 - \boldsymbol{r}_1)}{4\pi|\boldsymbol{r}_2 - \boldsymbol{r}_1|^3} \tag{8.26}$$

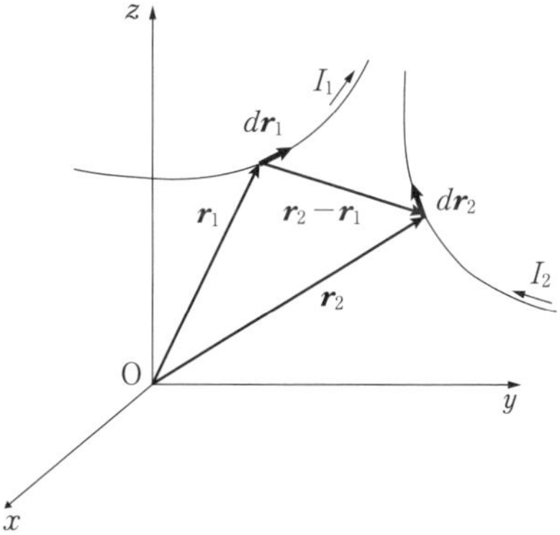

図 8.6

と表すことができる．ここで，$\boldsymbol{F}_{21}$ は $I_2\,d\boldsymbol{r}_2$ が $I_1\,d\boldsymbol{r}_1$ から受ける力を表し，d が2個付いているのは，この力が回路の微小部分 $d\boldsymbol{r}_1$ と $d\boldsymbol{r}_2$ の大きさ(長さ)に比例するからである．これも**ビオ - サバールの法則**とよばれる．(8.19)はクーロン場の表式 (3.18) に対応し，(8.26) は力の法則であるクーロンの法則 (3.20) に対応する．

§8.5　ビオ - サバールの法則の応用

対称性が良い電流回路の周りの磁場を求めるには，次節で述べるアンペールの法則を有効に利用できるが，対称性の低い，あるいは対称性のない電流回路の周りの磁場を求めるときには，ビオ - サバールの法則が威力を発揮する．どのような電流分布でも，それが完全にわかっていれば，コンピュータを使った数値計算で磁場の分布を完全に知ることができるからである．

ここでは無限に長い直線電流と，円形電流の周りの磁場について考えよう．

直線電流が作る磁場

直線電流は，非常に長い直線導線の一端から十分遠くを通って他端につながる回路の一部と考えることができる．十分長ければ，両端から離れた直線部の近くの磁場は，直線部の寄与だけで決まると考える．直線部だけを見れば対称性が良いので，アンペールの法則で簡単に求めることができる(§8.7) が，ここで，ビオ - サバールの法則でも求めておく．

回路の直線部を z 軸とし，電流の向きを z の正の向きとする．直線上の $\boldsymbol{r}_1 = z_1\boldsymbol{e}_z$ の位置の電流素片 $I\,d\boldsymbol{r}_1 = I\,dz_1\,\boldsymbol{e}_z$ が点 $\boldsymbol{r}$ に作る磁場の強さを，直線に沿って z_1 を動かしながら加え合わせればよい．

$$\boldsymbol{H}(\boldsymbol{r}) = \int_{-\infty}^{\infty} \frac{I\,dz_1\,\boldsymbol{e}_z \times \boldsymbol{e}_{\boldsymbol{r}-\boldsymbol{r}_1}}{4\pi|\boldsymbol{r}-\boldsymbol{r}_1|^2} \quad (8.27)$$

図8.7のように θ を定めると，(8.5) より

$$\boldsymbol{e}_z \times \boldsymbol{e}_{\boldsymbol{r}-\boldsymbol{r}_1} = \sin\theta\,\boldsymbol{e}_\varphi \quad (8.28)$$

である．$\boldsymbol{e}_\varphi$ は，導線を z 軸とする円筒座標 (ξ, φ, z) の φ 方向の単位ベクトルである．よって

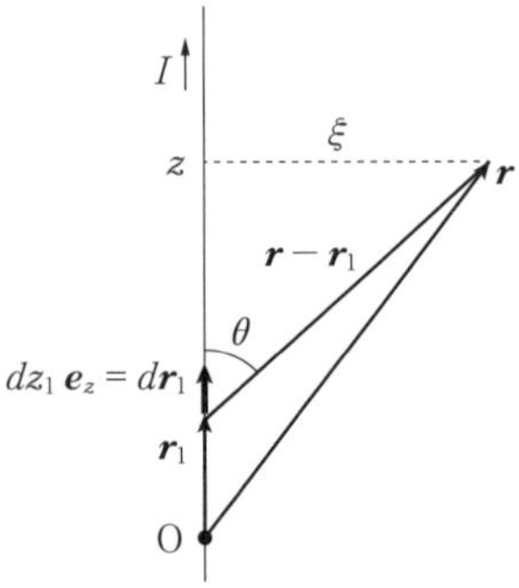

図8.7

$$\boldsymbol{H}(\boldsymbol{r}) = \frac{I}{4\pi}\int_{-\infty}^{\infty}\frac{\sin\theta\, dz_1}{|\boldsymbol{r}-\boldsymbol{r}_1|^2}\boldsymbol{e}_\varphi \tag{8.29}$$

である．$\boldsymbol{r}$ の z 座標を z とすると

$$z_1 - z = -\frac{\xi}{\tan\theta} \tag{8.30}$$

である．今は $\boldsymbol{r}$ を決めて計算しているので z（したがって ξ）は定数だから

$$dz_1 = \frac{\xi\, d\theta}{\sin^2\theta} = \frac{|\boldsymbol{r}-\boldsymbol{r}_1|^2}{\xi}d\theta \tag{8.31}$$

$$z_1 = -\infty \to \infty \quad \text{のとき,} \quad \theta = 0 \to \pi \tag{8.32}$$

である．ここで，

$$\sin\theta = \frac{\xi}{|\boldsymbol{r}-\boldsymbol{r}_1|} \tag{8.33}$$

を利用した．よって，

$$\boldsymbol{H}(\boldsymbol{r}) = \frac{I}{4\pi\xi}\int_0^\pi \sin\theta\, d\theta\, \boldsymbol{e}_\varphi = -\frac{I}{4\pi\xi}[\cos\theta]_0^\pi\, \boldsymbol{e}_\varphi = \frac{I}{2\pi\xi}\boldsymbol{e}_\varphi \tag{8.34}$$

である．磁場 $\boldsymbol{B}(\boldsymbol{r})$ は，これを μ_0 倍して

$$\boldsymbol{B}(\boldsymbol{r}) = \mu_0\frac{I}{2\pi\xi}\boldsymbol{e}_\varphi \tag{8.35}$$

である．確かに，観測されている磁場の形 (8.1) を説明している．ここで $\xi^{-1.0}$ でなく ξ^{-1} なのは (8.19) で $|\boldsymbol{r}-\boldsymbol{r}_1|^{-2}$ となっていることに由来しているが，高い精度でこれでよいことがわかっている．

円形電流の中心の磁場

図 8.8 のような半径 a の円形の回路 C に大きさ I の電流が流れている場合の磁場は，ほぼ図に示すように分布していることが，(8.21) を用いて計算できる．それにはコンピュータが必要であるが，中心軸上の磁場は解析的にも計算できる．

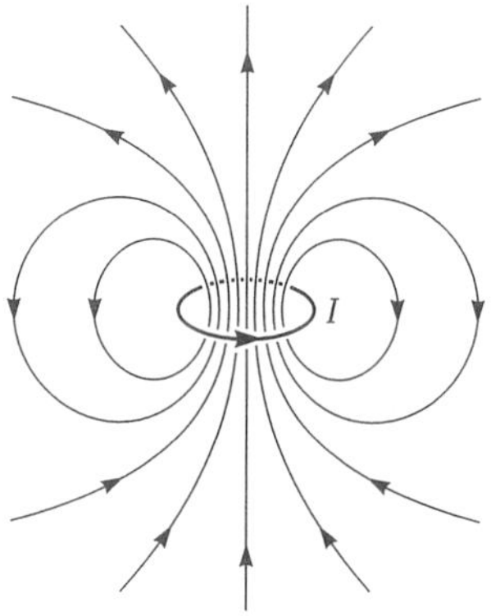

図 8.8

図 8.9 のように中心を原点として，回路

に垂直な軸を z 軸とする円筒座標 (ξ, φ, z) で表示する．回路の一部 $d\boldsymbol{r}'$ が中心 $\boldsymbol{r}=0$ に作る磁場の強さは，(8.20) において $|\boldsymbol{r}-\boldsymbol{r}_1|=a$，$\boldsymbol{e}_{\boldsymbol{r}-\boldsymbol{r}'}=\boldsymbol{e}_{-\boldsymbol{r}'}=-\boldsymbol{e}_{\xi'}$ だから

$$d\boldsymbol{H}(0)=\frac{I\,d\boldsymbol{r}'\times(-\boldsymbol{e}_{\xi'})}{4\pi a^2}=\frac{-I\,dl'\boldsymbol{e}_{\varphi'}\times\boldsymbol{e}_{\xi'}}{4\pi a^2}=\frac{I\,dl'}{4\pi a^2}\boldsymbol{e}_z \qquad (8.36)$$

である．よって，回路全体が中心に作る磁場の強さは

$$\boldsymbol{H}(0)=\oint_{\mathrm{C}}d\boldsymbol{H}=\frac{I}{4\pi a^2}\boldsymbol{e}_z\oint_{\mathrm{C}}dl'$$
$$=\frac{I}{4\pi a^2}2\pi a\,\boldsymbol{e}_z=\frac{I}{2a}\boldsymbol{e}_z \qquad (8.37)$$

したがって，中心位置の磁束密度は

$$\boldsymbol{B}(0)=\frac{\mu_0 I}{2a}\boldsymbol{e}_z \qquad (8.38)$$

である．

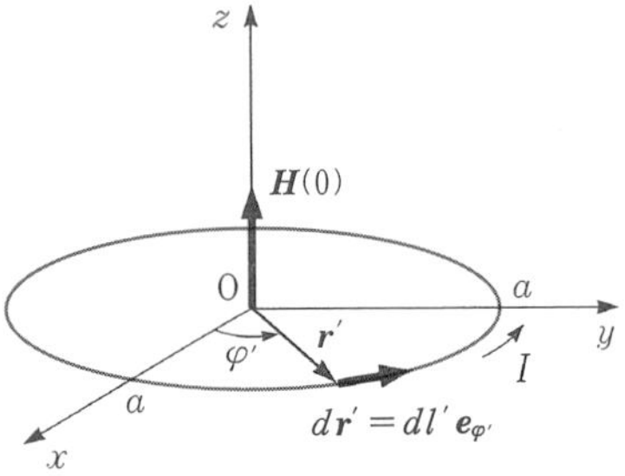

図 8.9

§8.6　アンペールの法則

電流と磁場の関係を表す場の法則をアンペールの法則という．ビオ－サバールの法則からの厳密な導出は省略し，直線電流の場合からの類推で求めよう．

図 8.10 のような直線電流上の 1 点を中心とし，直線に垂直な面内の半径 ξ の円 C に沿っての $\boldsymbol{H}(\boldsymbol{r})$ の循環は，観測される $\boldsymbol{B}(\boldsymbol{r})$ を (8.35) で表して

$$\oint_{\mathrm{C}}\boldsymbol{H}(\boldsymbol{r})\cdot d\boldsymbol{r}=\oint_{\mathrm{C}}\frac{I}{2\pi\xi}\boldsymbol{e}_\varphi\cdot\boldsymbol{e}_\varphi\,\xi\,d\varphi=\frac{I}{2\pi}\oint_{\mathrm{C}}d\varphi=\frac{I}{2\pi}2\pi=I \qquad (8.39)$$

である．ここで，$\boldsymbol{e}_\varphi\cdot d\boldsymbol{r}=\boldsymbol{e}_\varphi\cdot\xi\,d\varphi\,\boldsymbol{e}_\varphi=\xi\,d\varphi$ を用いた．

次に，図 8.11 のような直線電流の周りの任意の閉曲線 C の場合も

$$\oint_{\mathrm{C}}\boldsymbol{H}(\boldsymbol{r})\cdot d\boldsymbol{r}=\oint_{\mathrm{C}}\frac{I}{2\pi\xi}\boldsymbol{e}_\varphi\cdot d\boldsymbol{r}=\oint_{\mathrm{C}}\frac{I}{2\pi\xi}\xi\,d\varphi=\frac{I}{2\pi}\oint_{\mathrm{C}}d\varphi=\frac{I}{2\pi}2\pi=I \qquad (8.40)$$

である．電流 I が閉曲線 C を外周とする面を貫いていないときは，

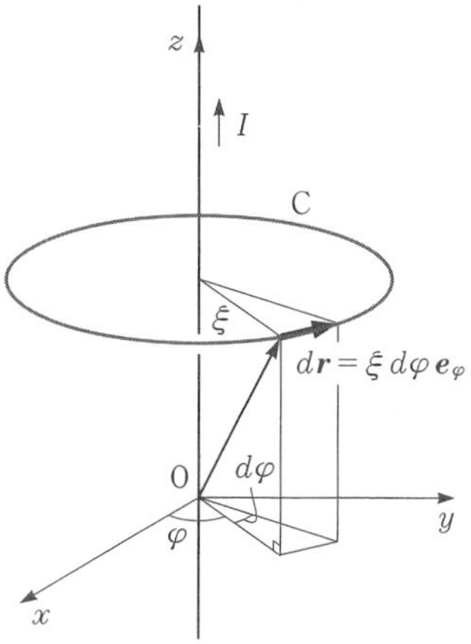

図 8.10

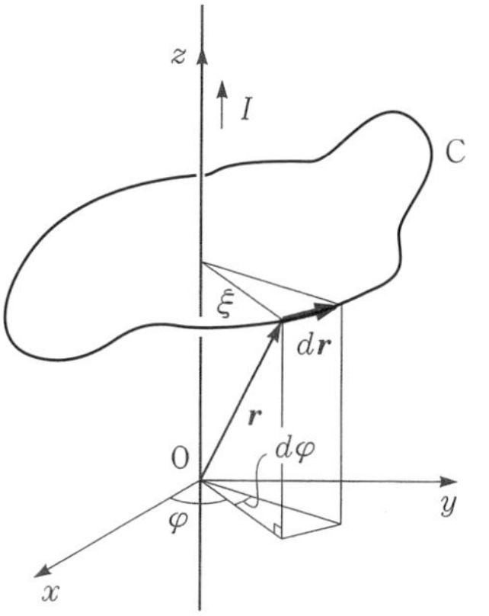

図 8.11

$$\oint_{\mathrm{C}} \boldsymbol{H}(\boldsymbol{r}) \cdot d\boldsymbol{r} = \oint_{\mathrm{C}} d\varphi = 0 \tag{8.41}$$

である．証明は，(2.78) を導いたのと同様の議論を閉曲線 C が張る角度 φ について行えばよい．

磁場にも重ね合わせの原理が成り立つので，図 8.12 のような複数の電流回路があるとき，任意の閉曲線 C に沿っての $\boldsymbol{H}$ の循環が

$$\oint_{\mathrm{C}} \boldsymbol{H}(\boldsymbol{r}) \cdot d\boldsymbol{r} = \sum_{i(\mathrm{C}\,\text{を縁とする任意の面を貫く})} I_i \tag{8.42a}$$

を満たすことを証明できる．これを**アンペールの法則**という．I_i の正の向きは，$d\boldsymbol{r}$ の向きに回した右ネジが進む向きにとる．

図 8.12 の I_3 と I_4 のように，C と鎖交して（からみ合って）いない回路を流れる電流は，面を複数回貫いて互いに打ち消し合うので無視して，

$$\oint_{\mathrm{C}} \boldsymbol{H}(\boldsymbol{r}) \cdot d\boldsymbol{r} = \sum_{i(\mathrm{C}\,\text{と鎖交する})} I_i \tag{8.42b}$$

と書くこともある．

図 8.13 のように，電流が細い導線の内部だけでなく空間に広がって電流密度 $\boldsymbol{j}(\boldsymbol{r})$ で流れている場合は，(8.42) は

$$\oint_C \boldsymbol{H}(\boldsymbol{r})\cdot d\boldsymbol{r} = \int_S \boldsymbol{j}(\boldsymbol{r})\cdot d\boldsymbol{S} \tag{8.43}$$

と書ける．Sは，Cを周囲とする任意の曲面である．面素ベクトル $d\boldsymbol{S}$ の向きは，$d\boldsymbol{r}$ の方向に回した右ネジが進む向きにとるものと約束する．厚さのない面電流や太さのない線を流れる電流の場合は，$\boldsymbol{j}(\boldsymbol{r})$ は無限大に発散しているから (8.43) では表せない．(8.42) あるいは (8.43) は，第3番目の**マクスウェル方程式**（積分形）の，場が定常的な場合の表式である．時間的に変動する場を含む完全な方程式は，右辺に変位電流密度に関係する項が加わり，次式となる（第9章を参照）．

$$\oint_C \boldsymbol{H}(\boldsymbol{r})\cdot d\boldsymbol{r} = \int_S \left(\boldsymbol{j}(\boldsymbol{r}) + \frac{\partial \boldsymbol{D}(\boldsymbol{r})}{\partial t}\right)\cdot d\boldsymbol{S} \tag{8.44}$$

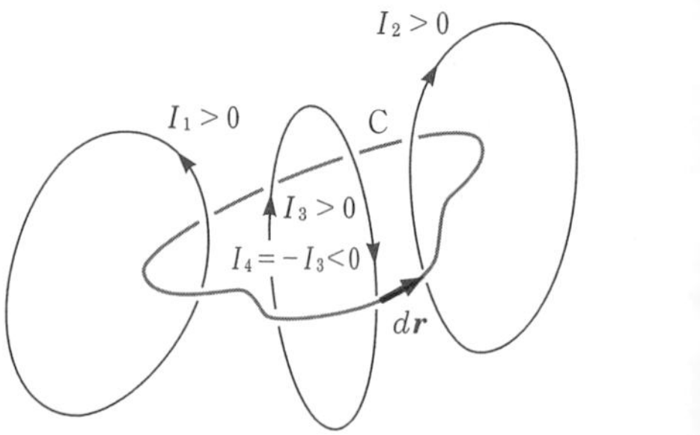

図8.12

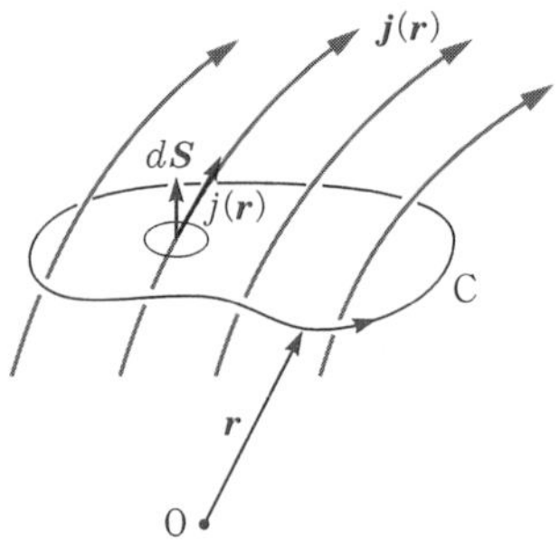

図8.13

§8.7　アンペールの法則の応用

電荷分布の対称性が良い場合にガウスの法則を用いると簡単に電場を求めることができたように，電流分布の対称性が良い場合にはアンペールの法則から磁場を求めることができることがある．(8.42) の左辺の積分を積に直すことができる場合である．

［例1］　**半径 a の長い円柱状導体を一様な密度 j で流れる電流 I の周りの磁場**（図8.14）

導体の中心軸を z 軸とし，その正の向きを電流の向きにとる円筒座標で考えると，

$$\boldsymbol{j}(\boldsymbol{r}) = j\,\boldsymbol{e}_z, \quad j = \frac{I}{\pi a^2} \quad (\xi \leqq a), \quad j = 0 \quad (\xi > a) \tag{8.45}$$

である．対称性より $\boldsymbol{H}(\boldsymbol{r}) = H(\xi)\boldsymbol{e}_\varphi$ だから，導体の軸上に中心をもつ半径 ξ の円を C とすると，(8.43) の左辺は，$d\boldsymbol{r} = \xi\, d\varphi\, \boldsymbol{e}_\varphi$ を考慮して

$$\oint_{\mathrm{C}} \boldsymbol{H}(\boldsymbol{r})\cdot d\boldsymbol{r} = \oint_{\mathrm{C}} H(\xi)\boldsymbol{e}_\varphi\cdot\boldsymbol{e}_\varphi\,\xi\, d\varphi = H(\xi)\xi\oint_{\mathrm{C}} d\varphi = 2\pi\xi\, H(\xi) \qquad (8.46)$$

のように積で書ける．右辺は，

$$\xi \leqq a \quad \text{のとき} \quad \int_{\mathrm{S}} \boldsymbol{j}\cdot d\boldsymbol{S} = \pi\xi^2 j \qquad (8.47)$$

である．よって，

$$H(\xi) = \frac{j}{2}\xi \qquad (8.48)$$

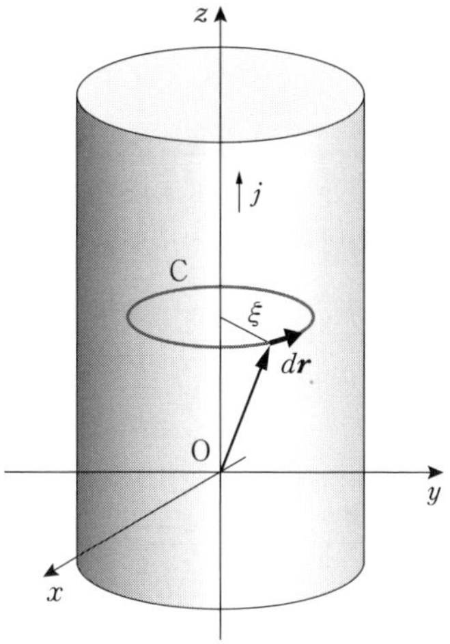

図 8.14

だから，向きも含めて

$$\boldsymbol{H}(\boldsymbol{r}) = \frac{j}{2}\xi\,\boldsymbol{e}_\varphi, \qquad \boldsymbol{B}(\boldsymbol{r}) = \mu_0\frac{j}{2}\xi\,\boldsymbol{e}_\varphi \qquad (8.49)$$

である．また，

$$\xi \geqq a \quad \text{のとき} \quad \int_{\mathrm{S}} \boldsymbol{j}\cdot d\boldsymbol{S} = \pi a^2 j = I \qquad (8.50)$$

である．よって

$$H(\xi) = \frac{a^2 j}{2\xi} \qquad (8.51)$$

だから，(8.45) より向きも含めて

$$\boldsymbol{H}(\boldsymbol{r}) = \frac{a^2 j}{2\xi}\boldsymbol{e}_\varphi = \frac{I}{2\pi\xi}\boldsymbol{e}_\varphi, \qquad \boldsymbol{B}(\boldsymbol{r}) = \mu_0\frac{a^2 j}{2\xi}\boldsymbol{e}_\varphi = \mu_0\frac{I}{2\pi\xi}\boldsymbol{e}_\varphi \qquad (8.52)$$

である．これは，半径 a に依存しないから，$a \to 0$ で $\boldsymbol{j}(\boldsymbol{r})$ が発散する直線電流の周りの磁場を表せる．確かに，ビオ - サバールの法則から求めた結果 (8.35) と同じである．

例題 8.3

図 8.15 のような半径 a の無限に長い円筒状導体の側面に，図に示した方向に電流が面電流密度 $\boldsymbol{J}$ で流れている．この周りに生じる磁場を求めなさい．

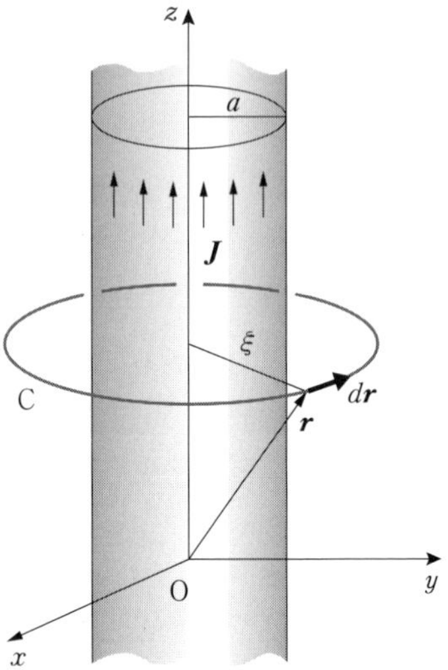

図 8.15

［解］　対称性より $\boldsymbol{H}(\boldsymbol{r}) = H(\xi)\boldsymbol{e}_\varphi$ だから，円筒と同心の半径 ξ の円を C とすると，(8.43) の左辺は (8.46) と同様に

$$\oint_C \boldsymbol{H}(\boldsymbol{r})\cdot d\boldsymbol{r} = 2\pi\xi\, H(\xi) \tag{8.53}$$

である．

$\xi < a$ のとき右辺は 0 だから，

$$H(\xi) = 0 \qquad \text{よって} \qquad \boldsymbol{H}(\boldsymbol{r}) = 0, \quad \boldsymbol{B}(\boldsymbol{r}) = 0 \tag{8.54}$$

である．また，$\xi > a$ のとき，右辺の円 C を縁とする面を貫く電流は，円筒の切り口の円を横切って流れる電流の総量で，

$$I = 2\pi aJ \tag{8.55}$$

である．よって

$$H(\xi) = \frac{2\pi aJ}{2\pi\xi} = \frac{aJ}{\xi} \tag{8.56}$$

である．向きも含めると

$$\boldsymbol{H}(\boldsymbol{r}) = \frac{aJ}{\xi}\boldsymbol{e}_\varphi, \qquad \boldsymbol{B}(\boldsymbol{r}) = \mu_0\frac{aJ}{\xi}\boldsymbol{e}_\varphi \tag{8.57}$$

である．これを J でなく I で表すと，$\xi > a$ では，直線電流の場合と同じ式で表

される．なお，$\boldsymbol{H}(\boldsymbol{r})$ は $\xi = a$ で不連続だから，$\xi = a$ での磁場は決められない．

¶

［例 2］ 無限に長いソレノイドの周りの磁場

図 8.16 のように，導線をコイル状に長く巻いたものをソレノイド・コイルまたはソレノイドという．

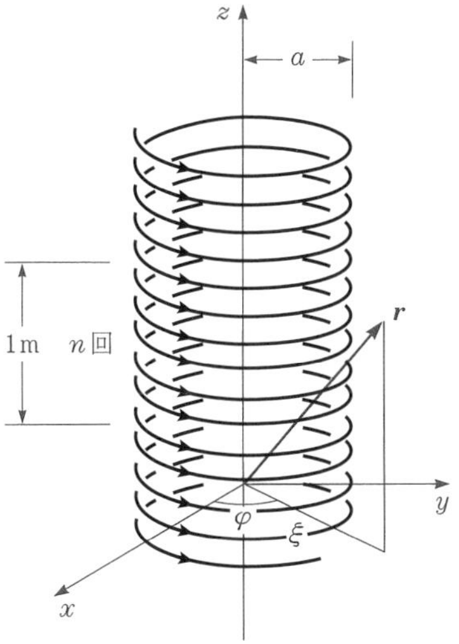

図 8.16

半径 a の無限に長いソレノイドに電流 I が流れている場合の磁場を考える．導線の巻き数は，1 m 当たり n 回であるとする．対称性から，このソレノイドの内外の磁場は，0 でなければ軸に平行で，大きさは中心軸からの距離のみに依存する．すなわち，中心軸を z 軸とする円筒座標を用いると，

$$\boldsymbol{H}(\boldsymbol{r}) = H(\xi)\boldsymbol{e}_z \quad (8.58)$$

である．証明は少し込み入っているので省略するが，円形電流が並んでいると考えると定性的に納得できるだろう．これを前提として磁場の大きさを求めよう．

まず，ソレノイドの内部に，図 8.17 のような軸に平行な長さ l の辺をもつ任意の長方形の経路 ABCD を考えると，(8.42) の左辺は

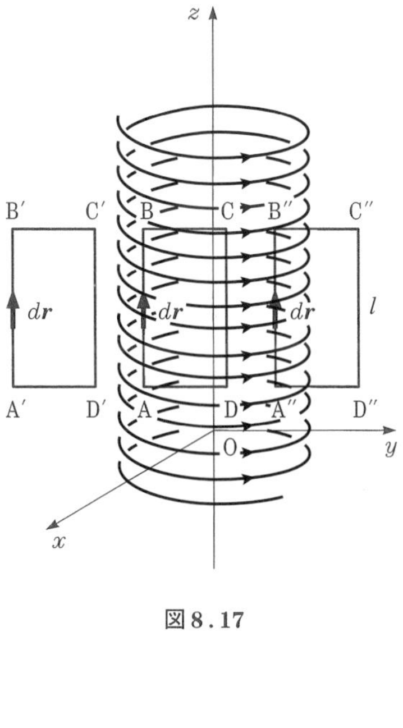

図 8.17

$$\oint_{\mathrm{ABCD}} \boldsymbol{H}(\boldsymbol{r})\cdot d\boldsymbol{r} = \int_{\mathrm{A}}^{\mathrm{B}} \boldsymbol{H}\cdot d\boldsymbol{r} + \int_{\mathrm{B}}^{\mathrm{C}} \boldsymbol{H}\cdot d\boldsymbol{r} + \int_{\mathrm{C}}^{\mathrm{D}} \boldsymbol{H}\cdot d\boldsymbol{r} + \int_{\mathrm{D}}^{\mathrm{A}} \boldsymbol{H}\cdot d\boldsymbol{r}$$
$$= \int_{\mathrm{A}}^{\mathrm{B}} H(\xi_{\mathrm{A}})\boldsymbol{e}_z\cdot dz\,\boldsymbol{e}_z + 0 + \int_{\mathrm{C}}^{\mathrm{D}} H(\xi_{\mathrm{D}})\boldsymbol{e}_z\cdot(-dz)\boldsymbol{e}_z + 0$$
$$= H(\xi_{\mathrm{A}})l - H(\xi_{\mathrm{D}})l \qquad (8.59)$$

である．一方，右辺は電流が面 ABCD を貫いていないので 0 だから

$$H(\xi_{\mathrm{A}})l - H(\xi_{\mathrm{D}})l = 0 \qquad (8.60)$$

$$\therefore\quad H(\xi_{\mathrm{A}}) = H(\xi_{\mathrm{D}}) \qquad (8.61)$$

である．長方形は任意だから，内部の磁場は実は ξ によらず一定となり，

$$H(\xi) = H_{\mathrm{in}} \qquad (\xi < a) \qquad (8.62)$$

であることがわかった．

次に，このソレノイドの外側に，軸に平行な長さ l の辺をもつ図のような長方形の経路 A′B′C′D′ を考えると，上と全く同様な議論によって，外側の磁場も実は ξ によらず一定となり，

$$H(\xi) = H_{\mathrm{out}} \qquad (\xi > a) \qquad (8.63)$$

であることがわかる．これは，軸から離れる無限遠でも磁場の強さは H_{out} であることを意味するが，無限遠では $H(\infty) = 0$ のはずだから，いたるところ

$$H(\xi) = 0 \qquad (\xi > a) \qquad (8.64)$$

でなければならないことがわかる．

それでは，もとにもどって，H_{in} の値はどうであろうか．それを知るために，ソレノイドをまたぐ，図のような軸に平行な長さ l の辺をもつ長方形の経路 A″B″C″D″ を考える．(8.42) の左辺は辺 A″B″ の部分以外の寄与は 0 で，

$$\oint_{\mathrm{A''B''C''D''}} \boldsymbol{H}(\boldsymbol{r})\cdot d\boldsymbol{r} = \int_{\mathrm{A''}}^{\mathrm{B''}} \boldsymbol{H}(\boldsymbol{r})\cdot d\boldsymbol{r} = H_{\mathrm{in}}l \qquad (8.65)$$

である．左辺の $d\boldsymbol{r}$ の向きをこのように決めると，右辺の面素 $d\boldsymbol{S}$ は，紙面の表から裏へ向かう．図 8.17 のソレノイドの電流は，これと同じ向きに流れているので右辺の符号は正になる．また，ソレノイドの導線がこの長方形を nl 回貫いていることから，結局，右辺は $nlI\,(>0)$ に等しい．よって，

$$H_{\mathrm{in}}l = nlI \qquad (8.66)$$

だから，向きも含めて書くと，内部では

$$\boldsymbol{H}(\boldsymbol{r}) = nI\,\boldsymbol{e}_z, \quad \boldsymbol{B}(\boldsymbol{r}) = \mu_0 nI\,\boldsymbol{e}_z \quad (\xi < a) \tag{8.67}$$

である．

以上は無限に長いソレノイドに対するものであるが，十分に長いソレノイドの両端付近以外についても近似的に上の議論から，(8.64) が成り立つ．

例題 8.4

導線を図 8.18 のように中空のドーナツ状に巻いたコイルをトロイドあるいはトロイダル・コイルという．内部にはドーナツの断面の中心に沿った同心円状の磁場が生じる．このコイルの内半径を R_1，外半径を R_2，コイルの断面の半径を a，全巻き数を N とするとき，電流 I を流したときの内部の磁場を求めなさい．

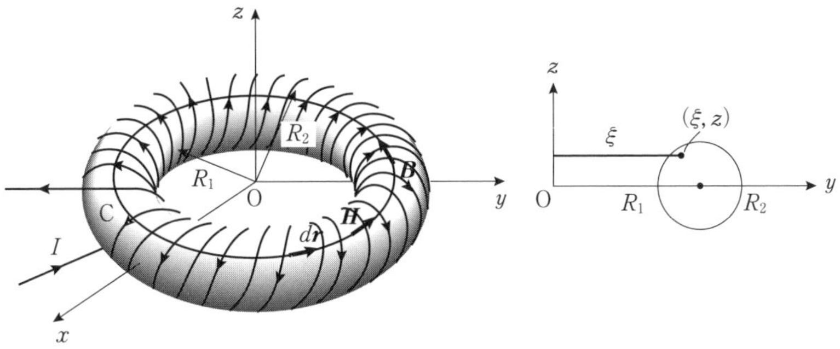

図 8.18

［解］ 図 8.18 のような円筒座標で考え，トロイドの内部を通る z が一定で，半径 ξ の円の周を C とする．内部の磁場は $\boldsymbol{e}_\varphi$ に平行で大きさは φ に依存しないから

$$\boldsymbol{H}(\boldsymbol{r}) = H(\xi, z)\boldsymbol{e}_\varphi \tag{8.68}$$

である．よって，(8.42) の左辺は

$$\oint_{\mathrm{C}} \boldsymbol{H}(\boldsymbol{r})\cdot d\boldsymbol{r} = \oint_{\mathrm{C}} H(\xi, z)\boldsymbol{e}_\varphi\cdot\boldsymbol{e}_\varphi\, dl = H(\xi, z)\oint_{\mathrm{C}} dl = 2\pi\xi\, H(\xi, z) \tag{8.69}$$

である．一方，右辺は，C を外周とする面を電流 I が N 回貫いているから，NI である．よって，

$$2\pi\xi\, H(\xi, z) = NI \qquad \text{より}$$

$$H(\xi, z) = \frac{NI}{2\pi\xi} \tag{8.70}$$

となり，向きも含めて

$$\boldsymbol{H}(\boldsymbol{r}) = \frac{NI}{2\pi\xi}\boldsymbol{e}_\varphi, \qquad \boldsymbol{B}(\boldsymbol{r}) = \mu_0\frac{NI}{2\pi\xi}\boldsymbol{e}_\varphi \tag{8.71}$$

である．これは，ξ には依存するが z には依存しないので，トロイド内部の軸からの距離 ξ が等しい平面上の点は，同じ大きさの磁場であることがわかる．また，トロイド内部である限り，R_1，R_2，a 等にも依存しない． ¶

［例 3］ あまり長くないソレノイドの周りの磁場

あまり長くないソレノイドは対称性が良くないので，アンペールの法則を用いて簡単に磁場の計算をすることはできないが，およそどのような形の磁場になっているか，概形を示しておこう．コイルは円形回路を重ねたもので近似できるから，その周りの磁場も，図 8.8 に示されている円形回路の周りの磁場を縦に重ねて加え合わせたものになっている．それを図 8.19 に示す．

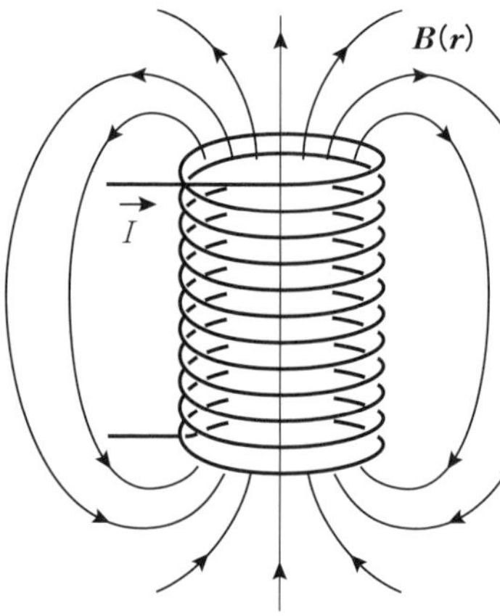

図 8.19

注意すべきことは，(8.67) は十分に長いソレノイドの中央付近で成り立つ関係であり，短いソレノイドでも成り立つ一般的な関係ではないことである．

§8.8 電流が受ける力

我々はすでに，速度 $\boldsymbol{v}$ で運動している電荷がローレンツ力 (1.7) を受けることを知っている．電流は電荷の運動で生じているから，磁場中に置かれた電流が力を受けるであろうことは容易に認めることができる．そこで，これまで述べたことを利用して，§8.1 の実験事実（2）の説明を試みよう．

まず，磁場 $\boldsymbol{B}(\boldsymbol{r})$ 中に置かれた導線の無限小部分 $d\boldsymbol{r}$ が受ける力を求める．図 8.20 のように，導線を正の線密度 $\lambda(\boldsymbol{r}) = \lambda$(一定) の電荷が速度 $\boldsymbol{v}(\boldsymbol{r})$ で流れているとすると，電流は

$$I = \lambda v \qquad (8.72)$$

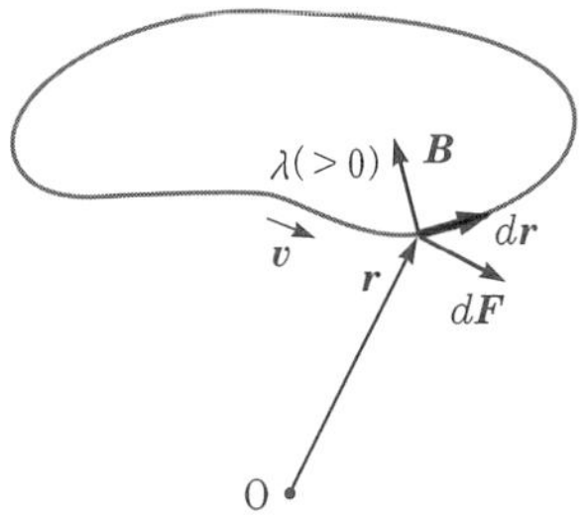

図 8.20

である．一方，微小部分 $d\boldsymbol{r}$ の中を流れている電荷は

$$dq = \lambda|d\boldsymbol{r}| = \lambda\, dl \quad \text{で} \quad d\boldsymbol{r} \parallel \boldsymbol{v}(\boldsymbol{r}) \qquad (8.73)$$

であるから，この部分が受ける力はその電荷が受ける力に等しく，

$$d\boldsymbol{F} = dq\,\boldsymbol{v}\times\boldsymbol{B} = \lambda\,dl\,\boldsymbol{v}\times\boldsymbol{B} = \lambda v\,d\boldsymbol{r}\times\boldsymbol{B} = I\,d\boldsymbol{r}\times\boldsymbol{B}(\boldsymbol{r}) \qquad (8.74)$$

である．

これから，図 8.21 のように距離 a だけ離れた平行直線電流 I_1 と I_2 の間の力を求めることができる．まず，I_1 が I_2 の位置に作る磁場は，I_1 の上に原点をとり，I_1 の向きに z 軸をもつ円筒座標で表示すると，(8.35) より導線 2 の上のいたるところ同じで，

$$\boldsymbol{B}_1 = \mu_0 \frac{I_1}{2\pi a}\boldsymbol{e}_\varphi \qquad (8.75)$$

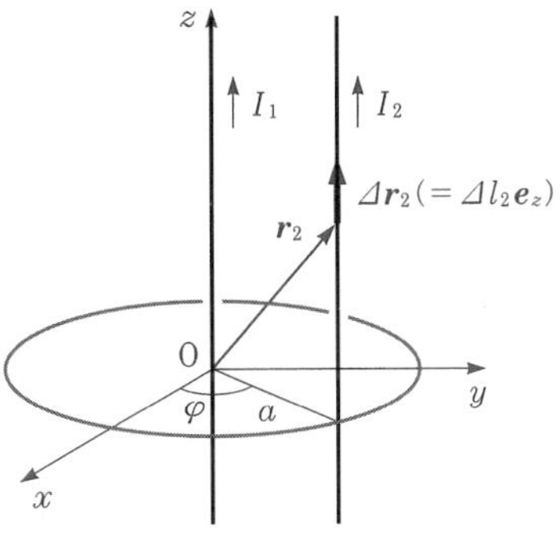

図 8.21

である．よって，電流 I_2 の部分 $\Delta\boldsymbol{r}_2$ (微小である必要はない) が受ける力は (8.74)，(8.75) より

$$\Delta\boldsymbol{F}_{21} = I_2\Delta\boldsymbol{r}_2\times\boldsymbol{B}_1(\boldsymbol{r}_2) = I_2\Delta l_2\,\boldsymbol{e}_z\times\mu_0\frac{I_1}{2\pi a}\boldsymbol{e}_\varphi = -\,\mu_0\frac{I_1I_2}{2\pi a}\Delta l_2\,\boldsymbol{e}_\xi \qquad (8.76)$$

である．ここで，$\boldsymbol{e}_z\times\boldsymbol{e}_\varphi = -\boldsymbol{e}_\xi$ を用いた．この力は，導線 2 の部分の長さ Δl_2 に比例しているから，単位長さ当たりの力の大きさで表すと

$$f_{21} = \frac{\Delta F_{21}}{\Delta l_2} = \mu_0\frac{I_1I_2}{2\pi a} = I_2B_1 \qquad (8.77)$$

となる．これで，(8.2) の比例関係が導かれた．なお，両辺の次元は $[F]\mathsf{L}^{-1}$，SI 単位は N/m なので，本書で力を表すのに用いてきた F とは異なる文字 f を用いた．

§8.9　アンペアとクーロンの定義

まだ本書では，(8.77) の比例係数である真空の透磁率（磁気定数）μ_0 の値を示していなかった．2018 年までの SI のもととなった MKSA 単位系においては，定数

$$\mu_0 = 4\pi \times 10^{-7}\ \mathrm{T\,m/A} \tag{8.78}$$

とすることにより，(8.77) によって，同じ大きさの電流が流れる無限に長い直線導線が 1 m 離れているとき，片方の導線 1 m 当たりに 2 N の力が働くときの電流を 1 A と定めていた．それが，SI にも引き継がれていたのである．

2018 年の国際度量衡総会で，SI の改定が行われ，A の定義も変更された．新しい定義では，不変な物理量である素電荷（電子の電荷の絶対値，電気素量ともいう）を**定義定数**として，その値がちょうど $e = 1.602\,176\,634 \times 10^{-19}$ C（A s）となる電流の大きさが A であると定義された．これから

$$\mathrm{C} = \mathrm{A\,s} = \frac{e}{1.602\,176\,634 \times 10^{-19}} \tag{8.79}$$

なので，e を定義定数として，

$$\mathrm{A} = \frac{e\,\mathrm{s}^{-1}}{1.602\,176\,634 \times 10^{-19}} \tag{8.80}$$

と定義したことになる．

これによって μ_0 は定数ではなくなり，測定で決められる値となった．現在の値は

$$\mu_0 = 1.256\,637\,06212(19) \times 10^{-6}\ \mathrm{T\,m/A} \tag{8.81}$$

である．(19) は 12 桁の数値の末尾の 12 に ± 19 の不確かさがあることを示す．

定義は変わったが，1 A の大きさはほとんど変わっていない．というのは，以前の A の定義で，素電荷の値が $e = 1.602\,176\,6341(83) \times 10^{-19}$ C であっ

たので，それとほとんど違わない上記の値を定義定数として使用したからである．当然，μ_0 の値も定数であったときの値 $4\pi \times 10^{-7}$ T m/A に極めて近い．よって，この覚えやすい以前の定義の値を数値計算に使ってよい．

クーロンの法則に含まれる真空の誘電率（電気定数）ε_0 は，光速 c と μ_0 との間に $c = 1/\sqrt{\varepsilon_0\mu_0}$，すなわち $\varepsilon_0 = 1/\mu_0 c^2$ の関係があり，SI では c も定数なので，以前は定数であった．しかし，これも今回の改定で μ_0 とともに測定で決まる量になり，現在の値は，

$$\varepsilon_0 = 8.854\,187\,8128(13) \times 10^{-12}\ \mathrm{F/m} \tag{8.82}$$

である．

なお，SI および電磁気の単位系の歴史については，付録 B を参照されたい．

例題 8.5

1 辺の長さ 10 cm の正三角形の頂点を通り，三角形の面に垂直な 3 本の直線状導線に電流 I_1，I_2，I_3 が流れている．I_1 と I_2 は 10 A で紙面の裏から表に向かう向き，I_3 は 5 A でその逆向きのとき，I_3 が 1 m 当たりに受ける力の向きと大きさを求めなさい．

［**解**］　I_1，I_2 が I_3 の 1 m 当たりにおよぼす力の大きさは，(8.77) より

$$f_1 = f_2 = \mu_0 \frac{10\ \mathrm{A} \times 5\ \mathrm{A}}{2\pi \times 0.1\ \mathrm{m}} = \frac{250\mu_0}{\pi}\ \mathrm{N/m} \tag{8.83}$$

で，向きは図 8.22 に示すとおりである．(⊙ は紙面の裏から表に向かう電流，⊗ は紙面の表から裏に向かう電流を表す.）したがって，これを重ね合わせた 1 m 当たりの力は

$$f = \sqrt{3} f_1 = \frac{250\sqrt{3} \times 4\pi \times 10^{-7}}{\pi}$$
$$= 1.73 \times 10^{-4}\ \mathrm{N/m} \tag{8.84}$$

である．　¶

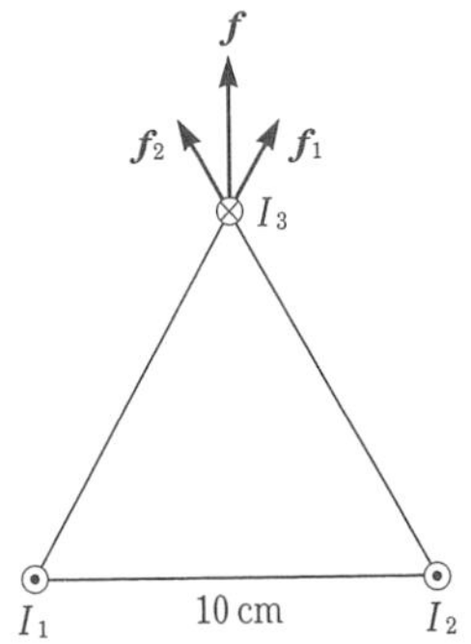

図 8.22

§8.10 電流ループにはたらく力と磁気モーメント

一様な磁場$\boldsymbol{B}$中に置かれた，辺の長さがa，bの長方形の電流ループABCDにはたらく力を考えよう．

まず，図8.23のように辺BCが磁場$\boldsymbol{B}$に平行に置かれた場合を考える．大きさIの電流が図の方向に流れているとすると，磁場に平行な辺BCと辺DAには力が働かないので，合力，トルクともに0である．辺ABと辺CDには同じ大きさaIBの力が働く．その向きは互いに逆なので合力は0であり，したがって，このループの重心は動かない．しかし，図のように力の作用線がずれているから，ループを回転させようとするトルク（力のモーメント）は0ではない．このような，異なる作用線上に働く大きさが同じで向きが反対の力の対を**偶力**という．いまの場合，**偶力のモーメント**$\boldsymbol{N}$の大きさは

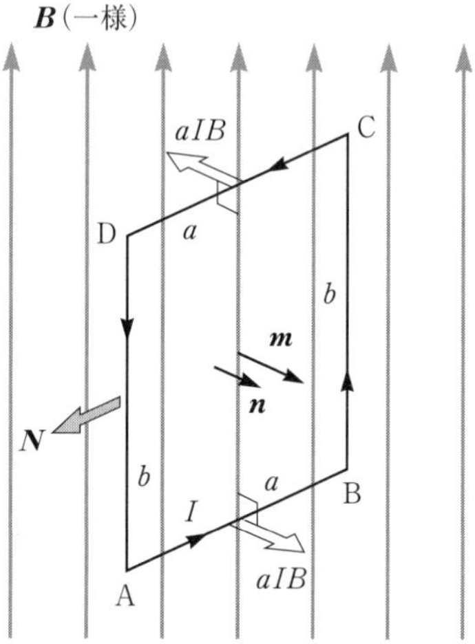

図8.23

$$N = (\text{作用線間の距離}) \times (\text{力}) = abIB \qquad (8.85)$$

である．$\boldsymbol{N}$の向きは，偶力によって回転された右ネジが進む向きで，図に示してある．

このような電流ループに対して，

$$\boldsymbol{m} = abI\boldsymbol{n} = AI\boldsymbol{n} \qquad (8.86)$$

で定義されるベクトル$\boldsymbol{m}$を**磁気モーメント**という．A $(= ab)$は電流ループの面積である．$\boldsymbol{n}$は，電流が流れている向きに回したときに右ネジが進む向きの，電流ループの面の法線ベクトルで，図8.23では$\boldsymbol{n}, \boldsymbol{m} \perp \boldsymbol{B}$で，向きも含めたトルクは次式で与えられる．

$$\boldsymbol{N} = \boldsymbol{m} \times \boldsymbol{B} \qquad (8.87)$$

(8.86)を長方形の電流ループに対して定義して(8.87)を導いたが，こ

れは任意の形の微小な電流ループに対して成り立つ．$\boldsymbol{m}$ はループの面積 A と電流 I のみで決まり，その形には依存しない．

磁気モーメントの次元と SI 単位は

$$[m] = \mathsf{L}^2\mathsf{QT}^{-1}:\ \mathrm{A\,m^2 = J/T}$$

である．

次に，図 8.23 の状態から θ だけ回転した電流ループが受ける力を考えよう．図 8.24 は辺 AB に平行な方向に DA 側から見た図である．辺 BC と辺 DA に働く力は大きさが等しく向きが逆（それぞれ紙面に垂直で裏から表に向かう向きと，その逆の向き）で作用線が一致しているので，合力，トルクともに 0 である．しかし，辺 AB と辺 CD に働く力は，図 8.23 と同じように大きさが等しく向きが逆で，作用線がずれているので，偶力である．作用線間の距離は $b\sin\theta$ なのでトルクの大きさは

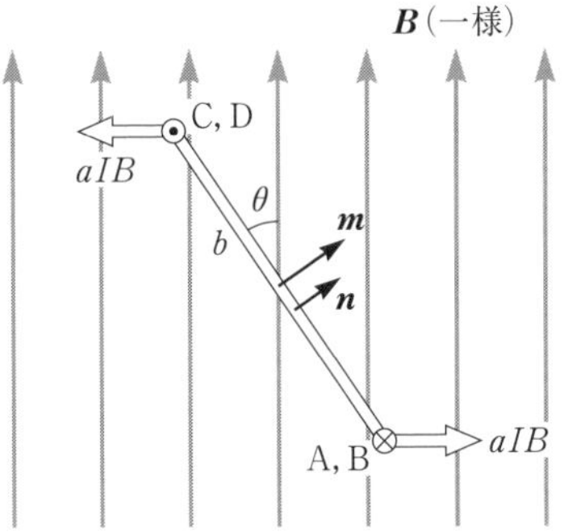

図 8.24

$$N = abIB\sin\theta \tag{8.88}$$

である．よって，向きも含めてトルク $\boldsymbol{N}$ はこの場合も (8.87) で表される．

最後に，図 8.25 のように，ループの面が磁場に垂直な場合を考える．辺 AB にはたらく力と辺 CD にはたらく力は向きが反対で作用点が同一直線上にあり，大きさはともに aIB で等しい．また，辺 BC にはたらく力と辺 DA にはたらく力も向きが反対で大きさが等しく作用点が同一直線上にあり，大きさはともに bIB で等しい．したがって，このループは移動も

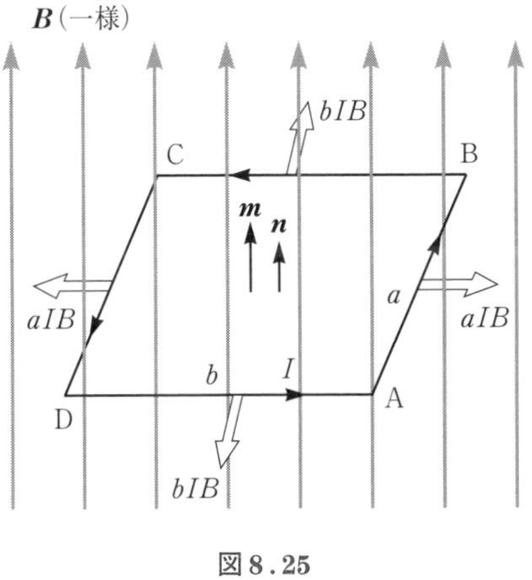

図 8.25

回転もしない．

電子は，その**スピン**に付随する磁気モーメントをもっている．電子には大きさがないから内部に電流ループがあるわけではないが，その磁気モーメントが磁場から受けるトルクは，量子的な効果を除けば，上のように定義された磁気モーメントと同じ性質をもっており，磁場からトルク (8.87) を受ける．原子核のスピンに由来する磁気モーメントや，電子の軌道運動に由来する磁気モーメントについても (8.87) でトルクを議論することができる．

§8.11　磁気モーメントの周りの磁場

有限の面積をもつ円形電流ループの周りの磁場の概形は図 8.8 に示されている．いま，電流 I が一定のまま，この電流ループの面積 A を小さくしていくと，磁気モーメントは小さくなり，周りの磁場も弱くなる．しかし，もし，磁気モーメントの大きさ

$$m = AI \tag{8.89}$$

を一定に保つように I を増加させながら A を小さくしていくと，ループが点状になっても周りの磁場の大きさは変わらない．その概形は図 8.26 のようになる．これが，磁気モーメント $\boldsymbol{m}$ の周りの磁場である．電気双極子モーメントの周りの電場 (図 4.18) によく似ているが，実際これらは全く同じ形をしている．しかし，電気双極子モーメントが基本的に図 4.16 のような正負の電荷の対から生じたものであるのに対して，磁気モーメントは図 8.8 のように電流ループから生じたものであることは大きな違いである．

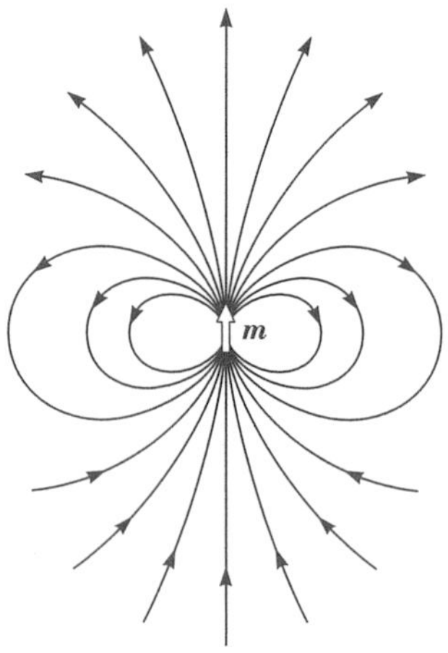

図 8.26

§8.12　磁場に対するマクスウェル方程式

静電場の源は電荷であり，その周りに (3.35) を満たす電束密度ベクトル

$\boldsymbol{D}(\boldsymbol{r})$ が発生していると考えた．一方，磁場 $\boldsymbol{B}(\boldsymbol{r})$ の源は電流である．磁場は電流の周りを回るような形で生じている．電場のように一方的に湧き出す源は存在しない．このため，空間中の図 8.27 のような任意の閉曲面 S を貫く磁束の総和は

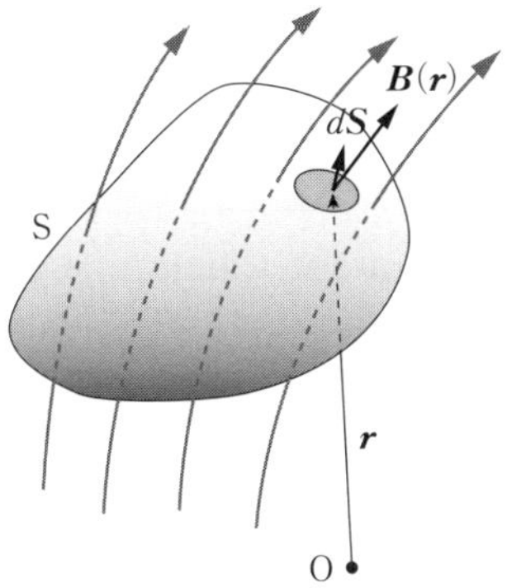

図 8.27

$$\oint_S \boldsymbol{B}(\boldsymbol{r})\cdot d\boldsymbol{S} = 0 \qquad (8.90)$$

のはずである．S の内部に，電流が流れている部分が含まれていてもよい．これを**磁場 $\boldsymbol{B}$ に対するガウスの法則**という．これが，第 4 番目の**マクスウェル方程式**であり，場が時間に依存する場合にも，このままで常に成り立っている．電子の軌道運動に付随する磁気モーメントや，電子や原子核のスピン角運動量に付随する磁気モーメントも磁場を作るが，その性質は電流ループの磁気モーメントと同じだから，物質が存在する場合も（8.90）は常に成り立つ．なお，任意の面 S を貫く磁束は

$$\Phi = \int_S \boldsymbol{B}(\boldsymbol{r})\cdot d\boldsymbol{S} \qquad (8.91)$$

であるが，その次元と SI 単位は

$$[\Phi] = [B]\mathsf{L}^2 = \mathsf{Q}^{-1}\mathsf{L}^2\mathsf{M}\mathsf{T}^{-1} : \ \mathrm{T\,m^2} = \mathrm{Wb} = \mathrm{weber}\ (\textbf{ウェーバー}) \qquad (8.92)$$

である．

演習問題

［1］ $\boldsymbol{A} = A_x\boldsymbol{e}_x + A_y\boldsymbol{e}_y + A_z\boldsymbol{e}_z$（$\boldsymbol{B}$ と $\boldsymbol{C}$ も同様）とするとき，次の等式を示しなさい．

（a） $\boldsymbol{A}\times\boldsymbol{B} = \begin{vmatrix} \boldsymbol{e}_x & \boldsymbol{e}_y & \boldsymbol{e}_z \\ A_x & A_y & A_z \\ B_x & B_y & B_z \end{vmatrix}$

（b） $\boldsymbol{A}\times(\boldsymbol{B}\times\boldsymbol{C}) = \boldsymbol{B}(\boldsymbol{A}\cdot\boldsymbol{C}) - \boldsymbol{C}(\boldsymbol{B}\cdot\boldsymbol{A})$

［2］ 1 A の電流が流れている直線状導線から 10 cm 離れた点の磁場を求めなさ

い．

［**3**］ 電流 I が流れる直線導線を含む面内に，電流に平行な辺の長さ a，垂直な辺の長さ b の長方形の面がある．電流に近い側の平行な辺と電流との距離が x のとき，この面を貫く磁束を求めなさい．

［**4**］ 辺の長さが 10 cm，5 cm の長方形の回路が，長さ 10 cm の辺が直線導線から 1 cm 離れて平行になるように，直線導線と同一平面上に置かれている．直線導線と長方形回路ともに 10 A の電流が流れているとき，長方形回路が受ける力を求めなさい．

［**5**］ ビオ－サバールの法則を用いて，水平に置かれた半径 a の円形回路に，電流 I が上から見て反時計回りに流れているときの中心軸上の磁束密度を求めなさい．鉛直上向きの単位ベクトルを $\boldsymbol{e}_z$ とする．また，$a = 10\,\mathrm{cm}$，$I = 1\,\mathrm{A}$ のとき，中心および中心から高さ 10 cm の点の磁場を計算しなさい．

［**6**］ 1 辺の長さが $2a$ の正方形の回路に電流 I が流れているときに，中心の位置にできる磁場を求めなさい．

［**7**］ 1 cm 当たり 20 回の割合で巻いた十分長いソレノイドに 10 A の電流を流したときの，内部の中央付近の磁場の強さ $\boldsymbol{H}$ と磁場 $\boldsymbol{B}$ を求めなさい．

［**8**］ 半径 a の球の表面が面電荷密度 σ に帯電している．これを 1 つの直径を軸にして角速度 ω で回転させたときの中心における磁場を求めなさい．

［**9**］ 幅 a，長さ l の 2 枚の平板が向かい合わせに距離 $d(\ll a, l)$ で置かれている．この平板の長さ a の辺の片方に起電力 $\mathcal{E}$ の電源，他方に抵抗をつないで，電流 I を流した．電流は面内を一様に流れるとして，面電流密度と中央付近の磁場を求めなさい．

［**10**］ 中心軸が一致する半径 a および $b(> a)$ の非常に薄い円筒状導体に電流 I を流す．

（a） それぞれの面電流密度の大きさを求めなさい．

（b） 電流が同じ向きのときの周りの磁場を求めなさい．

（c） 電流が互いに逆向きのときの周りの磁場を求めなさい．

［**11**］ 半径 5 cm の円形回路が $B = 0.1\,\mathrm{T}$ の一様な磁場の中にある．この回路に 1 A の電流を流したとき，最も大きなトルクを受けるのは回路の向きがどのような場合で，トルクの大きさはいくらか．また，トルクが 0 になるのは回路の向きがどのような場合か．

9 時間的に変化する場

電磁誘導・変位電流密度

これまで，電荷が全く動かず静電場しか存在しない状態，または，運動している多くの電荷の流れを表す電流密度分布 $\boldsymbol{j}(\boldsymbol{r})$ が時間的に変化しないために静電場と静磁場しか存在しない場合を考えてきた．ここでは，電荷分布や電流分布が時間的に変化する場合を考える．しかし，電磁波の発生が無視できなくなるほどの急激な変化はないものとする．

§9.1　電磁誘導に関する実験事実

英国のファラデー（M. Faraday, 1791 - 1867）は，電流の周りに磁場ができるのならば，逆に，磁場の周りに置かれた導線に電流が流れているのではないかと考えて，さまざまな実験を行った．しかし，そのような証拠を見出すことはできなかった．しかし，

（1）　図 9.1 のように回路を貫く磁場が時間的に変化すると，回路に電流が流れる．

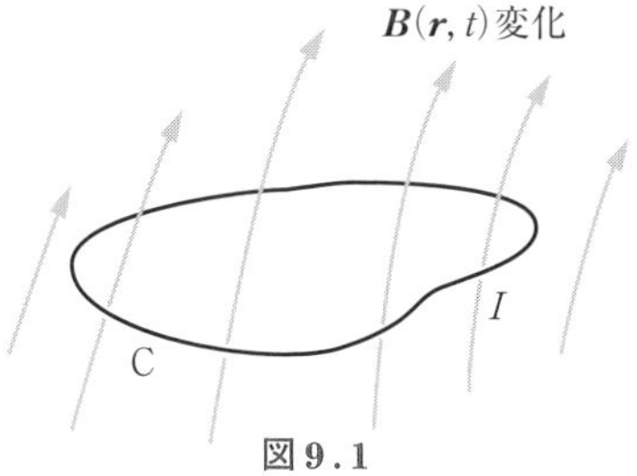

図 9.1

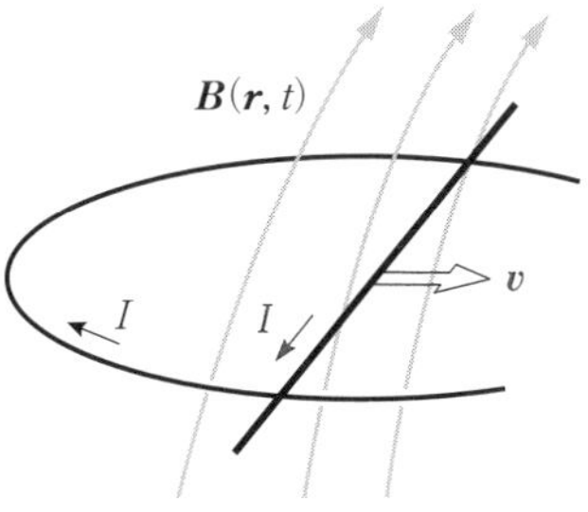

図 9.2

（2）　磁場が時間的に変化しなくても，図 9.2 のように磁場が存在する場所で回路の一部が動くと，その回路に電流が流れる．

という 2 つの現象を見出した．さらに，ロシアのレンツ（H. F. E. Lenz, 1804 - 1865）は，これらの現象の電流の向きについて，

（3）　（1）の現象で流れる電流は，その電流によって新たに生じる磁場が，回路を貫く磁束の変化を打ち消すような向きに流れる．

（4）　（2）の現象で流れる電流は，原因となっている回路の一部の動きを妨げる力が生じるような向きに流れる．

ことを見出した．（1），（2）の現象は似ているが異なる現象であり，（1）のみがマクスウェル方程式で表される．

§9.2　回路を貫く磁場が変化する場合

まず，**電磁誘導**とよばれる上記(1)の現象を考える．磁束密度が変化するとその周りの空間には電場 $\boldsymbol{E}(\boldsymbol{r}, t)$ が誘起される．これを**誘導電場**という．誘導電場は，静電場と違って**起電力**を生じる．それを記述するために，空間内に図 9.3 のように閉曲線 C を考える．その閉曲線上を辿る $d\boldsymbol{r}$ の向きは 2 通りあるが，その向きを任意に定める．このとき，循環

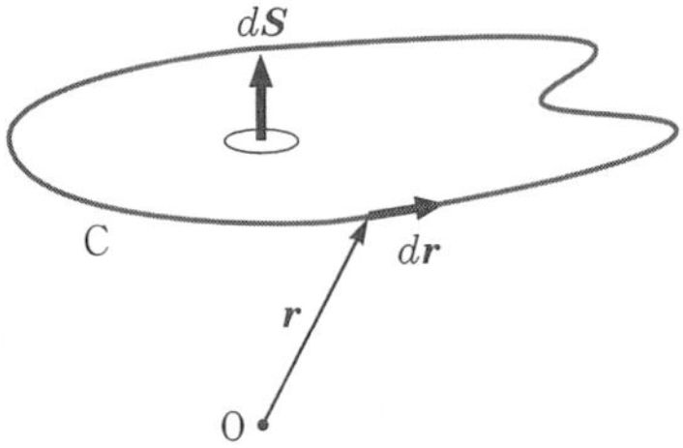

図 9.3

$$\mathcal{E} = \oint_{\mathrm{C}} \boldsymbol{E}(\boldsymbol{r}, t) \cdot d\boldsymbol{r} \tag{9.1}$$

を**誘導起電力**という．$\mathcal{E} > 0$ なら予め決めた $d\boldsymbol{r}$ の向きに電流を流そうとする起電力，$\mathcal{E} < 0$ なら逆の向きに電流を流そうとする起電力である．

この起電力と，C を外周とする面 S を貫く磁束

$$\Phi = \int_{\mathrm{S}} \boldsymbol{B}(\boldsymbol{r}, t) \cdot d\boldsymbol{S} \tag{9.2}$$

との間の関係を実験事実に即して表したい．まず，磁束の符号が曖昧にならないように，(9.2) の $d\boldsymbol{S}$ の向きを，(9.1) の $d\boldsymbol{r}$ の向きに回した右ネジが

進む向きと決める．これで，スカラー量である磁束 Φ の正の向きを，$d\boldsymbol{S}$ と同じ向きに選んだことになる．数式上の向きについてのこの約束のもとに，ファラデーの発見した物理現象をレンツの確認した向きを考慮して表現すると，任意の閉曲線 C 上に生じる起電力と，C を外周とする任意の面を貫く磁束との間には，

$$\mathcal{E} = -\frac{d\Phi}{dt} \tag{9.3}$$

という関係があることになる．くわしい測定の結果，全く異なる物理量である (9.3) の左辺と右辺は，単なる比例の関係ではなく，同一の単位系の中では数値的にも等しく比例係数が -1 であることがわかっている．この驚くべき事実は，電場と磁場が深いところで統一された存在であることを示唆している．(9.3) に (9.1) を代入すると，

$$\oint_{\mathrm{C}} \boldsymbol{E}(\boldsymbol{r}, t) \cdot d\boldsymbol{r} = -\frac{d\Phi}{dt} \tag{9.4}$$

である．さらに，(9.2) を代入すると，

$$\oint_{\mathrm{C}} \boldsymbol{E}(\boldsymbol{r}, t) \cdot d\boldsymbol{r} = -\frac{d}{dt}\int_{\mathrm{S}} \boldsymbol{B}(\boldsymbol{r}, t) \cdot d\boldsymbol{S} \tag{9.5}$$

である．これが，場の方程式として書いた**電磁誘導の法則**で，2 番目の**マクスウェル方程式**である．ここで，閉曲線 C は導線でできた回路である必要はなく，空間にある任意の閉曲線であることに注意したい．

　ところで，変動する磁場がなければ (9.5) の右辺は 0 だから，クーロン電場が満たす (4.10) になり，電位（静電ポテンシャル）が存在する．一方，それは (9.1) の $\mathcal{E}$ が 0 であることを意味するから起電力は存在しない．これに対して，変動する磁場があるときは (9.5) の右辺は 0 でないから，起電力が存在するが，逆に電位は存在しない．このように，クーロン電場と誘導電場は相反する性格をもっている．少々事情が複雑なのは，これらの電場は (1.9) で定義される電場の基本的性質は共通にもっていることと，クーロン電場は右辺が 0 の (4.10) を満たすので，(9.5) は $\boldsymbol{E}(\boldsymbol{r}, t)$ にそれを含んでいても成り立つことである．実際，マクスウェル方程式では，クーロン電場と誘導電場を区別せずにそれらの和を $\boldsymbol{E}(\boldsymbol{r}, t)$ で表す．詳しくは，

§13.5を参照してほしい．

なお，同じ閉曲線Cを外周とする曲面は無数に考えられるが，図9.4のようにそのうちの2個をS_1，S_2とするとき，

$$\int_{S_1} \boldsymbol{B}(\boldsymbol{r}_1, t)\cdot d\boldsymbol{S}_1 = \int_{S_2} \boldsymbol{B}(\boldsymbol{r}_2, t)\cdot d\boldsymbol{S}_2 \tag{9.6}$$

であり，これは磁場に関するガウスの法則（8.90）から証明できる（［例題9.1］）．よって，（9.5）は，確かにCを外周とする任意の曲面について成り立つ．

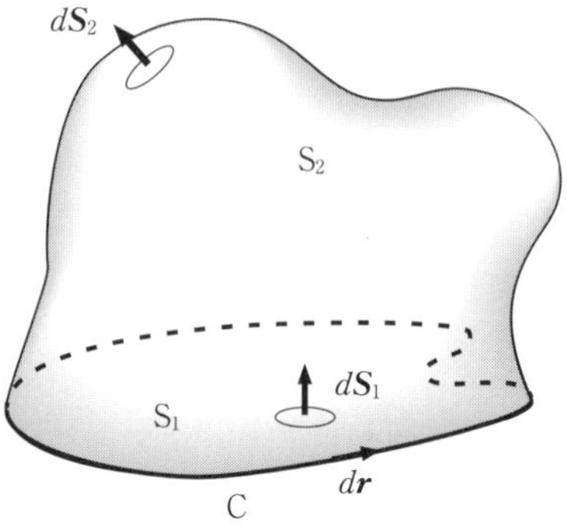

図9.4

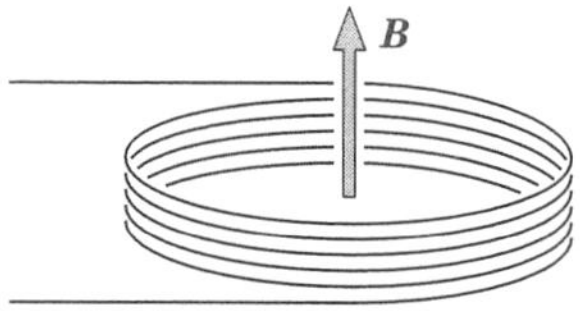

図9.5

また，図9.5のように回路が同じ磁束をN回巻いていれば，その両端の誘導起電力は

$$\mathcal{E} = -N\frac{d\Phi}{dt} \tag{9.7}$$

のようにN倍になる．

例題 9.1

（9.6）を示しなさい．

［**解**］　磁場$\boldsymbol{B}$に対するガウスの法則（8.90）を，図9.4の面S_1とS_2を合わせてできる閉曲面$\overline{S}_1 + S_2$に適用すると

$$\oint_{\overline{S}_1+S_2} \boldsymbol{B}(\boldsymbol{r}, t)\cdot d\boldsymbol{S} = \int_{\overline{S}_1} \boldsymbol{B}(\boldsymbol{r}_1)\cdot d\boldsymbol{S}_1 + \int_{S_2} \boldsymbol{B}(\boldsymbol{r}_2)\cdot d\boldsymbol{S}_2 = 0 \tag{9.8}$$

である．図9.4の$d\boldsymbol{S}_1$の向きは，曲線Cに沿った$d\boldsymbol{r}$の向きとの関係で決められており，閉曲面の内向きになっているが，ガウスの法則では，$d\boldsymbol{S}$を閉曲面上のすべての点で外向きにとると約束している．それを$\overline{S}_1$で表した．$\overline{S}_1$の外向きの面素ベクトル$d\boldsymbol{S}$を$d\boldsymbol{S}_1$を用いて表すと$-d\boldsymbol{S}_1$になる．このことから

$$-\int_{S_1} \boldsymbol{B}(\boldsymbol{r}, t)\cdot d\boldsymbol{S}_1 + \int_{S_2} \boldsymbol{B}(\boldsymbol{r}, t)\cdot d\boldsymbol{S}_2 = 0 \tag{9.9}$$

と書けるので

$$\int_{S_1} \boldsymbol{B}(\boldsymbol{r}, t) \cdot d\boldsymbol{S}_1 = \int_{S_2} \boldsymbol{B}(\boldsymbol{r}, t) \cdot d\boldsymbol{S}_2$$

である．¶

(9.5) は異なる積分の間の関係として書かれた法則であり，常に成り立っているが，各点における誘導電場 $\boldsymbol{E}(\boldsymbol{r})$ を決めるのに必要十分な情報までは与えてはいない．各点の $\boldsymbol{B}(\boldsymbol{r})$ の時間的な変化によって生じる $\boldsymbol{E}(\boldsymbol{r})$ がどのような関数形をとるかは，境界条件，つまり，$\boldsymbol{B}(\boldsymbol{r})$ が空間のどの範囲でどのように変化しているかに依存する．

§9.3 誘導電流

(9.5) は，場に対する方程式である．磁場が変化していると空間に誘導電場が生じていることを表している．電流が流れるかどうかは別問題である．空間に導体がなければ，電流は流れようがない．空間に実際の導線でできた回路が存在するときは，その回路を電流が流れる．その電流の原因となる起電力は，回路を閉曲線 C として (9.1) すなわち (9.5) の左辺で与えられる．流れる電流 I は，誘導起電力 $\mathcal{E}$ と回路全体の抵抗 R で決まり，

$$I = \frac{\mathcal{E}}{R} \tag{9.10}$$

である．これを**誘導電流**という．もし，この回路が絶縁体のひもでできている場合は，それに沿って同じ起電力が生じているにもかかわらず，抵抗が大きすぎて（あるいは自由電子がほとんど存在しないために）電流は流れない．このように，ファラデーが誘導電流を通して見出した電磁誘導の法則の本質は，誘導電場にある．

ところで，誘導電場が発生している空間に 1 個の荷電粒子を置くと，その粒子は空間内の電場分布と初期条件（電子の位置と初速度）によって決まる軌道を辿る．ところが，その空間に実際に導線の回路が存在するときは，回路がどのような形であっても，電荷は導線に沿って流れる．これはなぜだろうか．導線の存在は誘導電場を変化させないし，また一般に誘導電場は，任意に置かれた回路の接線方向を向いているわけではないから，不思議であ

る．実は，導線内の電荷は，まず誘導電場に沿って運ばれ，導線の表面に達するとそこに蓄積する．これによって生じるクーロン電場が誘導電場に重ね合わさって，導線内の電場がすべて導線に平行になり，電荷は導線内部を導線に沿って流れるようになる．これが我々の観測する誘導電流である．

導線の回路ではなく，平面導体が置かれている場合は，複雑である．といっても，誘導電場の分布が変わるわけではない．導体内の電荷は誘導電場を受けて平面内を動き，かつ，平面の縁に達すると蓄積する．蓄積した電荷によるクーロン電場と誘導電場とが重なり合って，平面内を動く電荷の流れを作る．これを**渦電流**という．一般に渦状に流れているからである．ただし，その渦の様子は，磁束密度の変化の分布と導体の形で決まる境界条件を正しく考慮した数値計算をしないと描くことはできない．

再び空間内の荷電粒子の話にもどろう．誘導電場を利用して，空間内の荷電粒子をこちらの望む軌道を運動させることは本当にできないだろうか．任意の形の軌道の場合はできないが，半径の決まった円軌道ならば，磁場の分布とその時間的な変化を調節することで可能である．それが**ベータトロン**とよばれる粒子加速器の原理で，上のような電磁誘導の本質を正しく理解したノルウェー生まれのアーヘン大学の学生ヴィデレー（R. Widerøe，1902 - 1996）が 21 歳のときに発見したものである．

ベータトロン

磁場の変化で発生する誘導電場を利用して，真空中の電子を図 9.6 のように半径 R の円軌道上で加速することを考えよう．電子を速さ $v=0$ から加速するわけであるが，速さ $v(t)$ まで加速された状態から，同じ軌道上に保ちながら，さらに加速するための条件を求めればよい．

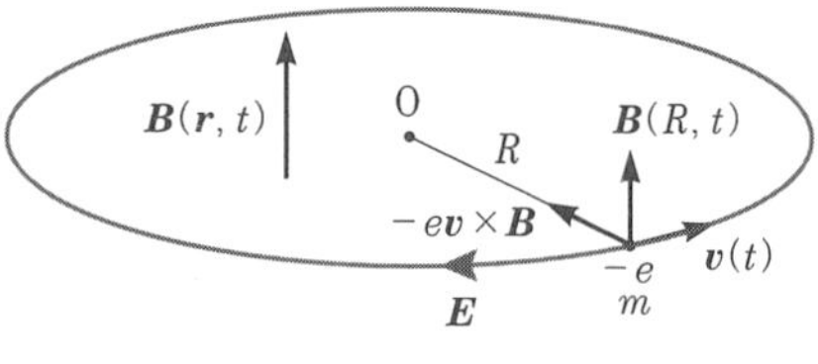

図 9.6

速さ $v(t)$ の電子が半径 R の円運動をするためには，軌道の位置に，軌道面に垂直に磁場がかかっていなければならない．その磁場の大きさ $B(R,t)$ は，電子（質量 m，電荷 $-e$）が磁場から受けるローレンツ力が円運動の向心力になる条件から，

$$\frac{mv^2(t)}{R} = ev(t)B(R,t) \tag{9.11}$$

である．ただし，このままでは一定速度で回転するだけなので，さらに加速するためには，軌道に沿って誘導電場が発生していなければならない．しかし，それによって速度 $v(t)$ が増すと，(9.11) の左辺は $v^2(t)$，右辺は $v(t)$ に比例するので，この条件が満たされず R が大きくなる．この問題を解決しなければならない．

誘導電場に関する方程式は積分の方程式(9.5)だから，これだけではその関数形は決まらない．実際に発生する誘導電場 $\boldsymbol{E}$ が軌道に沿った円形になっているためには，磁場を発生する装置が完全に軸対称に作られていなければならない．もし，そのような誘導電場ができたとすると，半径 R の点にある電子はそれによって

$$m\frac{dv(t)}{dt} = -eE(R,t) \tag{9.12}$$

のように加速される．一方，(9.11) の両辺を $v(t)$ で割ってから t で微分すると，

$$m\frac{dv(t)}{dt} = eR\frac{dB(R,t)}{dt} \tag{9.13}$$

だから，$v(t)$ が変わっても半径 R の円運動を続けるためには

$$E(R,t) = -R\frac{dB(R,t)}{dt} \tag{9.14}$$

の関係がなければならない．ところが，軌道上の $\boldsymbol{E}(\boldsymbol{r},t)$ は，軌道を縁とする面を貫く磁束 Φ との間に (9.4) の関係があるから，C として半径 R の円を考えると，

$$2\pi RE(R,t) = -\frac{d\Phi}{dt} \tag{9.15}$$

である．(9.14)，(9.15) より，軌道面の磁場は

$$\frac{dB(R,t)}{dt} = \frac{1}{2\pi R^2}\frac{d\Phi}{dt} \tag{9.16}$$

の関係を満たしていなければならないことがわかる．これを実現するには，常に

$$B(R,t) = \frac{1}{2}\frac{\Phi}{\pi R^2} = \frac{1}{2}\bar{B} \tag{9.17}$$

の関係を保ちながら磁場 B を増加させていけばよい．$\bar{B}$ は，円軌道内部の平均磁場（平均磁束密度）を表す．つまり，軌道の位置の磁場 $B(R,t)$ がいつも軌道内部の面の磁場の平均の半分になるように装置を設計すれば，ローレンツ力で電子を半径 R の軌道上に保ちながら誘導起電力で加速することができる．これがベータトロンの原理である．（ただし，(9.17) は必要条件で，この他に軌道が安定する条件を満たして設計する必要がある．）

§9.4 回路の一部が動く場合

ファラデーが発見したもう 1 つの現象，回路の一部が動く場合の電流の発生（§9.1 の（2））は，磁場中で運動する導体の中に，すでに我々が知ってい

るローレンツ力に起因する起電力が生じることで説明できる．

簡単のために，図 9.7 のように，一様な磁場の中を直線的な回路の一部が磁場に垂直な向きに運動する場合を考える．磁場の向きに z 軸をとると

$$\boldsymbol{B} = B\,\boldsymbol{e}_z \quad (9.18)$$

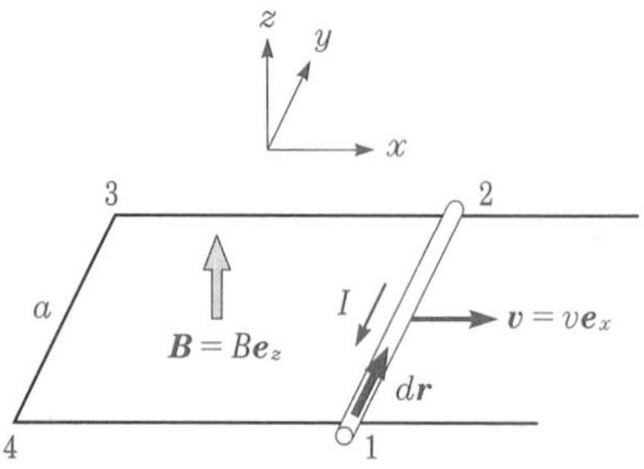

図 9.7

と書ける．いま，回路の y 軸に平行な長さ a の辺（1 - 2）が x 方向に速度 $v\,\boldsymbol{e}_x$ で動いているとする．この辺の中の自由に動ける電荷の総量を q とすると，それが受けるローレンツ力は

$$\boldsymbol{F} = q\,\boldsymbol{v} \times \boldsymbol{B} = qvB\,\boldsymbol{e}_x \times \boldsymbol{e}_z = -\,qvB\,\boldsymbol{e}_y \qquad (9.19)$$

である．

まず，図 9.8 のように，この辺が回路の他の部分につながっていない，単なる直線的な導体棒であった場合を考えておこう．この場合は，正の電荷が $y < 0$ 側の端にたまり，全体は中性だから逆の端には負の電荷がたまる．それらの電荷による y の正の方向を向いたクーロン電場が，短時間のうちにローレンツ力による電荷の移動を抑える大きさになり，電荷の運動は止まる．

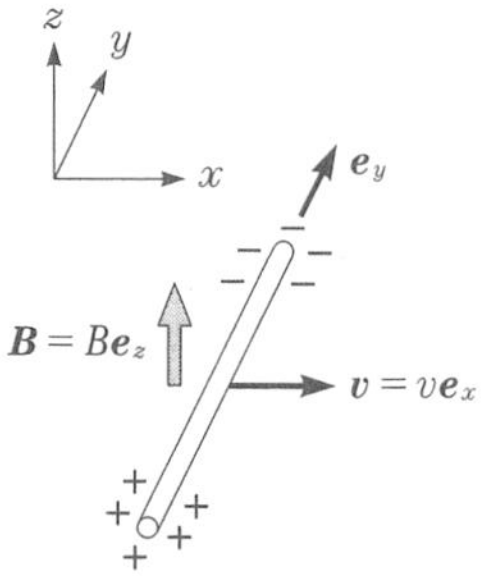

図 9.8

この辺が導体回路の他の部分につながっているときは，(9.19) より $q > 0$ なら，電荷は y の負の向きに力を受けて動くので，その向きに電流が流れる．そして回路の静止部分（1 - 4 - 3 - 2）を通ってもとにもどり，電流として流れ続ける．もし $q < 0$ なら，電荷は y の正の向きに力を受けて動くが，それを電流としてみたときは，やはり y の負の向きに流れていることになる．

このときの起電力は，$d\boldsymbol{r}$ の向きを $\boldsymbol{B}$ の方向に進む右ネジを回す向きにとって計算すると

$$\mathcal{E} = \frac{1}{q}\oint_{\mathrm{C}} \boldsymbol{F}\cdot d\boldsymbol{r} = \frac{1}{q}\int_1^2 (-\,qvB\,\boldsymbol{e}_y)\cdot(\boldsymbol{e}_y\,dy) = -\,vB\int_1^2 dy = -\,vBa \tag{9.20}$$

となる．Cは，この回路を示す．負号は (9.19) に由来し，$\boldsymbol{B}$ と $\boldsymbol{v}$ の向きが図9.7に示す関係にある場合，$\mathcal{E}$ の向きが計算に際して決めた $d\boldsymbol{r}$ の向きと逆であることを表す．図には描いていないが，回路は抵抗をもつものとすると，この起電力によって，キルヒホフの第2法則に従う電流が流れる．

ところでこの場合も，回路の一部が移動する結果，回路を貫く磁束 (Φ) が変化している．その変化の速さと $\mathcal{E}$ の関係を求めてみよう．回路 (1-2-3-4) を外周とする長方形の面をSとし，その面積を A とすると，

$$\Phi = \int_{\mathrm{S}} \boldsymbol{B}\cdot d\boldsymbol{S} = \int_{\mathrm{S}} B\,\boldsymbol{e}_z\cdot dS\,\boldsymbol{e}_z = \int_{\mathrm{S}} B\,dS = BA \tag{9.21}$$

より

$$\frac{d\Phi}{dt} = \frac{d(BA)}{dt} = B\frac{dA}{dt} = Bav = -\,\mathcal{E} \tag{9.22}$$

である．これを**運動による起電力**とよぶ．ここで $\boldsymbol{B}$ は一定であるとして計算したが，$\boldsymbol{B}(\boldsymbol{r})$ が一定でなく場所に依存し，回路が任意の形に変形するときも，この関係が成り立つことを示すことができる．つまり，面白いことに，回路を貫く磁束の変化と起電力の関係は，向きも含めて (9.3) の場合と全く同じである．このため，この現象も電磁誘導とよび，(9.20) も誘導起電力とよぶことがあるが，それは適切でない．

回路の一部が動いたときに起電力が生じるためには，動いている部分の空間に磁場 $\boldsymbol{B}(\boldsymbol{r})$ が存在していなければならない．$\boldsymbol{B}(\boldsymbol{r})$ が0であるような領域で回路の一部が動いても起電力は生じないので，当然，電流は流れない．これに対して，§9.2で述べた電磁誘導では，回路の位置の $\boldsymbol{B}(\boldsymbol{r})$ はいたるところ0であっても，その回路を外周とする曲面を貫く磁束が変化しさえすれば，周りの空間全体に誘導電場が発生し，回路に電流が流れる．

ファラデーは，静止した回路の近くで磁石を動かした場合と，静止した磁石の近くで回路を動かした場合を区別せず，それらの相対的な動きが回路に電流を生じさせるとして，**電磁誘導**とよび，流れる電流を誘導電流とよんだ．しかし，上に述べたように，前者の本質は空間に電場が生じる現象であり，

後者の本質は回路の動いている部分の電荷が力を受ける現象であって，全く異なる．後にマクスウェル（J. C. Maxwell, 1831 - 1879）がファラデーの場の考え方を整理して方程式で表したときに含まれたのは前者のみであり，後者は磁場の定義式であるローレンツ力（1.9）で説明される．したがって，現代の電磁気学では，前者のみを電磁誘導現象とよび，後者は**運動による起電力**とよんで区別する．

§9.5　レンツの法則

§9.1の（3），（4）を**レンツの法則**（H. F. E. Lenz, 1804 - 1865）という．上で行った定式化は，この法則を正しく表現していることを確かめよう．

まず（3）では，電磁誘導の法則に（9.3），（9.5）に負号が付いていることで表現されている．Cが抵抗 R をもつ実際の回路であれば，誘導電流

$$I = \frac{\mathcal{E}}{R} = -\frac{1}{R}\frac{d\Phi}{dt} \tag{9.23}$$

が流れる．図9.9の回路Cを貫く磁束の変化が $d\Phi/dt > 0$ であるとすると，$\mathcal{E}$，I は図の矢印の向きに生じている．よって，誘導起電力によって生じた I によって新たに磁場 $\boldsymbol{B}'$ が生じるはずであるが，その向きは確かに，もとの磁束の変化 $d\Phi/dt$ を妨げる向きである．

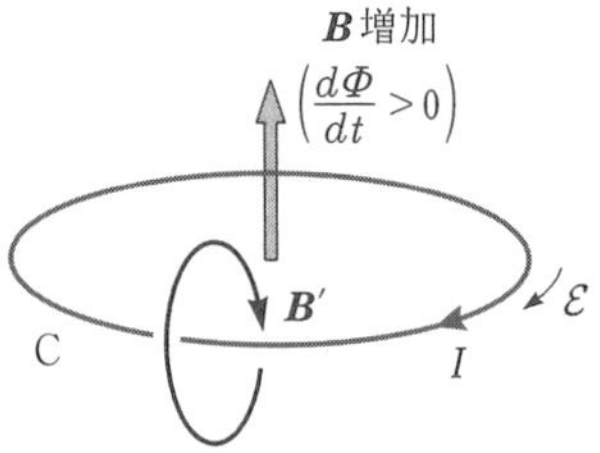

図9.9

ここで，（9.5）は基本法則なので，その負号は観察される自然現象を正しく表すためにはそれが必要という以外の理由はない．他の法則からの証明はできず，ただ実験によって繰り返し確認することができるのみである．

次に，（4）の場合のレンツの法則は，ローレンツ力（1.7）の自然な帰結であって，次のように証明可能である．簡単のために，図9.7のように直線部分（1 - 2）が動いているとする．起電力は（9.20）で与えられるから，回路全体の抵抗を R とすると，電流は

$$I = -\frac{vBa}{R} \tag{9.24}$$

である．よって，直線部分（1 - 2）が受けるローレンツ力は

$$\boldsymbol{F} = \int_1^2 d\boldsymbol{F} = \int_1^2 \left(-\frac{vBa}{R} d\boldsymbol{r} \right) \times \boldsymbol{B} = -\frac{vBa}{R} \int_1^2 \boldsymbol{e}_y \, dl \times B \, \boldsymbol{e}_z \tag{9.25}$$

$$= -\frac{vB^2a^2}{R} \boldsymbol{e}_x = -\frac{B^2a^2}{R} \boldsymbol{v} \tag{9.26}$$

である．これは，確かに $\boldsymbol{v}$ と逆向き，すなわち，回路の動きを妨げる向きの力である．

§9.6　相互インダクタンス

§9.3 では，磁場の変化が与えられたとして回路に生じる誘導起電力を考えたが，ここでは，その磁場の原因となる電流と誘導起電力との関係を考える．いま，図 9.10 のように，2 つの回路 C_1, C_2 が近接して存在するとする．C_1 に電流 I_1 が流れたとき空間に磁束密度の場ができるが，そのうち C_2 を貫く磁束 Φ_{21} は I_1 に比例するので

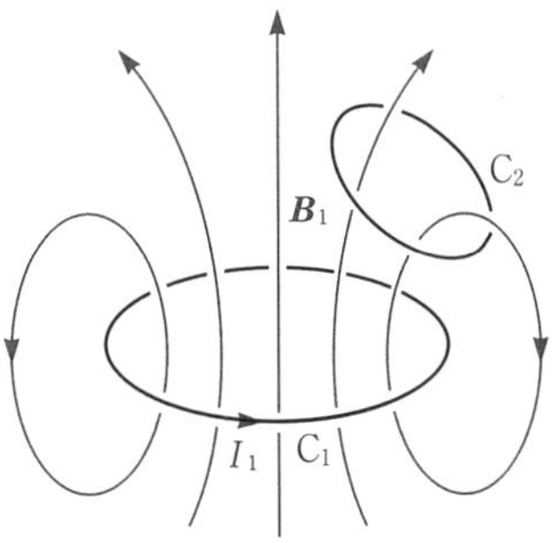

図 9.10

$$\Phi_{21}(t) = M_{21} I_1(t) \tag{9.27}$$

と書ける．したがって，I_1 が変化すると C_2 に誘導起電力

$$\mathcal{E}_2 = -\frac{d\Phi_{21}}{dt} = -M_{21}\frac{dI_1}{dt} \tag{9.28}$$

が生じる．この現象を**相互誘導**という．同様に，C_2 を流れる電流が変化したときに C_1 に誘導起電力

$$\mathcal{E}_1 = -\frac{d\Phi_{12}}{dt} = -M_{12}\frac{dI_2}{dt} \tag{9.29}$$

が生じる．一般に M_{21} と M_{12} は等しいことが証明できるので，

$$M = M_{21} = M_{12} \tag{9.30}$$

と置く．M を**相互インダクタンス**という．M の大きさは C_1 と C_2 の配置，すなわち，相互の距離や向きによって異なる．M は正にも負にもなるが，

その符号は I_1, I_2 の正の向きをどうとるかによって変わるので，予め指定して（任意でよい）はっきりさせる必要がある．それに合わせて，$\mathcal{E}_1$, $\mathcal{E}_2$ の正の向きはそれぞれ I_1, I_2 と同じ，また Φ_1, Φ_2 の正の向きは，それぞれ I_1, I_2 の正の向きに右ネジを回したときに進む向きにとる．もちろん，I_1 をある向きに増加させたときに C_2 に生じる誘導起電力の実際の向きは，電磁誘導の法則から決まっている．そこで，(9.28) で表すときに I や Φ の正の向きを指定しておけば，最後に電磁誘導の法則に合わせて M の正負が決まる．逆に M が正になるように，I_1, I_2 の正の向きの関係を予め慎重に決めることもある．

M の次元と SI 単位は (9.27), (9.28) より

$$[M] = [\Phi]\mathsf{I}^{-1} = [\mathcal{E}]\mathsf{T}\mathsf{I}^{-1}:$$

$$\mathrm{Wb/A = T\,m^2/A = V\,s/A = \Omega\,s = H = henry}\ (\textbf{ヘンリー}) \tag{9.31}$$

である．

例題 9.2

図 9.11 のように，半径 a_1 で N_1 巻きの円形コイルと半径 a_2 ($\ll a_1$) で N_2 巻きの円形コイルを，中心を一致させて同じ平面上に置いた場合について，相互インダクタンス M を求めなさい．

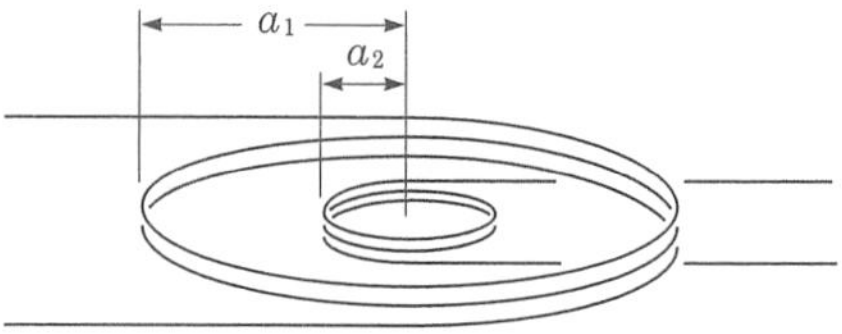

図 9.11

［**解**］ 円形回路の中心の磁場 $\boldsymbol{B}$ は，(8.38) で与えられるから，半径 a_1 の N_1 巻きの回路に電流 I_1 を流したときの中心の磁場は，

$$B_1(0) = \frac{\mu_0 N_1 I_1}{2a_1} \tag{9.32}$$

である．$a_2 \ll a_1$ だから，半径 a_2 の円形回路の面内で磁場が一様であると近似すると，それを貫く磁束は

$$\Phi = \pi a_2{}^2 B_1(0) = \frac{\mu_0 I_1 N_1 \pi a_2{}^2}{2a_1} \tag{9.33}$$

である．半径 a_2 のコイルは，この磁束を N_2 回巻いているから，

$$M = \frac{\mu_0 N_1 N_2 \pi a_2{}^2}{2a_1} \tag{9.34}$$

である．ただし，両コイルの電流の正の向きは同じ向きとして M の符号を決めた．

¶

§9.7　自己インダクタンス

空間に1個しか存在しない回路の周りにも図9.12のように磁場 $\boldsymbol{B}$ ができ，必ず磁束がその回路を貫く．生じる磁場は電流 $I(t)$ に比例するから，貫く磁束も $I(t)$ に比例する．

$$\Phi(t) = LI(t) \tag{9.35}$$

この比例定数 L を**自己インダクタンス**という．L は回路の形や大きさに依存する．最初に，流す電流の正の向きを決め，磁束の正の向きを電流の正の向きに回した右ネジが進む向きにとれば，常に $L > 0$ である．

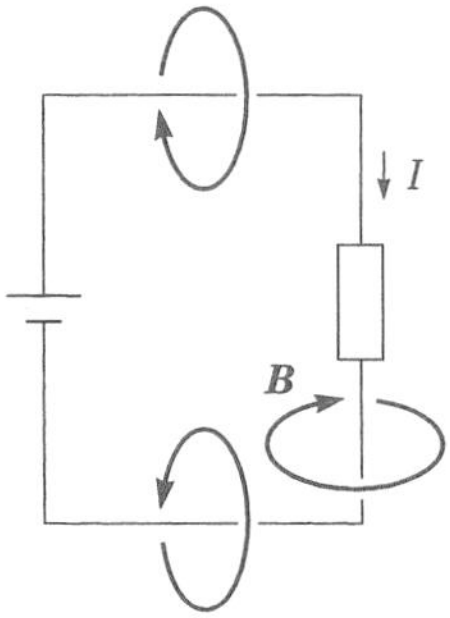

図9.12

回路のスイッチを入れた瞬間や，回路に交流電圧源（時間的に変化する起電力をもつ電源）をつないだ場合には，電流 $I(t)$ が変化するから，回路を貫く磁束 $\Phi(t)$ も変化し，回路に誘導起電力

$$\mathcal{E} = -\frac{d\Phi(t)}{dt} = -L\frac{dI(t)}{dt} \tag{9.36}$$

が生じる．この現象を**自己誘導**という．負号は (9.3) に由来する．それは，回路中の誘導起電力が常に電流の増加を妨げる向きに生じることを示している．このため，誘導起電力は**逆起電力**ともよばれる．

多数巻いた小さなコイル（ソレノイド）は回路の素子として使われる．N 回巻いたコイルの自己インダクタンス L は N^2 に比例する（[例題 9.3]）．

(9.36)，(9.35) から，L の次元と SI 単位は M と同じで

$$[L] = [\Phi]\mathsf{I}^{-1} = [\mathcal{E}]\mathsf{T}\mathsf{I}^{-1}:\ \mathrm{Wb/A = V\,s/A = \Omega\,s = H} \tag{9.37}$$

である．これから，1H の自己インダクタンスは，1秒当たり1A の割合の

電流の変化があるときに1Vの逆起電力を生じるようなLの大きさである.

例題 9.3

長さl，断面積Aで，総巻き数Nの長いソレノイドの自己インダクタンスを求めなさい.

［**解**］ このソレノイドに電流Iを流すと，(8.67) より，両端部を除き内部に一様な大きさ

$$B = \frac{\mu_0 NI}{l} \tag{9.38}$$

の磁場を生じるから，回路を貫く磁束は

$$\Phi = AB = \frac{\mu_0 NIA}{l} \tag{9.39}$$

である. 回路（ソレノイド自身）は，この磁束をN回巻いているから，

$$L = \frac{N\Phi}{I} = \frac{\mu_0 N^2 AI}{lI} = \frac{\mu_0 N^2 A}{l} \tag{9.40}$$

である. ¶

§9.8　変位電流密度

定常電流の周りに磁場ができることはアンペールの法則 (8.42) で表され，それを場の関係式で表すと (8.43) であった.

マクスウェルは，これが矛盾を生じる場合があることに気づいた. その例は，図9.13のような平行板コンデンサーに充電中の電流が作る磁場である. 帯電していない静電容量Cのコンデンサーに，起電力$\mathcal{E}$の電源と抵抗値Rをつなぐ. スイッチを閉じると電流が流れ始めるが，その時間依存性は§10.2で述べるように

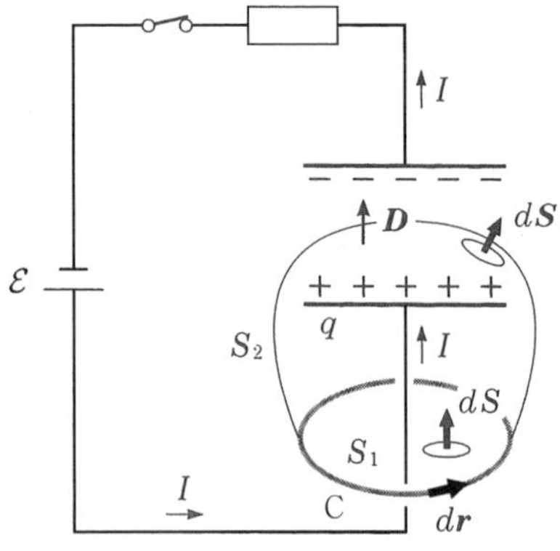

図 9.13

$$I(t) = \frac{\mathcal{E}}{R} e^{-t/RC} \tag{9.41}$$

である．これは時間の関数で，$e^{-t/RC}$ にしたがって弱くなっていくが，いまはその関数形は問題ではない．この電流が流れている間だけを考えると，導線の周りには電流に比例した磁場ができる．その磁場の強さ $\boldsymbol{H}(\boldsymbol{r})$ の，図の閉曲線 C に沿っての循環は，(8.43) によれば各瞬間に

$$\oint_{\mathrm{C}} \boldsymbol{H}(\boldsymbol{r}, t)\cdot d\boldsymbol{r} = \int_{\mathrm{S}} \boldsymbol{j}(\boldsymbol{r}, t)\cdot d\boldsymbol{S} \tag{9.42}$$

を満たす．S は C を外周とする任意の曲面である．$d\boldsymbol{S}$ の向きは，これまで通り，C の変位ベクトル $d\boldsymbol{r}$ の向きに回した右ネジが進む向きである．

S として図に示すような導線が貫く面 S_1 を考えると，

$$\oint_{\mathrm{C}} \boldsymbol{H}(\boldsymbol{r}, t)\cdot d\boldsymbol{r} = I(t) \tag{9.43}$$

である．線電流では $\boldsymbol{j}(\boldsymbol{r}, t) = \infty$ なので，積分した後の (8.40) の右辺の形で表記した．ところが S としてコンデンサーの極板の間を通る S_2 を考えると，そのどこでも電流密度や電流が貫かないから，右辺は 0 である．S の選び方で右辺の値が異なれば，(9.42) は基本法則にならない．この矛盾を解決するためにマクスウェルは，**変位電流密度**あるいは**電束電流密度**という概念を導入した．

コンデンサーに電流が流れ込んでいるときには，極板の電荷 q が増加しつつあり，したがって極板間の電束密度 $\boldsymbol{D}(\boldsymbol{r}, t)$ と電場 $\boldsymbol{E}(\boldsymbol{r}, t)$ が増加している．いま，閉曲面 $\mathrm{S}_1 + \mathrm{S}_2$ についてガウスの法則を適用すると

$$\oint_{\bar{\mathrm{S}}_1+\mathrm{S}_2} \boldsymbol{D}(\boldsymbol{r}, t)\cdot d\boldsymbol{S} = q(t) \tag{9.44}$$

である．ただし，ガウスの法則を考えるときは $d\boldsymbol{S}$ は閉曲面の外向きの面素ベクトルだから，S_1 の部分では向きが図とは逆になる．それを $\bar{\mathrm{S}}_1$ で表した．ところが $\boldsymbol{D}$ は S_1 には存在しないから，S_1 上の積分は実は無視してよい．よって

$$\int_{\mathrm{S}_2} \boldsymbol{D}(\boldsymbol{r}, t)\cdot d\boldsymbol{S} = q(t) \tag{9.45}$$

である．この両辺を時間で微分すると

$$\frac{d}{dt}\int_{\mathrm{S}_2} \boldsymbol{D}(\boldsymbol{r}, t)\cdot d\boldsymbol{S} = \frac{dq(t)}{dt} \tag{9.46}$$

となる．しかるに，右辺は電極に蓄えられる電荷の時間変化だから，これは

流れ込む電流を表し,

$$\frac{dq(t)}{dt} = I(t) \tag{9.47}$$

である．よって

$$\frac{d}{dt}\int_{S_2} \boldsymbol{D}(\boldsymbol{r}, t)\cdot d\boldsymbol{S} = I(t) \qquad \text{あるいは} \qquad \int_{S_2} \frac{\partial \boldsymbol{D}(\boldsymbol{r}, t)}{\partial t}\cdot d\boldsymbol{S} = I(t) \tag{9.48}$$

である．左辺を**変位電流**（あるいは**電束電流**）という．左の式の左辺は S_2 上で積分した後での時間に関する微分だから常微分であるが，右の式の左辺は時間と空間の関数 $D(\boldsymbol{r}, t)$ を時間でのみ微分した後に S_2 上で積分するので，微分は偏微分である．このように，これらの式の左辺の積分が（9.43）の右辺と同じ電流を与えることを利用すれば，（9.42）の右辺の面積分を S_2 上で行っても成り立つように変更することができる．それには，（9.42）を

$$\oint_C \boldsymbol{H}(\boldsymbol{r}, t)\cdot d\boldsymbol{r} = \int_S \left(\boldsymbol{j}(\boldsymbol{r}, t) + \frac{\partial \boldsymbol{D}(\boldsymbol{r}, t)}{\partial t}\right)\cdot d\boldsymbol{S} \tag{9.49}$$

とすればよい．ここに導入された電束密度の時間変化率の場

$$\frac{\partial \boldsymbol{D}(\boldsymbol{r}, t)}{\partial t}$$

を，**変位電流密度**（あるいは**電束電流密度**）の場という．（9.49）は第3の**マクスウェル方程式**の完成した形の積分形であり，**アンペール-マクスウェルの法則**という．これで（3.35），（8.90），（9.5）と合わせて，4個の方程式が完全な形でそろったことになる．

（9.49）を用いれば，その右辺のSとして，図9.13に描かれたものに限らず任意の S_1，S_2 を用いても同じ結果が得られるから

$$\int_{S_1} \left(\boldsymbol{j}(\boldsymbol{r}, t) + \frac{\partial \boldsymbol{D}(\boldsymbol{r}, t)}{\partial t}\right)\cdot d\boldsymbol{S} = \int_{S_2} \left(\boldsymbol{j}(\boldsymbol{r}, t) + \frac{\partial \boldsymbol{D}(\boldsymbol{r}, t)}{\partial t}\right)\cdot d\boldsymbol{S} \tag{9.50}$$

が成り立つ．これは任意の閉曲面 $S = \overline{S}_1 + S_2$ についての積分が

$$\oint_S \left(\boldsymbol{j}(\boldsymbol{r}, t) + \frac{\partial \boldsymbol{D}(\boldsymbol{r}, t)}{\partial t}\right)\cdot d\boldsymbol{S} = 0 \tag{9.51}$$

となることを示す．電荷密度を $\rho(\boldsymbol{r}, t)$ とすると，ガウスの法則（3.35）より

$$\oint_S \frac{\partial \boldsymbol{D}(\boldsymbol{r}, t)}{\partial t}\cdot d\boldsymbol{S} = \frac{d}{dt}\oint_S \boldsymbol{D}(\boldsymbol{r}, t)\cdot d\boldsymbol{S} = \frac{d}{dt}\int_V \rho(\boldsymbol{r}, t)\, dV \tag{9.52}$$

だから

$$\oint_{S} \boldsymbol{j}(\boldsymbol{r}, t)\cdot d\boldsymbol{S} + \frac{d}{dt}\int_{V} \rho(\boldsymbol{r}, t)\, dV = 0 \qquad (9.53)$$

である．これは**電荷の保存則** (6.36) である．すなわち，§6.4でマクスウェル方程式とは独立に導入したこの法則が，アンペールの法則に変位電流密度の項を加えてアンペール - マクスウェルの法則 (9.49) とすることで，マクスウェル方程式に内包された．

演習問題

［**1**］ 式 (9.5) の両辺の次元が等しいことを確認しなさい．

［**2**］ 半径1 cm，長さ20 cm，総巻き数1000回のソレノイド・コイルの自己インダクタンスを求めなさい．

［**3**］ ［2］のソレノイドの中央付近に半径1.5 cm，長さ3 cm，総巻き数100回のソレノイドをはめた．

（a） これらのソレノイドの相互インダクタンスを求めなさい．

（b） 内側のソレノイドにピーク値1 A, 50 Hzの交流を流した．外側のソレノイドに10 Ωの抵抗がつながれているとすると，この抵抗にはどのような電流が流れるか．

［**4**］ 辺の長さが5 cm，10 cmの長方形の回路が，直線電流と同一平面上にある．この回路を，長さ10 cmの辺を直線電流と平行に保ちながら，速度1 cm/sで直線から遠ざける．直線電流は1 Aで，この回路の全抵抗を0.1 Ωとする．電流に近い側の辺が電流から1 cm離れた点を通過しているときに，回路を流れる電流を求めなさい．

［**5**］ 半径5 cm，総巻き数100回の円形コイルをいろいろな向きで1つの直径の周りに回転させたところ，起電力が生じたが，その大きさは向きによって変化した．これは地磁気の効果であるが，地磁気に対して回転の軸をどのように置いたときに最大の起電力が得られるか．地磁気を 3×10^{-5} T とし，回転を1秒に50回転とするとき，最大の起電力を求めなさい．

［**6**］ 図9.14のように，一様な磁場に垂直に平行な2本の導線があり，

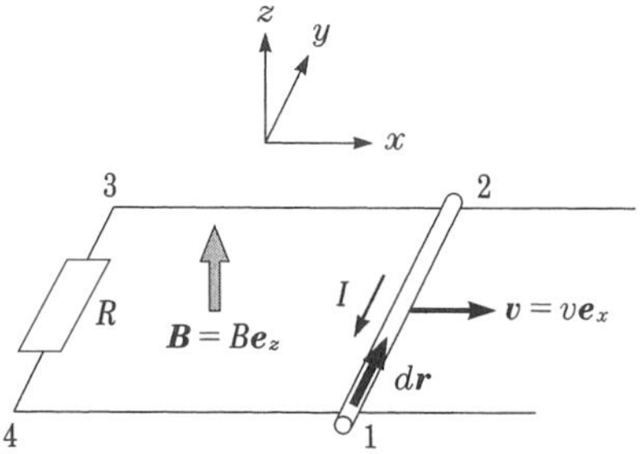

図9.14

その端に抵抗 R がつながれている．この導線に垂直に導体棒を接触させ，速さ v で抵抗から遠ざける．回路を流れる電流と抵抗で消費される電力，および棒を動かす力が単位時間にする仕事を求めなさい．

10 過渡現象と交流回路

電気回路は，家庭電化製品をはじめとして，さまざまな装置の中で使われている．その基本は，抵抗，コンデンサー，コイル等の受動素子（増幅などをしない素子）と，トランジスタ等の能動素子（増幅作用などをもつ素子）を組み合わせた回路である．最近では，これらを1つの半導体素子の中に組み込んだ集積回路（IC）が主流になっている．ここでは，代表的な受動素子の性質を調べよう．

§10.1　基本素子の性質

素子の両端の電圧と流れる電流の関係が，比例関係，あるいは時間に関する微分または積分で表される受動素子を**線形素子**という．代表的な線形素子は，抵抗，コンデンサー，コイルである．理想的な（直流）電源，導線，線形素子は以下のような性質をもっている．

理想的な定電圧源：　とり出す電流の大きさにかかわらず両端の電圧（**端子電圧**）を常に一定（起電力の値）に保つことができる電源（記号は図5.16）

理想的な定電流源：　抵抗などの負荷の大小に応じて端子電圧の大きさが自由に変わって一定の電流を送り出すことのできる電源（記号は図10.1(a)）

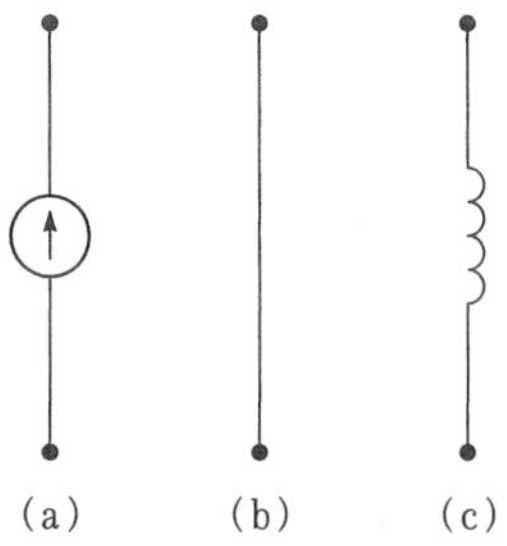

図10.1

理想的な導線：　流れる電流の大きさにかかわらず両端の電圧が生じない，すなわち抵抗のない導線（記号は図 10.1(b)）

理想的な抵抗：　両端の電圧 V と流れる電流 I の間に，オームの法則

$$V = RI \tag{10.1}$$

が成り立つ素子（記号は図 6.7）

理想的なコンデンサー：　両端の電圧 V の変化と流れ込む電流 I の間に，(5.44) を時間で微分した，静電容量 C を比例定数とする関係

$$I(t) = \frac{dq(t)}{dt} = C\frac{dV(t)}{dt} \tag{10.2}$$

が成り立つ素子（記号は図 5.14）

理想的なコイル：　流れ込む電流 I の変化とそれによって生じる電圧（逆起電力）$\mathcal{E}_L$ との間に，自己インダクタンス L を比例定数とする関係

$$\mathcal{E}_L(t) = -L\frac{dI(t)}{dt} \tag{10.3}$$

が成り立つ素子（記号は図 10.1(c)）

現実の電源や回路素子の主要な性質は，理想的な素子を用いて表現できる．以下では，原則として電源や導線や素子を理想的なものとして扱う．

先に進む前に，これらの理想的な素子を用いた以下のような回路は，想定した瞬間に矛盾を生じることに注意する．

（1）　図 10.2 のように，理想的な定電圧源の両端子に理想的な導線 (a)，あるいは理想的なコンデンサー (b) をつなぐ．

（2）　図 10.3 のように，理想的な定電流源の端子に何もつながない (a)，あるいは理想的なコイル (b) をつなぐ．

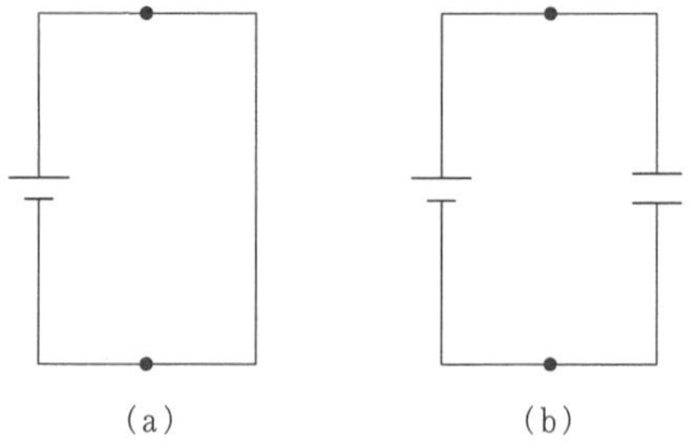

図 10.2

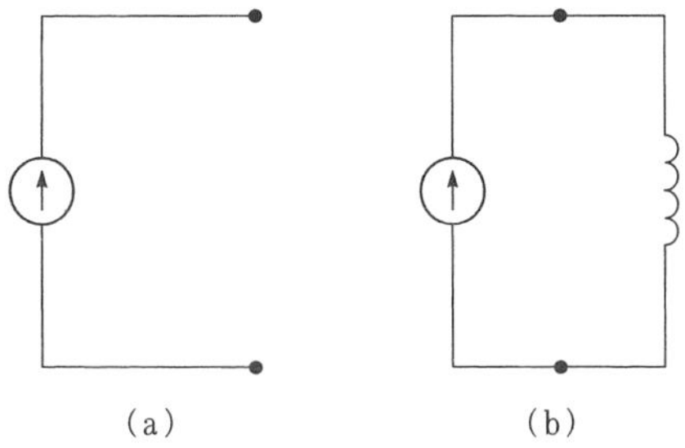

図10.3

例題 10.1

上の（1），（2）が矛盾を含むという意味を述べなさい．

［**解**］（1）(a) 理想的な定電圧源は両端子に何をつないでも端子電圧が変わらないはずであるが，理想的な導線は何をつないでもその両端の電圧を0にする素子だから．

(b) コンデンサーはその端子間の電圧がそのとき蓄えられている電荷の量で決まるので，その電圧と異なる起電力の電源をつなぐと，必要な電荷を供給するために，瞬時に無限大の電流が流れなければならないから．

（2）(a) 理想的な定電流源は，何をつないでも決まった大きさの電流を流せるはずであるが，何もつながなければ，抵抗が無限大で電流が流せないから．

(b) 理想的なコイルに理想的な電源をつないで，決まった電流を急に流そうとすると，コイルの端子に無限大の逆起電力が生じるから．　¶

§10.2 過渡現象

現実的な回路では，前節の最後に述べたような配線をすると，事故につながることもあれば，一見問題なく回路がはたらく場合もある．後者の場合は，電源の内部抵抗や導線がもっている抵抗が矛盾を緩和するはたらきをしている．

ここでは，抵抗と他の素子を直列に含む回路について述べる．そのような回路に直流電源をつないだとき，直ちに定常的な状態になるのではなく，スイッチを入れた直後から定常状態に向かって連続的な変化が起こる．これを

過渡現象という．定常状態になるまでの時間は，つながれている回路素子の電気抵抗や静電容量などの値で決まる**時定数**によって表される．

RC 回 路

図 10.4 のように，起電力 $\mathcal{E}$ の定電圧電源に抵抗値 R の抵抗と容量 C のコンデンサーを直列につなぐ．時刻 $t=0$ にスイッチ S を閉じると，電流が流れてコンデンサーが充電される．電流 $I(t)$ は単位時間当たりの電荷の流れだから，正の向きを図の矢印の向きにとると，コンデンサーに蓄えられる電荷 $q(t)$ との関係は

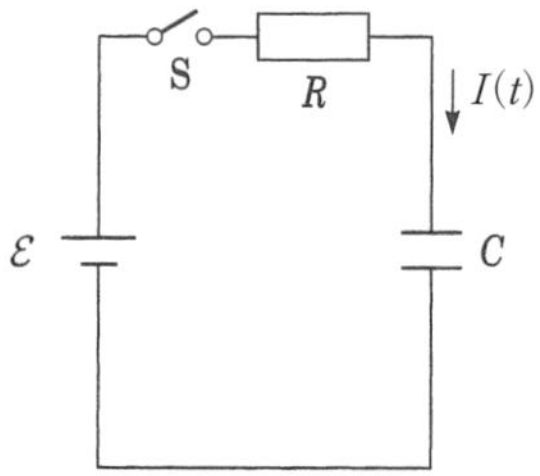

図 10.4

$$I(t) = \frac{dq(t)}{dt} \qquad (10.4)$$

である．また，各素子は理想的導線でつながれているとすると，抵抗の両端の電圧とコンデンサーの両端の電圧を加えたものが電源の起電力に等しいから

$$R\frac{dq(t)}{dt} + \frac{q(t)}{C} = \mathcal{E} \qquad (10.5)$$

が成り立つ．これは q についての定係数の**非同次線形（常）微分方程式**であるから，標準的な解法で解くことができる．つまり，同次微分方程式

$$R\frac{dq}{dt} + \frac{q}{C} = 0 \qquad (10.6)$$

の一般解と (10.5) の特解の和が (10.6) の**一般解**である．(10.5) や (10.6) のような 1 階の微分方程式の一般解は，1 個の**任意定数**を含む解である．それを，定係数の**同次線形（常）微分方程式**の一般的な解法にしたがって求めよう．λ を定数として

$$q(t) = e^{\lambda t} \qquad (10.7)$$

とおいて代入すれば，

$$\frac{de^{\lambda t}}{dt} = \lambda e^{\lambda t} \qquad (10.8)$$

を考慮して

$$\lambda R\, e^{\lambda t} + \frac{1}{C} e^{\lambda t} = 0 \qquad (10.9)$$

となる．両辺を $e^{\lambda t}$ で割ると

$$\lambda R + \frac{1}{C} = 0 \qquad (10.10)$$

となるから，

$$\lambda = -\frac{1}{RC} \qquad (10.11)$$

である．よって，(10.6) の一般解は

$$q(t) = A\, e^{-t/RC} \qquad (10.12)$$

であることがわかる．A は任意の定数である．次に (10.5) の**特解**を求める．特解とは，その方程式の解になっている特定の関数という意味である．解ならば何でもよい．これは普通，視察（いろいろな解を仮定して代入してみること）によって求めることができる．いまの場合は明らかに

$$q = C\mathcal{E} \qquad (\text{定数}) \qquad (10.13)$$

が特解の 1 つである．よって，(10.5) の一般解は (10.12) と (10.13) の和

$$q(t) = Ae^{-t/RC} + C\mathcal{E} \qquad (10.14)$$

であることがわかる．これが実際に (10.5) を満たすことは代入して確かめることができる．

これに初期条件を入れれば A が決まり，解が求まることになる．はじめにコンデンサーは帯電していなかったとすると，初期条件は $t = 0$ のとき $q(0) = 0$ だから，

$$q(0) = A + C\mathcal{E} = 0 \qquad \text{より} \qquad A = -C\mathcal{E} \qquad (10.15)$$

である．よって，求める解は

$$q(t) = -C\mathcal{E}\, e^{-t/RC} + C\mathcal{E} = C\mathcal{E}(1 - e^{-t/RC}) \qquad (10.16)$$

となる．コンデンサーの極板の電荷がこのように変化するのだから，その両端の電圧は

$$V(t) = \frac{q(t)}{C} = \mathcal{E}(1 - e^{-t/RC}) \qquad (10.17)$$

のように変化する．また，当然電流は

$$I(t) = \frac{dq(t)}{dt} = \frac{\mathcal{E}}{R}e^{-t/RC} \qquad (10.18)$$

のように変化する．これらの変化の様子を図 10.5 に示す．変化の速さは

$$\tau = RC \qquad (10.19)$$

で決まる．これを RC 回路の**時定数**という．τ の次元と SI 単位は

$$[\tau] = [R][C] = [V][I]^{-1}\mathsf{Q}[V]^{-1} = \mathsf{T}\mathsf{Q}^{-1}\mathsf{Q} = \mathsf{T}：\mathrm{s} \qquad (10.20)$$

である．

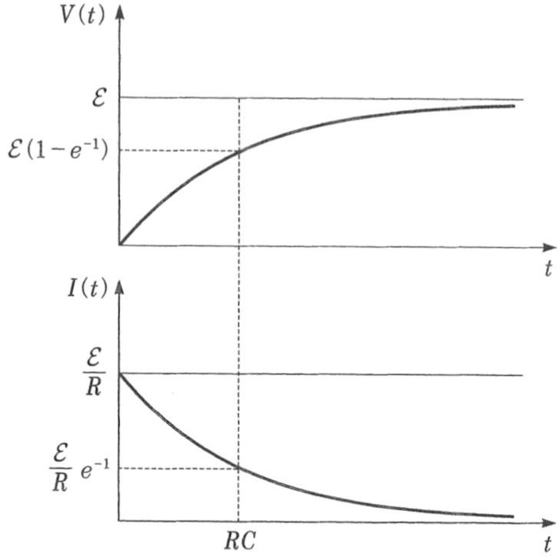

図 10.5

コンデンサーを通して直流電流が流れることはできないが，以上のように，スイッチを入れた直後の短い時間の間だけは回路に電流が流れ，それによってコンデンサーの電極に蓄えられる電荷が送られる．

例題 10.2

図 10.6 のような回路において，$\mathcal{E} = 10\,\mathrm{V}$, $C = 1\,\mu\mathrm{F}$, $R = 1\,\mathrm{k\Omega}$ とする．時刻 $t = 0$ にスイッチ S を閉じた後の抵抗の両端の電圧の変化を求め，図示しなさい．

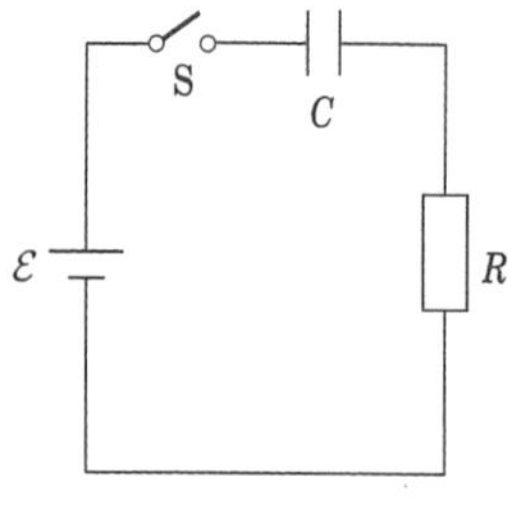

図 10.6

［**解**］ 回路は本質的に図 10.4 と同じだから，方程式（10.5）が成り立ち，同様に解くと，電流 $I(t)$ は（10.18）で与えられる．よって，抵抗の両端の電圧は

$$V(t) = RI(t) = \mathcal{E}\, e^{-t/RC} \qquad (10.21)$$

のように変化する．$RC = 10^{-3}\,\mathrm{s}$ だから，変化の様子は図 10.7 のようになる．

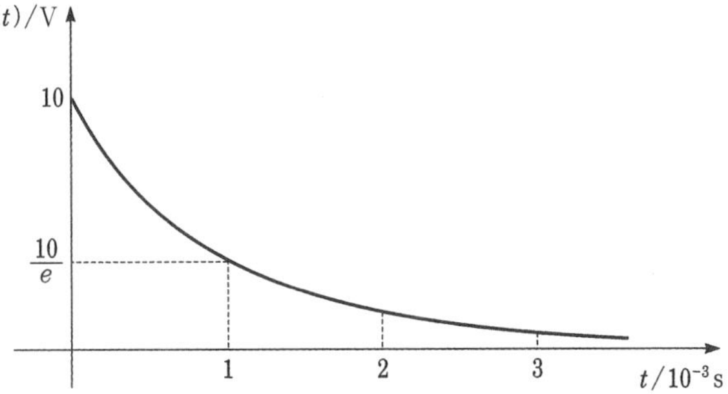

図 10.7

¶

RL 回 路

次に，図 10.8 のように，起電力 $\mathcal{E}$ の定電圧電源に抵抗値 R の抵抗と自己インダクタンス L のコイルを直列につないだ回路の性質を調べよう．時刻 $t=0$ にスイッチ S を閉じると，電流が流れ始める．コイルの性質は，電流の変化を妨げるように逆起電力（10.3）が生じることである．導線が理想的導体であるとすると，キルヒホフの第 2 法則より，電流の起電力とコイルの逆起電力を加えたものは抵抗の両端の電圧に等しいから

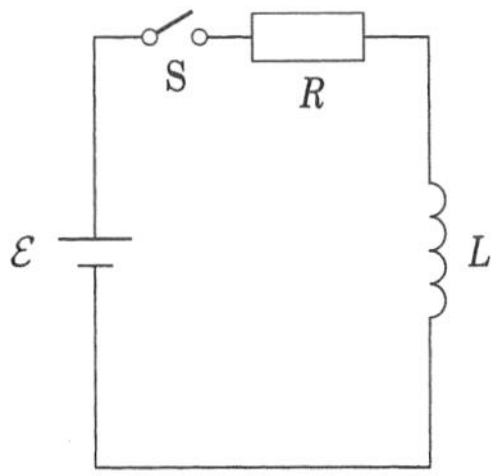

図 10.8

$$\mathcal{E} + \left(-L\frac{dI(t)}{dt}\right) = RI \qquad (10.22)$$

が成り立つ．よって，

$$L\frac{dI(t)}{dt} + RI = \mathcal{E} \qquad (10.23)$$

である．これは I についての定係数の非同次線形(常)微分方程式なので，(10.5) と全く同様に解くことができる．まず，同次微分方程式

$$L\frac{dI(t)}{dt} + RI = 0 \tag{10.24}$$

の一般解は，

$$I(t) = A\, e^{-(R/L)t} \tag{10.25}$$

である．また，

$$I = \frac{\mathcal{E}}{R} \tag{10.26}$$

が (10.23) の特解の 1 つである．よって，(10.23) の一般解は

$$I(t) = A\, e^{-(R/L)t} + \frac{\mathcal{E}}{R} \tag{10.27}$$

である．

初期条件は $t = 0$ のとき $I(0) = 0$ である（もし，0 であった電流が $t = 0$ で急に $I(0) \neq 0$ になると，(10.23) の左辺第 1 項が無限大になる）から，

$$A + \frac{\mathcal{E}}{R} = 0 \qquad \text{より} \qquad A = -\frac{\mathcal{E}}{R} \tag{10.28}$$

で，求める解は

$$I(t) = -\frac{\mathcal{E}}{R}e^{-(R/L)t} + \frac{\mathcal{E}}{R} = \frac{\mathcal{E}}{R}(1 - e^{-(R/L)t}) \tag{10.29}$$

となる．RC 回路とは異なり，電流は 0 から次第に増加する．その様子を図 10.9 に示す．増加の速さは

$$\tau = \frac{L}{R} \tag{10.30}$$

で決まる．これを RL 回路の時定数という．最終的に流れる電流は $I = \mathcal{E}/R$ となるから，コイルは直流に対しては単なる導線と同じはたらきをするのであるが，スイッチを入れた直後の短い時間の間は，逆起電力が電流の増加を妨げるために，電流は

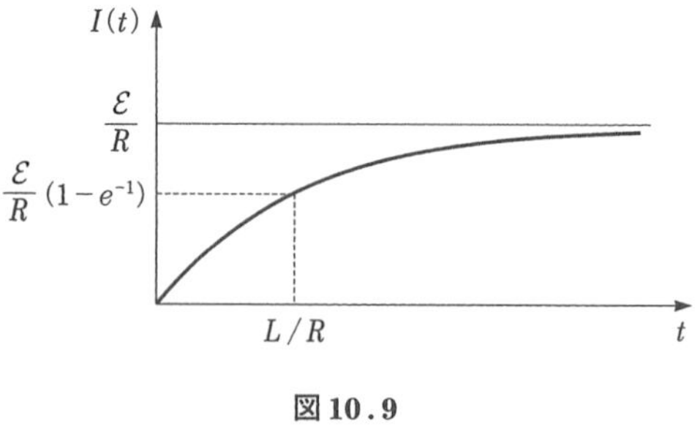

図 10.9

瞬時に $\mathcal{E}/R$ になることはできない.

LCR 回路

次に，図 10.10 のように，起電力 $\mathcal{E}$ の定電圧電源に抵抗値 R の抵抗と容量 C のコンデンサーと自己インダクタンス L のコイルを直列につないだ回路の性質を調べよう. 時刻 $t=0$ にスイッチ S を閉じると，電流が流れ始める. 導線は理想的導体であるとすると，

$$L\frac{dI(t)}{dt}+RI(t)+\frac{q(t)}{C}=\mathcal{E} \tag{10.31}$$

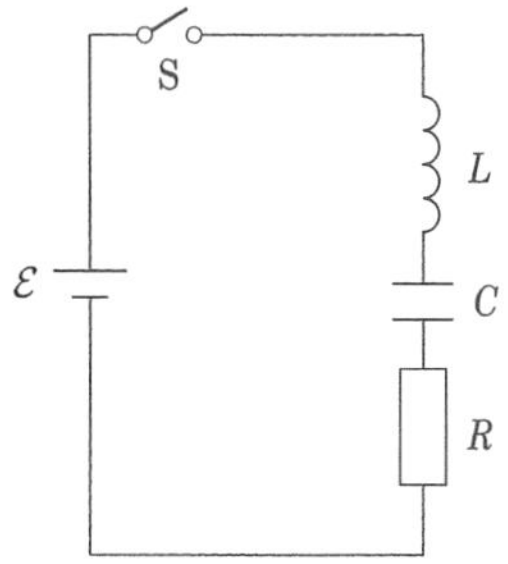

図 10.10

が成り立つ. 電流 I とコンデンサーの電極の電荷 q の間にある (10.4) の関係を利用するために，両辺を t で微分すると，

$$L\frac{d^2I(t)}{dt^2}+R\frac{dI(t)}{dt}+\frac{I(t)}{C}=0 \tag{10.32}$$

が得られる. これは，2 階の定係数の同次微分方程式だから，2 個の任意定数を含む解が一般解である. この場合も標準的な解法にしたがって

$$I(t)=e^{\lambda t} \qquad (\lambda \text{ は定数}) \tag{10.33}$$

とおいて代入すると

$$L\lambda^2 e^{\lambda t}+R\lambda e^{\lambda t}+\frac{1}{C}e^{\lambda t}=0 \tag{10.34}$$

だから，$e^{\lambda t}$ で割ると

$$\lambda^2+\frac{R}{L}\lambda+\frac{1}{LC}=0 \tag{10.35}$$

となる. これは λ についての 2 次方程式であるから，解は，R，L，C の値によって，実根，重根，複素根の場合がある. 根の判別式を

$$D=\left(\frac{R}{L}\right)^2-\frac{4}{LC} \tag{10.36}$$

とすると，

$$\lambda_{\pm}=-\frac{R}{2L}\pm\frac{\sqrt{D}}{2} \tag{10.37}$$

が得られる.

ｉ）$D > 0$ のとき，$\lambda_\pm$ は負の 2 実根で，(10.32) の一般解は，A，B を任意の定数として

$$I(t) = A\,e^{\lambda_+ t} + B\,e^{\lambda_- t} \tag{10.38}$$

である. これは，図 10.11 の (a) のような，次第に減衰する解を表す.

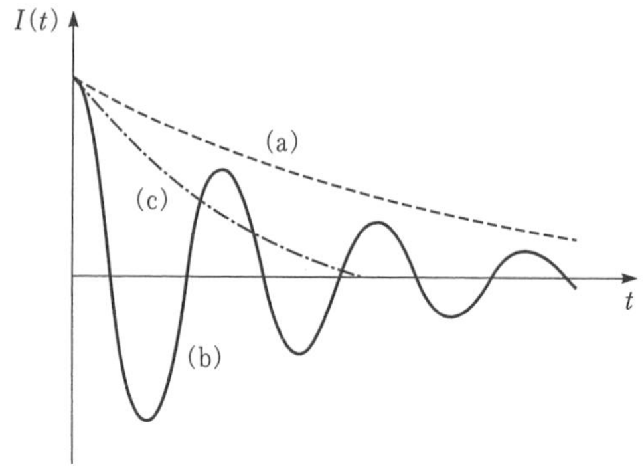

図 10.11

ⅱ）$D < 0$ のとき，$\lambda_\pm$ は複素根

$$\lambda_\pm = \frac{-R}{2L} \pm i\frac{\sqrt{|D|}}{2} \tag{10.39}$$

で，(10.32) の一般解は，A，B を任意の定数としてやはり (10.38) で表されるが，(10.39) を代入すると，$\lambda_\pm$ の実数部分は共通だから

$$I(t) = e^{-(R/2L)t}(A\,e^{+i\sqrt{|D|}t} + B\,e^{-i\sqrt{|D|}t}) \tag{10.40}$$

と書ける. これは，図 10.11 の (b) のような，振動しながら次第に減衰する解を表す.

ⅲ）$D = 0$ のとき，$\lambda_\pm = \lambda_0 = -R/2L$ は重根である. この場合 (10.38) は

$$I(t) = (A + B)e^{\lambda_0 t}$$

となって任意定数は実質的に $A + B$ だけ（1 個）だから，(10.32) の一般解を表さない. そこで $C(t)$ を未知の関数として（コンデンサーの静電容量 C と混同しないこと）

$$I(t) = C(t)e^{\lambda_0 t}$$

とおいて，(10.32) に代入して一般解を探すと，A，B を任意の定数として

$$I(t) = (At + B)e^{-(R/2L)t} \tag{10.41}$$

が得られる. これは，図 10.11 の (c) のような最も速く減衰する解で，**臨界減衰**の解とよばれる.

ｉ)，ⅱ)，ⅲ）のいずれの場合も具体的な解は，初期条件を与えて定数 A

と B を決めれば得られるが，ここでは省略する．図 10.11 は解のおおよその様子を示したものである．いずれの場合も，しばらく後には，コンデンサーの充電が完了して電流は流れなくなる．

§10.3　複素数とガウス平面

前節でも**複素数**を扱ったが，次節の交流回路の解析では，さらに積極的に複素数を利用する．そこでまず，複素数，特にその極形式について述べておく．x，y を実数とするとき，

$$z = x + iy, \qquad i^2 = -1 \tag{10.42}$$

を**複素数**といい，x をその**実数部**または**実部**（$\mathrm{Re}\, z$ と記す），y を**虚数部**または**虚部**（$\mathrm{Im}\, z$ と記す），i を**虚数単位**という．また，

$$|z| = \sqrt{x^2 + y^2} \tag{10.43}$$

を z の**絶対値**という．z に含まれる虚数単位 i を $-i$ に変えた

$$z^* = x - iy \tag{10.44}$$

を z の**複素共役**という．z^* を用いると，

$$|z| = \sqrt{zz^*}, \qquad \mathrm{Re}\, z = \frac{z + z^*}{2}, \qquad \mathrm{Im}\, z = \frac{z - z^*}{2i} \tag{10.45}$$

である．図 10.12 のように，$x + iy$ をデカルト座標の点 (x, y) に対応づけることができる．これを**ガウス平面**という．

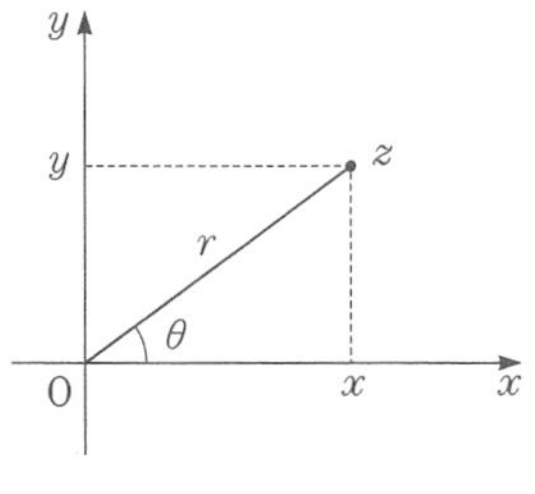

図 10.12

また複素数は，別の実数の組 (r, θ) を用いて，**複素指数関数**

$$z = r\, e^{i\theta} \tag{10.46}$$

で表すこともできる．これを複素数 z の**極形式**という．$x + iy$ と (r, θ) の間には

$$r = \sqrt{x^2 + y^2}, \qquad x = r\cos\theta, \qquad y = r\sin\theta \qquad \left(\tan\theta = \frac{y}{x}\right) \tag{10.47}$$

という関係がある．よって，これは $x + iy$ を表す点の 2 次元極座標表示に

対応している．

$$|z| = \sqrt{r\,e^{i\theta} \times r\,e^{-i\theta}} = r \tag{10.48}$$

だから，r は z の絶対値である．θ を z の**偏角**という．

例題 10.3

（1） 複素数 $z = 1 + i$ を極形式で表しなさい．

（2） $z = 2e^{i\pi/2}$ を $x + iy$ の形で表しなさい（図 10.13）．

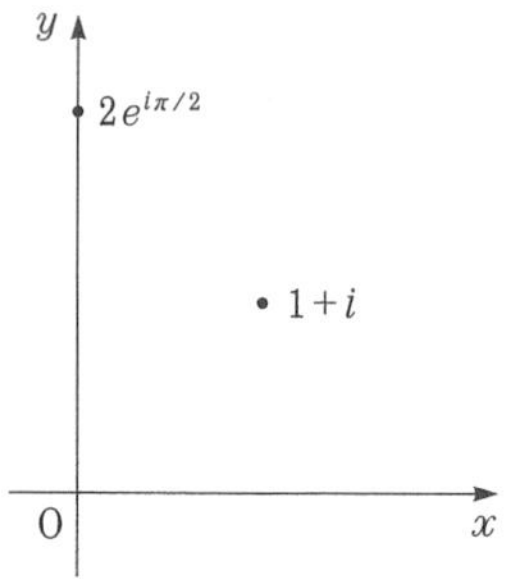

図 10.13

［解］（1） $r = \sqrt{1^2 + 1^2} = \sqrt{2}$，　$\cos\theta = \sin\theta = 1/\sqrt{2}$　より　$\theta = \pi/4$ だから　$z = \sqrt{2}e^{i\pi/4}$

（2） $\cos\dfrac{\pi}{2} = 0$，　$\sin\dfrac{\pi}{2} = 1$　だから　$z = 2i$ ¶

§10.4　交 流 回 路

図 10.14 のように三角関数的に変動する電圧，電流をそれぞれ**交流電圧**，**交流電流**，または単に**交流**という．抵抗，コンデンサー，コイルなどを含む回路に**交流電圧源**をつないだとき，これを**交流回路**という．交流電圧源は，図 10.15 のような回路記号で表す．回路の性質は，(10.5)，(10.23)，(10.31) などの右辺の $\mathcal{E}$ を，交流的に変動する起電力

$$\mathcal{E}(t) = \mathcal{E}_0 \cos\omega t \tag{10.49}$$

に置き換えれば記述できる．ω を**角振動数**（または**角周波数**），$f = \omega/2\pi$ を**振動数**（または**周波数**），$T = 1/f = 2\pi/\omega$ を**周期**という．それぞれの次元と SI 単位は

$$[\omega] = \mathsf{T}^{-1}：\ \mathrm{rad/s},\quad [f] = \mathsf{T}^{-1}：\ \mathrm{Hz = hertz}\ (\textbf{ヘルツ}),\quad [T] = \mathsf{T}：\ \mathrm{s} \tag{10.50}$$

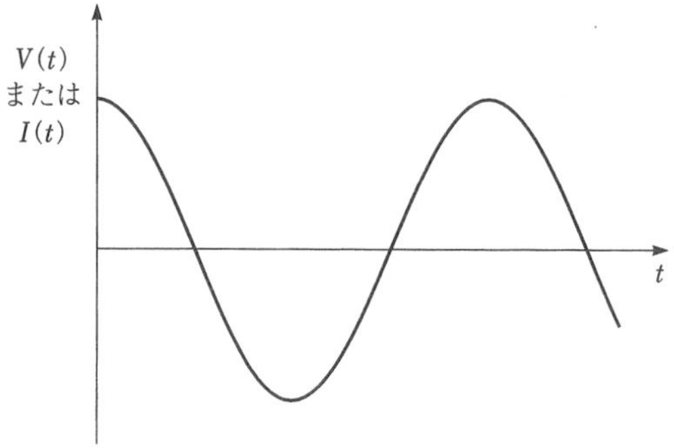

図 10.14

図 10.15

である．角度 ωt を**位相**という．

解法は§10.2 と同じ方針でよい．同次方程式の一般解は全く同じで，ただ，非同次方程式の特解が異なるだけである．面白いことに，§10.2 で述べたように同次方程式の一般解 (10.12)，(10.25)，(10.38)，(10.40)，(10.41) はすべて時間とともに減衰してしまう．つまり，それらは，最初の短い時間の変動を表すにすぎない．よって，このような，抵抗を含む回路の継続的な性質を調べるときには，減衰しない特解のみが重要になる．(現実の回路では，素子としての抵抗が含まれていなくても，導線の抵抗や電源の抵抗が存在するため，一般解は必ず減衰する．)

交流回路の特解を得る便利な方法がある．直流回路の解析の基礎は，**キルヒホフの第 1 法則**と**第 2 法則**であった．交流回路の場合も，それに対応する定式化ができる．そのためには，交流の場合について，各素子の端子間の電圧あるいは逆起電力，すなわち電圧と素子に流れ込む電流の関係を知る必要がある．それは，以下のような，**オームの法則の一般化**である．

抵　抗

抵抗 R の両端の電圧が

$$V(t) = V_0 \cos \omega t \tag{10.51}$$

のように変動しているとき，抵抗に流れ込んでいる電流は

$$I(t) = \frac{V(t)}{R} = \frac{V_0 \cos \omega t}{R} \tag{10.52}$$

のはずである．この場合，電圧と電流の位相は一致している．

コンデンサー

容量 C のコンデンサーの両端の電圧 $V(t)$ と電流 $I(t)$ の関係は（10.2）で与えられるから，極板間の電圧が（10.51）のとき

$$I(t) = C\frac{dV(t)}{dt} = -\omega C V_0 \sin\omega t = \omega C V_0 \cos\left(\omega t + \frac{\pi}{2}\right) \quad (10.53)$$

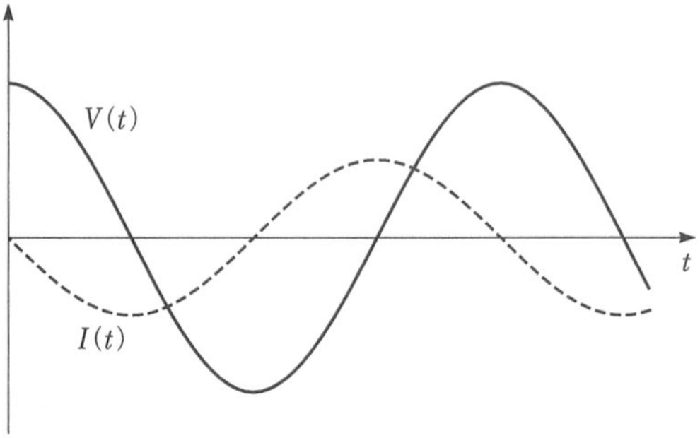

図 10.16

で表される．つまり，電流の位相は $\omega + \pi/2$ だから，図 10.16 のように電圧よりも $\pi/2$ だけ進んでいる．

コ イ ル

コイルの両端の逆起電力（10.3）は，電流の時間微分で決まるから，電流が変化することが原因で，逆起電力（電圧）は結果である．しかし，電流と両端の電圧の位相関係を知るには，逆起電力による電圧

$$V_L(t) = V_0 \cos\omega t \quad (10.54)$$

が生じているときの電流を求めればよい．（10.3）を $I(t)$ について解いて

$$I(t) = \frac{1}{L}\int_0^t V_L(t)dt = \frac{1}{L}\int_0^t V_0\cos\omega t\,dt = \frac{V_0}{\omega L}\Big[\sin\omega t\Big]_0^t$$
$$= \frac{V_0}{\omega L}\sin\omega t = \frac{V_0}{\omega L}\cos\left(\omega t - \frac{\pi}{2}\right) \quad (10.55)$$

である．つまり，電流は図 10.17 のように電圧よりも $\pi/2$ だけ位相が遅れる．（この例では初期電流 $I(0) = 0$ であるが，もし $I(0) \neq 0$ であっても無視してよい．抵抗を含む回路では減衰してしまう項だからである．）

このように，コンデンサーやコイルの場合は抵抗の場合と違って，電圧と電流の振幅の比が C や L のみならず角振動数 ω にも依存しており，かつ，

位相の進みや遅れが生じている．電圧に対する電流の位相は，コンデンサーだけに注目するとCの値によらず常に$\pi/2$だけ進み，コイルだけに注目するとLの値によらず常に$\pi/2$だけ遅れる．このことから，種類の異なる素子を複数つないだ回路の性質の解析は複雑になることが予想される．

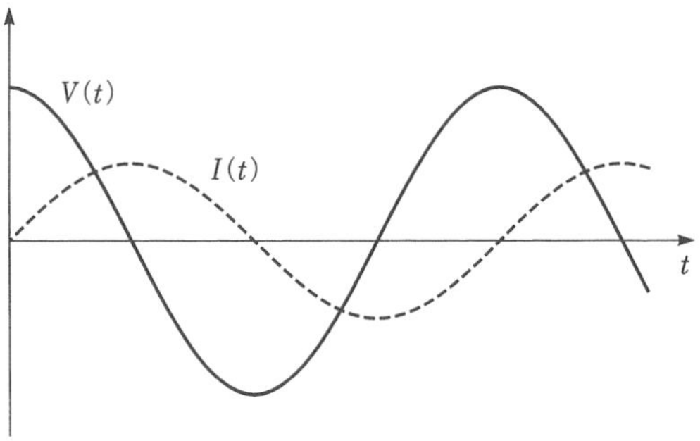

図 10.17

§10.5　複素インピーダンス

異なる種類の複数の線形素子を含む回路の解析を簡単に扱う方法が，オームの法則を拡張した**複素インピーダンス**の方法である．この方法では，交流の電圧，電流を三角関数ではなく，§10.3で述べた**複素指数関数**を用いて表す．指数関数の導関数や不定積分は，三角関数の場合と違い同じ指数関数で係数のみが変わるので，便利なのである．

電圧を，(10.51)の代りに複素数

$$\widetilde{V}(t) = V_0 e^{i\omega t} = V_0(\cos\omega t + i\sin\omega t) \tag{10.56}$$

で表す．この$\widetilde{V}(t)$の実数部が実際の交流を表している．$|\widetilde{V}(t)| = V_0$が実際の交流電圧の振幅，$\widetilde{V}(t)$の位相が実際の交流電圧の位相である．これを用いて，抵抗，コンデンサー，コイルの両端の電圧と電流の関係を表すと，抵抗の場合は

$$\tilde{I}(t) = \frac{\widetilde{V}(t)}{R} \tag{10.57}$$

である．コンデンサーの場合は

$$\tilde{I}(t) = C\frac{d\widetilde{V}(t)}{dt} = C\frac{d}{dt}V_0 e^{i\omega t} = i\omega C V_0 e^{i\omega t} = i\omega C\widetilde{V}(t) \tag{10.58}$$

である．また，コイルの場合は

$$\tilde{I}(t) = \frac{1}{L}\int_0^t \tilde{V}_L(t)\,dt = \frac{1}{L}\int_0^t V_0\,e^{i\omega t}\,dt = \frac{V_0}{i\omega L}\Big[e^{i\omega t}\Big]_0^t$$

$$= \frac{V_0}{i\omega L}(e^{i\omega t} - 1) \tag{10.59}$$

であるが，ここで，初期定数

$$\tilde{I}(0) = -\frac{V_0}{i\omega L} \tag{10.60}$$

は抵抗を含む現実の回路では減衰してしまう成分なので無視すると，

$$\tilde{I}(t) = \frac{V_0}{i\omega L}e^{i\omega t} = \frac{\tilde{V}(t)}{i\omega L} \tag{10.61}$$

である．以上をまとめて

$$\tilde{I}(t) = \frac{\tilde{V}(t)}{Z} \tag{10.62}$$

と書くとき，Z を**複素インピーダンス**，あるいは単に**インピーダンス**という．上の計算から，抵抗，コンデンサー，コイルの複素インピーダンスは，それぞれ

抵　抗：　$Z_R = R$　(10.63)

コンデンサー：　$Z_C = \dfrac{1}{i\omega C} = -\dfrac{i}{\omega C}$　(10.64)

コイル：　$Z_L = i\omega L$　(10.65)

である．

Z_C，Z_L は次のように R と同じ次元と SI 単位をもつ．

$$[Z_C] = [\omega]^{-1}[C]^{-1} = \mathsf{TQ}^{-1}[V] = \mathsf{ML}^2\mathsf{T}^{-1}\mathsf{Q}^{-2}:\ \Omega$$

$$[Z_L] = [\omega][L] = \mathsf{T}^{-1}[V]\mathsf{TI}^{-1} = [V]\mathsf{I}^{-1} = \mathsf{ML}^2\mathsf{T}^{-1}\mathsf{Q}^{-2}:\ \Omega$$

このように，各理想的な素子のインピーダンスは実数か純虚数であるが，異なる素子を含む回路の全インピーダンスは，実部と虚部をもつ一般の複素数になる．それを実数 R，X を用いて

$$Z = R + iX \tag{10.66}$$

と書くとき，実部 R を**抵抗**，虚部 X を**リアクタンス**という．

例題 10.4

複素インピーダンスを用いて，抵抗，コンデンサー，コイルの両端の電圧，あるいは逆起電力と電流の位相の関係を求めなさい．

［**解**］

抵　抗：
$$\tilde{I}(t) = \frac{\widetilde{V}(t)}{Z_R} = \frac{\widetilde{V}(t)}{R} \tag{10.67}$$

より，位相差はない．

コンデンサー：
$$\tilde{I}(t) = \frac{\widetilde{V}(t)}{Z_C} = i\omega C\widetilde{V}(t) = \omega C\widetilde{V}(t)e^{i\pi/2} = \omega CV_0\, e^{i(\omega t+\pi/2)} \tag{10.68}$$

より，電流の位相が $\pi/2$ だけ進む．

コイル：
$$\tilde{I}(t) = \frac{\widetilde{V}(t)}{Z_L} = \frac{\widetilde{V}(t)}{i\omega L} = -i\frac{\widetilde{V}(t)}{\omega L} = \frac{\widetilde{V}(t)}{\omega L}e^{-i\pi/2} = \frac{V_0}{\omega L}e^{i(\omega t-\pi/2)} \tag{10.69}$$

より，電流の位相が $\pi/2$ だけ遅れる．

なお，ここでの位相の進みや遅れは因果関係によるものではない．あくまで，安定な交流が流れているときの位相関係である．　¶

合成インピーダンス

複数の素子から成る交流回路の解析の例として，図 10.18 のように，複素インピーダンスが Z_1，Z_2 であるような素子を直列につないで，交流電源から起電力（10.49）が加えられている場合を考える．複素インピーダンスを使った解析では，交流起電力を

$$\widetilde{\mathcal{E}}(t) = \mathcal{E}_0\, e^{i\omega t} \tag{10.70}$$

に置き換える．そうすると，複素電流 $\tilde{I}(t)$ は**キルヒホフの第 2 法則**より，端子間の複素電圧の和と電源の複素起電力に等しいと置いて

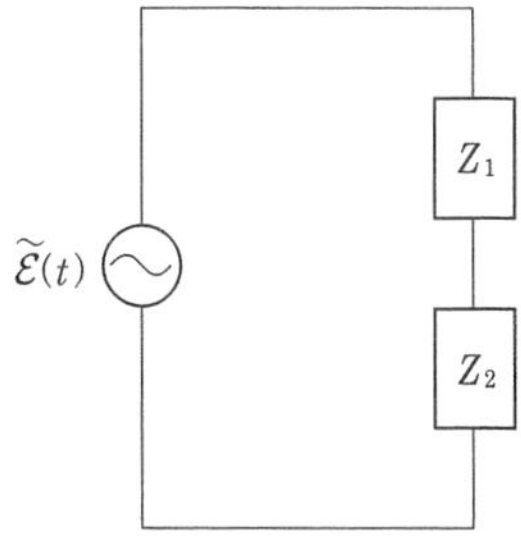

図 10.18

$$Z_1\tilde{I}(t) + Z_2\tilde{I}(t) = \widetilde{\mathcal{E}}(t) \tag{10.71}$$

から求めることができる．これは，(10.5) や (10.23) と異なり単なる代数方程式だから，解は簡単に得られて次のようになる．

$$\tilde{I}(t) = \frac{\tilde{\mathcal{E}}(t)}{Z} \tag{10.72}$$

$$\text{ただし}\qquad Z = Z_1 + Z_2 \tag{10.73}$$

以上からわかるように，複素インピーダンスを用いることにより，交流回路が抵抗だけを含む直流回路と同じ扱いで解析できる．すなわち，回路のつなぎ方から素子の**合成インピーダンス**を計算して，それを (10.72) に代入するだけで複素電流が得られる．Z を複素指数関数を用いて

$$Z = |Z|e^{i\theta} \tag{10.74}$$

と表すと

$$\tilde{I}(t) = \frac{\tilde{\mathcal{E}}(t)}{|Z|e^{i\theta}} = \frac{\mathcal{E}_0}{|Z|}e^{i(\omega t-\theta)} \tag{10.75}$$

である．実際の電圧と電流の関係は，この実数部分をとって

$$I(t) = \frac{\mathcal{E}_0}{|Z|}\cos(\omega t - \theta) \tag{10.76}$$

である．このように，**合成インピーダンス**の絶対値から電流の振幅が，また合成インピーダンスの位相から電圧と電流の位相差が決まる．詳しくいうと，(10.62) で Z は分母にあるため，Z の位相が θ のとき，電圧に対する電流の**位相**はこのように $-\theta$ になる．

RC 回 路

まず，図 10.19 のような RC 回路に交流電源 (10.49) をつないだ場合を

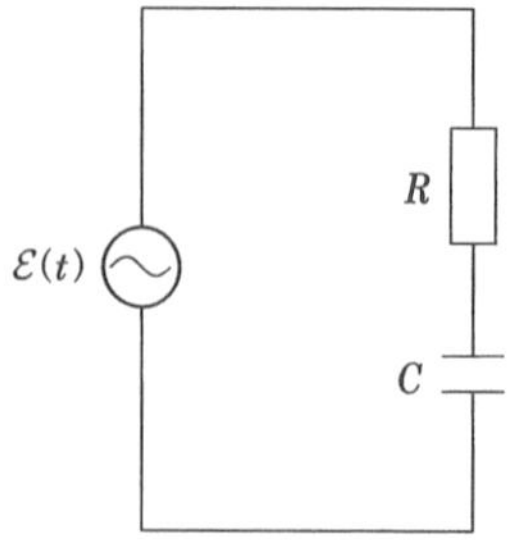

図 10.19

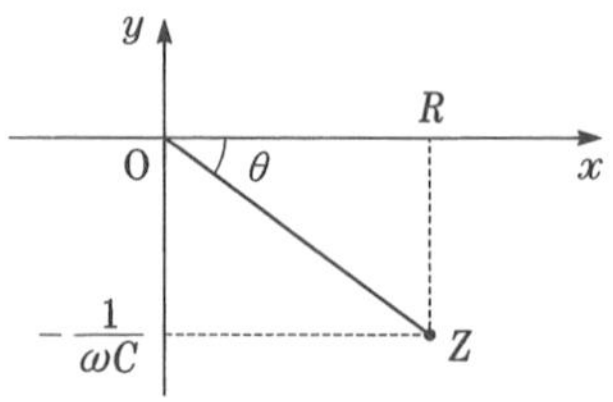

図 10.20

考えよう．合成インピーダンスは

$$Z = Z_R + Z_C = R + \frac{1}{i\omega C} = R - \frac{i}{\omega C} \tag{10.77}$$

つまり，抵抗はR，リアクタンスは$-1/\omega C$である．Zをガウス平面で表すと図10.20のようになるから，複素指数関数を使うと

$$Z = |Z|e^{i\theta}, \quad |Z| = \sqrt{R^2 + \frac{1}{\omega^2 C^2}}, \quad \tan\theta = -\frac{1}{\omega RC} < 0 \tag{10.78}$$

である．$\theta < 0$だから，(10.76) より電流は電圧に比べて位相が進んでいる．しかしこの位相差はもはや，コンデンサーだけの回路のように$\pi/2$ではなく，しかもωに依存する．(ただしこの場合も，コンデンサーだけに注目すると，端子電圧と流れ込む電流の関係は (10.68) で表され，電流の位相が常に$\pi/2$だけ進んでいる．)

$|Z|$は直流 ($\omega \to 0$) に対して無限大だから，この回路は直流を流さない．また ($\omega \to \infty$) で$|Z| = R$になる．つまり，コンデンサーの部分は直流に対しては断線と同じで，高い周波数の交流に対しては**短絡（ショート）**したのと同じである．

例題 10.5

図10.21の回路において，交流電源の起電力の振幅$\mathcal{E}_0 = 10$ V，$C = 1\,\mu$F，$R = 1$ kΩとする．$\omega \to \infty$での電流振幅I_∞と電圧に対する位相を求めなさい．また，電流振幅$I = I_\infty/10$になる周波数，および，そのときの電圧に対する電流の位相を求めなさい．

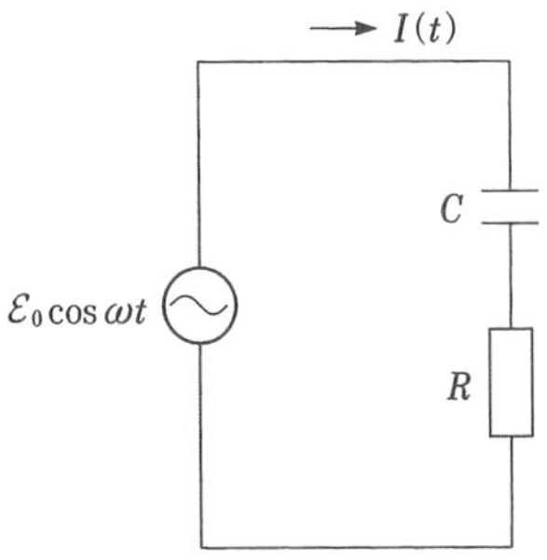

図 10.21

[**解**] (10.78) より，$\omega \to \infty$のとき

$$|Z| \to R, \quad \tan\theta \to 0 \tag{10.79}$$

だから

$$I_\infty = \frac{\mathcal{E}_0}{R} = \frac{10}{10^3} = 10^{-2}\,\mathrm{A} \quad \text{で} \quad \theta = 0 \tag{10.80}$$

つまり，位相差はない．また，$I = I_\infty/10$ になるのは

$$\sqrt{R^2 + \frac{1}{\omega^2 C^2}} = 10R \tag{10.81}$$

のときだから

$$\omega = \frac{1}{\sqrt{99}\,RC} \quad \text{より} \quad f = \frac{1}{2\pi\sqrt{99}\,RC} = 16.0\,\mathrm{Hz} \tag{10.82}$$

である．また，

$$\tan\theta = -\sqrt{99} = -9.95 \quad \text{より} \quad \theta = -1.47\,\mathrm{rad} = -84.3^\circ \tag{10.83}$$

である．よって，(10.75) より電流の位相の方が 1.47 rad (84.3°) だけ進んでいる．

¶

RL 回 路

次に，図 10.22 のような *RL* 回路に，交流電圧源をつないだ場合を考える．合成インピーダンスは

$$Z = Z_R + Z_L = R + i\omega L \tag{10.84}$$

つまり，抵抗は R，リアクタンスは ωL である．これをガウス平面に描くと図 10.23 のようになるから，

$$Z = |Z|e^{i\theta}, \quad |Z| = \sqrt{R^2 + \omega^2 L^2},$$
$$\tan\theta = \frac{\omega L}{R} > 0 \tag{10.85}$$

である．Z の位相 $\theta > 0$ だから，電流は電圧に比べて位相が遅れている．位相差は ω に依存する．また，$\omega \to 0$ に対しては $|Z| = R$ だから，コイルは直流に対しては単なる導線の役割しか果たさない．$\omega \to \infty$ では $|Z| \to \infty$ になり，電流が流れなくなる．これは高い周波数の交流は変化が激しいので，大きな逆起

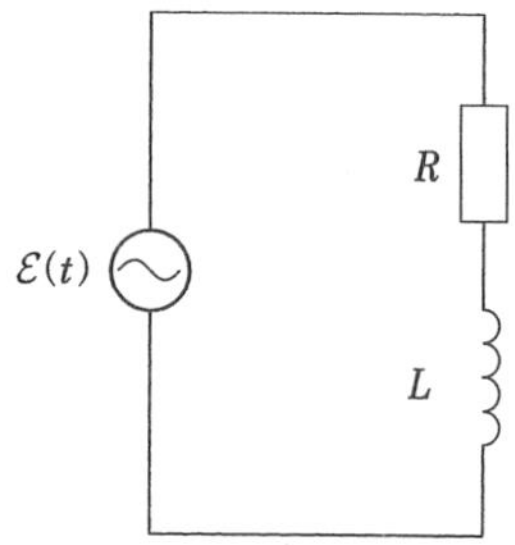

図 10.22

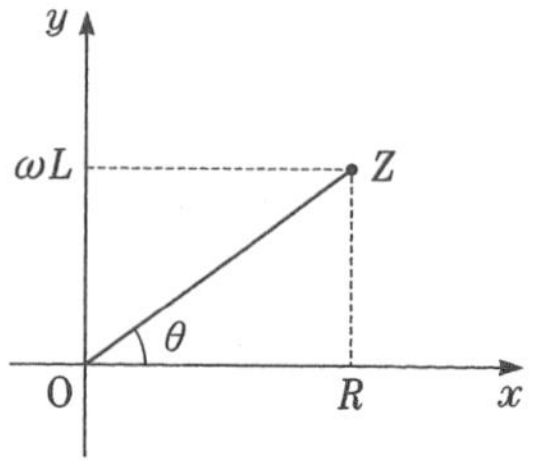

図 10.23

電力が生じて電流が流れないからである．

LCR 回路

次に，図 10.24 のような LCR 回路に，同じ交流電源をつないだ場合は，合成インピーダンスは

$$Z = Z_R + Z_L + Z_C = R + i\omega L + \frac{1}{i\omega C} = R + i\left(\omega L - \frac{1}{\omega C}\right) \tag{10.86}$$

つまり，Z の抵抗は R，リアクタンスは $\omega L - 1/\omega C$ である．これをガウス平面に描くと図 10.25 のようになるから，

$$Z = |Z|e^{i\theta}, \qquad |Z| = \sqrt{R^2 + \left(\omega L - \frac{1}{\omega C}\right)^2}, \qquad \tan\theta = \frac{\omega L - \frac{1}{\omega C}}{R} \tag{10.87}$$

である．ただし，この図では $\theta > 0$ として描いてあるが，θ の符号は角振動数 ω に依存して変化する．

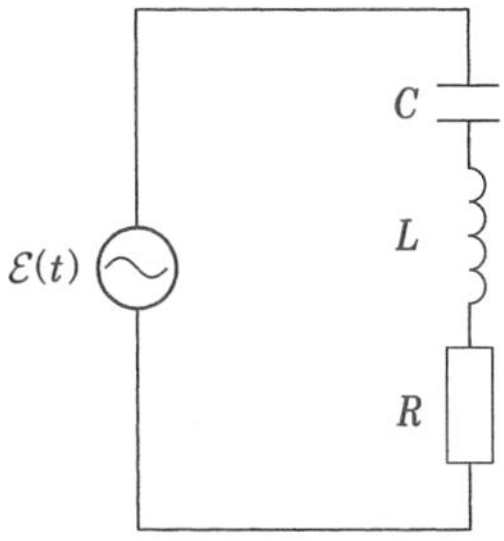

図 10.24

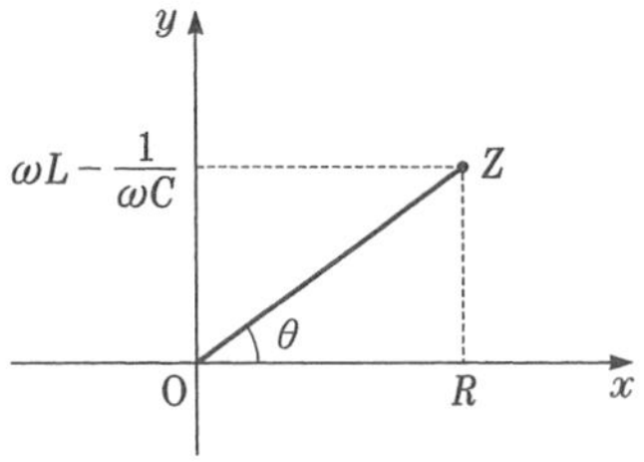

図 10.25

この回路の $|Z|$ は $\omega \to 0$ に対しても $\omega \to \infty$ に対しても ∞ になり，電流が流れなくなる．そして，途中に $|Z|$ が極小をとる角周波数がある．それは

$$\omega L - \frac{1}{\omega C} = 0 \tag{10.88}$$

を満たす角周波数で，このときの ω を ω_0 とすると

$$\omega_0 = \frac{1}{\sqrt{LC}}, \qquad f_0 = \frac{\omega_0}{2\pi} = \frac{1}{2\pi\sqrt{LC}} \tag{10.89}$$

である．ω_0 を**共振角周波数**，f_0 を**共振周波数**という．このとき $|Z|=R$ であり，コンデンサーとコイルがない場合と同じ電流が流れる．また，このとき $|Z|=R$（実数）だから，$I(t)$ の位相は $V(t)$ に等しい．

演習問題

［**1**］ コイルに直流電流が流れている状態で，その電流を遮断するように回路の一部を切ると，そこに火花が飛ぶ．その理由を説明しなさい．

［**2**］ 抵抗 $R=10\,\Omega$ と自己インダクタンス $L=50\,\mathrm{mH}$ のコイルを直列につないだ回路に 100 Hz，振幅 30 V の交流電圧を加えたときに流れる電流と，電流の電源電圧に対する位相差を求めなさい．

［**3**］ 抵抗 R と，静電容量 C のコンデンサーを直列につないだ回路に振幅 $\mathcal{E}_0$，周波数 f Hz の交流電源をつないだところ，抵抗に振幅 V の電圧が発生した．R と C の関係を求めなさい．

［**4**］ LCR 回路を流れる電流の振幅が共振時の $1/\sqrt{2}$ となる角周波数を ω_1，ω_2（$\omega_1<\omega_2$）とするとき，$\omega_2-\omega_1$ を半値幅という．また，共振角周波数を ω_0 とするとき，$Q=\omega_0/(\omega_2-\omega_1)$ は共振の鋭さを表す量である．これを Q 値という．共振の半値幅と Q 値を L，C，R で表しなさい．

［**5**］ 図 10.26 の回路で，$L=100\,\mathrm{mH}$，$C=0.1\,\mu\mathrm{F}$，$R=100\,\Omega$ である．スイッチ S を開いた状態でコンデンサーに外部から直流電源をつなぎ，10 V に充電する．次に，電源をはずしてスイッチ S を閉じた．その後の回路の電流の様子を調べなさい．

［**6**］ 極板の面積 A，間隔 d の平行板コンデンサーが図 10.27 のような回路につながれている．はじめ極板は帯電していなかったとして，スイッチ投入後の極板間の変位電流密度と変位電流を時間の関数として求めなさい．

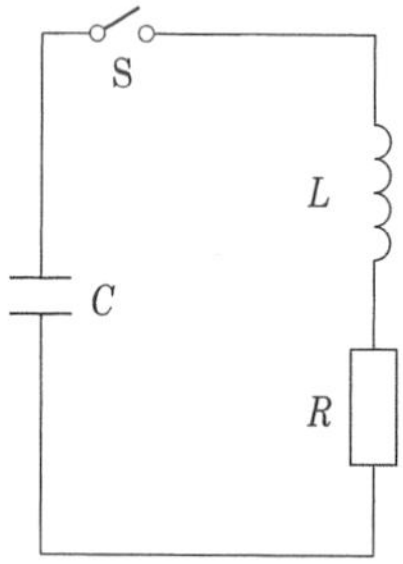

図 10.26

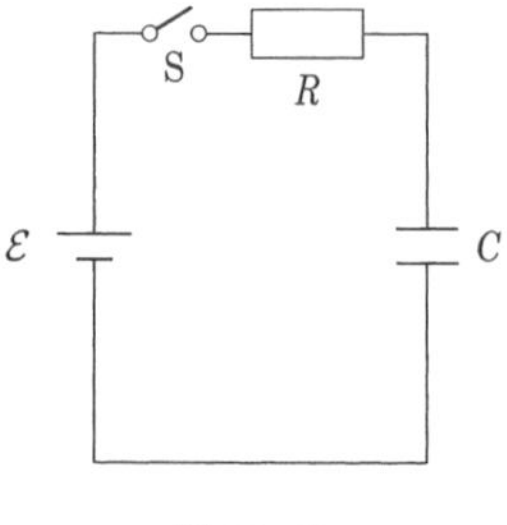

図 10.27

11 物質の磁気的性質

第8章で電流の周りに磁場ができることを述べたが，永久磁石の磁気作用は電流の磁気作用が見出されるずっと以前から知られていた．ただし，磁場の概念はファラデーに由来するものだから，それ以前は磁石の間にはたらく力として磁気の効果が認識されていた．磁石は2種類の異なる磁極（N極，S極とよばれる）をもち，同種の極は反発し合い，異種の極は引き合う．このことから，電荷に類似する磁荷が存在し，力の原因になっているように思われる．しかし，長年の探索の努力にもかかわらず，磁荷は発見されていない．磁石の内部でさえ，マクスウェル方程式（8.90），すなわち，磁場 $\boldsymbol{B}$ に対するガウスの法則の，右辺は0なのである．本書では，磁荷の存在はモデルとしても仮定しないで，磁場について述べていくことにする．

§11.1 物質の磁性に関する実験事実

大部分の物質の示す磁気的性質は誘電的性質に比べると顕著ではないが，すべての物質は何らかの磁気的性質をもっている．物質をその磁気的性質に注目して扱うとき，**磁性体**という．ただし，単に磁性体というときに強磁性体という特殊な物質を意味することもあるので，混乱を避けるために，本書では磁性体一般を，単に物質とよぶことにする．

物質の磁気に関する実験事実として，以下の現象を挙げておこう．図11.1のように，電流が流れている，あまり長くないソレノイド・コイルの中にちょうど収まる棒状の物質を挿入し，周りの真空中の磁場を精密に測定すると，物質の種類によって次の3つ（細かく分けると4つ）の場合がある．

（a）　物質を挿入すると磁場はわずかに弱くなる．コイルの電流を 0 にもどすと磁場も 0 になる（**反磁性体**）．

（b）　物質を挿入すると磁場はわずかに強くなる．コイルの電流を 0 にもどすと磁場も 0 になる（**常磁性体**）．

（c）　物質を挿入すると磁場は相当強くなる．コイルの電流を 0 にもどしても弱い磁場が残る（**磁気的に軟らかい強磁性体**）．

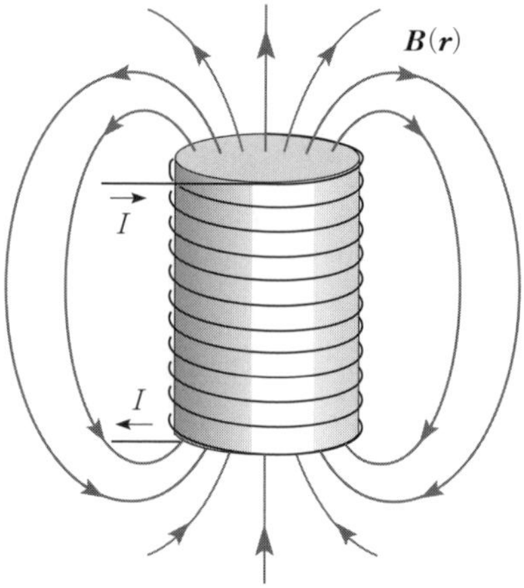

図 11.1

（c）′　磁場は相当強くなる．コイルの電流を 0 にもどしても相当強い磁場が残り，永久磁石になる（**磁気的に硬い強磁性体**）．

身の周りにある多くの絶縁体や銅などの金属は反磁性体である．金属でも，アルミニウムなどは常磁性体である．また，鉄やコバルトなどの金属やそれらの合金や化合物は強磁性体である．鉄でも軟鉄は軟らかい強磁性，鋼（はがね）は硬い強磁性を示す．

冒頭で述べたように強磁性体は磁気の効果が大きく，特に永久磁石は我々にとって身近なものなので，磁性体といえばそれを思い浮かべがちである．しかし，永久磁石になる硬い強磁性はむしろ特殊な磁性であるから，磁性の一般論を学ぶ際に永久磁石を例として思い浮かべない方がよい．第 7 章で誘電体について述べたとき，自発分極する強誘電体は特殊な例であった．硬い強磁性体は，いわば自発分極する強誘電体に相当する特殊な物質である．

本書では，物質のマクロな磁性に共通な事柄を最初に述べ，次に，線形な性質を示す反磁性と常磁性に対する考察と，線形でない強磁性体に対する考察を区別して行う．

§11.2　原子・分子・イオンの磁気モーメントと物質の磁化

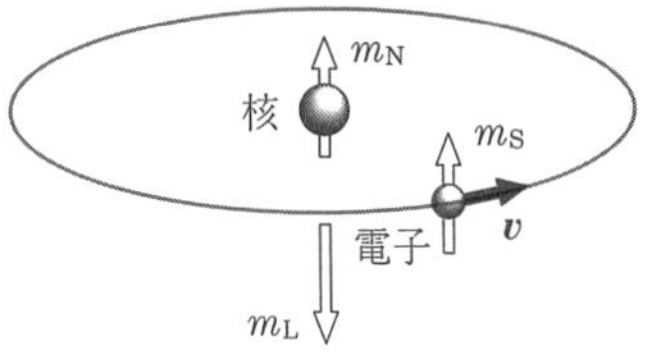

図 11.2

物質の磁性は，微視的に見ると，図 11.2 に模式的に示す原子や分子やイオンがもつ磁気モーメント（m で表すが，質量ではない）の効果である．この磁気モーメントは，

i）　電子の**スピン**（自転を意味する．ただし，実際に自転しているわけではない．）に起因するもの（図 11.2 の m_S）．

ii）　電子が原子核の周りを回る**軌道運動**に起因するもの（図 11.2 の m_L）．ただし，m_L が軌道の角運動量量子数に関係しているだけで，図のような円軌道があるわけではない．

iii）　原子核のスピンに起因するもの（図 11.2 の m_N）．

とから成り立っている．原子や分子やイオンは通常複数個の原子核と電子から成り立っているから，それらからの寄与の和が，個々の原子，分子，イオンなどの磁気モーメントとなる．ただし，原子核の磁気モーメントは一般に電子のスピンによる磁気モーメントより 3 桁ほど小さいので，マクロな磁場にはほとんど寄与しない．

反磁性体では，それを構成する原子，分子，イオンなどの電子のスピンおよび軌道運動による磁気モーメントが完全に打ち消し合って 0 になっている．これに外からの磁場をかけると，その磁場を打ち消そうとするかのように電子の軌道運動が変化する．電磁誘導と似たようなことが起こるのである．このため，周りの磁場がわずかながら弱くなる．これは自然の基本的性質であるから，常磁性体や強磁性体を含めてすべての物質に存在する効果である．物質が導体の場合は，この他に外からの磁場の増加にともなって電磁誘導によるマクロな電流が起きる．しかし，通常の導体では，この電流は抵抗によってジュール熱に変換され，消えてしまうので，外場が一定になった状態では考えなくてよい．**超伝導状態**にある物質では，この電流が流れ続ける．

常磁性体を構成する原子，分子，イオンの場合は外から磁場がかけられていないときも磁気モーメントは0ではない．しかし，外場がないときは，それらの磁気モーメントの向きがバラバラなので，物質全体としてはマクロな磁気はもたない．外から磁場をかけると，各原子などの磁気モーメントがある程度同じ向きにそろう．その効果は先に述べた反磁性的な軌道の変化の効果を上回り，物質は磁場の向きにマクロに磁化する．

強磁性体では，原子，分子，イオン等の磁気モーメント同士が強く相互作用して，磁気モーメントの整列の度合が常磁性体に比べるとはるかに大きくなる．これによって，内外に強い磁場を作る．また，一度整列すると，外からの場がなくなってもイオンが互いの整列状態を保つように協力し合って，磁化したままになる．これを**自発磁化**といい，これが永久磁石の状態である．

§11.3　ミクロな磁気モーメントとマクロな磁場

磁　化

ミクロな磁気モーメントの集合をマクロな電磁気学で扱うには，物質の誘電的性質を扱った場合と同じように，粗視化の手続きが必要である．磁気の場合は，図11.3(a)のような原子，分子，イオンなどの磁気モーメントを

$$\boldsymbol{M}(\boldsymbol{r}) = \lim_{\Delta V \to 0} \frac{\displaystyle\sum_{i(\Delta V内)} \boldsymbol{m}_i}{\Delta V} \qquad \text{(粗視化の意味で)} \tag{11.1}$$

のように粗視化して，**磁化**とよばれるベクトル場 $\boldsymbol{M}(\boldsymbol{r})$ を定義する．ここで，ミクロな磁気モーメント $\boldsymbol{m}_i$ を，マクロな磁気モーメント (8.86) で

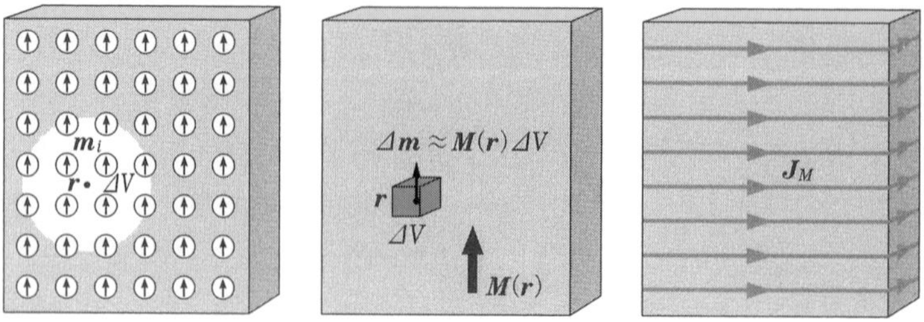

(a)　　　(b)　　　(c)

図11.3

$\boldsymbol{m}$を一定に保ちつつ$A \to 0$, $I = \infty$の極限をとったものと考えるのは，あまり良いモデルではない．電気双極子モーメント（4.59）のqや$\boldsymbol{d}$と異なり，AやIに対応する実体はなく，磁気モーメント$\boldsymbol{m}$として最初から原子上に存在している．$\boldsymbol{M}(\boldsymbol{r})$の次元とSI単位は

$$[M] = [m]\mathsf{L}^{-3} = \mathsf{QT}^{-1}\mathsf{L}^{2}\mathsf{L}^{-3} = \mathsf{QT}^{-1}\mathsf{L}^{-1} : \ \mathrm{A/m} \qquad (11.2)$$

で$\boldsymbol{H}$と同じである．当然，磁気モーメント$\boldsymbol{m}$とは次元が異なる．$\boldsymbol{M}(\boldsymbol{r})$の大きさは単位体積当たりの磁気モーメントに等しい．$\boldsymbol{M}(\boldsymbol{r})$を用いると，図11.3(b)のような体積$\Delta V$のマクロな微小領域内の磁気モーメントの和は

$$\Delta\boldsymbol{m}(\boldsymbol{r}) = \sum_{i(\Delta V内)} \boldsymbol{m}_i \approx \boldsymbol{M}(\boldsymbol{r})\,\Delta V \qquad (11.3)$$

である．粗視化の意味で$\Delta V \to 0$とすると，$\approx$は$=$となる．以下では，その意味で$=$で表記する．

用語について再確認しておくと，物質のミクロな磁気モーメント$\boldsymbol{m}_i$がそろうことを，その物質が**磁化する**（動詞）というが，単に**磁化**（名詞）という場合は，上のように粗視化によって定義したベクトル場$\boldsymbol{M}(\boldsymbol{r})$を意味する．

磁化電流

個々のミクロな原子，分子，イオンなどがもつ磁気モーメントはミクロな磁場を作るから，その集合体も磁場を作る．それは，各磁気モーメントの作る磁場の単純な重ね合わせになる．そのようにしてできるマクロな磁場がどうなるかは，各磁気モーメントをまず磁化$\boldsymbol{M}(\boldsymbol{r})$で表現してから重ね合わせればわかる．その数学的な手続きは，§7.5で行った分極$\boldsymbol{P}(\boldsymbol{r})$が作る静電ポテンシャルの重ね合わせの計算よりさらに込み入っているので，ここでは行わない．しかし，粗視化した後の磁気モーメントが電流ループと数学的に等価に扱えることを利用して，考察を行う．

いま，簡単のために一様に磁化して磁化$\boldsymbol{M}$をもつ物質を考える．この物質が強磁性体の永久磁石の状態でないとすると，磁化を生じさせた外からの磁場が同時にかかっているはずである．しかし，外場は磁化の影響を受けないので，磁化が作る磁場を別に考えて単純に加え合わせればよい（**重ね合わせの原理**）．ただし，磁化$\boldsymbol{M}$は，自分が作る磁場と外からの磁場の両方を

受けて生じているという複雑なことになっている．

この物質の内部に，図 11.4 のような，磁化に垂直な底面積 ΔA，厚さ Δl の微小な直方体を切り出す．それに含まれる磁気モーメントは

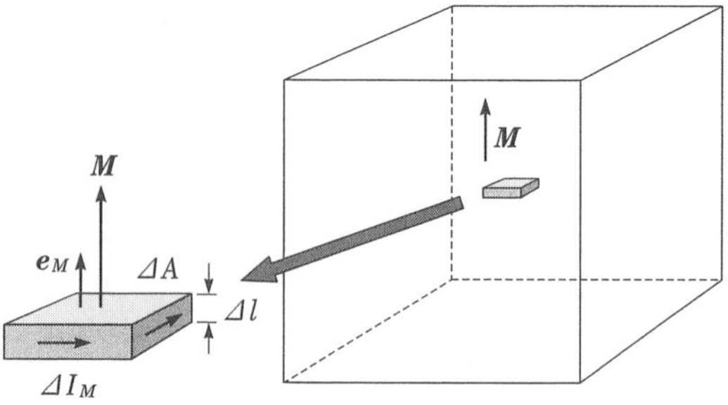

図 11.4

$$\Delta \boldsymbol{m} = \boldsymbol{M}\,\Delta V = \boldsymbol{M}\,\Delta A\,\Delta l = M\,\Delta A\,\Delta l\,\boldsymbol{e}_M \tag{11.4}$$

である．$\boldsymbol{e}_M$ は $\boldsymbol{M}$ の向きの単位ベクトルである．一方，$\Delta A\,\Delta l$ はマクロな微小領域の体積だから，$\Delta \boldsymbol{m}$ をその側面を流れる仮想的な電流 ΔI_M を用いて

$$\Delta \boldsymbol{m} = \Delta I_M\,\Delta A\,\boldsymbol{e}_M \tag{11.5}$$

と表すことができる．ΔI_M を**磁化電流**または**アンペール電流**という．これに対して通常の電流を**伝導電流**または**真電流**という．ΔI_M の向きは，$\boldsymbol{e}_M$ の向きに進む右ネジを回す向きである．ΔI_M の大きさは，これらの式から

$$\Delta I_M = M\,\Delta l \tag{11.6}$$

である．ΔI_M は，板の厚さ Δl に比例するが，面積 ΔA には依存しない．このことから，微小領域の形は直方体でなくともよいことがわかる．この物質をまず多くの薄板に分け，薄板をさらに多数のマクロな微小部分に区分けする．図 11.5 に薄板の 1 枚を示す．磁化が一様であれば微小部分の側面の境界では，隣り同士の微小部分の磁化電流は大きさが同じで向きが反対なので打ち消し合い，結局，薄板の側面外周を流れる大きさ (11.6) の磁化電流のみが残る．その単位厚さ当たりの大きさ，つまり面電流密度は，

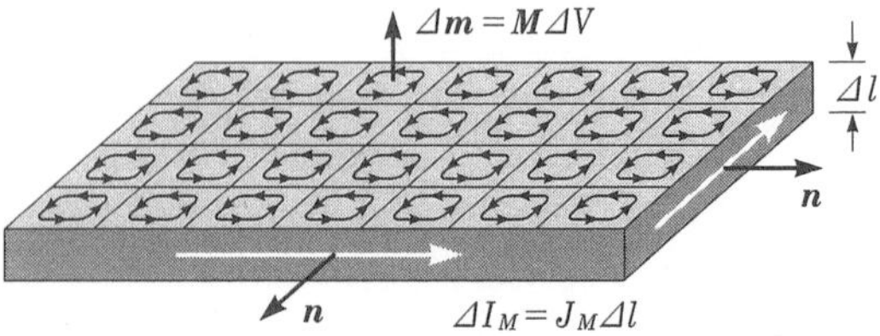

図 11.5

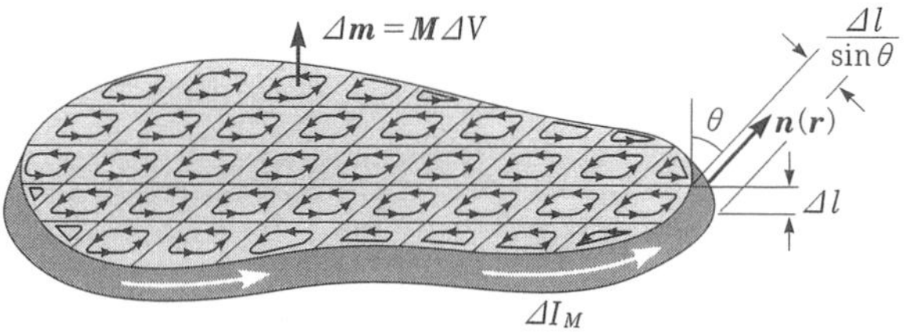

図 11.6

$$J_M = \frac{\Delta I_M}{\Delta l} = M \tag{11.7}$$

である．もし物質が任意の形であれば，薄板の側面は一般に図 11.6 のように，必ずしも $\boldsymbol{M}$ に平行ではない．この場合は，同じ磁化電流 ΔI_M がより広い面積を流れているので，面電流密度 J_M はその分だけ小さく，

$$J_M = \frac{\Delta I_M}{\Delta l}\sin\theta = M\sin\theta \tag{11.8}$$

となる．θ は，磁化 $\boldsymbol{M}$ と側面の法線ベクトル $\boldsymbol{n}(\boldsymbol{r})$ の間の角度を表す．以上から，磁化電流は向きも含めて**表面磁化電流密度ベクトル**の場

$$\boldsymbol{J}_M(\boldsymbol{r}) = \boldsymbol{M} \times \boldsymbol{n}(\boldsymbol{r}) \tag{11.9}$$

で表されることがわかる．つまり，一様に磁化した物質内の磁化 $\boldsymbol{M}$ 全体が作る磁場 $\boldsymbol{B}(\boldsymbol{r})$ は，図 11.3(c) のように側面に面電流密度 $\boldsymbol{J}_M$ の磁化電流が流れているときの磁場に等しい．磁化電流を磁場の強さ $\boldsymbol{H}(\boldsymbol{r})$ ではなく磁場 $\boldsymbol{B}(\boldsymbol{r})$ に関係づけるのは，$\boldsymbol{B}(\boldsymbol{r})$ の方が本質的な場だからである．物質中の $\boldsymbol{H}(\boldsymbol{r})$ については，後ほどあらためて物質の磁化を含む形に定義を一般化する．

なお，磁化電流は物質内のすべての磁化の効果の重ね合わせと同等の効果をもつ電流として考えたものであり，実際に電流が流れているわけではない．また，予め分子などの $\boldsymbol{m}_i$ を粗視化して連続的なベクトル場である磁化 $\boldsymbol{M}(\boldsymbol{r})$ に置き換えてしまったのだから，ここで行った考察で，個々の原子，分子，イオンなどを思い浮かべてはならない．

磁化 $\boldsymbol{M}(\boldsymbol{r})$ が一様でない場合に，その全体が作るマクロな磁場を，ここで行った操作に対応する数学的に厳密な扱いで計算すると，表面磁化電流密度（11.9）に加えて，内部に存在する**体積磁化電流密度ベクトル**の場

$$\boldsymbol{j}_M(\boldsymbol{r}) = \mathrm{rot}\,\boldsymbol{M}(\boldsymbol{r}) = \nabla \times \boldsymbol{M}(\boldsymbol{r}) \tag{11.10}$$

が現れる．ただし，一様な磁化の場合は，$\nabla \times \boldsymbol{M} = 0$ になるので $\boldsymbol{j}_M(\boldsymbol{r})$ は現れなかった．((11.10) に現れたベクトル場の回転 rot については，付録 A.5 を参照されたい．本節では，ここに現れるだけである．）なお，一般に強磁性体を含めて一様な物質では，$\nabla \times \boldsymbol{M}(\boldsymbol{r}) \neq 0$ であるような磁化 $\boldsymbol{M}(\boldsymbol{r})$ が生じることはほとんどない．

表面磁化電流密度 $\boldsymbol{J}_M$（大文字の $\boldsymbol{J}$ で表記）の次元と SI 単位は

$$[J_M] = [M] = \mathsf{QT}^{-1}\mathsf{L}^{-1}: \ \mathrm{A/m} \tag{11.11}$$

であり，体積磁化電流密度 $\boldsymbol{j}_M$（小文字の $\boldsymbol{j}$ で表記）の次元と SI 単位は

$$[j_M] = [M]\mathsf{L}^{-1} = \mathsf{QT}^{-1}\mathsf{L}^{-2}: \ \mathrm{A/m^2} \tag{11.12}$$

である．

例題 11.1

長さ方向に一様な磁化 $\boldsymbol{M}$ をもつ円柱形および球形の物質の表面磁化電流密度を求めなさい．

［**解**］ 図 11.7(a) のように，円柱形の物質は，中心軸を z 軸とする円筒座標で

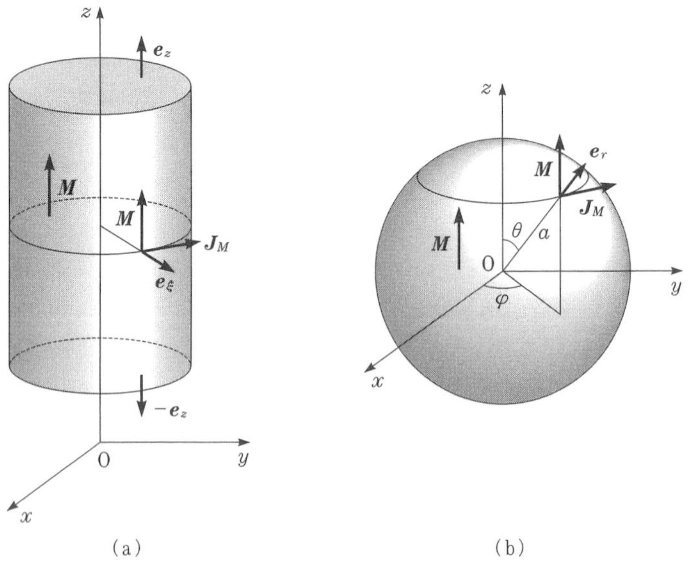

図 11.7

考えると $\boldsymbol{M} = M\,\boldsymbol{e}_z$ である．上面では法線ベクトル $\boldsymbol{n} = \boldsymbol{e}_z$ だから，

$$\boldsymbol{J}_M = M\,\boldsymbol{e}_z \times \boldsymbol{e}_z = 0 \tag{11.13}$$

である．下面も同様に $\boldsymbol{J}_M = 0$ である．側面は $\boldsymbol{n} = \boldsymbol{e}_\xi$ だから，一様に

$$\boldsymbol{J}_M = \boldsymbol{M}\,\boldsymbol{e}_z \times \boldsymbol{e}_\xi = M\,\boldsymbol{e}_\varphi \tag{11.14}$$

である．

半径 a の球の場合は図(b) のように極座標で考えると，この場合も $\boldsymbol{M} = M\,\boldsymbol{e}_z$ である．表面上の点 $\boldsymbol{r}(a, \theta, \varphi)$ の法線ベクトルは $\boldsymbol{n}(\boldsymbol{r}) = \boldsymbol{e}_r$ だから，

$$\boldsymbol{J}_M(\boldsymbol{r}) = M\,\boldsymbol{e}_z \times \boldsymbol{e}_r = M \sin\theta\,\boldsymbol{e}_\varphi \tag{11.15}$$

である．よって，$\boldsymbol{J}_M(\boldsymbol{r})$ は表面上の各点で φ 方向の成分のみをもつ．赤道面上 $(\theta = \pi/2)$ で最も大きく $J_M = M$ で，両極に近づくにしたがって小さくなる．¶

物質の外部の磁場に対する物質の効果

以上のことから，§11.1 で列挙したあまり長くないソレノイド・コイルの中にちょうど収まる物質を入れたときの物質の外の磁場の様子を，磁化 $\boldsymbol{M}$ と関係づけて定性的に理解できる．いずれの場合も，図 11.1 の形で磁場の大きさのみが違う．

（a） もし物質が反磁性体であれば，ソレノイドの中の磁場 $\boldsymbol{B}$ と反対向きの磁化 $\boldsymbol{M}$ が生じる．$\boldsymbol{M}$ が作る磁場は，ソレノイドを流れる電流と反対向きに側面を流れる面電流密度 $\boldsymbol{J}_M$ の磁化電流の効果に置き換えることができる．それは，あたかも外から流している真電流（マクロな電流）が少なくなったかのような効果を生じ，内外の磁場 $\boldsymbol{B}$ はわずかに弱くなる．

（b） もし物質が常磁性体であれば，ソレノイドの中の磁場 $\boldsymbol{B}$ と同じ向きの磁化 $\boldsymbol{M}$ が生じる．$\boldsymbol{M}$ が作る磁場は，ソレノイドの真電流と同じ向きの面電流密度 $\boldsymbol{J}_M$ をもつ磁化電流に置き換えることができるから，あたかも真電流が増加したかのような効果を生じ，内外の磁場 $\boldsymbol{B}$ はわずかに強くなる．

（c） 強磁性体であれば常磁性体の場合と同じ向きで，しかし格段に大きい磁化が生じるので，$\boldsymbol{J}_M$ も格段に大きくなり，ソレノイドに実際の数百倍～数万倍の大きな真電流が流れた場合と同じ強さの磁場 $\boldsymbol{B}$ ができる．

§11.4　物質があるときの $\boldsymbol{B}$ と $\boldsymbol{H}$

それでは，物質の内部の磁場はどうなっているのだろうか．それを知るために，物質が存在するときの $\boldsymbol{B}(\boldsymbol{r})$，$\boldsymbol{H}(\boldsymbol{r})$ が満たすべき法則を調べよう．もちろん，ここで考える $\boldsymbol{B}(\boldsymbol{r})$ と $\boldsymbol{H}(\boldsymbol{r})$ は，外場と物質の磁化 $\boldsymbol{M}(\boldsymbol{r})$ が作る磁場とを重ね合わせたものである．我々は，物質の原子などがもつ磁気モーメントを粗視化して磁化 $\boldsymbol{M}(\boldsymbol{r})$ を定義したが，粗視化しなければ，真空中に浮かんで物質を構成している多くの原子核や電子が作る磁場を，真空中の法則をそのまま適用して重ね合わせてもよい．それが困難なので，粗視化の操作を行ったのである．こうして定義された磁化 $\boldsymbol{M}(\boldsymbol{r})$ の寄与を含めたマクロな磁場について，磁場に関して真空中と全く同じ 2 つのマクスウェル方程式が成り立つことを示す．

物質中のマクスウェル方程式

まず，磁場 $\boldsymbol{B}(\boldsymbol{r})$ であるが，第 8 章で述べたように真空中では磁場の原因は電流であり，磁場がわき出すような**磁荷**は存在しないことから，任意の閉曲面 S に対して，マクスウェル方程式の 1 つである，磁場に対するガウスの法則（8.90）

$$\oint_{\mathrm{S}} \boldsymbol{B}(\boldsymbol{r}) \cdot d\boldsymbol{S} = 0 \qquad (11.16)$$

は常に成り立っている．さらに，物質中でも磁荷は見つかっていない．また，物質の磁気モーメントの集団を粗視化して磁化ベクトルの場 $\boldsymbol{M}(\boldsymbol{r})$ を導入した段階でも，また $\boldsymbol{M}(\boldsymbol{r})$ 全体が作る磁場と同じ磁場を作る表面磁化電流密度 $\boldsymbol{J}_M(\boldsymbol{r})$ を導入した段階でも，磁場がわき出す源となるような概念は導入しなかった．よって，(11.16) は物質があっても成り立つことになる．当然，閉曲面 S は，物質を内包していてもよく，物質の内部を横切っていてもよい．

ただし，物質があっても同じ積分法則（11.16）が成り立つという意味は，物質があってもなくても各点の $\boldsymbol{B}(\boldsymbol{r})$ が同じということではない．実際，強磁性体が存在すると $\boldsymbol{B}(\boldsymbol{r})$ は大いに変わる．しかしその場合でも，基本的な積分法則(11.16)を満たすような $\boldsymbol{B}(\boldsymbol{r})$ しか存在しえない．そのような $\boldsymbol{B}(\boldsymbol{r})$

しか自然界では許されない，というのがこの式の意味である．

次に，$\boldsymbol{H}(\boldsymbol{r})$ について考えよう．真空中では，任意の閉曲線Cに沿って，マクスウェル方程式の1つであるアンペールの法則（8.43）の

$$\oint_{\mathrm{C}} \boldsymbol{H}(\boldsymbol{r})\cdot d\boldsymbol{r} = \int_{\mathrm{S}} \boldsymbol{j}(\boldsymbol{r})\cdot d\boldsymbol{S} \qquad (11.17)$$

が成り立っている．SはCを外周とする任意の面である．面電流や線電流が存在するときは，（8.42a），（8.42b）で考える．また，いまは定常的な場合を考えているので，（9.49）の $\partial\boldsymbol{D}(\boldsymbol{r},t)/\partial t$ は無視する．

物質中の原子，分子，イオンの磁気モーメントを粗視化して $\boldsymbol{M}(\boldsymbol{r})$ を導入すると，この式はどうなるであろうか．原子がもっている磁気モーメント $\boldsymbol{m}$ は，たとえ電子の軌道角運動量によるものであっても，実体として対応する円運動があるわけではなく，最初からベクトル $\boldsymbol{m}$ として存在している．粗視化の作業は，その集合をさらにベクトル場 $\boldsymbol{M}(\boldsymbol{r})$ に置き換えただけであり，磁化電流 $\boldsymbol{J}_M$ はこのような磁化 $\boldsymbol{M}(\boldsymbol{r})$ 全体の効果を置き換えた仮想的な電流だから，事情は変化しない．すなわち，$\boldsymbol{H}(\boldsymbol{r})$ を記述する方程式（11.17）の右辺の電流に $\boldsymbol{J}_M$ を含めてはならないことになる．よって，アンペールの法則（11.17）は，粗視化した物質が存在する場合にもそのまま成り立つ．閉曲線Cが，物質の中だけを通っても，一部が物質を通る場合にも同様である．

物質内の磁場に対する定性的考察

以上の枠組の中での，物質中の $\boldsymbol{H}(\boldsymbol{r})$ の定義を拡張して $\boldsymbol{M}(\boldsymbol{r})$ に関係づけることは次節で行うが，その前に，上のように物質が存在するときも（11.16），（11.17）がそのまま成り立つことを要請すると，ソレノイド・コイルの中に置かれた常磁性体の内部の磁場の強さ $\boldsymbol{H}(\boldsymbol{r})$ についての情報が得られることを示す．安易な想像では得にくい情報である．

ソレノイドは全部で N 巻きで，真電流 I が流れているとする．物質が挿入されていない場合の内外の点 $\boldsymbol{r}$ の磁束密度と磁場の強さを $\boldsymbol{B}_0(\boldsymbol{r})$，$\boldsymbol{H}_0(\boldsymbol{r})$ とすると，図11.8に示したような任意の閉曲線Cについて，

$$\oint_{\mathrm{C}} \boldsymbol{H}_0(\boldsymbol{r})\cdot d\boldsymbol{r} = \int_{123} \boldsymbol{H}_0(\boldsymbol{r})\cdot d\boldsymbol{r} + \int_{341} \boldsymbol{H}_0(\boldsymbol{r})\cdot d\boldsymbol{r} = NI \qquad (11.18)$$

である．物質がないときは，C 上のすべての点で（8.22）が成り立つので

$$\boldsymbol{B}_0(\boldsymbol{r}) = \mu_0 \boldsymbol{H}_0(\boldsymbol{r}) \qquad (11.19)$$

である．ソレノイドの内部にちょうど収まる形の常磁性体を挿入すると，磁化 $\boldsymbol{M}(\boldsymbol{r})$ の効果は側面を流れる磁化電流密度 $\boldsymbol{J}_M(\boldsymbol{r})$ で置き換えられるから，あたかも，ソレノイドの電流が増加したような効果をもつ．したがって，内外で $\boldsymbol{B}(\boldsymbol{r})$ の分布の形はほとんど変わらず，その大きさ $B(\boldsymbol{r})$ が大きくなる．一方，$\boldsymbol{H}(\boldsymbol{r})$ については，この場合も（11.17）が成り立つから

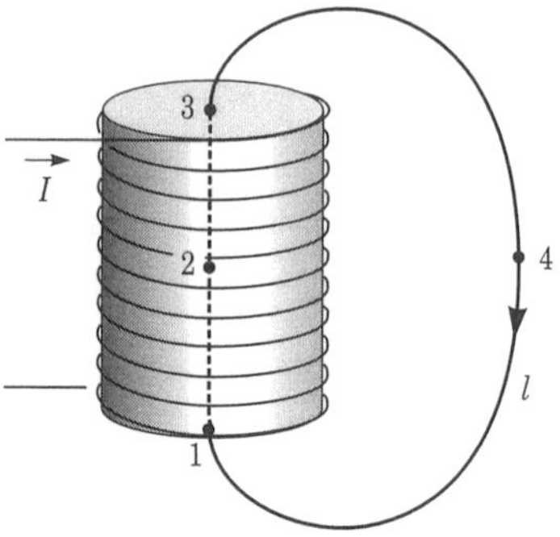

図 11.8

$$\oint_C \boldsymbol{H}(\boldsymbol{r})\cdot d\boldsymbol{r} = \int_{123} \boldsymbol{H}(\boldsymbol{r})\cdot d\boldsymbol{r} + \int_{341} \boldsymbol{H}(\boldsymbol{r})\cdot d\boldsymbol{r} = NI \qquad (11.20)$$

である．ところが，物質の外の空間では（8.22）の

$$\boldsymbol{B}(\boldsymbol{r}) = \mu_0 \boldsymbol{H}(\boldsymbol{r}) \qquad (11.21)$$

が成り立っているから，$\boldsymbol{H}(\boldsymbol{r})$ の形は $\boldsymbol{H}_0(\boldsymbol{r})$ とほとんど変わらず，大きさだけが $\boldsymbol{B}(\boldsymbol{r})$ の増加にともなって

$$H(\boldsymbol{r}) = \frac{B(\boldsymbol{r})}{\mu_0} > \frac{B_0(\boldsymbol{r})}{\mu_0} = H_0(\boldsymbol{r}) \qquad (11.22)$$

のように増加する．つまり，（11.20）の中央の表式で，物質外の経路（341）の寄与である第 2 項は増加している．したがって，（11.20）が成り立つためには，物質内の経路（123）の寄与である第 1 項が減少していなければならない．物質の内部で $\boldsymbol{B}(\boldsymbol{r})$ と $\boldsymbol{H}(\boldsymbol{r})$ がどういう関係にあるのかについてはまだ述べていないが，それを知らなくても，マクスウェル方程式が成り立つことだけを頼りにして，ソレノイド内部に置かれた物質中の磁場の強さ $\boldsymbol{H}(\boldsymbol{r})$ は，物質を挿入する前に比べて大きさが減少しているらしい，あるいは向きが逆になっているかも知れない，と推論することができるのである．

§11.5　物質中の B, H, M の一般的な関係

物質内の $\boldsymbol{B}(\boldsymbol{r})$ と $\boldsymbol{H}(\boldsymbol{r})$ の関係を定めよう．誘電体の $\boldsymbol{E}(\boldsymbol{r})$ と $\boldsymbol{D}(\boldsymbol{r})$ の関係を導いたときと同様，簡単な場合の考察からそれを導く．

非常に長いソレノイドに真電流 I を流す．単位長さ当たりの巻き数を n とする．物質が挿入されていない状態でソレノイド内部に生じている磁場は，両端付近を除き一様で

$$\boldsymbol{B}_0 = \mu_0 \boldsymbol{H}_0, \quad \boldsymbol{H}_0 = H_0 \boldsymbol{e}_z = nI\,\boldsymbol{e}_z \tag{11.23}$$

であり，外部の磁場は，両端付近を除きほとんど0である．中心軸を z 軸とした．

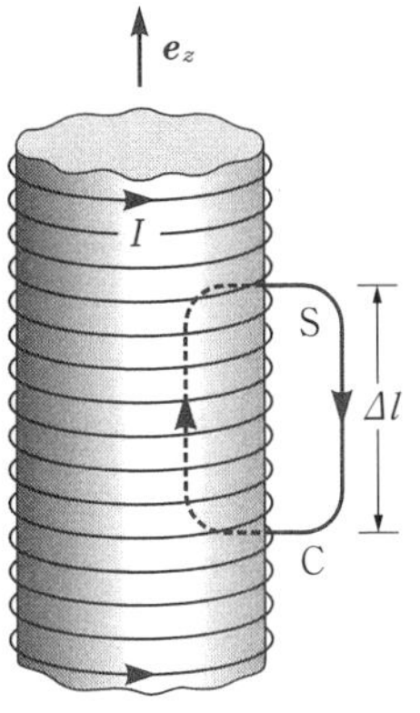

図 11.9

次に，図 11.9 のように長いソレノイドの中にちょうど収まる円柱形の物質を挿入する．物質中には，§11.3 で述べた磁化 $\boldsymbol{M}$ が生じる．対称性は変わらないから，この状況でも，両端付近を除き，内部の場は一様で，

$$\boldsymbol{B} = B\,\boldsymbol{e}_z, \quad \boldsymbol{H} = H\,\boldsymbol{e}_z, \quad \boldsymbol{M} = M\,\boldsymbol{e}_z \tag{11.24}$$

である．また，外部の磁場は両端付近を除きほとんど0である．側面の任意の点の法線ベクトルを $\boldsymbol{n}$ とすると，表面磁化電流密度は

$$\boldsymbol{J}_M = M\,\boldsymbol{e}_z \times \boldsymbol{n} = M\,\boldsymbol{e}_\varphi \tag{11.25}$$

で，マクロな電流と平行で同じ向き（反磁性体の場合は平行で反対向き）である．いま，図に示すような経路 C に沿ってアンペールの法則 (8.42) を適用する．表面磁化電流密度 $J_M = M$ はこれに寄与しないから，§8.7 の［例 2］で行った，物質がないときの考察を繰り返すと

$$\boldsymbol{H} = nI\,\boldsymbol{e}_z \tag{11.26}$$

で，物質がない場合と同じである．(前節で，ソレノイド内に挿入した常磁性体中の $\boldsymbol{H}$ は一般に減少することを知ったが，ソレノイドが非常に長い場合は，その減少は無視できることがわかる．) 一方，磁場 $\boldsymbol{B}$ は，磁化 $\boldsymbol{M}$ の寄与を表す表面磁化電流密度 J_M と真の面電流密度 nI で決まり，

$$\boldsymbol{B} = \mu_0(nI + J_M)\boldsymbol{e}_z \tag{11.27}$$

である．(11.7)，(11.26) を代入すると，

$$\boldsymbol{B} = \mu_0(\boldsymbol{H} + \boldsymbol{M}) \tag{11.28}$$

である．これは特殊な場合について求めた関係式であるが，短いソレノイドを含む一般の場合に，3つの場 $\boldsymbol{B}(\boldsymbol{r})$，$\boldsymbol{H}(\boldsymbol{r})$，$\boldsymbol{M}(\boldsymbol{r})$ の間に，各点 $\boldsymbol{r}$ で

$$\boldsymbol{B}(\boldsymbol{r}) = \mu_0(\boldsymbol{H}(\boldsymbol{r}) + \boldsymbol{M}(\boldsymbol{r})) \tag{11.29}$$

が成り立つと考える．ここに現れた3個の場のうち，$\boldsymbol{M}(\boldsymbol{r})$ は分子の磁気モーメントの粗視化から定義した場，$\boldsymbol{B}(\boldsymbol{r})$ はその磁気モーメントを生じさせている場（$\boldsymbol{M}(\boldsymbol{r})$ が作る $\boldsymbol{B}(\boldsymbol{r})$ も含む）だから，この2つがより本質的である．よって，(11.29) はむしろ物質中での $\boldsymbol{H}(\boldsymbol{r})$ の定義

$$\boldsymbol{H}(\boldsymbol{r}) = \frac{1}{\mu_0}\boldsymbol{B}(\boldsymbol{r}) - \boldsymbol{M}(\boldsymbol{r}) \tag{11.30}$$

とみなすべきである．物質のない空間では，$\boldsymbol{M}(\boldsymbol{r}) = 0$ だから，(11.29) は真空中での関係式 (8.22) を含んだ一般的な定義でもある．

§11.4 に示したように，$\boldsymbol{H}(\boldsymbol{r})$ に関する法則であるアンペールの法則 (11.17) は物質が存在するときにも成り立つ．そこで，図 11.9 のように円柱側面に平行な辺の長さを Δl とする閉曲線 C と，C を周とする面 S に (8.42a) の形のアンペールの法則を適用し，(11.30) を代入すると

$$\frac{1}{\mu_0}\oint_{\mathrm{C}}(\boldsymbol{B}(\boldsymbol{r}) - \mu_0\boldsymbol{M}(\boldsymbol{r}))\cdot d\boldsymbol{r} = \Delta N\, I \tag{11.31}$$

となる．$\Delta N = n\,\Delta l$ は面 S を貫くコイルの巻き数である．一方，左辺第2項は

$$\oint_{\mathrm{C}}\boldsymbol{M}(\boldsymbol{r})\cdot d\boldsymbol{r} = M\,\Delta l = J_M\,\Delta l = I_M \tag{11.32}$$

なので，

$$\oint_{\mathrm{C}}\boldsymbol{B}(\boldsymbol{r})\cdot d\boldsymbol{r} = \mu_0(\Delta N\, I + I_M) \tag{11.33}$$

となる．

物質がある場合には，マクスウェル方程式 (11.16)，(11.17) に加えて，$\boldsymbol{B}(\boldsymbol{r})$ に関する (11.33) も成り立つことを知っておくと見通しが良くなる．

§11.6 常磁性または反磁性を示す物質の内部のB, H, Mの関係

前節までで述べたことは，強磁性体を含めたすべての物質のマクロな磁場に対して成り立つ．ここでは，常磁性体や反磁性体の場合にのみ成り立つ関係を述べる．そのような物質では$\boldsymbol{M}(\boldsymbol{r})$，$\boldsymbol{B}(\boldsymbol{r})$，$\boldsymbol{H}(\boldsymbol{r})$の3つの場は互いに比例する．これを，線形な磁性をもつという．そこで，物質の磁化されやすさを表すパラメターとして，**磁化率**χ_{m}を

$$\boldsymbol{M}(\boldsymbol{r}) = \chi_{\mathrm{m}}\boldsymbol{H}(\boldsymbol{r}) \qquad (\text{物質中，}\chi：\text{カイ}) \tag{11.34}$$

で定義する．$\boldsymbol{M}(\boldsymbol{r})$と$\boldsymbol{H}(\boldsymbol{r})$は同じ次元の量だから，$\chi_{\mathrm{m}}$は無次元の量である．

$$[\chi_{\mathrm{m}}] = [M][H]^{-1} = \mathsf{QT^{-1}L^{-1}}(\mathsf{QT^{-1}L^{-1}})^{-1} = 1 \quad (\text{無次元})$$

本来，$\boldsymbol{M}(\boldsymbol{r})$は電子に作用する場$\boldsymbol{B}(\boldsymbol{r})$と関係づけられるべきであるとして

$$\boldsymbol{M}(\boldsymbol{r}) = \chi_{\mathrm{m}}\frac{\boldsymbol{B}(\boldsymbol{r})}{\mu_0} \tag{11.35}$$

で磁化率を定義する場合もあるが，ここでは，多数派の流儀にしたがって(11.34)の定義を用いる．これを(11.29)に代入すると

$$\boldsymbol{B}(\boldsymbol{r}) = \mu_0(1+\chi_{\mathrm{m}})\boldsymbol{H}(\boldsymbol{r}) = \mu_0\kappa_{\mathrm{m}}\boldsymbol{H}(\boldsymbol{r}) = \mu\boldsymbol{H}(\boldsymbol{r}) \tag{11.36}$$

となる．μを物質の**透磁率**という．また，

$$\kappa_{\mathrm{m}} = \frac{\mu}{\mu_0} = 1 + \chi_{\mathrm{m}} \qquad (\text{物質中，}\kappa：\text{カッパ}) \tag{11.37}$$

表 11.1 種々の物質の磁化率（20℃）

分　類	物　質	磁　化　率　χ_{m}
反磁性体	銀	-2.4×10^{-5}
	銅	-0.98×10^{-5}
	ダイヤモンド	-2.2×10^{-5}
常磁性体	マグネシウム	1.2×10^{-5}
	アルミニウム	2.1×10^{-5}
	タングステン	7.6×10^{-5}
強磁性体	軟鉄	2.5×10^{2}*, 5.5×10^{3}**
	パーマロイ	8×10^{3}*, 1×10^{5}**
	ミューメタル	2×10^{4}*, 1×10^{5}**

（*$\chi_{\mathrm{m}}{}^{a}$，　**$\chi_{\mathrm{m}}{}^{\max}$については§11.8を参照）

を**比透磁率**または**相対透磁率**という．比透磁率は μ_{r} と書かれることもある．(11.34)〜(11.36) の $\boldsymbol{H}(\boldsymbol{r})$ や $\boldsymbol{B}(\boldsymbol{r})$ は，磁化 $\boldsymbol{M}(\boldsymbol{r})$ が作る磁場と外場を重ね合わせた実際に存在する場でなければならない．μ の次元と SI 単位は μ_0 と同じで (8.25) で与えられる．$\kappa_{\mathrm{m}}(\mu_{\mathrm{r}})$ は無次元である．

表 11.1 に示すように，常磁性体や反磁性体の χ_{m} は非常に小さく，したがって，$\mu \approx \mu_0$ である．

§11.7　物質境界での B と H の接続条件

すべての物質のマクロな磁性に対して成り立つ性質の考察にもどる．時間に依存しない磁場の $\boldsymbol{B}(\boldsymbol{r})$ と $\boldsymbol{H}(\boldsymbol{r})$ が真空中と同じマクスウェル方程式 (11.16)，(11.17) を満たすことがわかったから，これを使って物質境界においてこれらの場が満たす関係（**接続条件**）を求めよう．片方の物質は真空でもよい．境界には，マクロな電流（真の電流）が流れていない場合を考える．ここで考える $\boldsymbol{B}(\boldsymbol{r})$ と $\boldsymbol{H}(\boldsymbol{r})$ は，磁化 $\boldsymbol{M}(\boldsymbol{r})$ が作る場と外場を重ね合わせた，そこに実際に存在する場であるが，永久磁石の場合のように外場がなくてもよい．

B の法線成分 B_{n} は物質境界で連続

図 11.10(a) のような境界の両側の 2 点 $\boldsymbol{r}$，$\boldsymbol{r}'$ を上底，下底の中心にもつ，底面積が ΔA で非常に薄い円筒の表面 S について，磁場 $\boldsymbol{B}$ に対するガウスの法則 (11.16) を適用する．上底，下底が境界面に平行であれば，それらの法線ベクトルを境界面の法線ベクトル $\boldsymbol{n}$ を用いて表すことができ，

$$\oint_{\mathrm{S}} \boldsymbol{B}(\boldsymbol{r})\cdot d\boldsymbol{S} \approx \boldsymbol{B}(\boldsymbol{r})\cdot\boldsymbol{n}\,\Delta A + \boldsymbol{B}(\boldsymbol{r}')\cdot(-\boldsymbol{n})\Delta A \approx 0 \tag{11.38}$$

である．$\boldsymbol{r}$ と $\boldsymbol{r}'$ を境界を挟んで無限に接近させれば，≈ は = になる (§7.7)．よって，磁場 $\boldsymbol{B}$ の**法線成分** $\boldsymbol{B}(\boldsymbol{r})\cdot\boldsymbol{n} = B_{\mathrm{n}}(\boldsymbol{r})$ は境界で連続(図(b))

$$B_{\mathrm{n}}(\boldsymbol{r}) = B_{\mathrm{n}}(\boldsymbol{r}'),\quad \text{つまり}\quad B(\boldsymbol{r})\cos\theta = B(\boldsymbol{r}')\cos\theta' \tag{11.39}$$

である．これは真の電流の有無にかかわらず成り立つ．

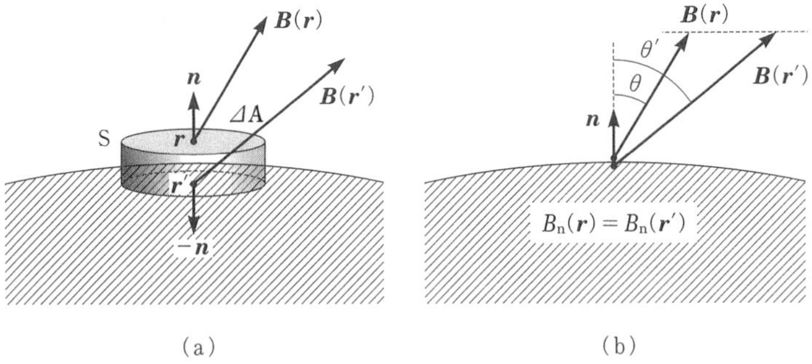

図 11.10

$\boldsymbol{H}$ の接線成分 H_t は物質境界で連続

図 11.11(a) のように，表面内外の 2 点 $\boldsymbol{r}'$，$\boldsymbol{r}$ を長さ Δl の 2 辺の中心にもつ，高さの非常に低い長方形の経路 C について，磁場の強さ $\boldsymbol{H}$ に対するアンペールの法則 (11.17) を適用する．境界面に沿った辺に沿っての変位 $d\boldsymbol{r}$ を境界面に平行な単位ベクトル $\boldsymbol{t}$ を用いて表すことができ，マクロな面電流はないと仮定したから

$$\oint_\mathrm{C} \boldsymbol{H}(\boldsymbol{r})\cdot d\boldsymbol{r} \approx \boldsymbol{H}(\boldsymbol{r})\cdot\boldsymbol{t}\,\Delta l + \boldsymbol{H}(\boldsymbol{r}')\cdot(-\,\boldsymbol{t})\Delta l \approx 0 \qquad (11.40)$$

である．$\boldsymbol{r}$ と $\boldsymbol{r}'$ を境界を挟んで無限に接近させれば，≈ は = になる．よって，図 11.11(b) のように磁場の強さの**接線成分** $\boldsymbol{H}(\boldsymbol{r})\cdot\boldsymbol{t} = H_\mathrm{t}(\boldsymbol{r})$ は物質境界で連続

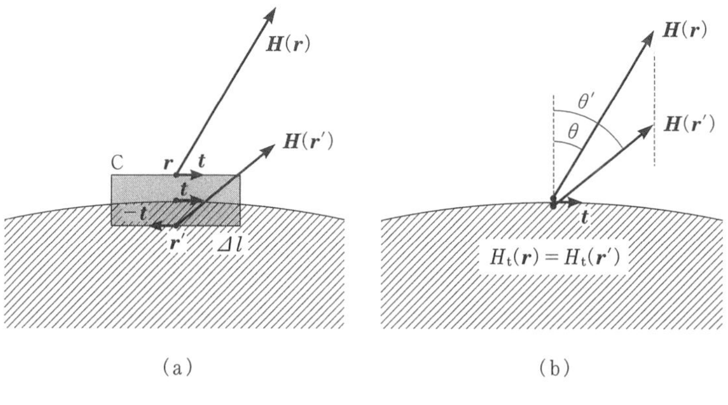

図 11.11

$$H_{\rm t}(\boldsymbol{r}) = H_{\rm t}(\boldsymbol{r}'), \quad \text{つまり} \quad H(\boldsymbol{r})\sin\theta = H(\boldsymbol{r}')\sin\theta' \tag{11.41}$$

である．なお，境界面に真の面電流や線電流が流れている場合の接続条件については，章末の演習問題［6］を参照されたい．

磁場の屈折の法則

(11.39)，(11.41) はいつでも成り立つが，さらに (11.36) が成り立つ物質（常磁性体，反磁性体）では，θ, θ' と透磁率 μ, μ' を用いて，接続条件を

$$\frac{\mu}{\tan\theta} = \frac{\mu'}{\tan\theta'} \tag{11.42}$$

と書くことができる．

例題 11.2

図 11.12 のように一様な外場 $\boldsymbol{B}_0$，$\boldsymbol{H}_0$ に平行に細長い形の物質を置いたとき，その物質の中央付近の内部の $\boldsymbol{H}$ は外場 $\boldsymbol{H}_0$ に等しいことを説明しなさい．（図 11.12 中の矢印は，意図的にすべて同じ長さに描いてある．）

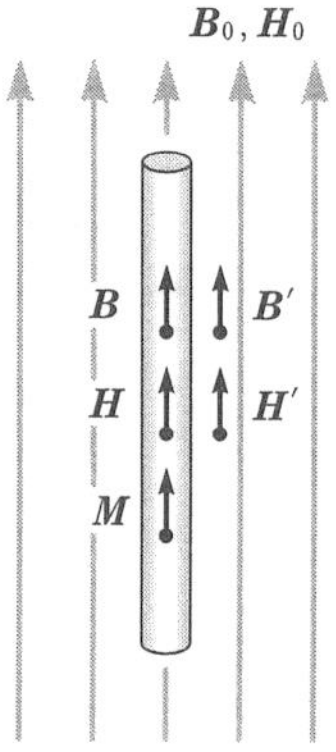

図 11.12

［**解**］ 対称性から，この物質の中央付近は外場に平行に一様に磁化していると考えてよい．磁化 $\boldsymbol{M}$ が作る中央付近の磁場 $\boldsymbol{B}$ は，長いソレノイドの類推から，

$$\text{物質内部では} \quad \boldsymbol{B}_M = \mu_0\boldsymbol{M}, \qquad \text{外部では} \quad \boldsymbol{B}_M = 0 \tag{11.43}$$

である．よって外部では $\boldsymbol{B}' = \boldsymbol{B}_0$ であり，したがって $\boldsymbol{H}' = \boldsymbol{H}_0$ である．一方，内部では (11.30) より

$$\boldsymbol{H} = \frac{1}{\mu_0}\boldsymbol{B} - \boldsymbol{M} = \frac{1}{\mu_0}(\boldsymbol{B}_0 + \boldsymbol{B}_M) - \boldsymbol{M} = \frac{1}{\mu_0}(\boldsymbol{B}_0 + \mu_0\boldsymbol{M}) - \boldsymbol{M} = \frac{\boldsymbol{B}_0}{\mu_0} = \boldsymbol{H}_0 \tag{11.44}$$

である．よって，物質が十分に長い場合，中央付近の内外の $\boldsymbol{H}$ は等しく，しかも

それは外場 $\boldsymbol{H}_0$ に等しい．

［**別解**］ 磁場の強さ $\boldsymbol{H}$ の接線成分に対する接続条件（11.41）は，常に成り立っている．ところが，物質が十分に長いとき，中央付近内外の場は側面に平行，つまり，接線成分は $\boldsymbol{H}$ そのものだから，物質内外で $\boldsymbol{H}$ が等しい．さらに（11.41）によって外部の $\boldsymbol{H}$ が $\boldsymbol{H}_0$ に等しいから，内部の $\boldsymbol{H}$ も外場 $\boldsymbol{H}_0$ に等しい． ¶

§11.8 強磁性体

本節と次節で強磁性体に特有な事柄について考えよう．強磁性体の第1の特徴は非常に大きな磁化が生じることと，外場の中に置いて磁化させるとき，**履歴**（**ヒステリシス**）**現象**が見られることである．履歴現象とは，磁化 $\boldsymbol{M}(\boldsymbol{r})$ が $\boldsymbol{B}(\boldsymbol{r})$ に比例するとは限らず，直前の $\boldsymbol{M}(\boldsymbol{r})$ の値に依存する現象である．

履歴現象

履歴現象は，図11.13のような H を横軸に，B を縦軸にとったグラフで示されるのが普通である．このグラフを**履歴曲線**という．実線は，磁気的に硬い強磁性体について，外からの場を繰り返し反転させながらだんだん強くしていった場合の B と H の関係を表す．横軸の H を外場と誤解しがちであるが，この図はあくまで磁性体内部の H と B の関係を示したものであることに注意したい．点線は磁気的に軟らかい強磁性体についての履歴曲線である．

また，1点鎖線は，常磁性体中の H と B の関係で，原点を通る履歴のない直線になる．その傾きが常磁性体の透磁率 μ である．

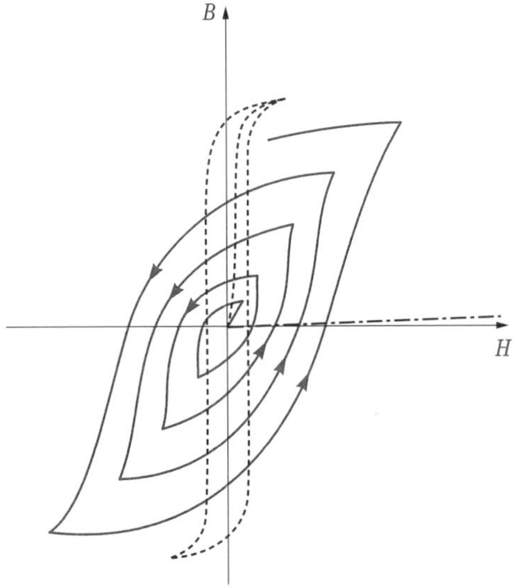

図11.13

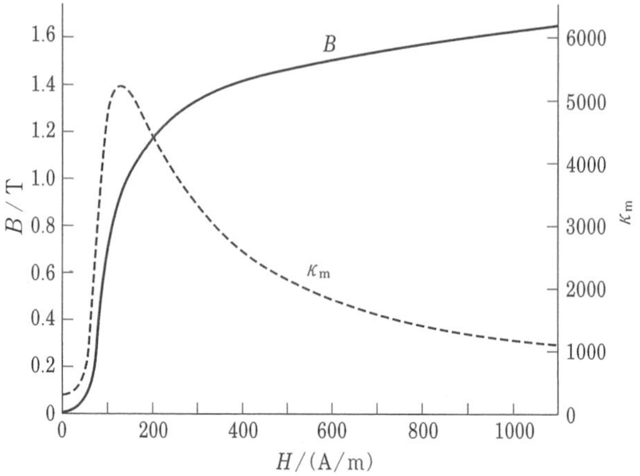

図 11.14

このように強磁性体と同じ図に描くと，H 軸にほとんど平行になってしまう．この図でさえ，H 軸との間の角度が誇張されているほどである．

強磁性体の場合，

$$\kappa_m(H) = \frac{M}{H} \qquad や \qquad \mu(H) = \frac{B}{H} \tag{11.45}$$

は定数ではなく，H の関数である．例として，図 11.14 に軟鉄の κ_m を示す（右縦軸）．この図の B（左縦軸）は図 11.13 の点線の**初期磁化曲線**（$H=0$，$B=0$ の消磁状態から出発したときの H - B の関係）と同じものである．χ_m は原点と B 上の各点を結ぶ直線の傾きであり，極大はその直線が B の曲線に接するところで生じる．磁性体の性質の目安として，初期磁化曲線の**初期透磁率** μ_a，あるいは**初期磁化率** $\chi_m{}^a (= \mu_a/\mu_0)$ や，**最大透磁率** μ_{max} $(= \mu_{max}/\mu_0)$ あるいは**最大磁化率** $\chi_m{}^{max}$ が用いられる．表 11.1 には，それが示してある．

応用の面からいうと，磁気的に軟らかい強磁性体は μ が大きいことを利用して電磁石やトランスやインダクタンスに，磁気的に硬い強磁性体は履歴が顕著であることを利用して**永久磁石**に利用される．

磁気的に軟らかい強磁性体の応用

磁気的に軟らかい強磁性体は電磁石や通信用コイルに利用される．その際，κ_{m} や μ が極めて大きな常磁性体と考え，§11.6 の関係式（11.34）が近似的に成り立つとして扱う．特に，通信機用のコイルのような弱い電流で用いるときは，消磁状態から出発して H があまり大きくなく，$\boldsymbol{B}$，$\boldsymbol{H}$，$\boldsymbol{M}$ の比例関係がかなりよく成り立っているので，この領域では μ_a や $\chi_{\mathrm{m}}{}^a$ を用いて常磁性体と同じように取扱ってよい．

たとえば，十分長いソレノイドの中に磁気的に軟らかい強磁性体を入れたとき，$\mu_a \gg \mu_0$ だから，（11.36）より

$$\kappa_{\mathrm{m}} \approx \chi_{\mathrm{m}}{}^a \gg 1 \tag{11.46}$$

$$\boldsymbol{B} = \mu_a \boldsymbol{H} = \mu_0 \chi_{\mathrm{m}}{}^a \boldsymbol{H} \approx \mu_0 \boldsymbol{M} \tag{11.47}$$

である．いつでも成り立つ関係（11.29）と比較すると，$\boldsymbol{B}$ はほとんど磁化 $\boldsymbol{M}$ だけで決まっていることがわかる．次のようにいってもよい．磁化の原因はもともと外を流れる真の電流であるが，それよりはるかに大きな面密度 $\boldsymbol{J}_M$ の磁化電流が側面を流れているかのような大きさの $\boldsymbol{B}$ が内部にできる．つまり

$$B = \mu_0 \left(\frac{NI}{l} + J_M \right) \approx \mu_0 J_M \tag{11.48}$$

である．

図 11.15 のように，長い円筒状の強磁性体の一部に導線を巻いて電流を流した場合，磁場は導線を巻いていない部分でも，両端付近を除き長さ方向に平行で，外部の磁束密度はほとんど 0 である（章末の演習問題［4］を参照）．これはドーナツ形やその一部を切り取った形の強磁性体についても同じで，この性質がトランスや電磁石に利用される．

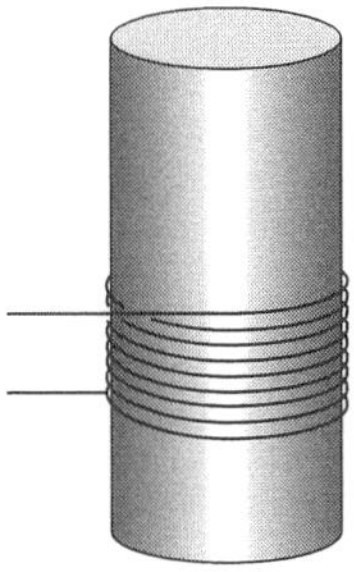

図 11.15

例題 11.3

断面積 A，長さ l で，初期透磁率 $\mu_a \gg \mu_0$ の十分長い円柱形の磁気的に軟らかい強磁性体の側面に導線を N 回巻いたソレノイドの自己インダクタンスを求めなさい．強磁性体がない場合に比べ何倍か．

［**解**］ $\boldsymbol{H}$ は物質があっても同じ方程式を満たすから，§8.7［例 2］と同様に考

えて，ソレノイド内部の $\boldsymbol{H}$ は，両端付近を除いて，$H = NI/l$ である．よって，内部の磁場は $B = \mu_a H = \mu_a NI/l$ である．したがって，自己インダクタンスは

$$L = \frac{BAN}{I} = \frac{\mu_a N^2 A}{l} \tag{11.49}$$

つまり，強磁性体がない場合（[例題 9.3]）に比べて $\mu_a/\mu_0 = \kappa_{\mathrm{m}}{}^a$ 倍になる．　¶

磁気的に硬い強磁性体の履歴曲線

物質内の H と B（ともに外場と磁化が作る場を重ね合わせたもの）を表したものである図 11.13 のような履歴曲線を外場に対する応答とみなしたいときは，一様な外場に沿って細長い強磁性体を置いた場合の，中央付近の $\boldsymbol{H}$ と $\boldsymbol{B}$ の関係を想定すればよい．§11.7 の[例題 11.2]で述べたように，その付近では強磁性体内外の $\boldsymbol{H}$ は外場の $\boldsymbol{H}$ に等しいからである．または，磁性体の周りの導線（コイル）を流れる真電流（**励磁電流**）から物質内部の $\boldsymbol{H}$ がわかるような特別な条件で考えてもよい．それは §11.5 で述べた，(11.26) が成り立つ，長いソレノイド・コイルの中に入れた長い磁性体の中央付近か，ドーナツ形の磁性体に，[例題 8.4]の図 8.18 のようなトロイダル・コイルを巻いた場合である．（[例題 8.4]で扱ったのは中空のトロイダル・コイルであるが，$\boldsymbol{H}$ と真電流についての関係（8.70）はコイルの内側に強磁性体があっても成り立つ．）どちらの場合も，$\boldsymbol{B}$ を知るには，強磁性体の断面積を予め知っておき，励磁電流を直流でなく交流にすることが必要である．そうすれば，同じ強磁性体に別のコイル（**さぐりコイル**）を巻いて，コイルの両端の誘導起電力から磁束の変化を知り，それを断面積で割って $\boldsymbol{B}$ を求めることができる．注意したいことは，これらの前提条件が満たされないときは，励磁電流から物質内部の $\boldsymbol{H}$ を知ることはできないことである．たとえば，永久磁石の状態では，一般に励磁電流なしで内部に $\boldsymbol{H}$ が存在する．

なお，強磁性体中の $\boldsymbol{B}$ はたとえば（11.27）で $J_M \gg nI$ であるから，ほとんど $\boldsymbol{M}$ だけで決まっており，履歴曲線を H - M の関係として描いてもほぼ同じ形になる．

強磁性体の履歴曲線についてよく理解するためには，本章で述べたことのうち，強磁性体に対しては成り立たない §11.6 の記述を忘れ，それ以外の

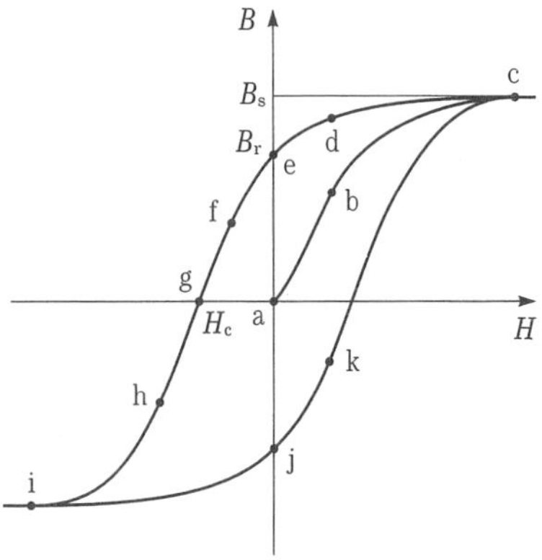

図 11.16

一般的な記述は成り立つこと，そして，$\boldsymbol{B}$，$\boldsymbol{H}$，$\boldsymbol{M}$ は (11.29) の関係を満たしていれば互いにどのような向きを向いていてもよい（すなわち，一般には平行ではない）ことを認識しておく必要がある．

図 11.16 に示す磁気的に硬い強磁性体の履歴曲線に沿って，内部の磁場の様子を見ていこう．まず，磁化も外場もない消磁状態から出発する．図の点 a である．H を増していくと，初期磁化曲線に沿って内部の H も B も増加するが，それらの間に必ずしも比例関係はないから，常磁性の場合のような直線関係にはならない．H がさらに増していくと，点 b を経由して次第に B は大きくなるが，点 c の状態に達すると，もはや増加しなくなる．このときの磁場 B_s を**飽和磁場**，磁化 M_s を**飽和磁化**という．

ところで，強磁性体中でも成り立つはずの (11.29) を見ると，B は H にしたがって増加するはずだから，もし内部の H が励磁電流で決まる条件で電流を増せば，B はいくらでも増加しそうに思えるが，そうなっていない．このパラドックス（？）は次のように考えれば理解できる．強磁性体中では磁化率が非常に大きいので，B は磁化 M でほとんど決まっている．つまり，$B/\mu_0, M \gg H$ である．一方，M には物質による限界値がある．その限界に近づいたときでも，(11.29) が示すように H が増せば $\mu_0 H$ に相当する分だけは増加する．しかし，それは，この図 11.16 のスケールでは無視できるほど小さいのである．図 11.13 の 1 点鎖線（常磁性体の H - B 曲線）を正しいスケールで描いた場合と同様，ほとんど横軸（H 軸）と重なってしまう．

さて，点 c の状態から H を点 b と同じ大きさの点 d までもどしても，磁場 B はあまり変化しない．履歴現象とよばれる所以である．強磁性体の磁化が大きいのは各分子の磁気モーメントが協力し合って配列するためであるが，磁気的に硬い強磁性体ではその同じ協力現象のため，いったん配列してしまうとなかなか元へはもどれず，このため B も変化しないのである．

さらに H を減らしていき，$H=0$ の状態の点 e になっても磁化 M が 0 にならないので，磁場 B も大きな値のままである．この状態の磁化 M_r を**残留磁化**，B_r を**残留磁場**という．点 e から点 g までは，解釈に注意を要する．細長い磁性体の中央部やドーナツ形の強磁性体の場合は単純で，e は励磁電流が 0 で，H は 0，B や M は 0 でない状態である．これは，そのような形の永久磁石の状態に相当する．他の形の永久磁石は，形によって e から g までのさまざまな点（$H \neq 0$）に対応する．

細長い磁性体の中央部やドーナツ形の強磁性体の場合に H を 0 から逆向きに増加していくと，M が顕著な減少を始め（点 f），それにしたがって B も減少して，ついには点 g で $B=0$ になる．点 g での磁場の強さ H_c を**保持力**という．（この図のスケールでは表せない細かいことであるが，このとき (11.29) より $\boldsymbol{M} = -\boldsymbol{H} \neq 0$ だから，$\boldsymbol{M}$ はまだ最初と同じ向きを向いている．$\boldsymbol{M}$ が 0 になるのは g よりわずか h 寄りの点である．）逆向きの外場をさらに大きくしていくと，B や M も最初とは逆の向きに増加を始め，ついには点 c に対応する逆向きの飽和点 i になる．

点 i からまた，H の大きさを減らし，0（点 j）にした後，最初の向きに増加していくと，最初とは別の点 k を経由する道筋を辿って再び飽和点 c に達する．磁性体の磁化の状態は，このようなサイクルでは二度と出発点の消磁状態にもどることはない．（ただし，外部磁場を繰り返し反転させながら弱くしていくことで，つまり，図 11.13 の実線をほぼ逆に辿れば，場をすべて 0 にもどすことができる．これを**交流消磁**という．）

§11.9　永久磁石

最後に，**永久磁石**について考えよう．図 11.17 のようなあまり長くない，円柱形の強磁性体が，その長さ方向に<u>一様に磁化していると仮定して</u>定性的に考える．一様な磁化を $\boldsymbol{M}$ とする．（磁場 $\boldsymbol{B}(\boldsymbol{r})$ や磁場の強さ $\boldsymbol{H}(\boldsymbol{r})$ はマクスウェル方程式を常に満たすので，磁性体中で勝手に一様と仮定できない．しかし磁化 $\boldsymbol{M}(\boldsymbol{r})$ は物質の状態なので，無理に一様にした，という仮定が許される．）この磁石の周りにはマクロな真電流なしに磁場ができている．

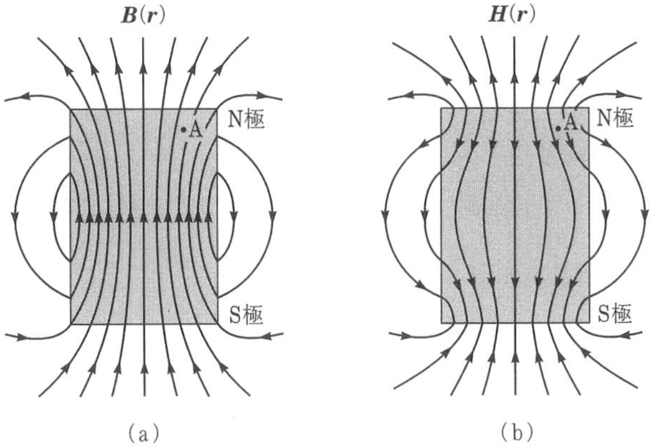

図 11.17

ちなみに，強磁性体から磁場 $\boldsymbol{B}(\boldsymbol{r})$ が外へ向かう端面を **N 極**といい，内に向かう端面を **S 極**という．場の間に，(11.36) の比例関係は成り立たない．しかし，§11.3～§11.5 の一般的性質は成り立つから，磁石全体の磁化 $\boldsymbol{M}$ が磁場 $\boldsymbol{B}(\boldsymbol{r})$ を作る効果は，側面の磁化電流の効果に置き換えることができる．したがって，この磁石の内外の磁場 $\boldsymbol{B}(\boldsymbol{r})$ は，電流が面密度 $\boldsymbol{J}_M$ で流れているソレノイド，すなわち，単位長さ当たりの巻き数 n のソレノイドに，$J_M = nI$ になるような電流 $I(=J_M/n)$ が流れているときの，周りの $\boldsymbol{B}(\boldsymbol{r})$ と全く同じである．その様子を図 11.17(a) に描いてある．この図から，磁化 $\boldsymbol{M}$ が全く一様で長さ方向を向いていたとしても，つまり，$\boldsymbol{J}_M$ は側面のいたるところ一定であっても，$\boldsymbol{B}(\boldsymbol{r})$ は一般に場所 $\boldsymbol{r}$ の関数であり，特に両端付近でその向きが $\boldsymbol{M}$ の向きからずれることは明らかである．

磁場の強さの場 $\boldsymbol{H}(\boldsymbol{r})$ はどうであろうか．図 11.18 に，その定義 (11.30) にしたがって，図 11.17 の点 A の $\boldsymbol{M}$ と $\boldsymbol{B}(\boldsymbol{r})/\mu_0$ と $\boldsymbol{H}(\boldsymbol{r})$ の関係を描いてある．$\boldsymbol{B}(\boldsymbol{r})$ ではなく $\boldsymbol{B}(\boldsymbol{r})/\mu_0$ を描いたのは，次元をそろえてベクトルの加減算の作図ができるようにするためである．(実際の強磁性体では，$\boldsymbol{H}(\boldsymbol{r})$ はこの図では見えないほど小さい．) この図から，$\boldsymbol{H}(\boldsymbol{r})$ は $\boldsymbol{M}$ や $\boldsymbol{B}(\boldsymbol{r})$ と反対の方向を向いていることがわかる．これを**反磁場**という．これが履歴曲線 (図 11.16) の e から g までのどこかの，外場 0 の永久磁石の状態

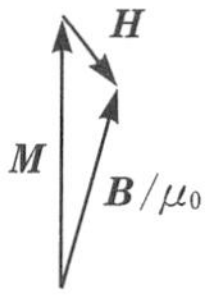

図 11.18

である．永久磁石内外の $\boldsymbol{H}(\boldsymbol{r})$ を描くと図 11.17(b) のようになる．強磁性体の外側では $\boldsymbol{B}(\boldsymbol{r})$ と $\boldsymbol{H}(\boldsymbol{r})$ は同じ形をしている．外では (8.22) が成り立っているから当然である．さらに，表面上のすべての位置で (11.39) のように $\boldsymbol{B}(\boldsymbol{r})$ の法線成分が連続，また (11.41) のように $\boldsymbol{H}(\boldsymbol{r})$ の接線成分が連続になっている．

棒状永久磁石

図 11.19 のような長さ方向に一様な磁化 $\boldsymbol{M}$ をもつ十分長い永久磁石については，十分長いソレノイドとの類推で考えることができる．すなわち，(11.26) で $I=0$ だから，両端付近を除いて，

$$\boldsymbol{H}(\boldsymbol{r}) = 0 \quad (11.50)$$

また，(11.29) より

$$\boldsymbol{B}(\boldsymbol{r}) = \mu_0 \boldsymbol{M} \quad (11.51)$$

である．(図 11.19 は，棒磁石の長さが十分でなく中央付近でも $\boldsymbol{H}(\boldsymbol{r}) \neq 0$ である場合を描いてある．)

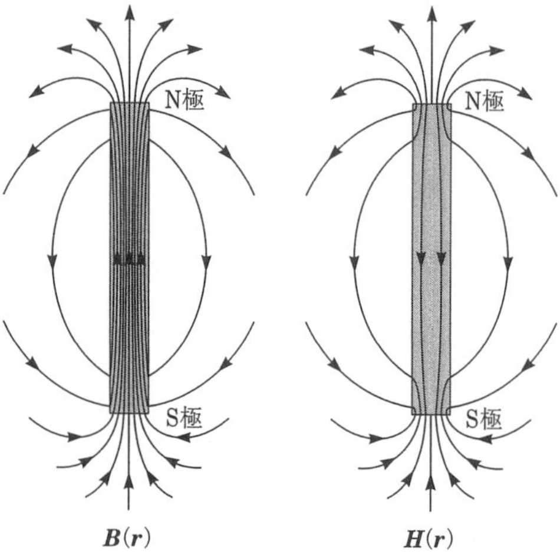

図 11.19

円板状永久磁石

図 11.20 のような，半径 a，厚さ $d(\ll a)$ の強磁性体が厚さ方向に一様な磁化 $\boldsymbol{M}$ をもっているとする．磁化電流は側面にのみ想定すればよく，面電流

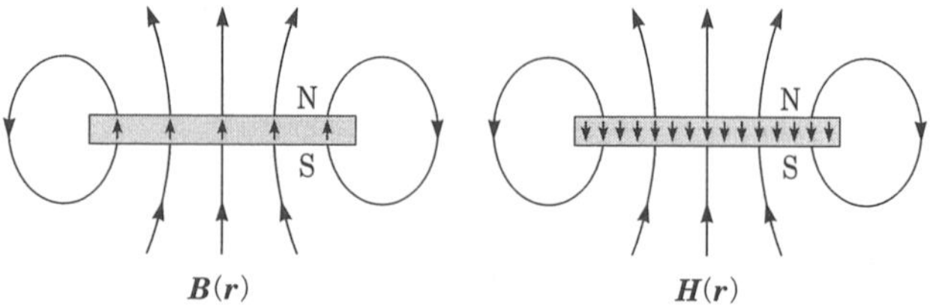

図 11.20

密度 $J_M = M$ で幅 d の側面を流れていると考えればよいが，その大きさは

$$I_M = J_M d = Md \tag{11.52}$$

で，厚さ d が小さいと I_M は小さくなる．よって，半径 a の円形回路に真の電流 I が流れている場合（8.38）の類推から，中心付近の表面のすぐ近くの磁場 $\boldsymbol{B}(\boldsymbol{r})$ は内外で

$$\boldsymbol{B}(\boldsymbol{r}) = \frac{\mu_0 I_M}{2a}\boldsymbol{e}_z = \frac{\mu_0 J_M d}{2a}\boldsymbol{e}_z = \frac{\mu_0 d}{2a}\boldsymbol{M} \ll \mu_0 \boldsymbol{M} \tag{11.53}$$

である．中心部の $\boldsymbol{H}$ は内部で（11.29）から

$$\boldsymbol{H}(\boldsymbol{r}) = \frac{\boldsymbol{B}(\boldsymbol{r})}{\mu_0} - \boldsymbol{M} = \frac{d}{2a}\boldsymbol{M} - \boldsymbol{M} = \left(\frac{d}{2a} - 1\right)\boldsymbol{M} \approx -\boldsymbol{M} \tag{11.54}$$

表面のすぐ外で

$$\boldsymbol{H}(\boldsymbol{r}) = \frac{\boldsymbol{B}(\boldsymbol{r})}{\mu_0} = \frac{d}{2a}\boldsymbol{M} \ll \boldsymbol{M} \tag{11.55}$$

である．

例題 11.4

内半径 a_1，外半径 a_2 の十分に長い円筒状の，長さ方向に一様に磁化した永久磁石がある．磁化を $\boldsymbol{M}$ とするとき，中央付近での表面磁化電流密度とそれが作る円筒内外の磁場を求めなさい．

［**解**］ 物質が十分長いので，中央付近は無限に長いソレノイドとの類推で考えることができる．図 11.21 のように，中心軸を z 軸とする円筒座標で記述すると，$\boldsymbol{M} = M\,\boldsymbol{e}_z$ である．上面，下面では法線ベクトル $\boldsymbol{n} = \pm\,\boldsymbol{e}_z$ だから，表面磁化電流密度は $\boldsymbol{J}_M = \pm\,M\,\boldsymbol{e}_z \times \boldsymbol{e}_z = 0$ である．外側表面の法線ベクトルは $\boldsymbol{e}_\xi$ だから，$\boldsymbol{J}_M^{\mathrm{out}} = M\,\boldsymbol{e}_z \times \boldsymbol{e}_\xi = M\,\boldsymbol{e}_\varphi$ である．また，内側表面の法線ベクトルは $-\,\boldsymbol{e}_\xi$ だから，$\boldsymbol{J}_M^{\mathrm{in}} = M\,\boldsymbol{e}_z \times (-\,\boldsymbol{e}_\xi) = -\,M\,\boldsymbol{e}_\varphi$ である．つまり，外表面と内

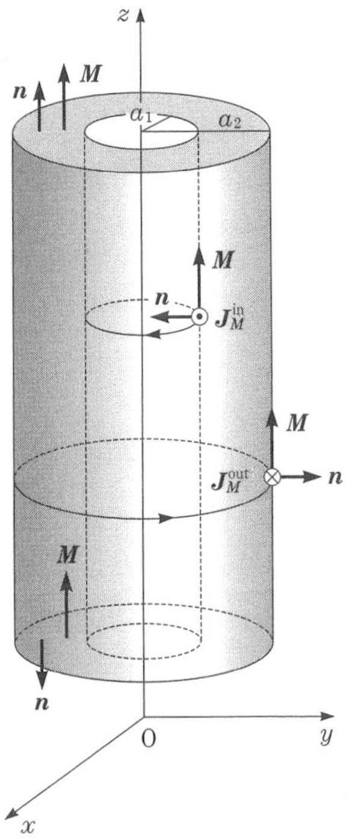

図 11.21

表面の磁化電流は大きさが同じで向きが反対である．磁化 $\boldsymbol{M}$ 全体が作る磁束密度は，この磁化電流が作る磁束密度に置き換えて考えればよい．$\boldsymbol{J}_M^{\mathrm{in}}$ が作る場は，

$$\xi < a_1 \quad \text{で} \quad \boldsymbol{B}_1 = -\mu_0 J_M \boldsymbol{e}_z = -\mu_0 M \boldsymbol{e}_z, \qquad \xi > a_1 \quad \text{で} \quad \boldsymbol{B}_1 = 0 \tag{11.56}$$

である．また，$\boldsymbol{J}_M^{\mathrm{out}}$ のみが作る場は，

$$\xi < a_2 \quad \text{で} \quad \boldsymbol{B}_2 = \mu_0 J_M \boldsymbol{e}_z = \mu_0 M \boldsymbol{e}_z, \qquad \xi > a_2 \quad \text{で} \quad \boldsymbol{B}_2 = 0 \tag{11.57}$$

である．よって，これらを重ね合わせて，$\boldsymbol{B} = \boldsymbol{B}_1 + \boldsymbol{B}_2$ は

$$\left.\begin{array}{rl} \xi < a_1 & \text{で} \quad \boldsymbol{B} = 0 \\ a_1 < \xi < a_2 & \text{で} \quad \boldsymbol{B} = \mu_0 M \boldsymbol{e}_z \\ \xi > a_2 & \text{で} \quad \boldsymbol{B} = 0 \end{array}\right\} \tag{11.58}$$

である．　¶

演習問題

［**1**］ 単位長さ当たり n 巻きのソレノイドに電流 I が流れているとき，nI は面電流密度の次元をもつことを示しなさい．

［**2**］ ドーナツ形の磁気的に軟らかい強磁性体に導線を N 回巻いたものに電流 I を流した．比透磁率 κ_{m} を用いて近似的に扱い，ドーナツの断面の中心を通る円周の長さを l として，断面の中心の $\boldsymbol{H}$，$\boldsymbol{M}$，$\boldsymbol{B}$ を求めなさい．

［**3**］ ［2］の強磁性体に幅 δ の隙間を作ったときの，隙間における磁場を求めなさい．ただし，ドーナツ形の中心に沿った長さを l とするとき，$\delta \ll l$ とする．

［**4**］ κ_{m} の大きな円柱型の磁気的に軟らかい強磁性体の一部にコイルを巻いて電流を流すと，コイルを巻いていない部分の磁場 $\boldsymbol{B}$ もほとんど磁性体の長さ方向を向いていることを定性的に説明しなさい．

［**5**］ 強磁性体の球が一様に自発磁化している．磁化を $\boldsymbol{M}$ とするとき，表面磁化電流密度および，中心における磁場 $\boldsymbol{B}$ と磁場の強さ $\boldsymbol{H}$ を求めなさい．

［**6**］ 物質の境界に面電流密度 $\boldsymbol{J}(\boldsymbol{r})$ の真電流が流れているときの磁場の接続条件を求めなさい．また，境界付近を電流密度 $\boldsymbol{j}(\boldsymbol{r})$ の真電流が流れているときはどうか．

12 電場・磁場のエネルギー

導体対（コンデンサー，キャパシターともいう）を帯電させたり，コイルに電流を流したりするためには，電源が仕事をしなければならない．その仕事はエネルギーとして蓄えられる．そのエネルギーは，電荷や電流が担っていると考えてもよいが，空間に発生した電場や磁場が担っていると考えることもできる．

§12.1 電場のエネルギー

コンデンサーに蓄えられるエネルギー

静電容量 C の導体対が $\pm q$ の電荷を帯電して，電位差が

$$V = \frac{q}{C} \tag{12.1}$$

になっている状態の**エネルギー**を求めよう．この状態が，帯電していない状態に比べてエネルギーをもっていることは，図 12.1 のようにこの導体対に抵抗をつないで放電させると，電流が流れてジュール熱が発生することからわかる．

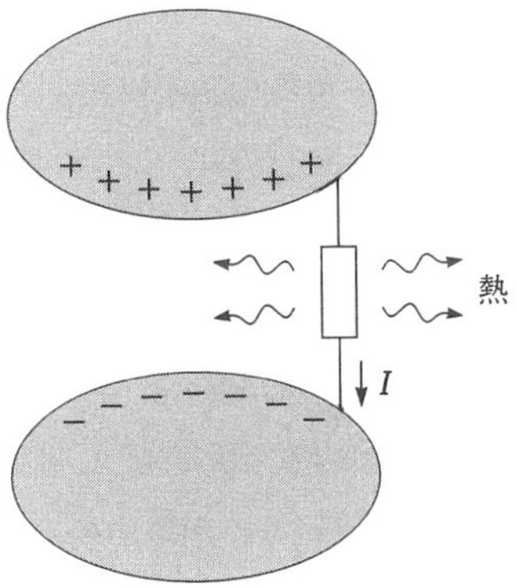

図 12.1

この状態のエネルギーを求めるには，一方の導体から他方へ微小な電荷 dq を次々に q になるまで移すのに要する仕事を計算すればよい．最初は導体間に電位差がないので，dq を移動するのに要

する仕事は0であるが，図12.2のようにすでに $\pm q'$ の電荷が移って電位差が

$$V' = \frac{q'}{C} \qquad (12.2)$$

になっている状態から，さらに dq' を移動するには，

$$dW = V'\,dq' = \frac{q'}{C}\,dq' \qquad (12.3)$$

の仕事を要する．したがって，電荷 $\pm q$ を帯電させるまでに要する仕事は

$$W = \int dW = \int_0^q \frac{q'}{C}\,dq' = \frac{q^2}{2C} = \frac{1}{2}CV^2 \qquad (12.4)$$

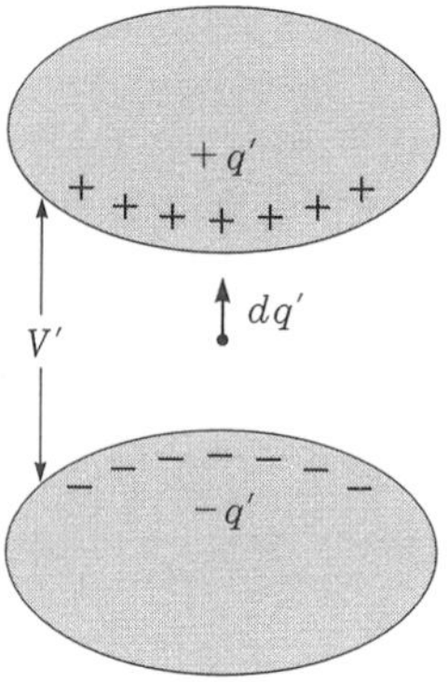

図12.2

である．これが，最終的な電荷配置がもっているエネルギーである．これを，**コンデンサーに蓄えられているエネルギー**ということもある．

電場のエネルギー密度

電荷をこのように配置することによって，最初には存在しなかった電場が導体対の周りに発生する．エネルギーは，この電場に蓄えられていると考えてもよい．それを，図12.3のような平行板コンデンサーの場合を例にとって計算してみよう．上記のような電荷を移す過程は，コンデンサーの極板間の電位差に合わせて電源の起電力を ΔV からゆっくり上昇させながら充電することで実現できる．(電源の起電力の方を極板間の電位差に合わせているので，途中に抵抗がなくても§10.1で考えたような矛盾は起こらない．)

極板の面積 A，間隔 d の平行板コンデンサーの容量は

$$C = \frac{\varepsilon_0 A}{d} \qquad (12.5)$$

であるから，両極板に電荷 $\pm q$ が帯電しているときの極板間の電位差は

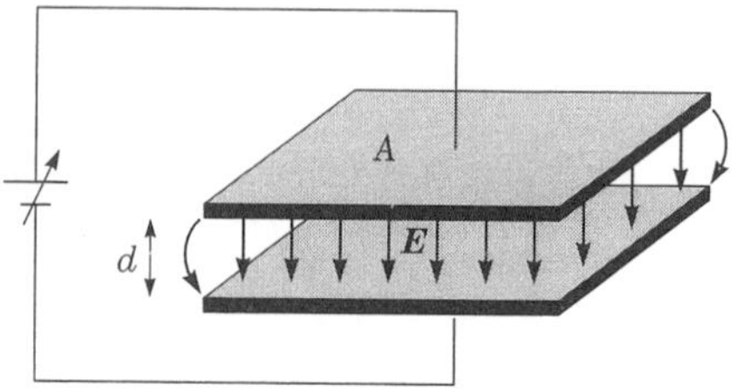

図12.3

$$V = \frac{d}{\varepsilon_0 A} q \tag{12.6}$$

である．この状態を作るのに要する仕事は，(12.4) より

$$W = \frac{\varepsilon_0 A}{2d} V^2 \tag{12.7}$$

である．これに等しいエネルギー

$$U_{\mathrm{C}} = W = \frac{\varepsilon_0 A}{2d} V^2 \tag{12.8}$$

が，極板間の体積 Ad の直方体の領域の電場に蓄えられているとすると，その密度は

$$u_{\mathrm{e}} = \frac{U_{\mathrm{C}}}{Ad} = \frac{\varepsilon_0}{2d^2} V^2 \tag{12.9}$$

である．

ところで，平行板コンデンサーの極板間の $\boldsymbol{D}$ と $\boldsymbol{E}$ は縁辺部を除いて一様かつ極板に垂直で，その大きさは

$$E = \frac{V}{d}, \qquad D = \frac{\varepsilon_0 V}{d} \tag{12.10}$$

である．したがって，エネルギー密度 (12.9) を

$$u_{\mathrm{e}} = \frac{1}{2} \frac{V}{d} \frac{\varepsilon_0 V}{d} = \frac{1}{2} ED = \frac{1}{2} \varepsilon_0 E^2 \tag{12.11}$$

と書くことができる．この計算は，極板間の空間の外にもれる電場を無視し，同時に縁辺部の弱い電場も中央部と変わらないという近似を用いており，厳密なものではないが，結論は正しい．一般に，真空中の電場の強さが $\boldsymbol{E}(\boldsymbol{r})$，電束密度が $\boldsymbol{D}(\boldsymbol{r})$ である点 $\boldsymbol{r}$ における**電場のエネルギー密度**は，

$$u_{\mathrm{e}}(\boldsymbol{r}) = \frac{1}{2} \boldsymbol{E}(\boldsymbol{r}) \cdot \boldsymbol{D}(\boldsymbol{r}) = \frac{1}{2} \varepsilon_0 E(\boldsymbol{r})^2 \tag{12.12}$$

である．

u_{e} の次元と SI 単位は

$$\begin{aligned}[u_{\mathrm{e}}] &= [D][E] = \mathsf{QL}^{-2}[F]\mathsf{Q}^{-1} = [F]\mathsf{L}^{-2} = [\text{仕事}]\mathsf{L}^{-3} \\ &= [\text{エネルギー}]\mathsf{L}^{-3} = \mathsf{ML}^{-1}\mathsf{T}^{-2} : \ \mathrm{J/m^3}\end{aligned} \tag{12.13}$$

で，確かに単位体積当たりのエネルギーになっている．

なお，容量 C のコンデンサーの電極間の電圧が V のときに蓄えられているエネルギー（12.4）と，極板間の空間の電場に密度（12.12）で蓄えられているエネルギーは，同じものに対する別の見方なので，一時には片方しか考えてはいけない．

例題 12.1

図 12.4 のように，起電力 $\mathcal{E}$ の定電圧電源を用いて，抵抗値 R の抵抗を介して容量 C のコンデンサーを $V = \mathcal{E}$ まで充電した．このときに，電源がした仕事とコンデンサーに蓄えられているエネルギーとを比較し，その差の意味を説明しなさい．

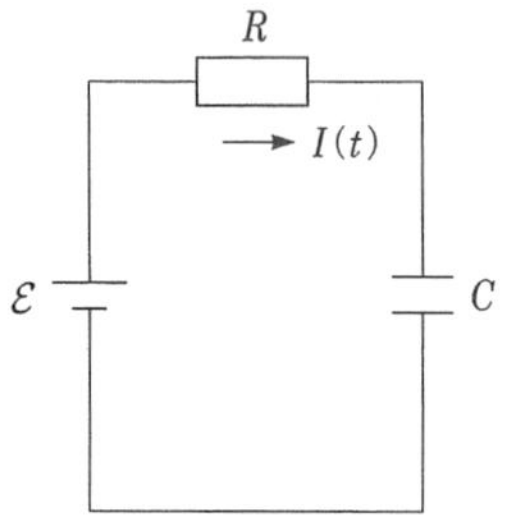

図 12.4

［**解**］　コンデンサーに蓄えられたエネルギーは（12.4）より

$$U_{\mathrm{C}} = \frac{1}{2}CV^2 = \frac{1}{2}C\mathcal{E}^2 \tag{12.14}$$

である．一方，電源がした仕事は

$$W_{\mathrm{S}} = \int_0^T \mathcal{E}I(t)\,dt \tag{12.15}$$

である．ただし，T は $T \gg RC$ を満たす任意の時刻で，すでに充電が終り $I(T) = 0$ になっているものとする．

§10.2 で述べたように

$$I(t) = \frac{\mathcal{E}}{R}e^{-t/RC} \tag{12.16}$$

だから

$$W_{\mathrm{S}} = \frac{\mathcal{E}^2}{R}\int_0^T e^{-t/RC}\,dt = \frac{\mathcal{E}^2}{R}(-RC)\Big[e^{-t/RC}\Big]_0^T = C\mathcal{E}^2 \tag{12.17}$$

である．ここで，仮定により $e^{-T/RC} = 0$ とした．これを（12.14）と比較すると

$$W_{\mathrm{S}} = 2U_{\mathrm{C}} \tag{12.18}$$

であり，電源のした仕事は（12.14）の 2 倍である．この差は充電中に抵抗 R でジュール熱として消費されたものと考えられる．それを計算してみると

$$W_R = \int_0^T RI(t)^2\,dt = \int_0^T R\left(\frac{\mathcal{E}}{R}e^{-t/RC}\right)^2 dt$$
$$= \frac{\mathcal{E}^2}{R}\int_0^T e^{-2t/RC}\,dt = -\frac{\mathcal{E}^2}{R}\frac{RC}{2}\Big[e^{-2t/RC}\Big]_0^T = \frac{1}{2}C\mathcal{E}^2 \qquad (12.19)$$

であり，確かに

$$U_C = W_R = \frac{1}{2}W_S \qquad (12.20)$$

である．¶

球状に一様に分布した電荷の周りの場のエネルギー

厳密に計算できる例として，図12.5のような，半径aの球内に一様な密度ρで分布している電荷を考える．まず，無限遠から少しずつ電荷を運んでこの状態を作るのに要する仕事の総量を計算する．すでに半径rになっているとすると，球表面上の点の，無限遠を基準とする静電ポテンシャルは，(4.34) より

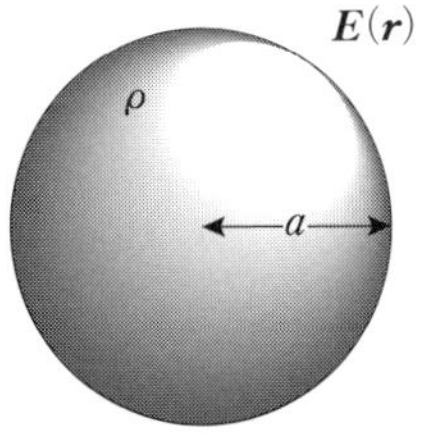

図12.5

$$\phi(r) = \frac{\dfrac{4\pi}{3}r^3\rho}{4\pi\varepsilon_0 r} = \frac{\rho r^2}{3\varepsilon_0} \qquad (12.21)$$

である．これにさらに無限小の厚さdrだけ電荷密度ρの層を付け加えるのに必要な電荷は

$$dq = \rho \times 4\pi r^2\,dr \qquad (12.22)$$

だから，要する仕事は

$$dW = \phi(r)\,dq = \frac{4\pi\rho^2 r^4\,dr}{3\varepsilon_0} \qquad (12.23)$$

である．したがって，半径aになるまでの全仕事は

$$W = \int dW = \int_0^a \frac{4\pi\rho^2 r^4\,dr}{3\varepsilon_0} = \frac{4\pi\rho^2}{3\varepsilon_0}\frac{r^5}{5}\bigg|_0^a = \frac{4\pi\rho^2}{15\varepsilon_0}a^5$$
$$(12.24)$$

である．

次に，この球ができ上がった状態で，電場に蓄えられているエネルギーを

求める．球の内外の電場は (3.56)，(3.58) だから，各点のエネルギー密度は (12.12) によれば

$$\left.\begin{aligned} u_{\mathrm{e}}(\boldsymbol{r}) &= \frac{\rho^2 r^2}{18\varepsilon_0} \qquad (r \leqq a) \\ &= \frac{a^6\rho^2}{18\varepsilon_0 r^4} \qquad (r \geqq a) \end{aligned}\right\} \tag{12.25}$$

である．場は球対称だから，球殻に分けて電場のエネルギーを加え合わせると

$$\begin{aligned} U &= \int_0^\infty 4\pi r^2 u_{\mathrm{e}}(r)\,dr = \int_0^a \frac{2\pi\rho^2 r^4}{9{\varepsilon_0}^2}\,dr + \int_a^\infty \frac{2\pi a^6\rho^2}{9\varepsilon_0 r^2}\,dr \\ &= \left.\frac{2\pi\rho^2 r^5}{45\varepsilon_0}\right|_0^a - \left.\frac{2\pi a^6\rho^2}{9\varepsilon_0 r}\right|_a^\infty = \frac{2\pi\rho^2 a^5}{45\varepsilon_0} + \frac{2\pi\rho^2 a^5}{9\varepsilon_0} = \frac{4\pi\rho^2}{15\varepsilon_0}a^5 \end{aligned} \tag{12.26}$$

である．確かに，この電荷配置を作るのに要した仕事 (12.24) に等しい．

例題 12.2

半径 a の導体球の上に電荷 q を帯電させるのに要する仕事と，この導体球の周りの電場のエネルギーを比較しなさい．

［**解**］　まず，仕事を計算する．電荷は表面にしか存在しない．球がすでに電荷 q' を帯電しているとすると，無限遠を基準とする球の静電ポテンシャルは

$$\phi = \frac{q'}{4\pi\varepsilon_0 a} \tag{12.27}$$

である．この状態に，さらに無限小の電荷 dq' を付け加えるのに要する仕事は

$$dW = \phi(r)\,dq' = \frac{q'\,dq'}{4\pi\varepsilon_0 a} \tag{12.28}$$

である．よって，電荷 q まで帯電させるのに要する全仕事は

$$W = \int dW = \int_0^q \frac{q'\,dq'}{4\pi\varepsilon_0 a} = \frac{q^2}{8\pi\varepsilon_0 a} \tag{12.29}$$

である．

次に，この球の周りの電場に蓄えられているエネルギーを求める．電場 $\boldsymbol{E}(\boldsymbol{r})$ は球の外にのみ存在し，§5.2 の［例題 5.1］で求めたように (4.38)′ で与えられる．よって，各点のエネルギー密度は (12.12) より

$$u_{\mathrm{e}}(\boldsymbol{r}) = \frac{q^2}{32\pi^2\varepsilon_0 r^4} \qquad (r > a) \tag{12.30}$$

である．これは球対称だから上と同じように，全エネルギーは

$$U = \int_a^\infty 4\pi r^2 u_e(r)\,dr = \int_a^\infty \frac{q^2}{8\varepsilon_0 \pi r^2}\,dr = \frac{q^2}{8\pi\varepsilon_0}\left[-\frac{1}{r}\right]_a^\infty = \frac{q^2}{8\pi\varepsilon_0 a} \tag{12.31}$$

であり，この電荷配置を作るのに要した仕事 W に等しい．¶

§12.2　磁場のエネルギー

電場にエネルギーが蓄えられるのであれば，磁場にも蓄えられるであろう．磁場は電流が流れている状態で存在するから，このエネルギーは，その電流が流れている状態を作るまでに要した仕事に等しいと考えられる．

ソレノイドに蓄えられるエネルギー

図12.6のような，自己インダクタンス L の十分長いソレノイドの内部の磁場に蓄えられるエネルギーを計算しよう．理想的なソレノイドに急に電流 I を流そうとしても，

$$\frac{dI}{dt} = \infty \tag{12.32}$$

に応じて無限に大きな逆起電力が生じてそれを妨げるから，流すことができない．そこで，電流出力を変えられる電流源をもってきて，電流を0から I まで徐々に増加させいく．

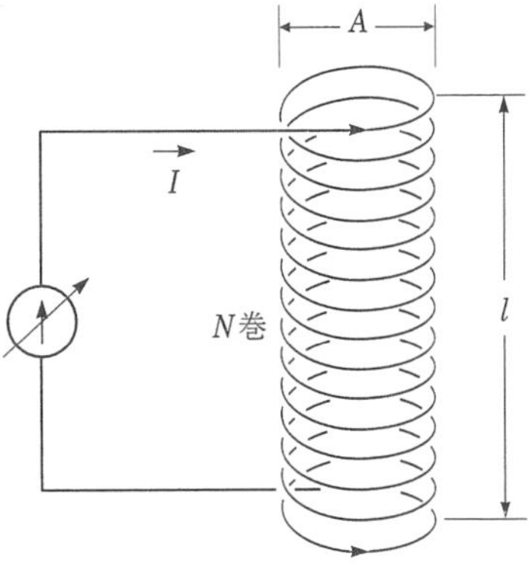

図12.6

いま，電流がすでに I' になっており，さらに dI'/dt の割合で増加しつつあるとする．ソレノイドには逆起電力

$$V_L'(t) = -L\frac{dI'(t)}{dt} \tag{12.33}$$

が生じているはずであるが，電流源には，これを打ち消すだけの起電力

$$\mathcal{E}'(t) = -V_L'(t) = L\frac{dI'(t)}{dt} \tag{12.34}$$

が自動的に生じて，電流を予定通り流し続けることができる．このような

やり方で無限小の時間 dt の間に電流源がする仕事は

$$dW = \mathcal{E}'(t)I'(t)\,dt = L\frac{dI'}{dt}I'\,dt \tag{12.35}$$

だから，時刻 T に電流が I になるまでの仕事は

$$W = \int dW = \int_0^T L\frac{dI'}{dt}I'\,dt = \frac{L}{2}\int_0^T \frac{dI'^2}{dt}\,dt \tag{12.36}$$

である．なお，

$$\frac{dI'^2}{dt} = 2I'\frac{dI'}{dt} \tag{12.37}$$

を利用した．ここで $I'^2 = x'$，$I^2 = x$ と置くと，

$$W = \frac{L}{2}\int_0^T \frac{dx'}{dt}\,dt = \frac{L}{2}\int_0^x dx' = \frac{1}{2}Lx = \frac{1}{2}LI^2 \tag{12.38}$$

である．

磁場のエネルギー密度

電流をこのように回路（ソレノイド）に流すことによって，最初には存在しなかった磁場が回路の周り（ソレノイドの内部）に発生する．よって，これに等しいエネルギー

$$U_{\mathrm{L}} = W = \frac{1}{2}LI^2 \tag{12.39}$$

が，この磁場に蓄えられていると考えてよいだろう．

いま，このソレノイドの断面積 A，長さ l，全巻き数が N であるとする．l は十分長いとすると，ソレノイドの自己インダクタンスは（9.40）より

$$L = \frac{\mu_0 N^2 A}{l} \tag{12.40}$$

である．よって，（12.39）より

$$U_{\mathrm{L}} = W = \frac{1}{2}\frac{\mu_0 N^2 A}{l}I^2 \tag{12.41}$$

である．これがエネルギーとしてソレノイドの内部（体積 Al）の磁場（図 12.7）に蓄えられているとすると，エネルギー密度は

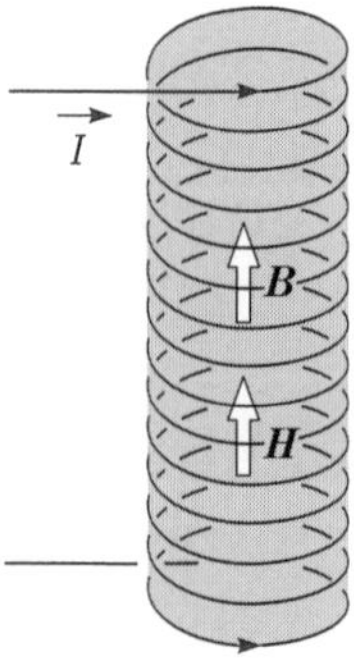

図 12.7

$$u_{\mathrm{m}} = \frac{U_L}{Al} = \frac{1}{2}\frac{\mu_0 N^2}{l^2}I^2 \tag{12.42}$$

である．

ところで，ソレノイドに電流 I が流れているときの $\boldsymbol{H}$ と $\boldsymbol{B}$ は，両端付近を除いて一様で，その大きさは（8.67）より

$$H = \frac{NI}{l}, \quad B = \frac{\mu_0 NI}{l} \tag{12.43}$$

である．したがって，エネルギー密度（12.42）を

$$u_{\mathrm{m}} = \frac{1}{2}\frac{NI}{l}\frac{\mu_0 NI}{l} = \frac{1}{2}HB = \frac{1}{2\mu_0}B^2 \tag{12.44}$$

と書くことができる．この計算は，ソレノイドの外の場を無視し，同時にソレノイド両端の場も中央部と同じ均一な場であるという近似を用いており，厳密ではないが，結論は正しい．一般に，真空中の磁場 $\boldsymbol{B}(\boldsymbol{r})$，磁場の強さ $\boldsymbol{H}(\boldsymbol{r})$ の点 $\boldsymbol{r}$ における**磁場のエネルギー密度**は

$$u_{\mathrm{m}}(\boldsymbol{r}) = \frac{1}{2}\boldsymbol{H}(\boldsymbol{r})\cdot\boldsymbol{B}(\boldsymbol{r}) = \frac{1}{2}\frac{B(\boldsymbol{r})^2}{\mu_0} \tag{12.45}$$

である．

u_{m} の次元と SI 単位は

$$\begin{aligned}[u_{\mathrm{m}}] &= [H][B] = \mathsf{QT}^{-1}\mathsf{L}^{-1}[F]\mathsf{Q}^{-1}\mathsf{L}^{-1}\mathsf{T} = [F]\mathsf{L}^{-2} \\ &= [\text{仕事}]\mathsf{L}^{-3} = [\text{エネルギー}]\mathsf{L}^{-3}:\ \mathrm{J/m^3}\end{aligned} \tag{12.46}$$

で，確かに単位体積当たりのエネルギーになっている．

電場のエネルギーと同様に，電流 I が流れている自己インダクタンス L のソレノイドに蓄えられているエネルギー（12.41）と，ソレノイド内の空間の磁場に密度（12.45）で蓄えられているエネルギーは同じものの別の見方なので，一時には片方しか考えてはいけない．

定電圧源と磁場のエネルギー

上の説明の最初の，理想的電流源を用いた仕事の計算はなじみにくい面がある．最終的に一定の電流 I が流れている状態になったときにはソレノイドの逆起電力は 0 だから，電流源の起電力も 0 である．したがって，電流は流れていても電流源は仕事をしていないし，どこにもエネルギーの損失は発

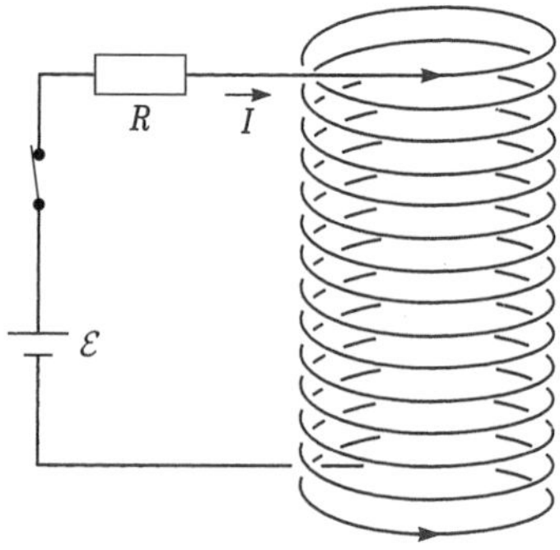

図 12.8

生していない．これは，電池のような定電圧電源や抵抗のある導線に慣れていると少々現実離れした感じがする．

そこで，図 12.8 のように，起電力 $\mathcal{E}$ の定電圧源を抵抗 R を介して自己インダクタンス L のソレノイドにつないだ状態で，電源のする仕事と磁場に蓄えられるエネルギーの関係を調べてみよう．

時刻 $t=0$ にスイッチ S を閉じて電流を流し始める．§10.2 で述べたように，電流は図 10.9 のように

$$I(t) = \frac{\mathcal{E}}{R}(1 - e^{-(R/L)t}) \tag{12.47}$$

にしたがって増加し，十分に長い時間 $T\ (\gg L/R)$ の後には，定常的な電流

$$I = \frac{\mathcal{E}}{R} \tag{12.48}$$

になる．

この間，ソレノイドの両端の逆起電力は

$$V_{\mathrm{L}}(t) = -L\frac{dI(t)}{dt} = -\mathcal{E}\,e^{-(R/L)t} \tag{12.49}$$

にしたがって変化し，$t=T$ では $V_L = 0$ になっている．負号は，$V_{\mathrm{L}}(t)$ の向きが電池の起電力の場合と違って電流の向きと逆になっていることを意味するから，いわばソレノイドの中にエネルギーが注入されている．無限小時間 dt の間に注入されるエネルギーは

$$dW = |I(t)\,V_{\mathrm{L}}(t)|\,dt = \frac{\mathcal{E}^2}{R}e^{-(R/L)t}[1 - e^{-(R/L)t}]dt = \frac{\mathcal{E}^2}{R}[e^{-(R/L)t} - e^{-2(R/L)t}]dt \tag{12.50}$$

だから，時刻 T までに注入されたエネルギーは

$$W_{\mathrm{L}} = \int dW = \int_0^T \frac{\mathcal{E}^2}{R}[e^{-(R/L)t} - e^{-2(R/L)t}]\,dt$$
$$= -\frac{\mathcal{E}^2 L}{R^2}e^{-(R/L)t}\Big|_0^T + \frac{\mathcal{E}^2 L}{2R^2}e^{-2(R/L)t}\Big|_0^T$$

$$= \frac{\mathcal{E}^2 L}{R^2} - \frac{\mathcal{E}^2 L}{2R^2} = \frac{\mathcal{E}^2 L}{2R^2} = \frac{1}{2}LI^2 \tag{12.51}$$

である．ここで，$e^{-(R/L)T} = 0$ とした．これは出力可変の電流電源を用いた過程で，ソレノイドの磁場に蓄えられるエネルギー U_{L} (12.39) に等しい．

一方，この間に電源がした仕事は

$$W_{\mathrm{S}} = \mathcal{E}\int_0^T I(t)\,dt = \frac{\mathcal{E}^2}{R}\int_0^T (1 - e^{-(R/L)t})\,dt = \frac{\mathcal{E}^2}{R}\left[t + \frac{L}{R}e^{-(R/L)t}\right]_0^T$$

$$= \frac{\mathcal{E}^2}{R}\left[T + \frac{L}{R}e^{-(R/L)T} - \frac{L}{R}\right] = \frac{\mathcal{E}^2}{R}\left(T - \frac{L}{R}\right) \tag{12.52}$$

で，抵抗 R に発生したジュール熱は

$$W_{\mathrm{R}} = R\int_0^T I(t)^2\,dt = R\frac{\mathcal{E}^2}{R^2}\int_0^T [1 - e^{-(R/L)t}]^2\,dt$$

$$= \frac{\mathcal{E}^2}{R}\int_0^T [1 - 2e^{-(R/L)t} + e^{-2(R/L)t}]\,dt$$

$$= \frac{\mathcal{E}^2}{R}\left[t + 2\frac{L}{R}e^{-(R/L)t} - \frac{L}{2R}e^{-(2R/L)t}\right]_0^T$$

$$= \frac{\mathcal{E}^2}{R}\left[T + 2\frac{L}{R}e^{-(R/L)T} - \frac{L}{2R}e^{-2(R/L)T} - \frac{2L}{R} + \frac{L}{2R}\right]$$

$$= \frac{\mathcal{E}^2}{R}\left(T - \frac{3L}{2R}\right) \tag{12.53}$$

である．ともに，T に比例して増加する項を含む．しかし，それらは全く同じなので，W_{S} と W_{R} の差は

$$W_{\mathrm{S}} - W_{\mathrm{R}} = \frac{\mathcal{E}^2 L}{2R^2} = \frac{1}{2}LI^2 = U_{\mathrm{L}} \tag{12.54}$$

のように一定で，電流が変化している間に磁場に蓄えられたエネルギー(12.39) に等しい．W_{R} の T に比例する項は，抵抗で消費され続けるジュール熱で，W_{S} のそれと同じ項は，そのために電源がし続けている仕事である．

§12.3　エネルギーと力

ポテンシャル・エネルギーや場のエネルギーは電荷や電流の配置に直接関係している．そして，そのエネルギーを減らすような配置に変わろうとする傾向をもっている．その傾向を広い意味の「力」で表すことができる．配置

を表す変数 α（たとえば座標）が $\varDelta\alpha$ だけ変わったときにその力 F_α がする仕事は，ポテンシャル・エネルギー $U(\alpha)$ の減少になる．

$$-\varDelta U(\alpha) = F_\alpha \varDelta\alpha \qquad (12.55)$$

たとえば，図 12.9 のように，x の正の方向を向いた一様な電場

$$\boldsymbol{E} = E\,\boldsymbol{e}_x \qquad (12.56)$$

の中にある電荷 q は力

$$\boldsymbol{F} = q\boldsymbol{E} = qE\,\boldsymbol{e}_x \qquad (12.57)$$

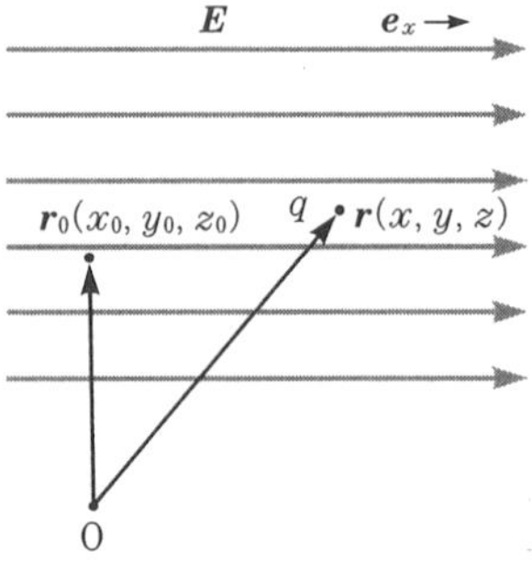

図 12.9

を受けているが，この力を次のようにして求めることもできる．

電荷 q の位置座標を $\boldsymbol{r}(x, y, z)$ とすると，点 $\boldsymbol{r}_0(x_0, y_0, z_0)$ を基準とするポテンシャル・エネルギーは

$$U(\boldsymbol{r}) = -qE(x - x_0) \qquad (12.58)$$

である．この電荷を，$\varDelta x$ だけ移動させたときのポテンシャル・エネルギーの変化は

$$\varDelta U(\boldsymbol{r}) = -qE(x + \varDelta x - x_0) - [-qE(x - x_0)] = -qE\,\varDelta x \qquad (12.59)$$

である．よって，この電荷が受ける x 方向の力は（12.55）より

$$F_x = -\frac{\varDelta U(\boldsymbol{r})}{\varDelta x} = qE \qquad (12.60)$$

である．一方，y 方向や z 方向に $\varDelta y$ あるいは $\varDelta z$ だけ移動させても

$$\varDelta U(\boldsymbol{r}) = 0 \qquad (12.61)$$

だから

$$F_y = F_z = 0 \qquad (12.62)$$

である．よって，確かに（12.57）の力が得られた．このようにして力を知る方法を**仮想変位の方法**という．

別の例として，図 12.10 のような，極板の面積 A，間隔 d の平行板コンデンサーの極板間の電位差が V のときに極板間にはたらく力を計算しよう．(a) は充電後にスイッチを開いた状態，(b) は充電後に抵抗の両端を短絡した状態である．このコンデンサーの静電容量と極板の電荷は

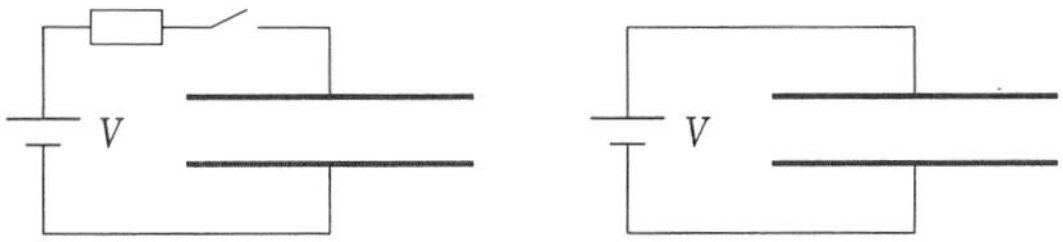

図 12.10

$$C = \frac{\varepsilon_0 A}{d}, \qquad q = CV \tag{12.63}$$

で，蓄えられているエネルギーは (12.4) より

$$U(d) = \frac{1}{2}qV = \frac{1}{2}CV^2 = \frac{q^2}{2C} \tag{12.64}$$

である．極板には互いに異なる符号の電荷が帯電しているから，この力は引力のはずである．これを仮想変位の方法で求めるためには，極板間を Δd だけ変化させたときのエネルギー変化を計算すればよい．ところが，$\Delta d > 0$ の変化をさせたとき容量の変化は $\Delta C < 0$ であるが，(1) 図 12.10(a) のように充電した後，電源をはずして電荷 $q =$ 一定の状態でこの変化をさせた場合は，(12.64) の最後の表現から $\Delta U(d) > 0$，(2) 図(b) のように極板間に電源をつないで電位差 $V =$ 一定の状態でこの変化をさせた場合は，(12.64) の後から 2 番目の表現から $\Delta U(d) < 0$ である．よって，不用意に計算すると力の向きが逆になってしまう．

実は，(2) の場合は電源がする仕事（電荷の供給）をともなうので，それを考慮しなければならない．単純な計算が可能なのは，(1) の場合のみである．すなわち，電源を切って極板間の距離を Δd だけ変化させたときの $U(d)$ の変化は

$$\Delta U(d) = \frac{q^2}{2\dfrac{\varepsilon_0 A}{d + \Delta d}} - \frac{q^2}{2\dfrac{\varepsilon_0 A}{d}} = \frac{q^2}{2\varepsilon_0 A}\Delta d \tag{12.65}$$

である．よって，力は

$$F_d = -\frac{\Delta U(d)}{\Delta d} = -\frac{q^2}{2\varepsilon_0 A} = -\frac{q^2}{2Cd} = -\frac{qV}{2d} = -\frac{1}{2}qE \tag{12.66}$$

である．$F_d < 0$ だから d を減らす向きの力，すなわち引力がはたらいている．(2) の条件の下での正しい計算をすると同じ結果が得られる（章末の演習問題［4］を参照）．

演習問題

［**1**］ 極板の面積 $A = 0.1\,\mathrm{m}^2$，極板間隔 $d = 1\,\mathrm{mm}$ の平行板コンデンサーの極板間の電圧が 100 V のとき，極板間の空間に蓄えられている静電エネルギーとその密度を求めなさい．極板間を比誘電率 $\kappa_\mathrm{e} = 2$ の誘電体で満たしたときはどうか．

［**2**］ 半径 a の球状に一様な密度 ρ で分布した電荷のエネルギーを（4.30）の考え方で計算しなさい．

［**3**］ 半径 $a = 1\,\mathrm{cm}$，長さ $l = 20\,\mathrm{cm}$ で総巻き数が $N = 400$ 回のソレノイド・コイルに 1 A の電流が流れているときに，内部の空間に蓄えられている磁気エネルギーとその密度を求めなさい．ソレノイドにちょうど収まるサイズの比透磁率 $\kappa_\mathrm{m} = 1000$ の磁気的に軟らかい強磁性体を挿入した場合はどうか．

［**4**］ §12.3 で調べた平行板コンデンサーの極板間の力を，図 12.10(b) のような極板間の電位差が一定の条件で，仮想変位の方法より求めなさい．

［**5**］ 一様な電場 $\boldsymbol{E}$ の中に置かれた電気双極子モーメント $\boldsymbol{p}$ が，$\boldsymbol{E}$ と平行な向きから θ だけ傾いているときに受けるトルクを仮想変位の方法で求めなさい．

［**6**］ 図 12.11 のような磁極の中央部の磁場が $B_0 = 0.5\,\mathrm{T}$ で一定に保たれているとする．磁化率 $\chi_\mathrm{m} = 1.8 \times 10^{-6}$ の物質を幅 $a = 1\,\mathrm{cm}$，厚さ $d = 1\,\mathrm{mm}$ の板状にして，中央付近まで挿入したときに受ける力の向きと大きさを仮想変位の方法で求めなさい．

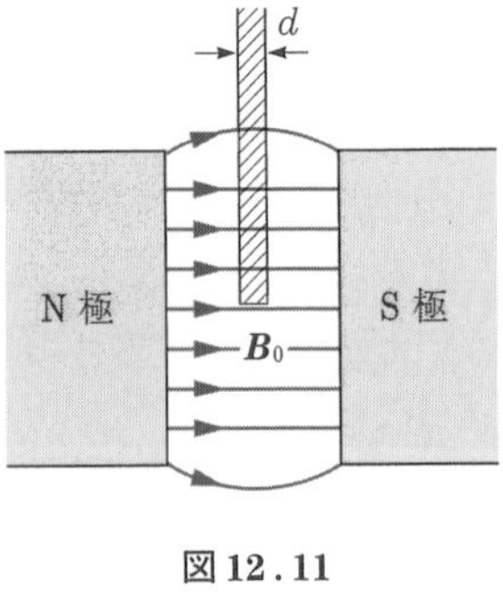

図 12.11

13 マクスウェル方程式の微分形

マクスウェル方程式の積分形のような，空間内のある領域内の複数の点が同時に関与する方程式を非局所的な方程式という．これに対して，各点 $\boldsymbol{r}$ で成り立つ方程式があると便利である．これを局所的な方程式という．本章ではそれを求めるが，得られる結果は4つの場そのものに関する方程式ではなく，それらの空間微分や時間微分の間の方程式である．これをマクスウェル方程式の微分形という．その導出に必要な数学（ベクトル解析）については，付録Aを参照してほしい．

§13.1 マクスウェル方程式の積分形のまとめ

前章までで，**電場** $\boldsymbol{E}(\boldsymbol{r}, t)$ と**磁場** $\boldsymbol{B}(\boldsymbol{r}, t)$ を，時刻 t に点 $\boldsymbol{r}$ を速度 $\boldsymbol{v}$ で運動している電荷 q に働く（広い意味の）ローレンツ力 (1.9) の

$$\boldsymbol{F} = q\boldsymbol{E}(\boldsymbol{r}, t) + q\boldsymbol{v} \times \boldsymbol{B}(\boldsymbol{r}, t) \tag{13.1}$$

によって定義し，さらに**電束密度（電気変位）**の場 $\boldsymbol{D}(\boldsymbol{r}, t)$ と**磁場の強さ**の場 $\boldsymbol{H}(\boldsymbol{r}, t)$ を導入した上で，4つの**マクスウェル方程式の積分形** (3.35), (9.5), (8.90), (9.49)，すなわち

$$\oint_{\mathrm{S}} \boldsymbol{D}(\boldsymbol{r}, t) \cdot d\boldsymbol{S} = \int_{\mathrm{V}} \rho(\boldsymbol{r}, t)\, dV \tag{13.2}$$

$$\oint_{\mathrm{C}} \boldsymbol{E}(\boldsymbol{r}, t) \cdot d\boldsymbol{r} = -\frac{d}{dt}\int_{\mathrm{S}} \boldsymbol{B}(\boldsymbol{r}, t) \cdot d\boldsymbol{S} \tag{13.3}$$

$$\oint_{\mathrm{S}} \boldsymbol{B}(\boldsymbol{r}, t) \cdot d\boldsymbol{S} = 0 \tag{13.4}$$

$$\oint_{\mathrm{C}} \boldsymbol{H}(\boldsymbol{r}, t) \cdot d\boldsymbol{r} = \int_{\mathrm{S}} \boldsymbol{j}(\boldsymbol{r}, t) \cdot d\boldsymbol{S} + \frac{d}{dt}\int_{\mathrm{S}} \boldsymbol{D}(\boldsymbol{r}, t) \cdot d\boldsymbol{S} \tag{13.5}$$

を導いた．ただし，(13.2) の面積分の範囲 S は，任意の体積積分の範囲 V の全表面（閉曲面）である．(13.3)，(13.5) の線積分の範囲 C は，任意の面積分の範囲 S を縁取る外周である．(13.4) の面積分の範囲 S は，任意の閉曲面である．閉曲面や閉曲線についての積分には記号 $\oint$ を用いている．

真空中の $\boldsymbol{E}$ と $\boldsymbol{D}$，$\boldsymbol{B}$ と $\boldsymbol{H}$ の間には (3.13)，(8.22)

$$\boldsymbol{D}(\boldsymbol{r}, t) = \varepsilon_0 \boldsymbol{E}(\boldsymbol{r}, t) \tag{13.6}$$

$$\boldsymbol{B}(\boldsymbol{r}, t) = \mu_0 \boldsymbol{H}(\boldsymbol{r}, t) \tag{13.7}$$

の関係がある．ε_0 は**真空の誘電率**（**電気定数**），μ_0 は**真空の透磁率**（**磁気定数**）である．

§13.2　電荷の保存則の微分形

マクスウェル方程式には4つの電磁場の他に，**電荷密度** $\rho(\boldsymbol{r}, t)$ と**電流密度** $\boldsymbol{j}(\boldsymbol{r}, t)$ が含まれる．それぞれ，電場と磁場の元になるスカラー場とベクトル場である．これらの間には，電荷の保存則 (6.36) の

$$\frac{d}{dt}\int_{\mathrm{V}} \rho(\boldsymbol{r}, t)\, dV = -\oint_{\mathrm{S}} \boldsymbol{j}(\boldsymbol{r}, t)\cdot d\boldsymbol{S} \tag{13.8}$$

が成り立つ．ここでも，V は空間内の任意の体積，S はその全表面である．これが電荷の保存を表す意味については，§6.4 を参照してほしい．

(13.8) の右辺は，ベクトル解析のガウスの定理（付録 A の (A.19)）の右辺の形をしている．ガウスの定理は任意のベクトル場について成り立つから

$$\oint_{\mathrm{S}} \boldsymbol{j}(\boldsymbol{r}, t)\cdot d\boldsymbol{S} = \int_{\mathrm{V}} \mathrm{div}\, \boldsymbol{j}(\boldsymbol{r}, t)\, dV, \qquad \oint_{\mathrm{S}} \boldsymbol{j}(\boldsymbol{r}, t)\cdot d\boldsymbol{S} = \int_{\mathrm{V}} \nabla\cdot \boldsymbol{j}(\boldsymbol{r}, t)\, dV \tag{13.9}$$

である．ナブラ ∇ を用いた表記も並記した（以下も同じようにする）．(13.8) の左辺は V 内の電荷の総量を求めてから時間で微分しているが，これは各点の電荷密度の時間微分について体積 V 内で積分したものに等しい．

$$\frac{d}{dt}\int_{\mathrm{V}} \rho(\boldsymbol{r}, t)\, dV = \int_{\mathrm{V}} \frac{\partial}{\partial t}\rho(\boldsymbol{r}, t)\, dV \tag{13.10}$$

つまり，時間微分と空間積分の順序を入れ替えることができる．左辺の積分の値は体積 V をどう選ぶかで異なるが，位置ベクトル $\boldsymbol{r}$ の関数ではなく時

間のみの関数なので，左辺の時間微分は常微分である．しかし $\rho(\boldsymbol{r}, t)$ は位置ベクトル $\boldsymbol{r}$，時間 t の関数なので，右辺の時間微分は偏微分になっている．(13.9)，(13.10) を (13.8) に代入すると

$$\left.\begin{aligned} \int_{\mathrm{V}} \frac{\partial \rho(\boldsymbol{r}, t)}{\partial t}\, dV &= -\int_{\mathrm{V}} \operatorname{div} \boldsymbol{j}(\boldsymbol{r}, t)\, dV \\ \int_{\mathrm{V}} \frac{\partial \rho(\boldsymbol{r}, t)}{\partial t}\, dV &= -\int_{\mathrm{V}} \nabla \cdot \boldsymbol{j}(\boldsymbol{r}, t)\, dV \end{aligned}\right\} \tag{13.11}$$

である．左辺に集めると

$$\int_{\mathrm{V}} \left(\frac{\partial \rho(\boldsymbol{r}, t)}{\partial t} + \operatorname{div} \boldsymbol{j}(\boldsymbol{r}, t) \right) dV = 0, \qquad \int_{\mathrm{V}} \left(\frac{\partial \rho(\boldsymbol{r}, t)}{\partial t} + \nabla \cdot \boldsymbol{j}(\boldsymbol{r}, t) \right) dV = 0 \tag{13.12}$$

である．これが任意の体積 V について成り立つのだから，(　) 内の被積分関数はいたるところ 0 でなければならない．よって，

$$\frac{\partial \rho(\boldsymbol{r}, t)}{\partial t} = -\operatorname{div} \boldsymbol{j}(\boldsymbol{r}, t), \qquad \frac{\partial \rho(\boldsymbol{r}, t)}{\partial t} = -\nabla \cdot \boldsymbol{j}(\boldsymbol{r}, t) \tag{13.13}$$

となり，これが**電荷の保存則の微分形**である．

例題 13.1

(13.13) から積分形 (13.8) を導きなさい．

［**解**］ 上の導出を逆に辿ればよい．(13.13) がすべての点 $\boldsymbol{r}$ で成り立っているから，任意の体積 V について積分すると

$$\int_{\mathrm{V}} \left(\frac{\partial}{\partial t} \rho(\boldsymbol{r}, t) + \operatorname{div} \boldsymbol{j}(\boldsymbol{r}, t) \right) dV = 0, \qquad \int_{\mathrm{V}} \left(\frac{\partial}{\partial t} \rho(\boldsymbol{r}, t) + \nabla \cdot \boldsymbol{j}(\boldsymbol{r}, t) \right) dV = 0 \tag{13.14}$$

である．第 1 項は時間積分と空間積分の順序を入れ替え，第 2 項はガウスの定理を使って V の全表面 S における積分に直すと

$$\frac{d}{dt} \int_{\mathrm{V}} \rho(\boldsymbol{r}, t)\, dV + \oint_{\mathrm{S}} \boldsymbol{j}(\boldsymbol{r}, t) \cdot d\boldsymbol{S} = 0 \tag{13.15}$$

である．なお，第 1 項の V についての定積分が位置ベクトル $\boldsymbol{r}$ の関数ではないので，積分の外に出した時間微分が常微分になることは，すでに述べたとおりである． ¶

§13.3　マクスウェル方程式の微分形

電場に対するガウスの法則の微分形

電束密度の場 $\boldsymbol{D}(\boldsymbol{r}, t)$ のガウスの法則の積分形は（13.2）である．付録Aのベクトル解析のガウスの定理（A.19）を用いて，左辺の面積分を右辺と同じVについての積分に書き替えると，

$$\int_{\mathrm{V}} \mathrm{div}\boldsymbol{D}(\boldsymbol{r}, t)\, dV = \int_{\mathrm{V}} \rho(\boldsymbol{r}, t)\, dV, \qquad \int_{\mathrm{V}} \nabla\cdot\boldsymbol{D}(\boldsymbol{r}, t)\, dV = \int_{\mathrm{V}} \rho(\boldsymbol{r}, t)\, dV \tag{13.16}$$

となる．両辺を左辺にまとめると

$$\int_{\mathrm{V}} (\mathrm{div}\boldsymbol{D}(\boldsymbol{r}, t) - \rho(\boldsymbol{r}, t))\, dV = 0, \qquad \int_{\mathrm{V}} (\nabla\cdot\boldsymbol{D}(\boldsymbol{r}, t) - \rho(\boldsymbol{r}, t))\, dV = 0 \tag{13.17}$$

となる．これが任意の体積について成り立つから，（　）内の被積分関数はいたるところ0のはずである．よって，

$$\mathrm{div}\boldsymbol{D}(\boldsymbol{r}, t) = \rho(\boldsymbol{r}, t), \qquad \nabla\cdot\boldsymbol{D}(\boldsymbol{r}, t) = \rho(\boldsymbol{r}, t) \tag{13.18}$$

である．これが $\boldsymbol{D}(\boldsymbol{r}, t)$ の**ガウスの法則の微分形**である．$\mathrm{div}\boldsymbol{D}(\boldsymbol{r}, t)$ をデカルト座標で表すと，（A.26）より

$$\frac{\partial D_x(\boldsymbol{r})}{\partial x} + \frac{\partial D_y(\boldsymbol{r})}{\partial y} + \frac{\partial D_z(\boldsymbol{r})}{\partial z} = \rho(\boldsymbol{r}, t) \tag{13.19}$$

となる．

電荷分布 $\rho(\boldsymbol{r}, t)$ は空間的な広がりをもつ密度を表すが，1点に集中した点電荷は $\rho(\boldsymbol{r}, t)$ では表現できない．点 $\boldsymbol{r}$ に存在する点電荷 q の周りの微小領域の体積 $\varDelta V$ をいくら小さくとっても，その中に変わらない大きさの電荷 q が含まれるから

$$\rho(\boldsymbol{r}, t) = \lim_{\varDelta V \to 0} \frac{q}{\varDelta V} = \infty \tag{13.20}$$

となって，その点の電荷密度が無限大になるからである．実際の固体のような点電荷の集合を扱う場合には，まず粗視化して $\rho(\boldsymbol{r}, t)$ で表現してからでなければ，微分形にとり込むことはできない（粗視化については§3.4を参照）．太さのない幾何学的な線の上に存在している線電荷，厚さのない幾何

学的な面の上に存在している面電荷についても同様である（ディラックの δ 関数を用いて形式的にとり込むことも可能であるが，それについては省略する）．一方，(3.22) の形に書いた積分形には，その制限がない．

微分形 (13.18) から積分形 (13.2) を求めるには，電荷の保存則で行ったのと同じように式を逆に辿ればよい（本章の演習問題［2］を参照）．

ファラデーの電磁誘導の法則の微分形

ファラデーの電磁誘導の法則の積分形は (13.3) である．左辺の積分路 C は，右辺の積分範囲である曲面 S を縁どる閉曲線であるから，付録 A のベクトル解析のストークスの定理 (A.32) を用いて，左辺の積分を右辺と同じ S についての積分に書き替えると，

$$\left.\begin{aligned}\int_{\mathrm{S}} \mathrm{rot}\,\boldsymbol{E}(\boldsymbol{r},t)\cdot d\boldsymbol{S} &= -\frac{d}{dt}\int_{\mathrm{S}} \boldsymbol{B}(\boldsymbol{r},t)\cdot d\boldsymbol{S} \\ \int_{\mathrm{S}} \nabla\times\boldsymbol{E}(\boldsymbol{r},t)\cdot d\boldsymbol{S} &= -\frac{d}{dt}\int_{\mathrm{S}} \boldsymbol{B}(\boldsymbol{r},t)\cdot d\boldsymbol{S}\end{aligned}\right\} \tag{13.21}$$

となる．右辺の時間微分を積分の中に入れ，左辺にまとめると

$$\int_{\mathrm{S}}\left(\mathrm{rot}\,\boldsymbol{E}(\boldsymbol{r},t) + \frac{\partial \boldsymbol{B}(\boldsymbol{r},t)}{\partial t}\right)\cdot d\boldsymbol{S} = 0,\quad \int_{\mathrm{S}}\left(\nabla\times\boldsymbol{E}(\boldsymbol{r},t) + \frac{\partial \boldsymbol{B}(\boldsymbol{r},t)}{\partial t}\right)\cdot d\boldsymbol{S} = 0 \tag{13.22}$$

となる．これが任意の面 S について成り立つのだから，各点，各時刻で

$$\mathrm{rot}\,\boldsymbol{E}(\boldsymbol{r},t) = -\frac{\partial \boldsymbol{B}(\boldsymbol{r},t)}{\partial t},\qquad \nabla\times\boldsymbol{E}(\boldsymbol{r},t) = -\frac{\partial \boldsymbol{B}(\boldsymbol{r},t)}{\partial t} \tag{13.23}$$

が成り立っている．これが**ファラデーの電磁誘導の法則の微分形**である．

デカルト座標で表すと，付録 A の (A.43) より成分に分けて

$$\left.\begin{aligned}\frac{\partial E_z(\boldsymbol{r},t)}{\partial y} - \frac{\partial E_y(\boldsymbol{r},t)}{\partial z} &= -\frac{\partial B_x(\boldsymbol{r},t)}{\partial t} \\ \frac{\partial E_x(\boldsymbol{r},t)}{\partial z} - \frac{\partial E_z(\boldsymbol{r},t)}{\partial x} &= -\frac{\partial B_y(\boldsymbol{r},t)}{\partial t} \\ \frac{\partial E_y(\boldsymbol{r},t)}{\partial x} - \frac{\partial E_x(\boldsymbol{r},t)}{\partial y} &= -\frac{\partial B_z(\boldsymbol{r},t)}{\partial t}\end{aligned}\right\} \tag{13.24}$$

である．微分形 (13.23) から逆に辿って積分形 (13.3) を導くのは簡単で

ある（本章の演習問題［4］を参照）.

磁場に関するガウスの法則の微分形

磁場 $\boldsymbol{B}(\boldsymbol{r}, t)$ に関するガウスの法則の積分形は（13.4）である．付録 A のベクトル解析のガウスの定理（A.19）を用いて，左辺の閉曲面 S 上の積分を S に囲まれた体積の積分に直すと

$$\int_{\mathrm{V}} \mathrm{div}\boldsymbol{B}(\boldsymbol{r}, t)\, dV = 0, \qquad \int_{\mathrm{V}} \nabla\cdot\boldsymbol{B}(\boldsymbol{r}, t)\, dV = 0 \tag{13.25}$$

である．これが空間中の任意の体積について成り立つから，空間のいたるところで被積分関数が 0 のはずである．よって，

$$\mathrm{div}\boldsymbol{B}(\boldsymbol{r}, t) = 0, \qquad \nabla\cdot\boldsymbol{B}(\boldsymbol{r}, t) = 0 \tag{13.26}$$

が成り立つ．これが $\boldsymbol{B}(\boldsymbol{r}, t)$ の**ガウスの法則の微分形**である．

デカルト座標で表すと

$$\frac{\partial B_x(\boldsymbol{r})}{\partial x} + \frac{\partial B_y(\boldsymbol{r})}{\partial y} + \frac{\partial B_z(\boldsymbol{r})}{\partial z} = 0 \tag{13.27}$$

と書ける．

アンペール - マクスウェルの法則の微分形

アンペール - マクスウェルの法則の積分形は（13.5）である．左辺の積分路 C は右辺の積分の曲面 S の外周なので，付録 A のベクトル解析のストークスの定理（A.32）を用いて，左辺の線積分を曲面 S 上の積分に直すと

$$\oint_{\mathrm{C}} \boldsymbol{H}(\boldsymbol{r}, t)\cdot d\boldsymbol{r} = \int_{\mathrm{S}} \mathrm{rot}\boldsymbol{H}(\boldsymbol{r}, t)\cdot d\boldsymbol{S}, \qquad \oint_{\mathrm{C}} \boldsymbol{H}(\boldsymbol{r}, t)\cdot d\boldsymbol{r} = \int_{\mathrm{S}} \nabla\times\boldsymbol{H}(\boldsymbol{r}, t)\cdot d\boldsymbol{S} \tag{13.28}$$

である．一方，（13.5）の右辺第 2 項の時間微分と面積分の順序を入れ替えると，

$$\int_{\mathrm{S}} \boldsymbol{j}(\boldsymbol{r}, t)\cdot d\boldsymbol{S} + \frac{d}{dt}\int_{\mathrm{S}} \boldsymbol{D}(\boldsymbol{r}, t)\cdot d\boldsymbol{S} = \int_{\mathrm{S}} \left(\boldsymbol{j}(\boldsymbol{r}, t) + \frac{\partial \boldsymbol{D}(\boldsymbol{r}, t)}{\partial t}\right)\cdot d\boldsymbol{S} \tag{13.29}$$

のようにまとめることができる．よって，（13.5）のすべての項を左辺に集めると

$$\left.\begin{aligned}
&\int_{\mathrm{S}}\left(\mathrm{rot}\,\boldsymbol{H}(\boldsymbol{r},t)-\boldsymbol{j}(\boldsymbol{r},t)-\frac{\partial\boldsymbol{D}(\boldsymbol{r},t)}{\partial t}\right)\cdot d\boldsymbol{S}=0\\
&\int_{\mathrm{S}}\left(\nabla\times\boldsymbol{H}(\boldsymbol{r},t)-\boldsymbol{j}(\boldsymbol{r},t)-\frac{\partial\boldsymbol{D}(\boldsymbol{r},t)}{\partial t}\right)\cdot d\boldsymbol{S}=0
\end{aligned}\right\} \tag{13.30}$$

となる．これが空間内の任意の面Sについて成り立つのだから，各点，各時刻で

$$\mathrm{rot}\,\boldsymbol{H}(\boldsymbol{r},t)=\boldsymbol{j}(\boldsymbol{r},t)+\frac{\partial\boldsymbol{D}(\boldsymbol{r},t)}{\partial t},\qquad \nabla\times\boldsymbol{H}(\boldsymbol{r},t)=\boldsymbol{j}(\boldsymbol{r},t)+\frac{\partial\boldsymbol{D}(\boldsymbol{r},t)}{\partial t} \tag{13.31}$$

が成り立っていなければならない．これが**アンペール‐マクスウェルの法則の微分形**である．デカルト座標で表すと，成分に分けて

$$\left.\begin{aligned}
\frac{\partial H_z(\boldsymbol{r},t)}{\partial y}-\frac{\partial H_y(\boldsymbol{r},t)}{\partial z}&=j_x(\boldsymbol{r},t)+\frac{\partial D_x(\boldsymbol{r},t)}{\partial t}\\
\frac{\partial H_x(\boldsymbol{r},t)}{\partial z}-\frac{\partial H_z(\boldsymbol{r},t)}{\partial x}&=j_y(\boldsymbol{r},t)+\frac{\partial D_y(\boldsymbol{r},t)}{\partial t}\\
\frac{\partial H_y(\boldsymbol{r},t)}{\partial x}-\frac{\partial H_x(\boldsymbol{r},t)}{\partial y}&=j_z(\boldsymbol{r},t)+\frac{\partial D_z(\boldsymbol{r},t)}{\partial t}
\end{aligned}\right\} \tag{13.32}$$

である．

電流密度 $\boldsymbol{j}(\boldsymbol{r},t)$ は導体中を空間的な広がりをもって流れる電流の密度を表しているので，太さのない幾何学的な曲線上を流れている電流は表現できない．曲線上のある点で曲線に垂直な微小面の面積 $\varDelta S$ をいくら小さくしても，それを貫いて変わらない大きさの電流 I が流れるから，

$$\boldsymbol{j}(\boldsymbol{r},t)=\lim_{\varDelta S\to 0}\frac{I}{\varDelta S}=\infty \tag{13.33}$$

となり，電流密度は無限大だからである．無限に薄い面を流れる面電流についても同様である．(8.42) の形に書いた積分形にはその制限がない．しかし，もはや場の関係式ではない．

マクスウェル方程式の微分形とその見方

ここで，上で求めた**マクスウェル方程式の微分形**をあらためてまとめておくと

$$\mathrm{div}\boldsymbol{D}(\boldsymbol{r},t) = \rho(\boldsymbol{r},t), \qquad \nabla\cdot\boldsymbol{D}(\boldsymbol{r},t) = \rho(\boldsymbol{r},t) \tag{13.34}$$

$$\mathrm{rot}\,\boldsymbol{E}(\boldsymbol{r},t) = -\frac{\partial \boldsymbol{B}(\boldsymbol{r},t)}{\partial t}, \qquad \nabla\times\boldsymbol{E}(\boldsymbol{r},t) = -\frac{\partial \boldsymbol{B}(\boldsymbol{r},t)}{\partial t} \tag{13.35}$$

$$\mathrm{div}\,\boldsymbol{B}(\boldsymbol{r},t) = 0, \qquad \nabla\cdot\boldsymbol{B}(\boldsymbol{r},t) = 0 \tag{13.36}$$

$$\mathrm{rot}\,\boldsymbol{H}(\boldsymbol{r},t) = \boldsymbol{j}(\boldsymbol{r},t) + \frac{\partial \boldsymbol{D}(\boldsymbol{r},t)}{\partial t}, \quad \nabla\times\boldsymbol{H}(\boldsymbol{r},t) = \boldsymbol{j}(\boldsymbol{r},t) + \frac{\partial \boldsymbol{D}(\boldsymbol{r},t)}{\partial t} \tag{13.37}$$

である.

当然，これらの式の左辺と右辺は同じ次元の量であり，空間の各位置 $\boldsymbol{r}$，各時刻 t で（以下，「$(\boldsymbol{r},t)$ で」と書く）の値が等しい（ベクトル場の場合は向きも等しい）．たとえば (13.34) は「空間にベクトル場 $\boldsymbol{D}(\boldsymbol{r},t)$ があり，その $(\boldsymbol{r},t)$ における発散 $\nabla\cdot\boldsymbol{D}(\boldsymbol{r},t)\,(=\mathrm{div}\,\boldsymbol{D}(\boldsymbol{r},t))$ の値が $\rho(\boldsymbol{r},t)$ に等しい」と読むのが普通であるが，「空間にベクトル場 $\boldsymbol{D}(\boldsymbol{r},t)$ と $\nabla\cdot\boldsymbol{D}(\boldsymbol{r},t)$ が重なって存在し，$(\boldsymbol{r},t)$ における $\nabla\cdot\boldsymbol{D}(\boldsymbol{r},t)$ の値が $\rho(\boldsymbol{r},t)$ に等しい」と読んでもよい．後者には若干違和感があるかもしれないが，電場 $\boldsymbol{E}(\boldsymbol{r},t)$ がある空間に，重ねてその静電ポテンシャル $\phi(\boldsymbol{r},t)$ が重なって存在すると考えるのにはあまり違和感がないだろう．それと同じことである．

マクスウェル方程式の微分形は偏微分方程式であり，4 つの場は，それを全空間で解いた解である．図 13.1 に，一定の電荷密度 ρ が球状に分布して

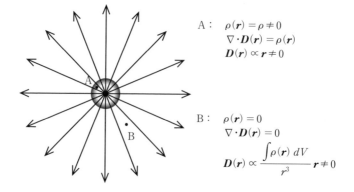

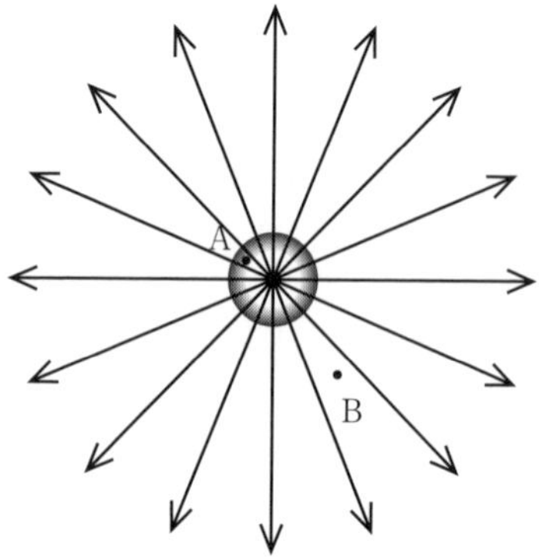

A： $\rho(\boldsymbol{r}) = \rho \neq 0$
$\nabla\cdot\boldsymbol{D}(\boldsymbol{r}) = \rho(\boldsymbol{r})$
$\boldsymbol{D}(\boldsymbol{r}) \propto \boldsymbol{r} \neq 0$

B： $\rho(\boldsymbol{r}) = 0$
$\nabla\cdot\boldsymbol{D}(\boldsymbol{r}) = 0$
$\boldsymbol{D}(\boldsymbol{r}) \propto \dfrac{\int \rho(\boldsymbol{r})\,dV}{r^3}\,\boldsymbol{r} \neq 0$

図 13.1

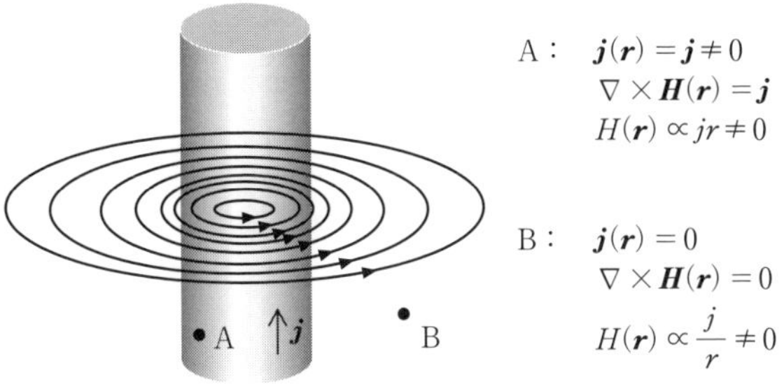

図 13.2

いるときの，内外の $\boldsymbol{D}(\boldsymbol{r},t)$ と $\nabla\cdot\boldsymbol{D}(\boldsymbol{r},t)$ の様子を描いてある．$\nabla\cdot\boldsymbol{D}(\boldsymbol{r},t)$ は（13.34）が示すように，電荷分布の範囲では ρ に等しく一定で，外では 0 である．一方，その解の $\boldsymbol{D}(\boldsymbol{r},t)$ は放射状で，その大きさ $\boldsymbol{D}(\boldsymbol{r},t)$ は電荷の分布の範囲では（3.56）のように r に比例し，外では（3.58）のように r^2 に反比例して小さくなる．真空中に電荷密度や導体が複雑に配置されていると，それらが作る電場は結構複雑であるが，電荷密度や導体がない部分の電場は常に $\nabla\cdot\boldsymbol{D}(\boldsymbol{r},t)=0$ を満たしている．いかに複雑でも，（13.34）を満たす場の重ね合わせだからである．

（13.37）についても同様である．いま，簡単のために定常的な場合を考えると，第 2 項は 0 である．図 13.2 のように，長い直線導線の中を一定の密度 $\boldsymbol{j}(\boldsymbol{r},t)=\boldsymbol{j}$ の定常電流が流れているとする．$\nabla\times\boldsymbol{H}(\boldsymbol{r},t)\,(=\mathrm{rot}\,\boldsymbol{H}(\boldsymbol{r},t))$ は $\boldsymbol{j}$ に等しいので，導体内では一定で $\boldsymbol{j}$ と同じ向きを向いており，導体の外では 0 である．一方，その解の磁場の強さ $\boldsymbol{H}(\boldsymbol{r},t)$ はいたるところ導線の中心軸を中心とする渦状で，その大きさは導体内では（8.49）のように導体表面に向かって半径に比例して大きくなり，導体の外では（8.52）のように半径に反比例して減少する．

変位電流密度と電荷の保存則

（13.37）の右辺の**変位電流密度**の項 $\partial\boldsymbol{D}(\boldsymbol{r},t)/\partial t$ は，マクスウェルが，すでに知られていたアンペールの法則に付け加えたものである．マクスウェルは付け加えた意図を明確には述べていないが，それによって 4 つの方程式のセットが電荷の保存則と矛盾しなくなり，また，電磁波の方程式を導くことができるようになった．電荷の保存則とアンペール - マクスウェルの法則の積分形の関係は§9.8で述べたが，ここで微分形でも確認しておこう．

元になったアンペールの法則は，積分形では (9.42) の

$$\oint_{\mathrm{C}} \boldsymbol{H}(\boldsymbol{r}, t) \cdot d\boldsymbol{r} = \int_{\mathrm{S}} \boldsymbol{j}(\boldsymbol{r}, t) \cdot d\boldsymbol{S} = I \tag{13.38}$$

で，微分形では

$$\nabla \times \boldsymbol{H}(\boldsymbol{r}, t) = \boldsymbol{j}(\boldsymbol{r}, t) \tag{13.39}$$

である．なお，これ以降，微分形は ∇ を用いた表示のみを示す．この両辺の発散をとると

$$\nabla \cdot (\nabla \times \boldsymbol{H}(\boldsymbol{r}, t)) = \nabla \cdot \boldsymbol{j}(\boldsymbol{r}, t) \tag{13.40}$$

であるが，左辺はベクトル解析の恒等式 (A.57) により0であるから，右辺についてもいたるところ，常に

$$\nabla \cdot \boldsymbol{j}(\boldsymbol{r}, t) \equiv 0 \tag{13.41}$$

でなければならなくなる．しかし，これは電流密度 $\boldsymbol{j}(\boldsymbol{r}, t)$ が必ず満たしていなければならない電荷の保存則 (13.13) と矛盾する．

この矛盾を解消するには，両辺の発散をとったときに (13.13) の左辺の $\partial\rho(\boldsymbol{r}, t)/\partial t$ になるような項を (13.39) の右辺に付け加えればよい．それを見つけよう．発散と $\rho(\boldsymbol{r}, t)$ を含む式としては，電束密度のガウスの法則 (13.34) がある．その両辺を時間で偏微分すると

$$\frac{\partial}{\partial t} \nabla \cdot \boldsymbol{D}(\boldsymbol{r}, t) = \frac{\partial}{\partial t} \rho(\boldsymbol{r}, t) \tag{13.42}$$

となり，右辺に求める項がある．左辺の空間に関する偏微分である発散 $(\nabla \cdot)$ と時間についての偏微分の順序を入れ替えると

$$\nabla \cdot \left(\frac{\partial}{\partial t} \boldsymbol{D}(\boldsymbol{r}, t) \right) = \frac{\partial}{\partial t} \rho(\boldsymbol{r}, t) \tag{13.43}$$

となる．これは，発散をとったときに $\partial\rho(\boldsymbol{r}, t)/\partial t$ になる量が**変位電流密度** $\partial \boldsymbol{D}(\boldsymbol{r}, t)/\partial t$ であることを示している．

こうして得られた $\partial \boldsymbol{D}(\boldsymbol{r}, t)/\partial t$ を (13.39) の右辺に加えたのがアンペール - マクスウェルの法則 (13.37) である．その両辺の発散をあらためてとると，(13.41) ではなく

$$\nabla \cdot \boldsymbol{j}(\boldsymbol{r}, t) + \nabla \cdot \frac{\partial \boldsymbol{D}(\boldsymbol{r}, t)}{\partial t} = 0 \tag{13.44}$$

となる．左辺第2項で空間微分と時間微分を入れ替えると

$$\nabla \cdot \boldsymbol{j}(\boldsymbol{r}, t) + \frac{\partial}{\partial t} \nabla \cdot \boldsymbol{D}(\boldsymbol{r}, t) = 0 \tag{13.45}$$

となるが，第2項にさらにガウスの法則（13.34）を代入すると，確かに**電荷の保存則**（13.13）の

$$\nabla \cdot \boldsymbol{j}(\boldsymbol{r}, t) + \frac{\partial \rho(\boldsymbol{r}, t)}{\partial t} = 0 \tag{13.46}$$

が満たされ，§9.8で積分形の形で述べたことが，微分形でも確認された．

§13.4　スカラー・ポテンシャルとベクトル・ポテンシャル

電場と磁場は，スカラー・ポテンシャルとベクトル・ポテンシャルを用いて表すこともできる．場に時間的変動があるときのポテンシャルを導く前に，まず，時間変動のない静電場のスカラー・ポテンシャルを復習し，静磁場のベクトル・ポテンシャルを導入する．

静電場のスカラー・ポテンシャル

第4章で述べたように，静電場（クーロン場）は（13.3）で右辺を0とした（4.10）の

$$\oint_{\mathrm{C}} \boldsymbol{E}(\boldsymbol{r}) \cdot d\boldsymbol{r} = 0 \tag{13.47}$$

を満たす**保存場**なので，それにともなう**静電ポテンシャル** $\phi(\boldsymbol{r})$（4.12）を定義して

$$\boldsymbol{E}(\boldsymbol{r}) = -\nabla \phi(\boldsymbol{r}) \tag{13.48}$$

のように，$\boldsymbol{E}(\boldsymbol{r})$ を $\phi(\boldsymbol{r})$ の空間微分（**勾配**）で表すことができる．右辺の負号は，

$$U(\boldsymbol{r}) = q\,\phi(\boldsymbol{r}) \tag{13.49}$$

を点 $\boldsymbol{r}$ に存在する電荷 q のポテンシャル・エネルギーと解釈するために付けたもので，それ以上の意味はない．この静電ポテンシャルは，後で述べるベクトル・ポテンシャルとの対応で，**スカラー・ポテンシャル**ともよばれる．

微分形を使って別の見方をしてみよう．保存場の条件（13.47）を微分形で表すと，（13.35）で右辺を 0 とおいた

$$\nabla \times \boldsymbol{E}(\boldsymbol{r}) = 0 \tag{13.50}$$

である．一方，任意のスカラー場 $f(\boldsymbol{r})$ の勾配の回転は 0 であるという，付録 A のベクトル解析の恒等式（A.58）の

$$\nabla \times (\nabla f(\boldsymbol{r})) = 0 \tag{13.51}$$

がある．これに注意すると，電場 $\boldsymbol{E}(\boldsymbol{r})$ をスカラー・ポテンシャル $\phi(\boldsymbol{r})$ を用いて（13.48）のように表すことで，保存場の条件（13.50）が自動的に満たされることがわかる．さらに，電場についてのもう 1 つの方程式であるガウスの法則（13.34）を用いると $\phi(\boldsymbol{r})$ についての方程式が得られる．すなわち，（13.6）を用いてガウスの法則（13.34）を $\boldsymbol{E}(\boldsymbol{r})$ で表した

$$\nabla \cdot \boldsymbol{E}(\boldsymbol{r}) = \frac{\rho(\boldsymbol{r})}{\varepsilon_0} \tag{13.52}$$

に（13.48）を代入すると

$$\nabla \cdot \nabla \phi(\boldsymbol{r}) = \nabla^2 \phi(\boldsymbol{r}) = -\frac{\rho(\boldsymbol{r})}{\varepsilon_0} \tag{13.53}$$

となる．これを**ポアソンの方程式**という．∇^2 は付録 A の（A.54）で定義している演算子，**ラプラシアン**である．

この方程式の解は我々がすでに知っている静電ポテンシャル（4.18）の

$$\phi(\boldsymbol{r}) = \frac{1}{4\pi\varepsilon_0}\int \frac{\rho(\boldsymbol{r}')}{|\boldsymbol{r}-\boldsymbol{r}'|}\,dV' \tag{13.54}$$

のはずである．積分範囲は全空間で，この式は，すべての点 $\boldsymbol{r}'$ の電荷密度 $\rho(\boldsymbol{r}')$ が注目する点 $\boldsymbol{r}$ に作る静電ポテンシャルを重ね合わせると，$\phi(\boldsymbol{r})$ が得られることを示す．微分方程式（13.53）を無限遠で 0 になるという境界条件で正面から解いても，この解が得られる．境界条件が同じなら，ポアソンの方程式の解は下に述べる自由度の範囲で一意的である（つまり（13.48）から同じ $\boldsymbol{E}(\boldsymbol{r})$ が得られる）ことが証明されているので，（13.54）を求める解としてよい．

なお，（13.53）は，同じ空間の電荷がない場所では $\rho(\boldsymbol{r}) = 0$ だから，

$$\nabla^2 \phi(\boldsymbol{r}) = 0 \tag{13.55}$$

である．(13.55) は**ラプラスの方程式**とよばれる．空間に導体が配置されており，電荷は導体表面（空間の外）にしかない場合には，境界を除いてすべての点で，この方程式が成り立っている．このときは各導体の電位（導体表面での $\phi(\boldsymbol{r})$ の値）を境界条件として与え，(13.55) を解けばよい．

ところで，スカラー・ポテンシャルは (13.48) の勾配という空間微分をしてはじめて電場 $\boldsymbol{E}(\boldsymbol{r})$ を表すことができるので，

$$\nabla \psi(\boldsymbol{r}) = 0 \tag{13.56}$$

であるような任意のスカラー関数を加えた $\phi(\boldsymbol{r}) + \psi(\boldsymbol{r})$ も，$\phi(\boldsymbol{r})$ と同じ電場 $\boldsymbol{E}(\boldsymbol{r})$ を与えるスカラー・ポテンシャルである．具体的には，(13.56) を満たすのは勾配が 0 の場である

$$\psi(\boldsymbol{r}) = \text{定数} \tag{13.57}$$

だから，単に，$\phi(\boldsymbol{r})$ は定数だけの自由度があるといってもよい．

静磁場のベクトル・ポテンシャル

静磁場 $\boldsymbol{B}(\boldsymbol{r})$ についても，マクスウェル方程式の微分形を利用して，微分するとそれが得られるような場を見つけることができる．$\boldsymbol{B}(\boldsymbol{r})$ の基本的な性質はガウスの法則 (13.36) である．一方，任意のベクトル場 $\boldsymbol{F}(\boldsymbol{r})$ の回転の発散は必ず 0 であるという付録 A のベクトル解析の恒等式 (A.57) の

$$\nabla \cdot (\nabla \times \boldsymbol{F}(\boldsymbol{r})) = 0 \tag{13.58}$$

がある．これに注意すると，あるベクトル場 $\boldsymbol{A}(\boldsymbol{r})$ を用いて

$$\boldsymbol{B}(\boldsymbol{r}) = \nabla \times \boldsymbol{A}(\boldsymbol{r}) \tag{13.59}$$

と表せれば，ガウスの法則は自動的に満たされる．$\boldsymbol{A}(\boldsymbol{r})$ を**ベクトル・ポテンシャル**という．後は磁場を含むもう 1 つの方程式であるアンペール - マクスウェルの法則 (13.37) を満たすように $\boldsymbol{A}(\boldsymbol{r})$ を決めればよい．いまは時間に依存しない電場，磁場を考えているので，(13.37) の第 2 項は 0 の (13.39)（アンペールの法則）である．(13.7) を用いて $\boldsymbol{B}(\boldsymbol{r})$ を $\boldsymbol{H}(\boldsymbol{r})$ で表し，それに代入すると，

$$\nabla \times \nabla \times \boldsymbol{A}(\boldsymbol{r}) = \mu_0 \boldsymbol{j}(\boldsymbol{r}) \tag{13.60}$$

となる．さらに，左辺を付録 A の (A.61) によって変形すると次のようになる．

$$\nabla(\nabla\cdot\boldsymbol{A}(\boldsymbol{r})) - \nabla^2\boldsymbol{A}(\boldsymbol{r}) = \mu_0\boldsymbol{j}(\boldsymbol{r}) \tag{13.61}$$

ところで，証明は割愛するが，次のようなベクトル場についての**ヘルムホルツの定理**がある．

「ベクトル場を定ベクトルを除いて一意的に確定するためには，その発散と回転を与えて，境界条件を満たすように決めればよい．」

$\boldsymbol{A}(\boldsymbol{r})$ は磁場 $\boldsymbol{B}(\boldsymbol{r})$ を（13.59）のように表すための場であったから，その回転は $\boldsymbol{B}(\boldsymbol{r})$ に等しいと決まっている．しかし，発散は決まっていないので

$$\nabla\cdot\boldsymbol{A}(\boldsymbol{r}) = 0 \tag{13.62}$$

と決めることが可能である．そうすれば，（13.61）の第1項を0とすることができるので，$\boldsymbol{A}(\boldsymbol{r})$ が満たすべき方程式が

$$\nabla^2\boldsymbol{A}(\boldsymbol{r}) = -\mu_0\boldsymbol{j}(\boldsymbol{r}) \tag{13.63}$$

と確定する．

これはベクトル場の微分方程式であるが，当然，成分ごとに成り立っているので，デカルト座標で分けて書くと

$$\left.\begin{aligned}\nabla^2 A_x(\boldsymbol{r}) &= -\mu_0 j_x(\boldsymbol{r}, t)\\ \nabla^2 A_y(\boldsymbol{r}) &= -\mu_0 j_y(\boldsymbol{r}, t)\\ \nabla^2 A_z(\boldsymbol{r}) &= -\mu_0 j_z(\boldsymbol{r}, t)\end{aligned}\right\} \tag{13.64}$$

となる．これは（13.53）と同じポアソンの方程式の形をしているから，無限遠で0になるという同じ境界条件を満たす解も（13.54）と同じ形になると考えてよく，たとえば x 成分は

$$A_x(\boldsymbol{r}) = \frac{\mu_0}{4\pi}\int\frac{j_x(\boldsymbol{r}')}{|\boldsymbol{r}-\boldsymbol{r}'|}\,dV' \tag{13.65}$$

となる．よって，$\boldsymbol{A}(\boldsymbol{r})$ はこれらを成分とするベクトル場として

$$\boldsymbol{A}(\boldsymbol{r}) = \frac{\mu_0}{4\pi}\int\frac{\boldsymbol{j}(\boldsymbol{r}')}{|\boldsymbol{r}-\boldsymbol{r}'|}\,dV' \tag{13.66}$$

が得られる．これは，積分範囲は全空間で，すべての点 $\boldsymbol{r}'$ の電流密度 $\boldsymbol{j}(\boldsymbol{r}')$ が注目する点 $\boldsymbol{r}$ に作るベクトル・ポテンシャルを重ね合わせると，$\boldsymbol{A}(\boldsymbol{r})$ が得られることを示す．

なお，$\nabla\cdot\boldsymbol{A}(\boldsymbol{r})$ の決め方は（13.62）の他にも可能である．その決め方を**ゲージ**という．（13.62）はクーロン条件，または**クーロン・ゲージ**とよばれる．

時間に依存する場のスカラー・ポテンシャルとベクトル・ポテンシャル

電場や磁場が時間的に変動するとき，(13.35) で右辺が 0 の (13.50) を満たすとは限らないので，一般に $\boldsymbol{E}(\boldsymbol{r},t)$ は，それを (13.48) で表すことはできない．

一方，磁場に対するガウスの法則は常に成り立つので，$\boldsymbol{B}(\boldsymbol{r},t)$ は静磁場の場の場合と同じようにベクトル・ポテンシャル $\boldsymbol{A}(\boldsymbol{r},t)$ を用いて

$$\boldsymbol{B}(\boldsymbol{r},t) = \nabla \times \boldsymbol{A}(\boldsymbol{r},t) \tag{13.67}$$

と表すことができる．これを (13.35) に代入すると

$$\nabla \times \boldsymbol{E}(\boldsymbol{r},t) = -\frac{\partial}{\partial t}(\nabla \times \boldsymbol{A}(\boldsymbol{r},t)) \tag{13.68}$$

となる．右辺で空間微分と時間微分の順序を入れ替えてから左辺に移すと

$$\nabla \times \left(\boldsymbol{E}(\boldsymbol{r},t) + \frac{\partial \boldsymbol{A}(\boldsymbol{r},t)}{\partial t}\right) = 0 \tag{13.69}$$

となる．ここで恒等式 (A.58) に注意すると (　) 内は，時間に依存するスカラー・ポテンシャル $\phi(\boldsymbol{r},t)$ を用いて，

$$\boldsymbol{E}(\boldsymbol{r},t) + \frac{\partial \boldsymbol{A}(\boldsymbol{r},t)}{\partial t} = -\nabla\phi(\boldsymbol{r},t) \tag{13.70}$$

と表せる．時間に依存しない静電場の場合の (13.48) と同じように，右辺には負号を付けた．

以上から，時間に依存する場合の一般的な電場は，スカラー・ポテンシャルとベクトル・ポテンシャルを使うと次のように与えられる．

$$\boldsymbol{E}(\boldsymbol{r},t) = -\nabla\phi(\boldsymbol{r},t) - \frac{\partial \boldsymbol{A}(\boldsymbol{r},t)}{\partial t} \tag{13.71}$$

残りの (13.34)，(13.37) を満たすために $\phi(\boldsymbol{r},t)$ と $\boldsymbol{A}(\boldsymbol{r},t)$ が従う方程式はどうなるだろうか．(13.6)，(13.71) を (13.34) に代入し，時間微分と空間微分の順序を入れ替えると

$$\nabla^2\phi(\boldsymbol{r},t) + \frac{\partial}{\partial t}(\nabla \cdot \boldsymbol{A}(\boldsymbol{r},t)) = -\frac{\rho(\boldsymbol{r},t)}{\varepsilon_0} \tag{13.72}$$

となる．また，(13.6)，(13.7)，(13.67)，(13.71) を (13.37) に代入すると

$$\nabla \times \nabla \times \boldsymbol{A}(\boldsymbol{r}, t) = \mu_0 \boldsymbol{j}(\boldsymbol{r}, t) - \varepsilon_0 \mu_0 \left(\nabla \frac{\partial \phi(\boldsymbol{r}, t)}{\partial t} + \frac{\partial^2 \boldsymbol{A}(\boldsymbol{r}, t)}{\partial t^2} \right) \tag{13.73}$$

となる．左辺に付録 A の（A.61）を代入して整理すると

$$\nabla^2 \boldsymbol{A}(\boldsymbol{r}, t) - \varepsilon_0 \mu_0 \frac{\partial^2 \boldsymbol{A}(\boldsymbol{r}, t)}{\partial t^2} - \nabla \left(\nabla \cdot \boldsymbol{A}(\boldsymbol{r}, t) + \varepsilon_0 \mu_0 \frac{\partial \phi(\boldsymbol{r}, t)}{\partial t} \right) = -\mu_0 \boldsymbol{j}(\boldsymbol{r}, t) \tag{13.74}$$

となる．

この場合でも，$\boldsymbol{A}(\boldsymbol{r}, t)$ の発散に，静磁場のときの（13.62）と同様に

$$\nabla \cdot \boldsymbol{A}(\boldsymbol{r}, t) = 0 \tag{13.75}$$

という条件を課して，（13.74）の左辺の（　）の中の第 1 項を 0 にすることはできる．しかし，そのようにしてもあまり見通しが良くなるわけではない．$\boldsymbol{A}(\boldsymbol{r}, t)$ の発散は（13.75）以外にも自由に決められるから，別の工夫が可能である．いまの場合に便利な工夫は，（13.74）の左辺の（　）内が 0 になるように

$$\nabla \cdot \boldsymbol{A}(\boldsymbol{r}, t) = -\varepsilon_0 \mu_0 \frac{\partial \phi(\boldsymbol{r}, t)}{\partial t} \tag{13.76}$$

とすることである．そうすると，（13.74）は

$$\nabla^2 \boldsymbol{A}(\boldsymbol{r}, t) - \varepsilon_0 \mu_0 \frac{\partial^2 \boldsymbol{A}(\boldsymbol{r}, t)}{\partial t^2} = -\mu_0 \boldsymbol{j}(\boldsymbol{r}, t) \tag{13.77}$$

となる．

これは $\boldsymbol{A}(\boldsymbol{r}, t)$ が満たすべき方程式であるが，（13.72）に戻って $\phi(\boldsymbol{r}, t)$ が満たすべき方程式も導くことができる．（13.72）に（13.76）を代入すると

$$\nabla^2 \phi(\boldsymbol{r}, t) - \varepsilon_0 \mu_0 \frac{\partial^2 \phi(\boldsymbol{r}, t)}{\partial t^2} = -\frac{\rho(\boldsymbol{r}, t)}{\varepsilon_0} \tag{13.78}$$

が得られる．（13.77），（13.78）は同じ形の方程式である．

場が時間に依存する場合にベクトル・ポテンシャルの発散に対して課した（13.76）を，**ローレンツ条件**または**ローレンツ・ゲージ**という．

本節を振り返ると，電磁ポテンシャルを導入して磁場を（13.67），電場を（13.71）で表すことで，マクスウェル方程式の（13.35），（13.36）は自動的に満たされた．これらを残りの（13.34），（13.37）に代入し，ローレンツ・ゲージ（13.76）を適用することで，電磁ポテンシャルが満たすべき方程式（13.77），（13.78）が得られた．これら電磁ポテンシャルについての 3 式（13.76）～(13.78）のセットは，（13.67），（13.71）を仲介して，マクスウェル方程式の 4 式のセットと等価である．

§13.5　2 種類の電場

最後に，マクスウェル方程式の電場 $\boldsymbol{E}(\boldsymbol{r}, t)$ について，見落とされがちな点を確認しておきたい．

電場には 2 種類ある．1 つは r^{-2} 則に従うクーロン電場（3.14）である．それを，ここでは $\boldsymbol{E}_{\mathrm{C}}(\boldsymbol{r}, t)$ と書こう．ガウスの法則（13.2）は，§3.1 で述べたように $\boldsymbol{E}_{\mathrm{C}}(\boldsymbol{r}, t)$ に比例する

$$\boldsymbol{D}(\boldsymbol{r}, t) = \varepsilon_0 \boldsymbol{E}_{\mathrm{C}}(\boldsymbol{r}, t) \tag{13.79}$$

に対する法則である．よって，（13.2），（13.34）は

$$\oint_{\mathrm{S}} \boldsymbol{E}_{\mathrm{C}}(\boldsymbol{r}, t) \cdot d\boldsymbol{S} = \frac{1}{\varepsilon_0} \int_{\mathrm{V}} \rho(\boldsymbol{r}, t)\, dV, \qquad \nabla \cdot \boldsymbol{E}_{\mathrm{C}}(\boldsymbol{r}, t) = \frac{\rho(\boldsymbol{r}, t)}{\varepsilon_0} \tag{13.80}$$

とも表せる（本節では積分形と微分形を並べる）．さらに，§4.1 で述べたようにやはり（3.14）の関数形から，$\boldsymbol{E}_{\mathrm{C}}(\boldsymbol{r}, t)$ は保存場で，（13.47），（13.50）も満たす．

$$\oint_{\mathrm{C}} \boldsymbol{E}_{\mathrm{C}}(\boldsymbol{r}, t) \cdot d\boldsymbol{r} = 0, \qquad \nabla \times \boldsymbol{E}_{\mathrm{C}}(\boldsymbol{r}, t) = 0 \tag{13.81}$$

もう 1 つの電場は誘導電場で，変動する磁場にともなって生じる．それを $\boldsymbol{E}_{\mathrm{I}}(\boldsymbol{r}, t)$ と書こう．それはファラデーの電磁誘導の法則（13.3），（13.35）に現れる電場だから，当然

$$\oint_{\mathrm{C}} \boldsymbol{E}_{\mathrm{I}}(\boldsymbol{r}, t) \cdot d\boldsymbol{r} = -\frac{d}{dt} \int_{\mathrm{S}} \boldsymbol{B}(\boldsymbol{r}, t) \cdot d\boldsymbol{S}, \qquad \nabla \times \boldsymbol{E}_{\mathrm{I}}(\boldsymbol{r}, t) = -\frac{\partial \boldsymbol{B}(\boldsymbol{r}, t)}{\partial t} \tag{13.82}$$

である．(13.82) の左の積分形の両辺は $\boldsymbol{E}_{\mathrm{I}}(\boldsymbol{r}, t)$ に付随する誘導起電力

$$\mathcal{E} = \oint_{\mathrm{C}} \boldsymbol{E}_{\mathrm{I}}(\boldsymbol{r}, t) \cdot d\boldsymbol{r} = -\frac{d}{dt}\int_{\mathrm{S}} \boldsymbol{B}(\boldsymbol{r}, t) \cdot d\boldsymbol{S} \tag{13.83}$$

を表す．$\mathcal{E} \neq 0$ なので，これは保存場ではない．

さて，マクスウェル方程式は $\boldsymbol{E}_{\mathrm{C}}(\boldsymbol{r}, t)$ と $\boldsymbol{E}_{\mathrm{I}}(\boldsymbol{r}, t)$ を区別せずに $\boldsymbol{E}(\boldsymbol{r}, t)$ と記しているが，明らかに

$$\boldsymbol{E}(\boldsymbol{r}, t) = \boldsymbol{E}_{\mathrm{C}}(\boldsymbol{r}, t) + \boldsymbol{E}_{\mathrm{I}}(\boldsymbol{r}, t) \tag{13.84}$$

のはずである．ポテンシャルを使って電場を (13.71) のように表すと，$\boldsymbol{E}_{\mathrm{C}}(\boldsymbol{r}, t)$ はスカラー・ポテンシャルの項，$\boldsymbol{E}_{\mathrm{I}}(\boldsymbol{r}, t)$ はベクトル・ポテンシャルの項に対応している．マクスウェル方程式は，電場として $\boldsymbol{E}_{\mathrm{C}}(\boldsymbol{r}, t)$ だけ，あるいは $\boldsymbol{E}_{\mathrm{I}}(\boldsymbol{r}, t)$ だけを考慮して導かれた方程式を 4 つの方程式のセットにまとめて，それらを区別しない $\boldsymbol{E}(\boldsymbol{r}, t)$ に対する方程式として書かれている．そのことに注意しつつ，マクスウェル方程式をもう少し掘り下げて理解しよう．

まず，電磁誘導の法則から考える．(13.3)，(13.35) と (13.82) の差をとると

$$\left.\begin{aligned} &\oint_{\mathrm{C}} (\boldsymbol{E}(\boldsymbol{r}, t) - \boldsymbol{E}_{\mathrm{I}}(\boldsymbol{r}, t)) \cdot d\boldsymbol{r} = 0 \\ &\nabla \times (\boldsymbol{E}(\boldsymbol{r}, t) - \boldsymbol{E}_{\mathrm{I}}(\boldsymbol{r}, t)) = 0 \end{aligned}\right\} \tag{13.85}$$

となるが，左辺に (13.84) を代入すると (13.81) が導かれる．

すなわち，(3.14) の関数形を使って導かれた (13.81) は，それを使うまでもなく，マクスウェル方程式に含まれているのである．

次に，ガウスの法則 (13.2)，(13.34) はどうであろうか．それは，(13.80) を (13.84) に拡張したものである．そこで (13.2)，(13.34) に (13.6) を代入して (13.80) との差をとると

$$\left.\begin{aligned} &\oint_{\mathrm{S}} (\boldsymbol{E}(\boldsymbol{r}, t) - \boldsymbol{E}_{\mathrm{C}}(\boldsymbol{r}, t)) \cdot d\boldsymbol{S} = 0 \\ &\nabla \cdot (\boldsymbol{E}(\boldsymbol{r}, t) - \boldsymbol{E}_{\mathrm{C}}(\boldsymbol{r}, t)) = 0 \end{aligned}\right\} \tag{13.86}$$

となるが，左辺に (13.84) を代入すると

$$\oint_{\mathrm{S}} \boldsymbol{E}_{\mathrm{I}}(\boldsymbol{r}, t) \cdot d\boldsymbol{S} = 0, \qquad \nabla \cdot \boldsymbol{E}_{\mathrm{I}}(\boldsymbol{r}, t) = 0 \tag{13.87}$$

が導かれる．これは，$\underline{\boldsymbol{E}_{\mathrm{I}}(\boldsymbol{r}, t)}$ がいたるところ発散が 0，すなわち $\boldsymbol{E}_{\mathrm{C}}(\boldsymbol{r}, t)$

と違ってわき出しのない場であることを意味している．すなわち，直接的にはどこにも示されていない $\boldsymbol{E}_{\mathrm{I}}(\boldsymbol{r},t)$ の発散についての情報（13.87）が，マクスウェル方程式には含まれているのである．

ここでは電場の考察をしているので直接関係はないが，$\boldsymbol{B}(\boldsymbol{r},t)$ にわき出し（磁気モノポール）がないことは（13.4），（13.36）が直接的に表している．

次に，アンペール－マクスウェルの法則（13.5），（13.37）を見てみよう．簡単のため，微分形だけで示す．（13.6），（13.7）より

$$\nabla \times \boldsymbol{B}(\boldsymbol{r},t) = \mu_0 \boldsymbol{j}(\boldsymbol{r},t) + \varepsilon_0\mu_0 \frac{\partial \boldsymbol{E}(\boldsymbol{r},t)}{\partial t} \tag{13.88}$$

となるので，両辺の発散をとると

$$\nabla\cdot[\nabla \times \boldsymbol{B}(\boldsymbol{r},t)] = \mu_0 \nabla\cdot\boldsymbol{j}(\boldsymbol{r},t) + \varepsilon_0\mu_0 \frac{\partial}{\partial t}\nabla\cdot\boldsymbol{E}(\boldsymbol{r},t) \tag{13.89}$$

が得られるが，左辺は付録 A のベクトル解析の恒等式（A.57）から 0 である．右辺第 2 項に（13.84）を代入すると

$$\mu_0 \nabla\cdot\boldsymbol{j}(\boldsymbol{r},t) + \varepsilon_0\mu_0 \frac{\partial}{\partial t}\nabla\cdot[\boldsymbol{E}_{\mathrm{C}}(\boldsymbol{r},t) + \boldsymbol{E}_{\mathrm{I}}(\boldsymbol{r},t)] = 0 \tag{13.90}$$

となるが，（13.80），（13.87）を考慮すると，

$$0 = \nabla\cdot\boldsymbol{j}(\boldsymbol{r},t) + \frac{\partial}{\partial t}\rho(\boldsymbol{r},t) \tag{13.91}$$

が得られる．これは，電荷の保存則（13.13）である．すなわち，（13.88）の右辺の変位電流密度の電場 $\boldsymbol{E}(\boldsymbol{r},t)$ に $\boldsymbol{E}_{\mathrm{I}}(\boldsymbol{r},t)$ が含まれていても，（13.87）より，それは電荷の保存則に無関係である．逆に電磁波に関係するのは $\boldsymbol{E}_{\mathrm{I}}(\boldsymbol{r},t)$ のみであることを § 14.1 で述べる．

演習問題

［**1**］ 付録 A の発散の定義（A.15）を直接利用して，ガウスの法則の積分形（13.2）から微分形（13.18）を導きなさい．

［**2**］ ガウスの法則の微分形（13.18）から積分形（13.2）を導きなさい．

［**3**］ 付録 A の回転の定義（A.28）を直接利用して，電磁誘導の法則の積分形（13.3）から微分形（13.23）を導きなさい．

［**4**］ 電磁誘導の法則の微分形（13.23）から積分形（13.3）を導きなさい．

［**5**］ 閉曲線 C を外周とする面 S を貫く磁束 Φ をベクトル・ポテンシャルで表し

なさい.

[**6**] 静磁場に対するベクトル・ポテンシャルからビオ‐サバールの法則 (8.21) を導きなさい.

[**7**] 半径 a の長い導線内を一定の密度 $\boldsymbol{j}$ で電流が流れているとき，直線上の電荷分布のスカラー・ポテンシャルを参考にして，導線内外のベクトル・ポテンシャルと磁場を求めなさい.

14 電　磁　波

マクスウェルは，彼がまとめた電磁場の方程式から，電場・磁場が波として伝わりうることを表す方程式を得た．しかもその波の速さは，当時知られていた光の速さに一致していた．このことからマクスウェルは，それが光の伝播の方程式でもあるとした．一方，1864 年のこの予言から 24 年後の 1888 年に，電気的に発生させた波動が光の速さで伝わることをヘルツが示し，さらに，その見えない波が可視光の性質である反射や屈折等を示すことも実証した．

§14.1　電磁波の方程式

電磁波の方程式を導こう．電磁波の発生については触れずに，発生した電磁波が真空中でどのような振る舞いをするかを考える．マクスウェル方程式の微分形 (13.34) ～ (13.37) に (13.6)，(13.7) を考慮して $\boldsymbol{E}(\boldsymbol{r}, t)$ と $\boldsymbol{B}(\boldsymbol{r}, t)$ のみの式にし，さらに，$\rho(\boldsymbol{r}, t) = 0$，$\boldsymbol{j}(\boldsymbol{r}, t) = 0$ とした

$$\nabla \cdot \boldsymbol{E}(\boldsymbol{r}, t) = 0 \tag{14.1}$$

$$\nabla \times \boldsymbol{E}(\boldsymbol{r}) = -\frac{\partial \boldsymbol{B}(\boldsymbol{r}, t)}{\partial t} \tag{14.2}$$

$$\nabla \cdot \boldsymbol{B}(\boldsymbol{r}, t) = 0 \tag{14.3}$$

$$\nabla \times \boldsymbol{B}(\boldsymbol{r}, t) = \varepsilon_0 \mu_0 \frac{\partial \boldsymbol{E}(\boldsymbol{r}, t)}{\partial t} \tag{14.4}$$

から出発する．

(14.2) の両辺に回転の演算をし，右辺の時間微分と空間微分（回転）の順序を入れ替えると，

$$\nabla \times \nabla \times \boldsymbol{E}(\boldsymbol{r}, t) = -\frac{\partial}{\partial t}\nabla \times \boldsymbol{B}(\boldsymbol{r}, t) \tag{14.5}$$

となる．左辺は，付録Aのベクトル解析の2階微分の公式（A.61）を使って変形し，（14.1）を代入すると

$$\nabla \times \nabla \times \boldsymbol{E}(\boldsymbol{r}, t) = \nabla(\nabla \cdot \boldsymbol{E}(\boldsymbol{r}, t)) - \nabla^2 \boldsymbol{E}(\boldsymbol{r}, t) = -\nabla^2 \boldsymbol{E}(\boldsymbol{r}, t) \tag{14.6}$$

となる．（14.5）の右辺は（14.4）を代入すると，

$$-\frac{\partial}{\partial t}\nabla \times \boldsymbol{B}(\boldsymbol{r}, t) = -\frac{\partial}{\partial t}\left(\varepsilon_0\mu_0 \frac{\partial \boldsymbol{E}(\boldsymbol{r}, t)}{\partial t}\right) = -\varepsilon_0\mu_0 \frac{\partial^2 \boldsymbol{E}(\boldsymbol{r}, t)}{\partial t^2} \tag{14.7}$$

となるので

$$\boxed{\nabla^2 \boldsymbol{E}(\boldsymbol{r}, t) = \varepsilon_0\mu_0 \frac{\partial^2 \boldsymbol{E}(\boldsymbol{r}, t)}{\partial t^2}} \tag{14.8}$$

が得られる．

同様に，（14.4）の両辺に回転の演算をし，右辺で時間微分と空間微分の順序を入れ替えると，

$$\nabla \times \nabla \times \boldsymbol{B}(\boldsymbol{r}, t) = \varepsilon_0\mu_0 \frac{\partial}{\partial t}(\nabla \times \boldsymbol{E}(\boldsymbol{r}, t)) \tag{14.9}$$

となるが，上と同様に（A.61）を使って左辺を変形し，（14.3）を代入すると

$$\nabla \times \nabla \times \boldsymbol{B}(\boldsymbol{r}, t) = \nabla(\nabla \cdot \boldsymbol{B}(\boldsymbol{r}, t)) - \nabla^2 \boldsymbol{B}(\boldsymbol{r}, t) = -\nabla^2 \boldsymbol{B}(\boldsymbol{r}, t) \tag{14.10}$$

となり，右辺は（14.2）を代入すると

$$\varepsilon_0\mu_0 \frac{\partial}{\partial t}\nabla \times \boldsymbol{E}(\boldsymbol{r}, t) = -\varepsilon_0\mu_0 \frac{\partial^2 \boldsymbol{B}(\boldsymbol{r}, t)}{\partial t^2} \tag{14.11}$$

となる．よって，（14.9）は

$$\boxed{\nabla^2 \boldsymbol{B}(\boldsymbol{r}, t) = \varepsilon_0\mu_0 \frac{\partial^2 \boldsymbol{B}(\boldsymbol{r}, t)}{\partial t^2}} \tag{14.12}$$

となる．

$\boldsymbol{E}(\boldsymbol{r}, t)$ と $\boldsymbol{B}(\boldsymbol{r}, t)$ に対して同じ方程式が得られた．（14.8）は $\boldsymbol{E}(\boldsymbol{r}, t)$ のみ，（14.12）は $\boldsymbol{B}(\boldsymbol{r}, t)$ のみを含む方程式なので独立に解くことができて，当然，同じ形の解が得られるはずである．しかし，これは両方の波が独立に

存在することを意味するものではない．マクスウェル方程式の両辺に回転演算という空間微分を行った際に一部の情報が失われて，あたかも独立な方程式のようになったのである．失われた情報の回復は§14.3で行う．

ところで，波動方程式（14.8），（14.12）を導く際，どちらも（14.4）の右辺の変位電流密度の存在が大事な役割を果たした．変位電流密度は§9.8で導入し，アンペールの法則と電荷の保存則を両立させる役割を果たしていると説明した．しかし，そこで扱われていたコンデンサーの極板間の電場は，電荷が作るクーロン電場（§13.5で述べた$\boldsymbol{E}_{\mathrm{C}}(\boldsymbol{r},t)$）である．これが作る変位電流密度$\varepsilon_0\partial\boldsymbol{E}_{\mathrm{C}}(\boldsymbol{r},t)/\partial t$は，磁場を作らない．極板間や周辺の磁場は，導線を流れてきて極板内に広がる電流だけによって作られていることを証明できる．それでもアンペール－マクスウェルの法則（13.5），（13.37）を使ってその磁場を計算できるのは，電荷の保存則によって，極板に流れ込む電流と増加する極板の電荷や極板間の電場の間に厳密な相関があるからである．

回路を流れる電流が定常電流であれば，磁場は静磁場であるが，時間的に変動していれば，ファラデーの電磁誘導の法則より誘導電場$\boldsymbol{E}_{\mathrm{I}}(\boldsymbol{r},t)$が生じる．さらに，その電流の変動が時間の2階微分が0でないような変化（たとえば正弦関数的な変化）であれば，変位電流密度$\varepsilon_0\partial\boldsymbol{E}_{\mathrm{I}}(\boldsymbol{r},t)/\partial t$が生じる．これは当然（14.4）の右辺に含まれており，それが電磁波の発生に関係している．変位電流密度は電荷の保存則と電磁波に関係しているが，$\boldsymbol{E}_{\mathrm{C}}(\boldsymbol{r},t)$は§13.5で述べたように前者に寄与して後者には寄与せず，$\boldsymbol{E}_{\mathrm{I}}(\boldsymbol{r},t)$はここで述べたように前者には寄与せずに後者に寄与するのである．

§14.2　波

（14.8），（14.12）はそれぞれ，ベクトル場$\boldsymbol{E}(\boldsymbol{r},t)$と$\boldsymbol{B}(\boldsymbol{r},t)$に対する3次元空間の波動方程式であるが，ラプラシアン∇^2も時間についての2階微分$\partial^2/\partial t^2$もスカラー演算子なので，成分ごとに同じ方程式が成り立つ．そこでまず，スカラー場の波動方程式と，その解である波動の基礎を述べておこう．

いま，x軸に沿って速さvで進む1次元の波を考えると，波動方程式は

$$\frac{\partial^2 f(x,t)}{\partial x^2} = \frac{1}{v^2}\frac{\partial^2 f(x,t)}{\partial t^2} \tag{14.13}$$

である．一般に，x と t が $x \pm vt$ の形でまとまって含まれている関数

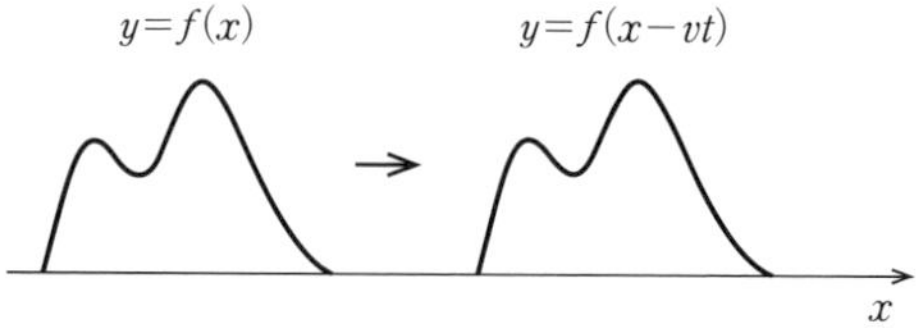

図 14.1

$$f(x,t) = g(x - vt) + h(x + vt) \tag{14.14}$$

であれば，g や h が図 14.1 のような任意の関数であっても，(14.13) の一般解である．それは，次のように代入して確かめることができる．

$g(x - vt)$ については

$$\begin{aligned}
\text{左辺} &= \frac{\partial}{\partial x}\left(\frac{\partial g(x-vt)}{\partial(x-vt)}\frac{\partial(x-vt)}{\partial x}\right) = \frac{\partial}{\partial x}\left(\frac{\partial g(x-vt)}{\partial(x-vt)}\right) \\
&= \frac{\partial^2 g(x-vt)}{\partial(x-vt)^2}\frac{\partial(x-vt)}{\partial x} = \frac{\partial^2 g(x-vt)}{\partial(x-vt)^2}
\end{aligned} \tag{14.15}$$

$$\begin{aligned}
\text{右辺} &= \frac{1}{v^2}\frac{\partial}{\partial t}\left(\frac{\partial g(x-vt)}{\partial(x-vt)}\frac{\partial(x-vt)}{\partial t}\right) \\
&= \frac{1}{v^2}(-v)\left(\frac{\partial^2 g(x-vt)}{\partial(x-vt)^2}\frac{\partial(x-vt)}{\partial t}\right) = \frac{1}{v^2}v^2\left(\frac{\partial^2 g(x-vt)}{\partial(x-vt)^2}\right)
\end{aligned} \tag{14.16}$$

である．ここで，合成関数の微分の規則

$$\frac{d}{dx}f(u(x)) = \frac{df(u(x))}{du(x)}\frac{du(x)}{dx} \tag{14.17}$$

を空間と時間の偏微分に適用した．$h(x + vt)$ についても同様に示すことができる．よって，(14.14) は，(14.13) の一般解である．

$v > 0$ のとき $f(x - vt)$ は $f(x)$ が x の正の向きに vt だけ移動した関数，$g(x + vt)$ は $g(x)$ が x の負の向きに vt だけ移動した関数である．よって，時間 t の経過とともに，$f(x - vt)$ は x の正の向きに，$g(x + vt)$ は負の向きに速さ v で進み続ける関数である．v は，波動方程式 (14.13) に右辺（時間についての 2 階偏微分）の係数 $1/v^2$ として含まれている．

このように，(14.14) のどちらの関数も (14.13) の解であることがわかったが，x と t についての 1 階微分同士の微分方程式

$$\frac{\partial f(x,t)}{\partial x} = \pm \frac{1}{v}\frac{\partial f(x,t)}{\partial t} \tag{14.18}$$

は，複号のうち＋の場合は x の負の向きに進む波 $h(x+vt)$，－の場合は x の正の向きに進む波 $g(x-vt)$ のみが解になる．よって，真空中の電磁波のようにどの方向にも進む波に対する微分方程式は（4.18）ではなく，2 階微分を含む方程式（2 階の微分方程式）（4.13）でなければならない．

典型的な波である **1 次元の正弦波**

$$y = A\sin(kx \pm \omega t + \alpha) \tag{14.19}$$

の性質をもう少し調べよう．A は振幅である．三角関数 $\sin\theta$ の位相 θ は弧度（単位ラジアン）で無次元の量でなければならないので，$(kx \pm \omega t + \alpha)$ がそうなるように x の係数 k と t の係数 ω を調整する．x の次元は L なので k の次元は L^{-1}，t の次元は T だから ω の次元は T^{-1} である．α は $x=0$, $t=0$ における正弦波の位相で，**初期位相**といわれる．

正弦波が空間を進みながら振動を繰り返す長さ λ を**波長**という．正弦関数は $\theta = 2\pi$ で繰り返すから，

$$k\lambda = 2\pi \tag{14.20}$$

より

$$k = \frac{2\pi}{\lambda} \tag{14.21}$$

である．k を**波数**という．同様に，時間的に振動を繰り返す時間 T を**周期**というが，

$$\omega T = 2\pi \tag{14.22}$$

より

$$\omega = \frac{2\pi}{T} \tag{14.23}$$

である．ω を**角周波数**または**角振動数**という．なお，

$$f = \frac{1}{T} = \frac{\omega}{2\pi} \tag{14.24}$$

は**周波数**または**振動数**とよばれ，その名の通り，単位時間当たりの振動数を表す．λ と T を用いて（14.19）を表しておくと

$$y = A\sin\left[2\pi\left(\frac{x}{\lambda} \pm \frac{t}{T}\right) + \alpha\right] \tag{14.25}$$

である．この式では，正弦関数の位相が無次元量であることが明確である．

(14.19) にもどって

$$y = A\sin\left[k\left(x \pm \frac{\omega}{k}t\right) + \alpha\right] \tag{14.26}$$

と書き直し，

$$v = \frac{\omega}{k} = \frac{\lambda}{T} = \lambda f \tag{14.27}$$

とすると，(14.14) の形

$$y = A\sin[k(x \pm vt) + \alpha] \tag{14.28}$$

になる．したがって，典型的な波 (14.19) は確かに波動方程式 (14.13) の解であり，波の速さは (14.27) である．

§14.3　平面波の電磁波

それでは，マクスウェル方程式から導いた3次元空間の波動方程式 (14.8) の解について考えよう．任意の向きの一定の電場ベクトル $\boldsymbol{E}_0$ を振幅とする，正弦的に変動するベクトル関数

$$\boldsymbol{E}(x, t) = \boldsymbol{E}_0 \sin(kx - \omega t + \alpha) \tag{14.29}$$

は，(14.19) と同様に，波数 k，角周波数 ω で $+x$ 方向に進む波の性質をもっている．これが，(14.8) の解であるための条件を調べよう．

(14.8) に代入すると

$$\begin{aligned}\text{左辺} &= \nabla^2 \boldsymbol{E}(\boldsymbol{r}, t) = \left(\frac{\partial^2}{\partial x^2} + \frac{\partial^2}{\partial y^2} + \frac{\partial^2}{\partial z^2}\right)\boldsymbol{E}_0 \sin(kx - \omega t + \alpha) \\ &= -\boldsymbol{E}_0 k^2 \sin(kx - \omega t + \alpha)\end{aligned} \tag{14.30}$$

$$\text{右辺} = \varepsilon_0\mu_0 \frac{\partial^2}{\partial t^2}\boldsymbol{E}_0 \sin(kx - \omega t + \alpha) = -\boldsymbol{E}_0 \varepsilon_0\mu_0\omega^2 \sin(kx - \omega t + \alpha) \tag{14.31}$$

だから，

$$k^2 = \varepsilon_0\mu_0\omega^2 \tag{14.32}$$

でなければならない．これは (14.27) を参照すると，この波（電磁波）の

速さが

$$\frac{\omega}{k} = \frac{1}{\sqrt{\varepsilon_0 \mu_0}} = c \qquad (14.33)$$

であることを意味する．慣習に従って，電磁波の速さを c と表記した．すでに述べたように，マクスウェルはこの値が当時知られていた光の速さに等しいことに驚き，彼の電磁波の方程式が光の方程式でもあるに違いないと考えた．

これで，波動方程式（14.8）は満たされたが，さらに，微分する前のマクスウェル方程式（14.1）～(14.4）を満たす条件を調べよう．(14.29）の $\boldsymbol{E}_0$ は任意の定ベクトルとしたから，$\boldsymbol{E}(x,t)$ は y 成分 $E_y(x,t) \propto E_{0y}$，z 成分 $E_z(x,t) \propto E_{0z}$ をもっていてもよいが，y，z には依存しないので，

$$\frac{\partial E_y(x,t)}{\partial y} = 0, \qquad \frac{\partial E_z(x,t)}{\partial z} = 0 \qquad (14.34)$$

である．一方，x には正弦関数部分を通じて依存するが，(14.1）より

$$\frac{\partial E_x(x,t)}{\partial x} + \frac{\partial E_y(x,t)}{\partial y} + \frac{\partial E_z(x,t)}{\partial z} = 0 \qquad (14.35)$$

だから，結局

$$\frac{\partial E_x(x,t)}{\partial x} = 0 \qquad (14.36)$$

でもある．これが x, t の値によらず成り立つためには，$\boldsymbol{E}_0$ の x 成分が 0 でなければならない．すなわち，定ベクトル $\boldsymbol{E}_0$ は yz 平面内にあり，

$$\boldsymbol{E}_0 \perp \boldsymbol{e}_x \qquad (14.37)$$

である．そこで，x 軸はそのままで，y 軸の向きを図 14.2 のように $\boldsymbol{E}_0$ に平行に決め直すと，$\boldsymbol{E}_0$ は y 成分しかもたず

$$\boldsymbol{E}(x,t) = E_0 \boldsymbol{e}_y \sin(kx - \omega t + \alpha) \qquad (14.38)$$

と書ける．我々は，まず解の形を（14.29）に仮定してこれに辿り着いたので，これが唯一の解とは言えない．しかし，これは最も代表的な平面波の解である．

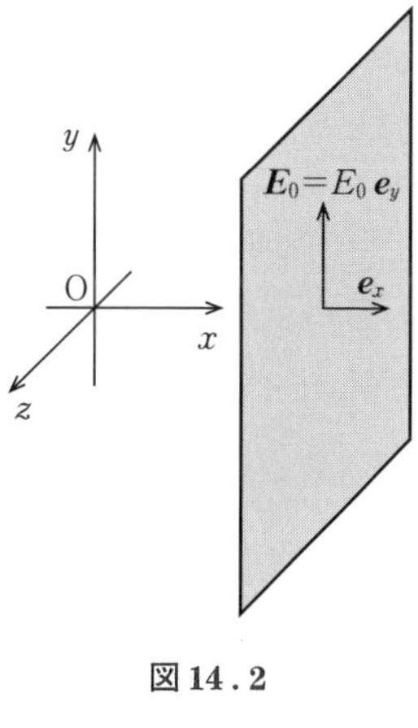

図 14.2

一方，磁場の波動方程式 (14.12) の解として

$$\boldsymbol{B}(x,t) = \boldsymbol{B}_0 \sin(kx - \omega t + \beta) \tag{14.39}$$

の形の波があることが同様にわかる．さらに知りたいのは，電場の波 (14.38) との関係である．

式 (14.2) に (14.38) を代入すると

$$-\frac{\partial \boldsymbol{B}(x,t)}{\partial t} = \nabla \times (E_0 \boldsymbol{e}_y \sin(kx - \omega t + \alpha)) \tag{14.40}$$

となる．右辺の（　）の中の $\boldsymbol{E}(x,t)$ (14.38) は y 成分しかもたず，それは x のみの関数である．付録 A の回転 $\nabla \times \boldsymbol{F}(\boldsymbol{r})$ のデカルト座標表示 (A.44) を見ると，y 成分が関係するのは x 成分中の $-\partial F_y/\partial z$ と z 成分中の $\partial F_y/\partial x$ であるが，$\boldsymbol{F}(\boldsymbol{r})$ を $\boldsymbol{E}(x,t)$ とすると前者は 0 である．したがって，z 成分のみが残り

$$-\frac{\partial \boldsymbol{B}(x,t)}{\partial t} = E_0 k \boldsymbol{e}_z \cos(kx - \omega t + \alpha) \tag{14.41}$$

である．左辺に (14.39) を代入すると

$$\boldsymbol{B}_0 \omega \cos(kx - \omega t + \beta) = E_0 k \boldsymbol{e}_z \cos(kx - \omega t + \alpha) \tag{14.42}$$

となる．この等式が成り立つためには，まず，

$$\beta = \alpha \tag{14.43}$$

であるから，平面波の電磁波の電場部分と磁場部分の位相は常に等しい．さらに，

$$\boldsymbol{B}_0 = \frac{k}{\omega} E_0 \boldsymbol{e}_z = \frac{E_0}{c} \boldsymbol{e}_z = B_0 \boldsymbol{e}_z \tag{14.44}$$

なので，$\boldsymbol{B}_0$ は z 成分しかもたず，

$$\boldsymbol{B}(x,t) = B_0 \boldsymbol{e}_z \sin(kx - \omega t + \alpha) \tag{14.45}$$

と書ける．(14.44) より

$$\frac{E_0}{B_0} = c \tag{14.46}$$

であるが，これを $H_0 = B_0/\mu_0$ を用いて表した

$$\frac{E_0}{H_0} = c\mu_0 = \sqrt{\frac{\mu_0}{\varepsilon_0}} \approx 377\,\Omega \tag{14.47}$$

を真空の**特性インピーダンス**という．

電磁波（14.38），(14.45)の特徴を再確認すると次のようになる．これは，(14.33）で与えられる速さで真空中を進む，周波数の決まった**単色波**（可視光の場合は**単色光**という）である．進行方向に垂直な同一面内では，場のベクトルが一定の**平面波**である．かつ，場のベクトルがその面内にある**横波**であり，そのベクトルの向きを変えずに進む**直線偏波**（**直線偏光**）である．**偏波**（**偏光**）の向きは（磁場ベクトルでなく）電場ベクトルの向きで指定する．なお，単色波は単純な波であるが，どのような波形の波も，さまざまな周波数の単色波の重ね合わせで表現できるので，重要である．

同一の平面電磁波の電場の波（14.38）と磁場の波（14.45）の関係を図14.3に示す．それらは同じ周波数の単色波で，同じ位相で同じ向きに進む．磁場の波も平面波で横波であり，直線偏波（直線偏光）している．ただし，磁場ベクトルは電場ベクトルと直交している．電場の大きさと磁場の大きさの間には，(14.44）の関係がある．図14.3では電場と磁場の振幅をほぼ同じ大きさに描いてあるが，次元が異なるので，図での見かけの大きさには意味がない．

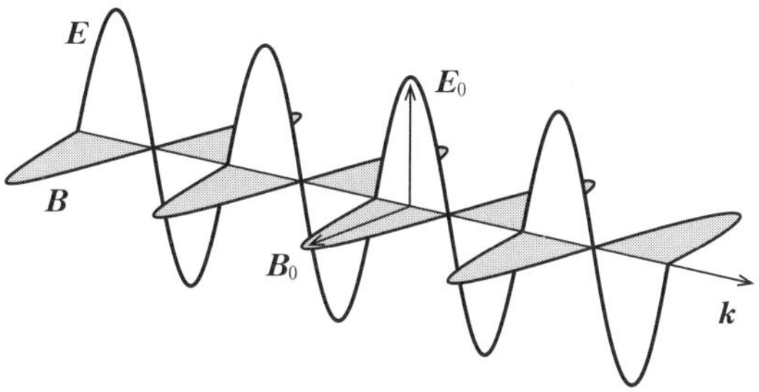

図14.3

一般に，波数kの大きさで，向きは波の進行方向であるベクトルを**波数ベクトル**とよび，$\boldsymbol{k}$で表す．平面波（14.38），(14.45）は進行方向をxの正の向きにとったときの表式であるが，一般に任意の$\boldsymbol{k}$方向に進む電磁波は

$$\boldsymbol{E}(\boldsymbol{r},t) = \boldsymbol{E}_0\sin(\boldsymbol{k}\cdot\boldsymbol{r} - \omega t + \alpha), \qquad \boldsymbol{B}(\boldsymbol{r},t) = \boldsymbol{B}_0\sin(\boldsymbol{k}\cdot\boldsymbol{r} - \omega t + \alpha) \tag{14.48}$$

と書ける．たとえばこの数式でxの負の向きに進む波は$\boldsymbol{k} = -k\boldsymbol{e}_x$とすることで表される．

直線偏波（直線偏光）の電磁波の進行方向と電場ベクトルと磁場ベクトルの関係は，電場の向きから磁場の向きに右ネジを回したときに，それが進む向きが電磁波の進む向きになっている．この関係は単位ベクトル $\boldsymbol{e}_k$，$\boldsymbol{e}_E$，$\boldsymbol{e}_B$ を用いて，

$$\boldsymbol{e}_k = \boldsymbol{e}_E \times \boldsymbol{e}_B \tag{14.49}$$

と書ける．

§14.4　電磁波のエネルギー

静電場と静磁場のエネルギー密度は，それぞれ（12.12），（12.45）で与えられた．電磁波など一般に時間に依存する電磁場のエネルギー密度も，これらの和

$$\begin{aligned} u_{\mathrm{em}}(\boldsymbol{r}, t) &= \frac{1}{2}\boldsymbol{E}(\boldsymbol{r}, t)\cdot\boldsymbol{D}(\boldsymbol{r}, t) + \frac{1}{2}\boldsymbol{B}(\boldsymbol{r}, t)\cdot\boldsymbol{H}(\boldsymbol{r}, t) \\ &= \frac{1}{2}\left(\varepsilon_0 E(\boldsymbol{r}, t)^2 + \frac{1}{\mu_0}B(\boldsymbol{r}, t)^2\right) \end{aligned} \tag{14.50}$$

で表されると予想できる．これを確かめるために，マクスウェル方程式から $\boldsymbol{E}(\boldsymbol{r}, t)\cdot\boldsymbol{D}(\boldsymbol{r}, t)$ および $\boldsymbol{B}(\boldsymbol{r}, t)\cdot\boldsymbol{H}(\boldsymbol{r}, t)$ に関係する式を作ろう．

そのために，（13.37）の両辺と $\boldsymbol{E}(\boldsymbol{r}, t)$ の内積をとると

$$\boldsymbol{E}(\boldsymbol{r}, t)\cdot(\nabla \times \boldsymbol{H}(\boldsymbol{r}, t)) = \boldsymbol{E}(\boldsymbol{r}, t)\cdot\boldsymbol{j}(\boldsymbol{r}, t) + \boldsymbol{E}(\boldsymbol{r}, t)\cdot\frac{\partial \boldsymbol{D}(\boldsymbol{r}, t)}{\partial t} \tag{14.51}$$

となり，（13.35）の両辺と $\boldsymbol{H}(\boldsymbol{r}, t)$ の内積をとると，

$$\boldsymbol{H}(\boldsymbol{r}, t)\cdot(\nabla \times \boldsymbol{E}(\boldsymbol{r}, t)) = -\boldsymbol{H}(\boldsymbol{r}, t)\cdot\frac{\partial \boldsymbol{B}(\boldsymbol{r}, t)}{\partial t} \tag{14.52}$$

となる．（14.52）から（14.51）を差し引いて左辺に集めると

$$\boldsymbol{E}\cdot\boldsymbol{j} + \left(\boldsymbol{E}\cdot\frac{\partial \boldsymbol{D}}{\partial t} + \boldsymbol{H}\cdot\frac{\partial \boldsymbol{B}}{\partial t}\right) + (\boldsymbol{H}\cdot(\nabla \times \boldsymbol{E}) - \boldsymbol{E}\cdot(\nabla \times \boldsymbol{H})) = 0 \tag{14.53}$$

となる．簡単のために，ここでは $(\boldsymbol{r}, t)$ を省略したが，すべての量は $(\boldsymbol{r}, t)$ の関数なので，もどすのは簡単である．（14.53）のすべての項はエネルギー密度の次元をもつ．順に，その意味を見ていこう．

第1項にオームの法則の場の表現（6.60）$\boldsymbol{j}(\boldsymbol{r}, t) = \sigma(\boldsymbol{r})\boldsymbol{E}(\boldsymbol{r}, t)$（この $\sigma(\boldsymbol{r}, t)$ は電気伝導率）を代入すると

$$\boldsymbol{E}\cdot\boldsymbol{j} = \sigma\boldsymbol{E}\cdot\boldsymbol{E} = \sigma E^2 \tag{14.54}$$

となる．これは，密度 $\boldsymbol{j}$ で電流が流れている導体内の消費電力密度，すなわち単位時間に電気エネルギーから熱エネルギー（熱力学的に正しい表現では，導体の内部エネルギー）に変換するエネルギーの密度である．第 2 項は (13.6)，(13.7) を使って変形すると

$$\boldsymbol{E}\cdot\frac{\partial\boldsymbol{D}}{\partial t} + \boldsymbol{H}\cdot\frac{\partial\boldsymbol{B}}{\partial t} = \varepsilon_0 E\frac{\partial E}{\partial t} + \frac{1}{\mu_0}B\frac{\partial B}{\partial t} = \frac{1}{2}\frac{\partial}{\partial t}\left(\varepsilon_0 E^2 + \frac{1}{\mu_0}B^2\right) = \frac{\partial u_{\mathrm{em}}}{\partial t} \tag{14.55}$$

となる．(14.50) を含む表式が登場したので代入した．第 3 項は，付録 A のベクトル積の発散の公式（A.48）そのもの

$$\boldsymbol{H}\cdot(\nabla\times\boldsymbol{E}) - \boldsymbol{E}\cdot(\nabla\times\boldsymbol{H}) = \nabla\cdot(\boldsymbol{E}\times\boldsymbol{H}) \tag{14.56}$$

である．これらを元の (14.53) に代入すると，$(\boldsymbol{r}, t)$ を回復して

$$\sigma E(\boldsymbol{r}, t)^2 + \frac{\partial u_{\mathrm{em}}(\boldsymbol{r}, t)}{\partial t} + \nabla\cdot(\boldsymbol{E}(\boldsymbol{r}, t)\times\boldsymbol{H}(\boldsymbol{r}, t)) = 0 \tag{14.57}$$

となる.これは密度に関する式だから,任意の 3 次元領域 V 内での和(積分)は

$$\int_{\mathrm{V}} \sigma E(\boldsymbol{r}, t)^2\, dV + \frac{d}{dt}\int_{\mathrm{V}} u_{\mathrm{em}}(\boldsymbol{r}, t)\, dV + \oint_{\mathrm{S}} (\boldsymbol{E}(\boldsymbol{r}, t)\times\boldsymbol{H}(\boldsymbol{r}, t))\cdot d\boldsymbol{S} = 0 \tag{14.58}$$

となる．第 2 項で空間積分と時間微分の順序を入れ替え，第 3 項はガウスの定理（付録 A の(A.19)）を用いて領域 V 内の体積積分を V の全表面 S 上の積分に書き替えた．この関係式は，電荷の保存則の式 (6.36) とよく似ている．

電荷の保存則は，体積 V 内の総電荷の変化がその体積の表面から出ていく電流（電荷の流れ）で説明できることを表していた．そこで

$$\boldsymbol{Y}(\boldsymbol{r}, t) = \boldsymbol{E}(\boldsymbol{r}, t)\times\boldsymbol{H}(\boldsymbol{r}, t) \tag{14.59}$$

が電磁場のエネルギーの流れの密度を表すと解釈すると，

$$-\frac{d}{dt}\int_{\mathrm{V}} u_{\mathrm{em}}(\boldsymbol{r}, t)\, dV = \int_{\mathrm{V}} \sigma E(\boldsymbol{r}, t)^2\, dV + \oint_{\mathrm{S}} \boldsymbol{Y}(\boldsymbol{r}, t)\cdot d\boldsymbol{S} \tag{14.60}$$

は，領域 V 内の電磁場のエネルギーの総和の減り分が，その領域内でジュール熱として導線の内部エネルギーに変わったエネルギーと，その領域の表面から出ていった電磁エネルギーの流れの総和で説明できることを示す．この

ことから，電磁波やその他の電磁場がもつエネルギー密度も（14.50）で表現できるとしてよいことがわかる．

$\boldsymbol{Y}(\boldsymbol{r}, t)$ を**ポインティング・ベクトル**という．ポインティング・ベクトルは $\boldsymbol{S}(\boldsymbol{r}, t)$ と書かれることもあるが，表面 S と紛らわしいので $\boldsymbol{Y}(\boldsymbol{r}, t)$ とした．（14.60）は電磁場のエネルギー保存則を意味し，**ポインティングの定理**とよばれる．その微分形（14.57）を $\boldsymbol{Y}(\boldsymbol{r}, t)$ を使って書くと

$$-\frac{\partial u_{\mathrm{em}}(\boldsymbol{r}, t)}{\partial t} = \sigma E(\boldsymbol{r}, t)^2 + \nabla \cdot \boldsymbol{Y}(\boldsymbol{r}, t) \qquad (14.61)$$

である．

§14.5　特殊相対性理論とマクスウェル方程式・電磁波

本書では特殊相対性理論における電磁気学については扱わなかったが，基本的な事項だけをここに述べておく．

ニュートン（I. Newton, 1643 – 1727）の運動法則が成り立つ座標系を**慣性系**という．ある慣性系に対して等速度運動（等速直線運動）をしている座標系は，どれも慣性系である．地球は自転しながら太陽の周りを公転しているので，地表に固定された座標系は厳密には慣性系ではない．しかし，狭い範囲での短時間の観測に関しては慣性系と近似できる．そのため，地上の実験や観測を通じて構築されてきた物理法則は，少なくとも近似的には，慣性系において正しい法則である．

ガリレオ・ガリレイ（G. Galilei, 1564 – 1642）は，地上での実験や観測を通じて，力学の法則は任意の慣性系において同じように成り立つとした（**ガリレオの相対性原理**）．彼の死後にニュートンが導いた運動方程式（第 2 法則）は，2 つの慣性系の間の座標変換（**ガリレイ変換**という）を施すと同じ形になるので，ガリレオの相対性原理を満たす．20 世紀初頭に，アインシュタイン（A. Einstein, 1879 – 1955）はガリレオの相対性原理を力学以外にも拡張して，すべての物理法則は任意の慣性系において同じように成り立つとした（**アインシュタインの相対性原理**）．その基盤には彼の，マクスウェル方程式に対する深い洞察があった．

もし彼の相対性原理が正しく，かつマクスウェル方程式が正しい物理法則

であれば，どの慣性系でも同じ形になるはずである．もちろん，各電荷の速度は異なる慣性系では異なるので，広い意味のローレンツ力 (1.9) によって，それぞれの系での電場と磁場が定義されていなければならない．そうすると，導かれる電磁波の波動方程式も当然同じ形 (14.8)，(14.12) になる．そこには，定数である真空の誘電率 ε_0 と真空の透磁率 μ_0 が最初から積の形 $\varepsilon_0\mu_0$ で含まれている．そのため，互いに等速度運動をしているどの慣性系でも，電磁波の速さが同じ $1/\sqrt{\varepsilon_0\mu_0}$ であるという，理解に苦しむ結論が得られる．

ここで，電磁気学にまで拡張した相対性原理か，あるいはマクスウェル方程式のいずれかが正しくないと考える立場もあり得るのだが，実は当時，光（可視光）についての実験で同じような矛盾が話題になっていた．すでに光が波であることは確立しており，波は媒質を伝わる振動なので，**エーテル**と名づけられた媒質が宇宙全体を満たしていると考えられていた．しかし，もしエーテルが存在すれば検出されるはずの，地球がエーテル中を進む向きと光の向きの関係の違いによる光の速さの変化が全く検出されなかった．マクスウェルに従って，$1/\sqrt{\varepsilon_0\mu_0}$ の値が光速に近いことから電磁波の方程式は光の波の方程式でもあると考えると，光について，理論と実験で同じような矛盾が生じていたことになる．そうすると，これは矛盾ではなく，相対性原理もマクスウェル方程式も光の実験もすべてがなぜか正しい，とする思い切った立場もあり得る．

アインシュタインはその立場に立って，マクスウェル方程式は正しい物理法則であり，どの慣性系でも光や電磁波の速さが $c = 1/\sqrt{\varepsilon_0\mu_0}$ という同じ値であること自体が物理法則そのものであるに違いないと考えた．そうすると，当然，マクスウェル方程式をある慣性系から別の慣性系に座標変換したときに，同じ式になることが数学的に証明されなければならない．時間は共通で空間座標のみを変換するガリレイ変換で，これを達成できない．アインシュタインは，ガリレイ変換ではなく，時間と空間が混じり合う**ローレンツ変換**を用いればよいことを示し，**特殊相対性理論**を構築した．

マクスウェル方程式は，特殊相対性理論より以前に確立していたにもかかわらず，その理論を満たしていたことになる．ローレンツ変換では空間座標と時間だけでなく，磁場と電場も混じり合って変換するので，直接変換するのは容易ではない．ここでは示さないが具体的な証明は，マクスウェル方程式と等価な電磁ポテンシャルの方程式 (13.76)～(13.78) も利用して，ローレンツ変換したときに同じ形になることで示される．(これに対して，ニュートンの運動方程式は，質点の速さが c より十分小さいときにのみ近似的に成り立つ法則であることが明らかになった．) また，光速 c より大きな速さは存在しないことも示すことができる．

詳細は述べないが電磁ポテンシャルの方程式 (13.78)，(13.77) はそれぞれ $\phi(\boldsymbol{r}, t)$ のみ，あるいは $\boldsymbol{A}(\boldsymbol{r}, t)$ の各成分のみに対する微分方程式なので，1つの慣性系内では直接解くことができ，

$$\phi(\boldsymbol{r}, t) = \frac{1}{4\pi\varepsilon_0}\int \frac{\rho(\boldsymbol{r}', t \pm |\boldsymbol{r} - \boldsymbol{r}'|/c)}{|\boldsymbol{r} - \boldsymbol{r}'|}\, dV' \tag{14.62}$$

$$\boldsymbol{A}(\boldsymbol{r}, t) = \frac{\mu_0}{4\pi}\int \frac{\boldsymbol{j}(\boldsymbol{r}', t \pm |\boldsymbol{r} - \boldsymbol{r}'|/c)}{|\boldsymbol{r} - \boldsymbol{r}'|}\, dV' \tag{14.63}$$

である．ここで，$\boldsymbol{r}'$ についての積分 $\int dV'$ の領域は全空間である．これらの式の複号 ± のうち + の方は**先進ポテンシャル**，− の方は**遅延ポテンシャル**とよばれる．遅延ポテンシャルは，$(\boldsymbol{r}, t)$ におけるポテンシャルが，$\boldsymbol{r}'$ における t より早い時刻 $(t' = t - |\boldsymbol{r} - \boldsymbol{r}'|/c)$ の電荷密度や電流密度の情報が光速 c で伝わった値になっていることを表している．なお，先進ポテンシャルは未来の影響を表していて考えにくいが，正しい解であることには変わりない．

本書では，時間に依存する現象を正面から扱った第9章と第10章の一部を除き，第12章までは時間に依存しない場 $\boldsymbol{E}(\boldsymbol{r})$ などが関わる現象を扱った．そして，第13章と第14章では，マクスウェル方程式に現れる場を，時間に依存しても成り立つとして扱った．天下りに，$\boldsymbol{E}(\boldsymbol{r})$ などを $\boldsymbol{E}(\boldsymbol{r}, t)$ などと書き替えたのである．その妥当性について確認しておこう．

1つの慣性系においては，空間全体に共通の時間を定義できる．マクスウェル方程式の微分形は慣性系内の各点，各時刻 $(\boldsymbol{r}, t)$ についての局所的な方程式だから，そのまま成り立つ．積分形は非局所的であるが，1つの慣性系の全空間で時間は共通だから，空間積分は同じ瞬間の演算（時刻を止めて行

った演算）であり，これも成り立つ．しかし，(14.62)，(14.63) と異なり，原因と結果の関係を表してはいない．

時間に依存しない電荷分布が作る電場を表すクーロン場の式やスカラー・ポテンシャルの表式，電流分布が作る磁場を表すビオ - サバールの法則やベクトル・ポテンシャルの表式は，原因となる電荷密度や電流密度の位置 $\boldsymbol{r}'$ と電場や磁場を知りたい位置 $\boldsymbol{r}$ の両方を含む．しかしこの場合，形式的に $\boldsymbol{r}'$ や $\boldsymbol{r}$ を $(\boldsymbol{r}', t)$ や $(\boldsymbol{r}, t)$ と書き換えただけでは時間に依存する場合の正しい式は得られない．例えば，スカラー・ポテンシャルの表式 (13.54)，ベクトル・ポテンシャルの表式 (13.66) でこの書き換えをしても，正しい関係式である (14.62) や (14.63) は得られない．ただし，変化が十分ゆっくりであれば，t に対して $|\boldsymbol{r} - \boldsymbol{r}'|/c$ を無視した，時間を共通とする表式が，近似的に成り立つとしてよい．それを**準定常的な近似**という．

最後に，エーテルの概念のその後について述べておこう．光や電波が伝わる媒質として考えられていたエーテルであったが，実は，それ以外にエーテルを必要とする現象はなく，その存在を示す証拠もなかった．特殊相対性理論が正しいことが広く認められるにつれて，エーテルの存在は次第に不問に付されるようになった．電磁波（光）は波ではあるが特に媒質を必要とせず，電場と磁場が相互作用しながら一定の速さで進む波であると位置づけられたのである．

演習問題

[**1**]　平面波電磁波の電場部分のエネルギーと磁場部分のエネルギーの大小を比較しなさい．

[**2**]　x 軸の正の方向に進む平面波のポインティング・ベクトルが，波の進行方向に光速 c で伝わるエネルギー密度 $u_{\mathrm{em}}(x, t)$ であることを示しなさい．

[**3**]　図 14.4 のような直流回路におけるエネルギーの流れをポインティング・ベクトルを用いて考察しなさい．幅 a，長さ b の 2 枚の抵抗を無視できる導体板を

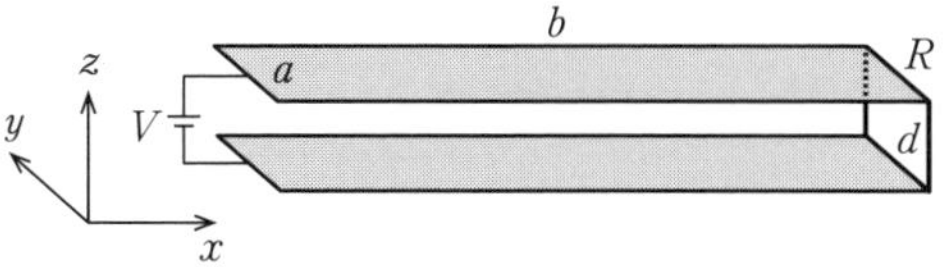

図 14.4

距離 d だけ離しておき，その長さ方向の端に起電力 V の直流電源をつなぐ．また，他端に厚さを無視できる幅 a，高さ d の抵抗値 R の導体をつなぐ．

（a） 導体板の間の空間のポインティング・ベクトルから，その空間を単位時間当たりに流れる電磁エネルギーの向きと大きさを求めなさい．縁辺部の効果は無視してよい．

（b） 抵抗のある導体で消費される電力を求めなさい．

（c） 導体が平板でなく普通の導線で，端に普通の回路用抵抗がつながれているときも，同じようにエネルギーが流れることを定性的に説明しなさい．

付録A． ベクトル解析

§A.1 場と偏微分

位置ベクトル $\boldsymbol{r}$ の関数として存在する物理量を**場**という．物理量がスカラー量の場合を**スカラー場**，ベクトル量の場合を**ベクトル場**という．ここでは，任意のスカラー場を $f(\boldsymbol{r})$，$g(\boldsymbol{r})$，任意のベクトル場を $\boldsymbol{F}(\boldsymbol{r})$，$\boldsymbol{G}(\boldsymbol{r})$ で表す．本付録の内容は，時間的に変化する場 $f(\boldsymbol{r},t)$，$g(\boldsymbol{r},t)$，$\boldsymbol{F}(\boldsymbol{r},t)$，$\boldsymbol{G}(\boldsymbol{r},t)$ に対しても成り立つが，t は表示しない．場についての解説であることを忘れないように，$\boldsymbol{r}$ は常に表示する．大きさ1（無次元）のベクトルを**単位ベクトル**といい，$\boldsymbol{e}$ で表す．添字付きの単位ベクトル（たとえば $\boldsymbol{e}_x$）の添字は向きを示す．

デカルト座標では $\boldsymbol{r}$ を (x,y,z) で表し，$\boldsymbol{F}(\boldsymbol{r})$ をデカルト座標成分を用いて $(F_x(\boldsymbol{r}),F_y(\boldsymbol{r}),F_z(\boldsymbol{r}))$ で表す．$\boldsymbol{F}(\boldsymbol{r})$ と $\boldsymbol{G}(\boldsymbol{r})$ の**スカラー積**（**内積**）と**ベクトル積**（**外積**）はそれぞれ，

$$\boldsymbol{F}(\boldsymbol{r})\cdot\boldsymbol{G}(\boldsymbol{r}) = F_x(\boldsymbol{r})\,G_x(\boldsymbol{r}) + F_y(\boldsymbol{r})\,G_y(\boldsymbol{r}) + F_z(\boldsymbol{r})\,G_z(\boldsymbol{r}) \tag{A.1}$$

$$\begin{aligned}\boldsymbol{F}(\boldsymbol{r})\times\boldsymbol{G}(\boldsymbol{r}) &= (F_y(\boldsymbol{r})\,G_z(\boldsymbol{r}) - F_z(\boldsymbol{r})\,G_y(\boldsymbol{r}),\ F_z(\boldsymbol{r})\,G_x(\boldsymbol{r}) - F_x(\boldsymbol{r})\,G_z(\boldsymbol{r}),\\ &\qquad F_x(\boldsymbol{r})\,G_y(\boldsymbol{r}) - F_y(\boldsymbol{r})\,G_x(\boldsymbol{r}))\\ &= \begin{vmatrix} \boldsymbol{e}_x & \boldsymbol{e}_y & \boldsymbol{e}_z \\ F_x(\boldsymbol{r}) & F_y(\boldsymbol{r}) & F_z(\boldsymbol{r}) \\ G_x(\boldsymbol{r}) & G_y(\boldsymbol{r}) & F_z(\boldsymbol{r}) \end{vmatrix}\end{aligned} \tag{A.2}$$

で定義される．

3次元空間のスカラー場の**偏微分**を定義しよう．スカラー場 $f(\boldsymbol{r}) = f(x,y,z)$ は，3個の変数 x,y,z についての普通の関数で，たとえば x についての偏微分は

$$\frac{\partial f(x,y,z)}{\partial x} = \lim_{\Delta x\to 0}\frac{f(x+\Delta x,y,z) - f(x,y,z)}{\Delta x} = \lim_{\Delta x\to 0}\frac{\Delta f(x,y,z)}{\Delta x}\bigg|_{y,\,z=\mathrm{const}} \tag{A.3}$$

である．偏微分の計算は他の変数を定数のようにみなして行うから，1変数関数 $f(x)$ の常微分と全く同じように計算できる．偏微分の結果得られる (A.3) を改めて $\boldsymbol{r}(x,y,z)$ の関数とみなしたものを，$f(x,y,z)$ の x についての**偏導関数**（あるいは単に**偏微分**）という．

§A.2 保 存 場

図 A.1(a) のような任意の閉じた経路 C に沿っての，ベクトル場 $\boldsymbol{F}(\boldsymbol{r})$ の**線積分**である**循環**（**周回積分**）が

$$\oint_{\mathrm{C}} \boldsymbol{F}(\boldsymbol{r})\cdot d\boldsymbol{r} = 0 \tag{A.4}$$

を満たすとき，$\boldsymbol{F}(\boldsymbol{r})$ を**保存場**という．**閉曲線**や**閉曲面**についての積分は**記号** $\oint$ **で表す**．図 A.1(b) のように，経路 C 上に任意の原点 $\boldsymbol{r}_0$ および他の任意の点 $\boldsymbol{r}$ をとって，C を点

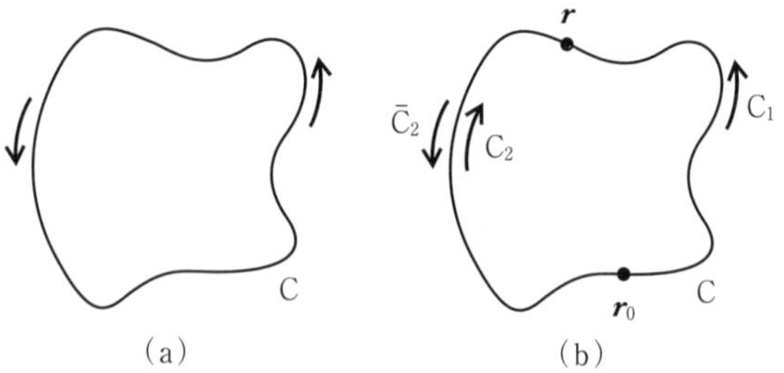

図 A.1

$\boldsymbol{r}_0$ から点 $\boldsymbol{r}$ にいたる 2 個の経路 C_1 と C_2 に分けると，(A.4) は

$$\oint_C \boldsymbol{F}(\boldsymbol{r})\cdot d\boldsymbol{r} = \underset{(C_1)}{\int_{\boldsymbol{r}_0}^{\boldsymbol{r}}} \boldsymbol{F}(\boldsymbol{r})\cdot d\boldsymbol{r} + \underset{(\bar{C}_2)}{\int_{\boldsymbol{r}}^{\boldsymbol{r}_0}} \boldsymbol{F}(\boldsymbol{r})\cdot d\boldsymbol{r} = \underset{(C_1)}{\int_{\boldsymbol{r}_0}^{\boldsymbol{r}}} \boldsymbol{F}(\boldsymbol{r})\cdot d\boldsymbol{r} - \underset{(C_2)}{\int_{\boldsymbol{r}_0}^{\boldsymbol{r}}} \boldsymbol{F}(\boldsymbol{r})\cdot d\boldsymbol{r} = 0$$

と書ける．$\bar{C}_2$ は C_2 を逆行することを意味する．よって，保存場の条件 (A.4) は任意の原点 $\boldsymbol{r}_0$ から任意の点 $\boldsymbol{r}$ までの積分が経路によらないこと，すなわち

$$\underset{(C_1)}{\int_{\boldsymbol{r}_0}^{\boldsymbol{r}}} \boldsymbol{F}(\boldsymbol{r})\cdot d\boldsymbol{r} = \underset{(C_2)}{\int_{\boldsymbol{r}_0}^{\boldsymbol{r}}} \boldsymbol{F}(\boldsymbol{r})\cdot d\boldsymbol{r} \tag{A.5}$$

と同じである．この経路によらない値に負号を付けた

$$\phi(\boldsymbol{r}) = -\int_{\boldsymbol{r}_0}^{\boldsymbol{r}} \boldsymbol{F}(\boldsymbol{r})\cdot d\boldsymbol{r} \tag{A.6}$$

を，点 $\boldsymbol{r}_0$ での値 $\boldsymbol{F}(\boldsymbol{r}_0)$ を基準とする $\boldsymbol{F}(\boldsymbol{r})$ の**ポテンシャル**という．

§A.3　スカラー場の勾配

スカラー場 $f(\boldsymbol{r})$ の，デカルト座標の各座標成分についての偏微分を成分とするベクトル場

$$\mathrm{grad}\, f(\boldsymbol{r}) = \left(\frac{\partial f(\boldsymbol{r})}{\partial x}, \frac{\partial f(\boldsymbol{r})}{\partial y}, \frac{\partial f(\boldsymbol{r})}{\partial z}\right) = \left(\frac{\partial}{\partial x}, \frac{\partial}{\partial y}, \frac{\partial}{\partial z}\right) f(\boldsymbol{r}) = \nabla f(\boldsymbol{r}) \tag{A.7}$$

を $f(\boldsymbol{r})$ の**勾配**という．

$$\nabla = \left(\frac{\partial}{\partial x}, \frac{\partial}{\partial y}, \frac{\partial}{\partial z}\right) \tag{A.8}$$

は，各成分についての偏微分演算子を成分とするベクトル**演算子**で，**ナブラ**または**デル**とよばれる．演算子とは，ある関数に演算して別の関数に変換する操作，またはその記号のことである．

(A.6) の積分で表された関係は，ポテンシャル $\phi(\boldsymbol{r})$ の勾配と $\boldsymbol{F}(\boldsymbol{r})$ の関係で表現することができる．点 $\boldsymbol{r}$ から x 方向に Δx だけ離れた点 $\boldsymbol{r} + \Delta x\, \boldsymbol{e}_x$ と点 $\boldsymbol{r}$ のポテンシャルの差を (A.6) から求めると

$$\phi(\boldsymbol{r} + \Delta x\, \boldsymbol{e}_x) - \phi(\boldsymbol{r}) = -\int_{\boldsymbol{r}}^{\boldsymbol{r}+\Delta x\, \boldsymbol{e}_x} \boldsymbol{F}(\boldsymbol{r})\cdot d\boldsymbol{r} \approx -\boldsymbol{F}(\boldsymbol{r})\cdot \Delta x\, \boldsymbol{e}_x = -F_x(\boldsymbol{r})\, \Delta x \tag{A.9}$$

である．ここで，

$$F_x(\boldsymbol{r}) = \boldsymbol{F}(\boldsymbol{r})\cdot\boldsymbol{e}_x \tag{A.10}$$

の関係を使った．これから，

$$F_x(\boldsymbol{r}) = -\lim_{\Delta x\to 0}\frac{\phi(x+\Delta x, y, z) - \phi(x, y, z)}{\Delta x} = -\frac{\partial\phi(\boldsymbol{r})}{\partial x} \tag{A.11}$$

である．y 成分，z 成分についても同様だから，

$$\boldsymbol{F}(\boldsymbol{r}) = -\left(\frac{\partial\phi(\boldsymbol{r})}{\partial x}, \frac{\partial\phi(\boldsymbol{r})}{\partial y}, \frac{\partial\phi(\boldsymbol{r})}{\partial z}\right) = -\left(\frac{\partial}{\partial x}, \frac{\partial}{\partial y}, \frac{\partial}{\partial z}\right)\phi(\boldsymbol{r}) = -\nabla\phi(\boldsymbol{r}) = -\mathrm{grad}\,\phi(\boldsymbol{r}) \tag{A.12}$$

が得られる．

§A.4　ベクトル場の発散

任意のベクトル場 $\boldsymbol{F}(\boldsymbol{r})$ を流れの場のようにみなすと，$\boldsymbol{F}(\boldsymbol{r})$ と面 S 上の面素ベクトル $d\boldsymbol{S}(=\boldsymbol{n}\,dS)$ との内積 $\boldsymbol{F}(\boldsymbol{r})\cdot d\boldsymbol{S}$ の和（面積分）

$$\int_{\mathrm{S}}\boldsymbol{F}(\boldsymbol{r})\cdot d\boldsymbol{S} = \int_{\mathrm{S}}\boldsymbol{F}(\boldsymbol{r})\cdot\boldsymbol{n}\,dS \tag{A.13}$$

は，図 A.2 のように，面 S を貫いて（予め定めた）裏から表の向きに流れる $\boldsymbol{F}(\boldsymbol{r})$ の流束（流れの総量）を表す．$\boldsymbol{n}$ は面素 dS の表側の**法線ベクトル**（面に垂直な単位ベクトル）である．$\boldsymbol{n}$ は S が曲面であれば $d\boldsymbol{S}$ の位置によって向きが異なる．$\boldsymbol{F}(\boldsymbol{r})\cdot d\boldsymbol{S}$ が正（負）なら，その位置の $\boldsymbol{F}(\boldsymbol{r})$ は裏から表（表から裏）に流れている．図 A.3 のような閉曲面 S の面素ベクトルは通常外向きにとるので，

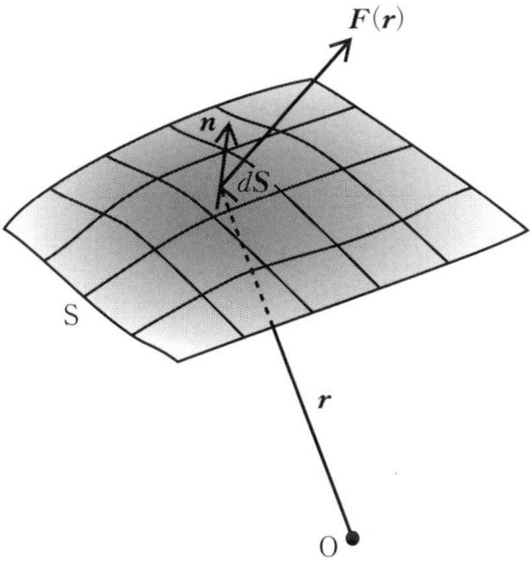

図 A.2

$$\oint_{\mathrm{S}}\boldsymbol{F}(\boldsymbol{r})\cdot d\boldsymbol{S} \tag{A.14}$$

は，S に囲まれた内部から外へ向かって流れ出す流束の和（全流束）を表す．

ベクトル場 $\boldsymbol{F}(\boldsymbol{r})$ と関連があり，同じ空間に重なって存在する**発散**とよばれる場 $\mathrm{div}\,\boldsymbol{F}(\boldsymbol{r})$ を

$$\mathrm{div}\,\boldsymbol{F}(\boldsymbol{r}) = \lim_{\Delta V\to 0}\frac{1}{\Delta V}\oint_{\mathrm{S}}\boldsymbol{F}(\boldsymbol{r}')\cdot d\boldsymbol{S}' \tag{A.15}$$

で定義する．S は，図 A.4 に示す微小体積 ΔV の微小な全表面である．(A.15) の右辺はスカラー積 $\boldsymbol{F}(\boldsymbol{r})\cdot d\boldsymbol{S}$ の和だから，$\mathrm{div}\,\boldsymbol{F}(\boldsymbol{r})$ はスカラー場である．点 $\boldsymbol{r}$ における $\mathrm{div}\,\boldsymbol{F}(\boldsymbol{r})$ の値を，それを囲む微小な閉曲面上の $\boldsymbol{F}(\boldsymbol{r}')$ を使って定義していることに注意

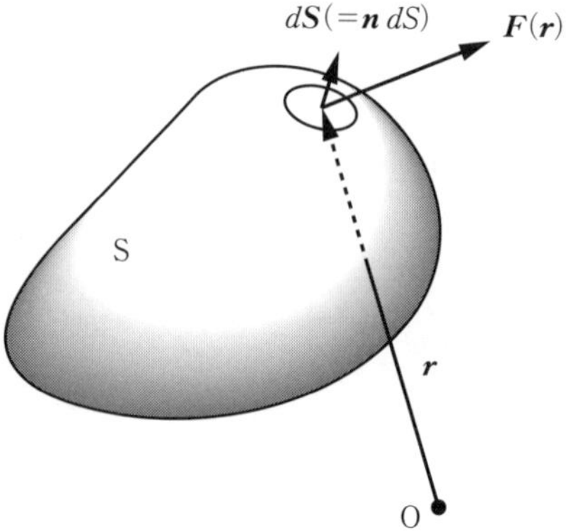

図 A.3

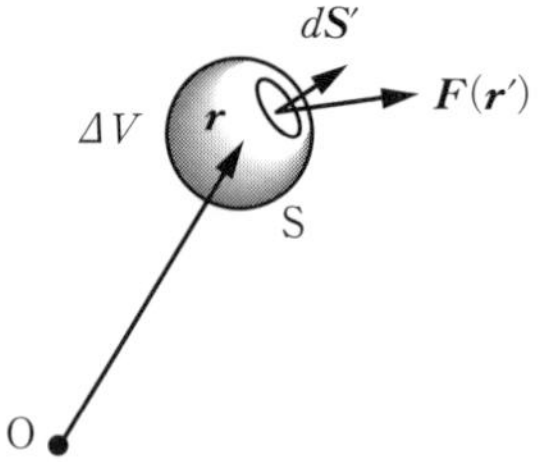

図 A.4

しよう．$\varDelta V$ を無限小にすると，閉曲面上の点 $\boldsymbol{r}'$ は点 $\boldsymbol{r}$ に収束する．(A.15) の右辺を言葉で解釈すると，「無限に小さな体積 $\varDelta V$ の全表面 S を通して外に向かうベクトル $\boldsymbol{F}(\boldsymbol{r})$ の全流束を $\varDelta V$ で割ったものの極限」である．つまり，$\mathrm{div}\,\boldsymbol{F}(\boldsymbol{r})$ は一種の**微分**である．この比は $\varDelta V\to 0$ の極限で分子が 0 にならないと ∞ に発散して定義できないが，分子も 0 になり，比が有限の一定値に近づく場合には収束して意味をもつ．

ガウスの定理

図 A.5 のような，任意の 3 次元領域 V 内での $\mathrm{div}\,\boldsymbol{F}(\boldsymbol{r})$ の和を考える．V を n 個の微小領域 $\varDelta \mathrm{V}_1, \varDelta \mathrm{V}_2, \cdots, \varDelta \mathrm{V}_n$ に分けると，$\mathrm{div}\,\boldsymbol{F}(\boldsymbol{r})$ の定義 (A.15) から，i 番目の点 $\boldsymbol{r}_i$ の周りの微小体積 $\varDelta V_i$ に対して

$$\mathrm{div}\,\boldsymbol{F}(\boldsymbol{r}_i)\,\varDelta V_i \approx \oint_{\mathrm{S}_i} \boldsymbol{F}(\boldsymbol{r}_i')\cdot d\boldsymbol{S}_i' \quad (\mathrm{A.16})$$

である．S_i は $\varDelta V_i$ の全表面である．これが近似の関係なのは，左辺で $\varDelta V_i$ 内の 1 点 $\boldsymbol{r}_i$ の値のみを使っているからであるが，$\varDelta V_i\to 0$ の極限では，≈ は ＝ になる．それぞれの微小領域で (A.16) が成り立つから，すべて加え合わせて，

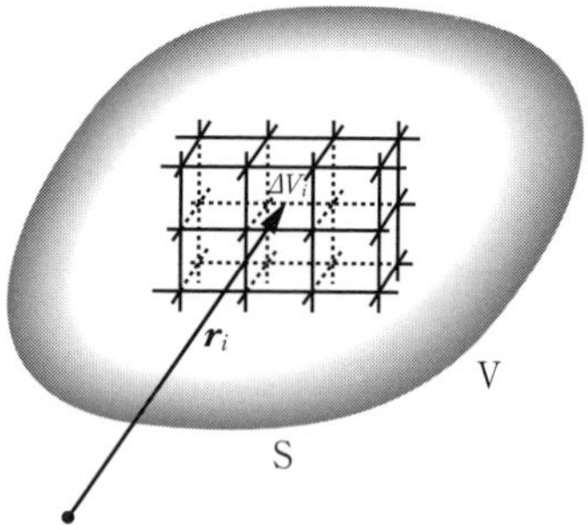

図 A.5

$$\sum_{i=1}^{n} \mathrm{div}\,\boldsymbol{F}(\boldsymbol{r}_i)\,\varDelta V_i \approx \sum_{i=1}^{n} \oint_{\mathrm{S}_i} \boldsymbol{F}(\boldsymbol{r}_i')\cdot d\boldsymbol{S}_i' \qquad (\mathrm{A.17})$$

が成り立つ．分割は等分割でなくても，$\max \varDelta V_i$ を 0 に近づけながら $n\to\infty$ とすれば，

$$\lim_{n\to\infty} \sum_{i=1}^{n} \mathrm{div}\,\boldsymbol{F}(\boldsymbol{r}_i)\,\varDelta V_i = \lim_{n\to\infty} \sum_{i=1}^{n} \oint_{\mathrm{S}_i} \boldsymbol{F}(\boldsymbol{r}_i')\cdot d\boldsymbol{S}_i' \qquad (\mathrm{A.18})$$

である．左辺は積分の定義そのものである．右辺は分割数 n によらず（極限をとってもとらなくても）隣接する $\varDelta V_i$ の境界面の寄与が，$\boldsymbol{F}(\boldsymbol{r})$ が同じで $d\boldsymbol{S}_i$ の向きが逆だから打ち

消し合い，領域 V 全体の外表面 S の寄与のみが残る．よって，

$$\int_V \operatorname{div} \boldsymbol{F}(\boldsymbol{r})\, dV = \oint_S \boldsymbol{F}(\boldsymbol{r})\cdot d\boldsymbol{S} \tag{A.19}$$

が得られる．これは**ガウスの定理**とよばれ，数学の定理である．電束密度の発散と電荷密度との関係を表す物理法則の**ガウスの法則**と混同しないようにしたい．

(A.19) は，ある空間にベクトル場 $\boldsymbol{F}(\boldsymbol{r})$ とそれを空間微分したスカラー場 $\operatorname{div} \boldsymbol{F}(\boldsymbol{r})$ が存在するとき，任意の領域 V の内部で $\operatorname{div} \boldsymbol{F}(\boldsymbol{r})\, dV$ を加え合わせたものは，V の全表面 S 上でベクトル場 $\boldsymbol{F}(\boldsymbol{r})$ 自体についての流束 $\boldsymbol{F}(\boldsymbol{r})\cdot d\boldsymbol{S}$ を加え合わせたものに等しいことを表している．

div $\boldsymbol{F}(\boldsymbol{r})$ のデカルト座標表示

以上のように $\operatorname{div} \boldsymbol{F}(\boldsymbol{r})$ は座標系と無関係に定義されるスカラー場であるが，特定の座標系による表示を用いると，具体的な計算の際に便利な場合がある．ここでは，デカルト座標による表示を求めておこう．

図 A.4 の微小体積として，図 A.6 のような x 軸，y 軸，z 軸に平行な辺をもつ微小な直方体 ABCDA′B′C′D′ を考える．各辺の長さをそれぞれ Δx, Δy, Δz とすると，その体積は

$$\Delta V = \Delta x\, \Delta y\, \Delta z \tag{A.20}$$

である．(A.15) の $\operatorname{div} \boldsymbol{F}(\boldsymbol{r})$ の表式を求めるために，S をこの微小な直方体の全表面として右辺の積分を実行する．x 軸に垂直な面 ABCD と面 A′B′C′D′ について計算すると，それぞれの外向きの法線ベクトルが

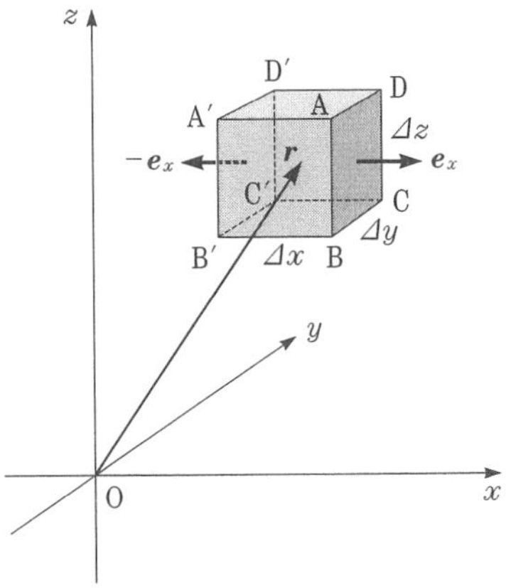

図 A.6

$$\boldsymbol{n}_{\mathrm{ABCD}} = \boldsymbol{e}_x, \qquad \boldsymbol{n}_{\mathrm{A'B'C'D'}} = -\boldsymbol{e}_x \tag{A.21}$$

であることに注意して，

$$\begin{aligned}\int_{\mathrm{ABCD}} \boldsymbol{F}(\boldsymbol{r}')\cdot d\boldsymbol{S}' &= \int_{\mathrm{ABCD}} \boldsymbol{F}(\boldsymbol{r}')\cdot \boldsymbol{n}_{\mathrm{ABCD}}\, dS' \approx \boldsymbol{F}\left(x + \frac{\Delta x}{2}, y, z\right)\cdot \boldsymbol{e}_x\, \Delta y\, \Delta z \\ &= F_x\left(x + \frac{\Delta x}{2}, y, z\right)\Delta y\, \Delta z \approx \left(F_x(x, y, z) + \frac{\partial F_x}{\partial x}\frac{\Delta x}{2}\right)\Delta y\, \Delta z\end{aligned} \tag{A.22}$$

である．ただし，テイラー展開 (2.5) を利用した．同様に

$$\begin{aligned}\int_{\mathrm{A'B'C'D'}} \boldsymbol{F}(\boldsymbol{r}')\cdot d\boldsymbol{S}' &= \int_{\mathrm{A'B'C'D'}} \boldsymbol{F}(\boldsymbol{r}')\cdot \boldsymbol{n}_{\mathrm{A'B'C'D'}}\, dS' \approx \boldsymbol{F}\left(x - \frac{\Delta x}{2}, y, z\right)\cdot (-\boldsymbol{e}_x)\, \Delta y\, \Delta z \\ &= -F_x\left(x - \frac{\Delta x}{2}, y, z\right)\Delta y\, \Delta z \approx \left(-F_x(x, y, z) + \frac{\partial F_x}{\partial x}\frac{\Delta x}{2}\right)\Delta y\, \Delta z\end{aligned} \tag{A.23}$$

である．よって，これら 2 面からの寄与の和は

$$\left(\int_{\mathrm{ABCD}} + \int_{\mathrm{A'B'C'D'}}\right)\boldsymbol{F}(\boldsymbol{r}')\cdot d\boldsymbol{S}' \approx \frac{\partial F_x(\boldsymbol{r})}{\partial x}\,\Delta x\,\Delta y\,\Delta z = \frac{\partial F_x(\boldsymbol{r})}{\partial x}\,\Delta V \qquad \text{(A.24)}$$

である．同様に考えると，微小直方体の六面全部の寄与の和は

$$\oint_{\mathrm{S}} \boldsymbol{F}(\boldsymbol{r}')\cdot d\boldsymbol{S}' \approx \left(\frac{\partial F_x(\boldsymbol{r})}{\partial x} + \frac{\partial F_y(\boldsymbol{r})}{\partial y} + \frac{\partial F_z(\boldsymbol{r})}{\partial z}\right)\Delta V \qquad \text{(A.25)}$$

である．よって，両辺を ΔV で割ってから $\Delta V \to 0$ の極限をとれば（A.15）の右辺が得られるから

$$\operatorname{div}\boldsymbol{F}(\boldsymbol{r}) = \frac{\partial F_x(\boldsymbol{r})}{\partial x} + \frac{\partial F_y(\boldsymbol{r})}{\partial y} + \frac{\partial F_z(\boldsymbol{r})}{\partial z} \qquad \text{(A.26)}$$

である．つまり，$\boldsymbol{F}(\boldsymbol{r})$ の発散をデカルト座標の成分で表示すると，$\boldsymbol{F}(\boldsymbol{r})$ の x 成分の x による偏微分，y 成分の y による偏微分，z 成分の z による偏微分の和になっている．ベクトル演算子 ∇（ナブラ）を用いると

$$\operatorname{div}\boldsymbol{F}(\boldsymbol{r}) = \left(\frac{\partial}{\partial x}, \frac{\partial}{\partial y}, \frac{\partial}{\partial z}\right)\cdot(F_x(\boldsymbol{r}), F_y(\boldsymbol{r}), F_z(\boldsymbol{r})) = \nabla\cdot\boldsymbol{F}(\boldsymbol{r}) \qquad \text{(A.27)}$$

のように，形式的に，座標系の種類によらない ∇ と $\boldsymbol{F}(\boldsymbol{r})$ のスカラー積で書ける．

§A.5　ベクトル場の回転

ベクトル場 $\boldsymbol{F}(\boldsymbol{r})$ と同じ空間に存在する**回転**とよばれるベクトル場，$\operatorname{rot}\boldsymbol{F}(\boldsymbol{r})$ がある．ベクトル場を定義するには，各点 $\boldsymbol{r}$ において大きさと向きを与えなければならない．その代わりに，座標系を定めて各成分の大きさを指定してもよい．任意の向きを単位ベクトル $\boldsymbol{e}$ で表すと，$\operatorname{rot}\boldsymbol{F}(\boldsymbol{r})$ は，$\boldsymbol{e}$ 方向の成分が

$$\operatorname{rot}\boldsymbol{F}(\boldsymbol{r})\cdot\boldsymbol{e} = \lim_{\Delta S\to 0}\frac{1}{\Delta S}\oint_{\mathrm{C}} \boldsymbol{F}(\boldsymbol{r}')\cdot d\boldsymbol{r}' \qquad \text{(A.28)}$$

であるようなベクトル場である．ただし，左辺の $\boldsymbol{e}$ と右辺の閉曲線 C，微小面積 ΔS との間の関係が重要である．図 A.7 のように，ΔS は $\boldsymbol{e}$ を法線ベクトルとする微小な平面の面積，C はその外周で，C 上の線積分の向きは右ネジを回したときにネジが $\boldsymbol{e}$ の向きに進むような向きである．点 $\boldsymbol{r}$ における $\operatorname{rot}\boldsymbol{F}(\boldsymbol{r})$ の $\boldsymbol{e}$ の向きの成分を，その向きに垂直な微小面の外周上の $\boldsymbol{F}(\boldsymbol{r}')$ で定義していることに注意しよう．ΔS を無限小にすると，点 $\boldsymbol{r}'$ は点 $\boldsymbol{r}$ に収束する．これを言葉で解釈すると，「無限に小さな平面 ΔS の外周 C に沿っての $\boldsymbol{F}(\boldsymbol{r})$ の循環を ΔS で割ったものの極限」である．つまり，$\operatorname{rot}\boldsymbol{F}(\boldsymbol{r})$ も一種の微分である．この比は，$\Delta S \to 0$ の極限で循環も 0 になり，∞ に発散せずに一定になる場合に，有限の値に収束して意味をもつ．

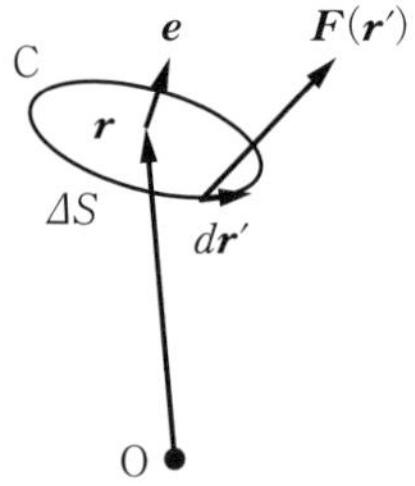

図 A.7

ストークスの定理

図 A.8 のような任意の曲面 S 上での $\operatorname{rot}\boldsymbol{F}(\boldsymbol{r})$ の和を考える．S を n 個の微小な平面 $\Delta S_1, \Delta S_2, \cdots, \Delta S_n$ に分ける．$\operatorname{rot}\boldsymbol{F}(\boldsymbol{r})$ の定義（A.28）から，i 番目の点 $\boldsymbol{r}_i$ を含む微小な平

面 ΔS_i に対して，

$$\mathrm{rot}\,\boldsymbol{F}(\boldsymbol{r}_i)\cdot\Delta S_i\,\boldsymbol{n}_i \approx \oint_{\mathrm{C}_i}\boldsymbol{F}(\boldsymbol{r}_i')\cdot d\boldsymbol{r}_i' \quad \text{(A.29)}$$

である．(A.28) では，任意の向き $\boldsymbol{e}$ を決めてそれに垂直な微小平面 ΔS を考えたが，ここでは S を分割した ΔS_i が先にあり，$\boldsymbol{e}$ はその法線ベクトル $\boldsymbol{n}_i$ である．C_i は ΔS_i の外周で，積分の向きは右ネジを回したときにネジが $\boldsymbol{n}_i$ の向きに進むような向きである．

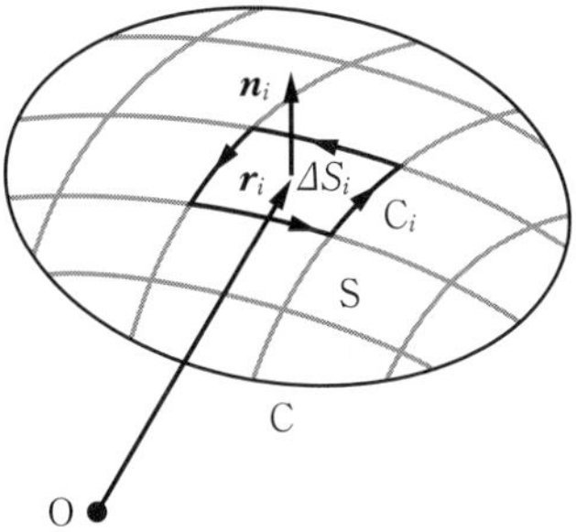

図 A.8

それぞれの微小領域で (A.29) が成り立つから，それらを全て加え合わせると，

$$\sum_{i=1}^{n}\mathrm{rot}\,\boldsymbol{F}(\boldsymbol{r}_i)\cdot\Delta S_i\,\boldsymbol{n}_i \approx \sum_{i=1}^{n}\oint_{\mathrm{C}_i}\boldsymbol{F}(\boldsymbol{r}_i')\cdot d\boldsymbol{r}_i' \quad \text{(A.30)}$$

が成り立つ．右辺の線積分は，隣接する ΔS_i の境界線上の寄与が $\boldsymbol{F}(\boldsymbol{r})$ が同じで $d\boldsymbol{r}_i$ の向きが逆だから，打ち消し合う．よって，曲面 S 全体の外周上の積分の寄与のみが残る．分割は等分割でなくても，$\max\Delta S_i$ を 0 に近づけながら $n\to\infty$ とすれば，

$$\lim_{n\to\infty}\sum_{i=1}^{n}\mathrm{rot}\,\boldsymbol{F}(\boldsymbol{r}_i)\Delta S_i\,\boldsymbol{n}_i \approx \lim_{n\to\infty}\sum_{i=1}^{n}\oint_{\mathrm{C}_i}\boldsymbol{F}(\boldsymbol{r}_i')\cdot d\boldsymbol{r}_i' \quad \text{(A.31)}$$

である．左辺は積分の定義そのものである．右辺は分割数 n によらず（極限をとっても）S の外周 C の寄与のみが残り，

$$\int_{\mathrm{S}}\mathrm{rot}\,\boldsymbol{F}(\boldsymbol{r})\cdot d\boldsymbol{S} = \oint_{\mathrm{C}}\boldsymbol{F}(\boldsymbol{r})\cdot d\boldsymbol{r} \quad \text{(A.32)}$$

が得られる．これを**ストークスの定理**という．

これは，ある空間にベクトル場 $\boldsymbol{F}(\boldsymbol{r})$ とそれを回転したベクトル場 $\mathrm{rot}\,\boldsymbol{F}(\boldsymbol{r})$ が存在するとき，任意の曲面 S を貫く $\mathrm{rot}\,\boldsymbol{F}(\boldsymbol{r})$ の流束

$$\mathrm{rot}\,\boldsymbol{F}(\boldsymbol{r})\cdot d\boldsymbol{S} \quad \text{(A.33)}$$

を加え合わせたものは，S の外周 C 上でのベクトル場 $\boldsymbol{F}(\boldsymbol{r})$ 自体の循環 $\oint_{\mathrm{C}}\boldsymbol{F}(\boldsymbol{r})\cdot d\boldsymbol{r}$ に等しいことを表している．

rot $\boldsymbol{F}(\boldsymbol{r})$ のデカルト座標表示

デカルト座標系における $\mathrm{rot}\,\boldsymbol{F}(\boldsymbol{r})$ の各成分は，定義 (A.28) から求めることができる．x 成分 $(\mathrm{rot}\,\boldsymbol{F}(\boldsymbol{r}))_x$ を求めるには，$\boldsymbol{e}=\boldsymbol{e}_x$ と置き，微小面 ΔS として図 A.9 のように，点 $\boldsymbol{r}$ を中心とする $\boldsymbol{e}_x$ に垂直（yz 面に平行）な，辺の長さ Δy，Δz の長方形 ABCD を考える．その面積は

$$\Delta S = \Delta y\,\Delta z \quad \text{(A.34)}$$

である．すると

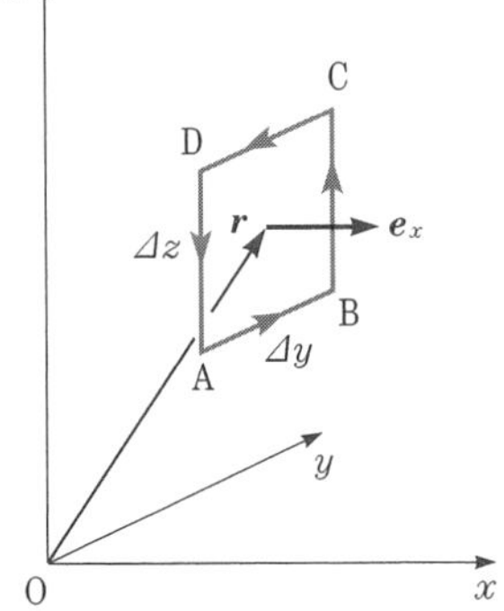

図 A.9

$$(\mathrm{rot}\,\boldsymbol{F}(\boldsymbol{r}))_x = \mathrm{rot}\,\boldsymbol{F}(\boldsymbol{r})\cdot\boldsymbol{e}_x = \lim_{\Delta S\to 0}\frac{1}{\Delta S}\oint_{\mathrm{ABCD}}\boldsymbol{F}(\boldsymbol{r})\cdot d\boldsymbol{r} \tag{A.35}$$

である．ただし，線積分の向きは右ネジの関係で決まり，

$$\oint_{\mathrm{ABCD}}\boldsymbol{F}(\boldsymbol{r})\cdot d\boldsymbol{r} = \left(\int_{\mathrm{AB}} + \int_{\mathrm{BC}} + \int_{\mathrm{CD}} + \int_{\mathrm{DA}}\right)\boldsymbol{F}(\boldsymbol{r})\cdot d\boldsymbol{r} \tag{A.36}$$

である．各辺の寄与を計算すると

$$\begin{aligned}\int_{\mathrm{AB}}\boldsymbol{F}(\boldsymbol{r})\cdot d\boldsymbol{r} &\approx \boldsymbol{F}\left(x, y, z - \frac{\Delta z}{2}\right)\cdot\Delta y\,\boldsymbol{e}_y = F_y\left(x, y, z - \frac{\Delta z}{2}\right)\Delta y\\ &\approx \left(F_y(x, y, z) - \frac{\partial F_y(x, y, z)}{\partial z}\frac{\Delta z}{2}\right)\Delta y \end{aligned}\tag{A.37}$$

$$\begin{aligned}\int_{\mathrm{CD}}\boldsymbol{F}(\boldsymbol{r})\cdot d\boldsymbol{r} &\approx -\boldsymbol{F}\left(x, y, z + \frac{\Delta z}{2}\right)\cdot\Delta y\,\boldsymbol{e}_y = -F_y\left(x, y, z + \frac{\Delta z}{2}\right)\Delta y\\ &\approx -\left(F_y(x, y, z) + \frac{\partial F_y(x, y, z)}{\partial z}\frac{\Delta z}{2}\right)\Delta y \end{aligned}\tag{A.38}$$

$$\left(\int_{\mathrm{AB}} + \int_{\mathrm{CD}}\right)\boldsymbol{F}(\boldsymbol{r})\cdot d\boldsymbol{r} \approx -\frac{\partial F_y(\boldsymbol{r})}{\partial z}\,\Delta y\,\Delta z \tag{A.39}$$

同様に

$$\left(\int_{\mathrm{BC}} + \int_{\mathrm{DA}}\right)\boldsymbol{F}(\boldsymbol{r})\cdot d\boldsymbol{r} \approx \frac{\partial F_z(\boldsymbol{r})}{\partial y}\,\Delta y\,\Delta z \tag{A.40}$$

であるから，

$$\oint_{\mathrm{ABCD}}\boldsymbol{F}(\boldsymbol{r})\cdot d\boldsymbol{r} \approx \left(\frac{\partial F_z(\boldsymbol{r})}{\partial y} - \frac{\partial F_y(\boldsymbol{r})}{\partial z}\right)\Delta y\,\Delta z \tag{A.41}$$

となる．よって，(A.35) は

$$(\mathrm{rot}\,\boldsymbol{F}(\boldsymbol{r}))_x = \frac{\partial F_z(\boldsymbol{r})}{\partial y} - \frac{\partial F_y(\boldsymbol{r})}{\partial z} \tag{A.42}$$

である．y 成分，z 成分も同様に計算すると

$$\mathrm{rot}\,\boldsymbol{F}(\boldsymbol{r}) = \left(\frac{\partial F_z(\boldsymbol{r})}{\partial y} - \frac{\partial F_y(\boldsymbol{r})}{\partial z}, \frac{\partial F_x(\boldsymbol{r})}{\partial z} - \frac{\partial F_z(\boldsymbol{r})}{\partial x}, \frac{\partial F_y(\boldsymbol{r})}{\partial x} - \frac{\partial F_x(\boldsymbol{r})}{\partial y}\right) \tag{A.43}$$

である．これは

$$\begin{aligned}\mathrm{rot}\,\boldsymbol{F}(\boldsymbol{r}) &= \left(\frac{\partial F_z(\boldsymbol{r})}{\partial y} - \frac{\partial F_y(\boldsymbol{r})}{\partial z}\right)\boldsymbol{e}_x + \left(\frac{\partial F_x(\boldsymbol{r})}{\partial z} - \frac{\partial F_z(\boldsymbol{r})}{\partial x}\right)\boldsymbol{e}_y + \left(\frac{\partial F_y(\boldsymbol{r})}{\partial x} - \frac{\partial F_x(\boldsymbol{r})}{\partial y}\right)\boldsymbol{e}_z\\ &= \begin{vmatrix} \boldsymbol{e}_x & \boldsymbol{e}_y & \boldsymbol{e}_z \\ \partial/\partial x & \partial/\partial y & \partial/\partial z \\ F_x(\boldsymbol{r}) & F_y(\boldsymbol{r}) & F_z(\boldsymbol{r}) \end{vmatrix}\end{aligned} \tag{A.44}$$

とも書ける．

ベクトル場 $\boldsymbol{F}(\boldsymbol{r})$ と $\boldsymbol{G}(\boldsymbol{r})$ のベクトル積の表式 (A.2) と比較するとわかるように，$\mathrm{rot}\,\boldsymbol{F}(\boldsymbol{r})$ はナブラ ∇ を用いて

$$\mathrm{rot}\,\boldsymbol{F}(\boldsymbol{r}) = \left(\frac{\partial}{\partial x}, \frac{\partial}{\partial y}, \frac{\partial}{\partial z}\right) \times (F_x(\boldsymbol{r}), F_y(\boldsymbol{r}), F_z(\boldsymbol{r})) = \nabla \times \boldsymbol{F}(\boldsymbol{r}) \tag{A.45}$$

のように，形式的に ∇ と $\boldsymbol{F}(\boldsymbol{r})$ のベクトル積で書ける．これは座標系の種類によらない．

§A.6 場の積の微分

スカラー場 $f(\boldsymbol{r})$，$g(\boldsymbol{r})$，ベクトル場 $\boldsymbol{F}(\boldsymbol{r})$，$\boldsymbol{G}(\boldsymbol{r})$ の積に対する ∇ の演算で表される空間微分の公式をまとめておく．

(1)
$$\nabla(f(\boldsymbol{r})\,g(\boldsymbol{r})) = (\nabla f(\boldsymbol{r}))\,g(\boldsymbol{r}) + f(\boldsymbol{r})\,\nabla g(\boldsymbol{r}) \tag{A.46}$$

(2)
$$\nabla\cdot(f(\boldsymbol{r})\,\boldsymbol{F}(\boldsymbol{r})) = (\nabla f(\boldsymbol{r}))\cdot\boldsymbol{F}(\boldsymbol{r}) + f(\boldsymbol{r})\,\nabla\cdot\boldsymbol{F}(\boldsymbol{r}) \tag{A.47}$$

(3)
$$\nabla\cdot(\boldsymbol{F}(\boldsymbol{r})\times\boldsymbol{G}(\boldsymbol{r})) = \boldsymbol{G}(\boldsymbol{r})\cdot(\nabla\times\boldsymbol{F}(\boldsymbol{r})) - \boldsymbol{F}(\boldsymbol{r})\cdot(\nabla\times\boldsymbol{G}(\boldsymbol{r})) \tag{A.48}$$

(4)
$$\nabla\times(f(\boldsymbol{r})\,\boldsymbol{F}(\boldsymbol{r})) = \nabla f(\boldsymbol{r})\times\boldsymbol{F}(\boldsymbol{r}) + f(\boldsymbol{r})(\nabla\times\boldsymbol{F}(\boldsymbol{r})) \tag{A.49}$$

(5)
$$\begin{aligned}\nabla\times(\boldsymbol{F}(\boldsymbol{r})\times\boldsymbol{G}(\boldsymbol{r})) &= (\boldsymbol{G}(\boldsymbol{r})\cdot\nabla)\boldsymbol{F}(\boldsymbol{r}) - \boldsymbol{G}(\boldsymbol{r})(\nabla\cdot\boldsymbol{F}(\boldsymbol{r})) + \boldsymbol{F}(\boldsymbol{r})(\nabla\cdot\boldsymbol{G}(\boldsymbol{r}))\\ &\quad - (\boldsymbol{F}(\boldsymbol{r})\cdot\nabla)\boldsymbol{G}(\boldsymbol{r})\end{aligned} \tag{A.50}$$

ここでは (2)～(4) のみを証明しておく．

(2) スカラー場とベクトル場の積の発散

$$\begin{aligned}\nabla\cdot(f(\boldsymbol{r})\boldsymbol{F}(\boldsymbol{r})) &= \frac{\partial}{\partial x}(f(\boldsymbol{r})F_x(\boldsymbol{r})) + \frac{\partial}{\partial y}(f(\boldsymbol{r})F_y(\boldsymbol{r})) + \frac{\partial}{\partial z}(f(\boldsymbol{r})F_z(\boldsymbol{r}))\\
&= \left(\frac{\partial f(\boldsymbol{r})}{\partial x}F_x(\boldsymbol{r}) + f(\boldsymbol{r})\frac{\partial F_x(\boldsymbol{r})}{\partial x}\right) + \left(\frac{\partial f(\boldsymbol{r})}{\partial y}F_y(\boldsymbol{r}) + f(\boldsymbol{r})\frac{\partial F_y(\boldsymbol{r})}{\partial y}\right)\\
&\quad + \left(\frac{\partial f(\boldsymbol{r})}{\partial z}F_z(\boldsymbol{r}) + f(\boldsymbol{r})\frac{\partial F_z(\boldsymbol{r})}{\partial z}\right)\\
&= \left(\frac{\partial f(\boldsymbol{r})}{\partial x}F_x(\boldsymbol{r}) + \frac{\partial f(\boldsymbol{r})}{\partial y}F_y(\boldsymbol{r}) + \frac{\partial f(\boldsymbol{r})}{\partial z}F_z(\boldsymbol{r})\right)\\
&\quad + f(\boldsymbol{r})\left(\frac{\partial F_x(\boldsymbol{r})}{\partial x} + \frac{\partial F_y(\boldsymbol{r})}{\partial y} + \frac{\partial F_z(\boldsymbol{r})}{\partial z}\right)\\
&= (\nabla f(\boldsymbol{r}))\cdot\boldsymbol{F}(\boldsymbol{r}) + f(\boldsymbol{r})\nabla\cdot\boldsymbol{F}(\boldsymbol{r})\end{aligned}$$

(3) ベクトル場とベクトル場のベクトル積の発散

$$\begin{aligned}&\nabla\cdot(\boldsymbol{F}(\boldsymbol{r})\times\boldsymbol{G}(\boldsymbol{r}))\\
&= \frac{\partial}{\partial x}(\boldsymbol{F}(\boldsymbol{r})\times\boldsymbol{G}(\boldsymbol{r}))_x + [y\,\text{成分の}\,y\,\text{偏微分}] + [z\,\text{成分の}\,z\,\text{偏微分}]\\
&= \frac{\partial}{\partial x}(F_y(\boldsymbol{r})\,G_z(\boldsymbol{r}) - F_z(\boldsymbol{r})\,G_y(\boldsymbol{r})) + [y\,\text{成分の}\,y\,\text{偏微分}] + [z\,\text{成分の}\,z\,\text{偏微分}]\\
&= \left[\frac{\partial F_y(\boldsymbol{r})}{\partial x}\,G_z(\boldsymbol{r}) + F_y(\boldsymbol{r})\,\frac{\partial G_z(\boldsymbol{r})}{\partial x} - \left(\frac{\partial F_z(\boldsymbol{r})}{\partial x}\,G_y(\boldsymbol{r}) + F_z(\boldsymbol{r})\,\frac{\partial G_y(\boldsymbol{r})}{\partial x}\right)\right]\\
&\qquad + [y\,\text{成分の}\,y\,\text{偏微分}] + [z\,\text{成分の}\,z\,\text{偏微分}]\\
&= \left(G_z(\boldsymbol{r})\,\frac{\partial F_y(\boldsymbol{r})}{\partial x} + F_y(\boldsymbol{r})\,\frac{\partial G_z(\boldsymbol{r})}{\partial x} - G_y(\boldsymbol{r})\,\frac{\partial F_z(\boldsymbol{r})}{\partial x} - F_z(\boldsymbol{r})\,\frac{\partial G_y(\boldsymbol{r})}{\partial x}\right)\\
&\qquad + \left(G_x(\boldsymbol{r})\,\frac{\partial F_z(\boldsymbol{r})}{\partial y} + F_z(\boldsymbol{r})\,\frac{\partial G_x(\boldsymbol{r})}{\partial y} - G_z(\boldsymbol{r})\,\frac{\partial F_x(\boldsymbol{r})}{\partial y} - F_x(\boldsymbol{r})\,\frac{\partial G_z(\boldsymbol{r})}{\partial y}\right)\\
&\qquad + \left(G_y(\boldsymbol{r})\,\frac{\partial F_x(\boldsymbol{r})}{\partial z} + F_x(\boldsymbol{r})\,\frac{\partial G_y(\boldsymbol{r})}{\partial z} - G_x(\boldsymbol{r})\,\frac{\partial F_y(\boldsymbol{r})}{\partial z} - F_y(\boldsymbol{r})\,\frac{\partial G_x(\boldsymbol{r})}{\partial z}\right)\\
&= G_x(\boldsymbol{r})\left(\frac{\partial F_z(\boldsymbol{r})}{\partial y} - \frac{\partial F_y(\boldsymbol{r})}{\partial z}\right) + G_y(\boldsymbol{r})\left(\frac{\partial F_x(\boldsymbol{r})}{\partial z} - \frac{\partial F_z(\boldsymbol{r})}{\partial x}\right)\end{aligned}$$

$$
\begin{aligned}
&+ G_z(\boldsymbol{r})\left(\frac{\partial F_y(\boldsymbol{r})}{\partial x} - \frac{\partial F_x(\boldsymbol{r})}{\partial y}\right) - F_x(\boldsymbol{r})\left(\frac{\partial G_z(\boldsymbol{r})}{\partial y} - \frac{\partial G_y(\boldsymbol{r})}{\partial z}\right) \\
&- F_y(\boldsymbol{r})\left(\frac{\partial G_x(\boldsymbol{r})}{\partial z} - \frac{\partial G_z(\boldsymbol{r})}{\partial x}\right) - F_z(\boldsymbol{r})\left(\frac{\partial G_y(\boldsymbol{r})}{\partial x} - \frac{\partial G_x(\boldsymbol{r})}{\partial y}\right) \\
= &\ \boldsymbol{G}(\boldsymbol{r})\cdot(\nabla \times \boldsymbol{F}(\boldsymbol{r})) - \boldsymbol{F}(\boldsymbol{r})\cdot(\nabla \times \boldsymbol{G}(\boldsymbol{r}))
\end{aligned}
$$

(4) スカラー場とベクトル場の積のベクトル積

デカルト座標で x 成分を計算すると

$$
\begin{aligned}
(\nabla \times f(\boldsymbol{r})\boldsymbol{F}(\boldsymbol{r}))_x &= \frac{\partial}{\partial y}(f(\boldsymbol{r})F_z(\boldsymbol{r})) - \frac{\partial}{\partial z}(f(\boldsymbol{r})F_y(\boldsymbol{r})) \\
&= \left(\frac{\partial f(\boldsymbol{r})}{\partial y}F_z(\boldsymbol{r}) + f(\boldsymbol{r})\frac{\partial F_z(\boldsymbol{r})}{\partial y}\right) - \left(\frac{\partial f(\boldsymbol{r})}{\partial z}F_y(\boldsymbol{r}) + f(\boldsymbol{r})\frac{\partial F_y(\boldsymbol{r})}{\partial z}\right) \\
&= \left(\frac{\partial f(\boldsymbol{r})}{\partial y}F_z(\boldsymbol{r}) - \frac{\partial f(\boldsymbol{r})}{\partial z}F_y(\boldsymbol{r})\right) + f(\boldsymbol{r})\left(\frac{\partial F_z(\boldsymbol{r})}{\partial y} - \frac{\partial F_y(\boldsymbol{r})}{\partial z}\right) \\
&= (\nabla f(\boldsymbol{r}) \times \boldsymbol{F}(\boldsymbol{r}))_x + f(\boldsymbol{r})(\nabla \times \boldsymbol{F}(\boldsymbol{r}))_x
\end{aligned}
$$

だから

$$
\nabla \times (f(\boldsymbol{r})\boldsymbol{F}(\boldsymbol{r})) = \nabla f(\boldsymbol{r}) \times \boldsymbol{F}(\boldsymbol{r}) + f(\boldsymbol{r})(\nabla \times \boldsymbol{F}(\boldsymbol{r}))
$$

§A.7　2階微分

スカラー場の勾配 $\mathrm{grad}\, f(\boldsymbol{r})\,(=\nabla f(\boldsymbol{r}))$，ベクトル場の発散 $\mathrm{div}\, \boldsymbol{F}(\boldsymbol{r})\,(=\nabla\cdot\boldsymbol{F}(\boldsymbol{r}))$ と回転 $\mathrm{rot}\, \boldsymbol{F}(\boldsymbol{r})\,(=\nabla\times\boldsymbol{F}(\boldsymbol{r}))$ は，いずれも場の1階空間微分である．これらの2階微分を考えよう．可能な組み合わせは，次の5種類である．

(1)　ベクトル場 $\boldsymbol{F}(\boldsymbol{r})$ の発散の勾配

デカルト座標で x 成分を計算すると

$$
\begin{aligned}
[\mathrm{grad}(\mathrm{div}\, \boldsymbol{F}(\boldsymbol{r}))]_x = [\nabla(\nabla\cdot\boldsymbol{F}(\boldsymbol{r}))]_x &= \frac{\partial}{\partial x}\left(\frac{\partial F_x(\boldsymbol{r})}{\partial x} + \frac{\partial F_y(\boldsymbol{r})}{\partial y} + \frac{\partial F_z(\boldsymbol{r})}{\partial z}\right) \\
&= \frac{\partial^2 F_x(\boldsymbol{r})}{\partial x^2} + \frac{\partial^2 F_y(\boldsymbol{r})}{\partial x\,\partial y} + \frac{\partial^2 F_z(\boldsymbol{r})}{\partial z\,\partial x} \qquad (\mathrm{A.51})
\end{aligned}
$$

だから，

$$
\begin{aligned}
\mathrm{grad}(\mathrm{div}\, \boldsymbol{F}(\boldsymbol{r})) &= \nabla(\nabla\cdot\boldsymbol{F}(\boldsymbol{r})) \\
&= \left(\frac{\partial^2 F_x(\boldsymbol{r})}{\partial x^2} + \frac{\partial^2 F_y(\boldsymbol{r})}{\partial x\,\partial y} + \frac{\partial^2 F_z(\boldsymbol{r})}{\partial z\,\partial x}, \frac{\partial^2 F_x(\boldsymbol{r})}{\partial x\,\partial y} + \frac{\partial^2 F_y(\boldsymbol{r})}{\partial y^2} + \frac{\partial^2 F_z(\boldsymbol{r})}{\partial y\,\partial z},\right. \\
&\qquad \left.\frac{\partial^2 F_x(\boldsymbol{r})}{\partial z\,\partial x} + \frac{\partial^2 F_y(\boldsymbol{r})}{\partial y\,\partial z} + \frac{\partial^2 F_z(\boldsymbol{r})}{\partial z^2}\right) \qquad (\mathrm{A.52})
\end{aligned}
$$

である．これは，(5) 回転の回転（A.61）の項として登場する．

(2)　スカラー場 $f(\boldsymbol{r})$ の勾配の発散

デカルト座標で計算すると

$$
\begin{aligned}
\mathrm{div}(\mathrm{grad}\, f(\boldsymbol{r})) = \nabla\cdot(\nabla f(\boldsymbol{r})) &= \left(\frac{\partial}{\partial x}, \frac{\partial}{\partial y}, \frac{\partial}{\partial z}\right)\cdot\left(\frac{\partial f(\boldsymbol{r})}{\partial x}, \frac{\partial f(\boldsymbol{r})}{\partial y}, \frac{\partial f(\boldsymbol{r})}{\partial z}\right) \\
&= \frac{\partial^2 f(\boldsymbol{r})}{\partial x^2} + \frac{\partial^2 f(\boldsymbol{r})}{\partial y^2} + \frac{\partial^2 f(\boldsymbol{r})}{\partial z^2} \qquad (\mathrm{A.53})
\end{aligned}
$$

ここで，新たな2階微分演算子である**ラプラシアン**

$$\Delta = \nabla^2 = \nabla\cdot\nabla = \left(\frac{\partial}{\partial x}, \frac{\partial}{\partial y}, \frac{\partial}{\partial z}\right)\cdot\left(\frac{\partial}{\partial x}, \frac{\partial}{\partial y}, \frac{\partial}{\partial z}\right) = \frac{\partial^2}{\partial x^2} + \frac{\partial^2}{\partial y^2} + \frac{\partial^2}{\partial z^2} \quad (\text{A}.54)$$

を定義する．ラプラシアンは，それ自体，スカラーの演算子である．スカラー場に ∇^2 を演算すると，勾配の発散（A.53）が得られる．

$$\begin{aligned}\Delta f(\boldsymbol{r}) &= \nabla^2 f(\boldsymbol{r}) = (\nabla\cdot\nabla)f(\boldsymbol{r}) = \left(\frac{\partial^2}{\partial x^2} + \frac{\partial^2}{\partial y^2} + \frac{\partial^2}{\partial z^2}\right)f(\boldsymbol{r})\\ &= \frac{\partial^2 f(\boldsymbol{r})}{\partial x^2} + \frac{\partial^2 f(\boldsymbol{r})}{\partial y^2} + \frac{\partial^2 f(\boldsymbol{r})}{\partial z^2}\end{aligned} \quad (\text{A}.55)$$

ベクトル場に ∇^2 を演算すると，各成分に ∇^2 を演算したベクトル場になる．

$$\begin{aligned}\Delta \boldsymbol{F}(\boldsymbol{r}) &= \nabla^2 \boldsymbol{F}(\boldsymbol{r}) = \left(\frac{\partial^2}{\partial x^2} + \frac{\partial^2}{\partial y^2} + \frac{\partial^2}{\partial z^2}\right)\boldsymbol{F}(\boldsymbol{r})\\ &= \left(\frac{\partial^2 F_x(\boldsymbol{r})}{\partial x^2} + \frac{\partial^2 F_x(\boldsymbol{r})}{\partial y^2} + \frac{\partial^2 F_x(\boldsymbol{r})}{\partial z^2}, \frac{\partial^2 F_y(\boldsymbol{r})}{\partial x^2} + \frac{\partial^2 F_y(\boldsymbol{r})}{\partial y^2} + \frac{\partial^2 F_y(\boldsymbol{r})}{\partial z^2},\right.\\ &\qquad \left.\frac{\partial^2 F_z(\boldsymbol{r})}{\partial x^2} + \frac{\partial^2 F_z(\boldsymbol{r})}{\partial y^2} + \frac{\partial^2 F_z(\boldsymbol{r})}{\partial z^2}\right)\end{aligned} \quad (\text{A}.56)$$

(1) の発散の勾配 $\nabla(\nabla\cdot\boldsymbol{F}(\boldsymbol{r}))$（A.52）とは異なるので注意したい．

(3) ベクトル場 $\boldsymbol{F}(\boldsymbol{r})$ の回転の発散

デカルト座標で計算すると

$$\begin{aligned}\operatorname{div}(\operatorname{rot}\boldsymbol{F}(\boldsymbol{r})) &= \nabla\cdot(\nabla\times\boldsymbol{F}(\boldsymbol{r}))\\ &= \frac{\partial(\nabla\times\boldsymbol{F}(\boldsymbol{r}))_x}{\partial x} + \frac{\partial(\nabla\times\boldsymbol{F}(\boldsymbol{r}))_y}{\partial y} + \frac{\partial(\nabla\times\boldsymbol{F}(\boldsymbol{r}))_z}{\partial z}\\ &= \frac{\partial}{\partial x}\left(\frac{\partial F_z(\boldsymbol{r})}{\partial y} - \frac{\partial F_y(\boldsymbol{r})}{\partial z}\right) + \frac{\partial}{\partial y}\left(\frac{\partial F_x(\boldsymbol{r})}{\partial z} - \frac{\partial F_z(\boldsymbol{r})}{\partial x}\right) + \frac{\partial}{\partial z}\left(\frac{\partial F_y(\boldsymbol{r})}{\partial x} - \frac{\partial F_x(\boldsymbol{r})}{\partial y}\right)\\ &= \frac{\partial^2 F_z(\boldsymbol{r})}{\partial x\,\partial y} - \frac{\partial^2 F_y(\boldsymbol{r})}{\partial z\,\partial x} + \frac{\partial^2 F_x(\boldsymbol{r})}{\partial y\,\partial z} - \frac{\partial^2 F_z(\boldsymbol{r})}{\partial x\,\partial y} + \frac{\partial^2 F_y(\boldsymbol{r})}{\partial z\,\partial x} - \frac{\partial^2 F_x(\boldsymbol{r})}{\partial y\,\partial z} = 0\end{aligned} \quad (\text{A}.57)$$

つまり，任意のベクトル場 $\boldsymbol{F}(\boldsymbol{r})$ の回転の発散はいたるところ，恒等的に0である．

(4) スカラー場 $f(\boldsymbol{r})$ の勾配の回転

デカルト座標で x 成分を計算すると

$$\begin{aligned}[\operatorname{rot}(\operatorname{grad} f(\boldsymbol{r}))]_x &= (\nabla\times\nabla f(\boldsymbol{r}))_x = \frac{\partial(\nabla f(\boldsymbol{r}))_z}{\partial y} - \frac{\partial(\nabla f(\boldsymbol{r}))_y}{\partial z}\\ &= \frac{\partial}{\partial y}\frac{\partial f(\boldsymbol{r})}{\partial z} - \frac{\partial}{\partial z}\frac{\partial f(\boldsymbol{r})}{\partial y} = \frac{\partial^2 f(\boldsymbol{r})}{\partial y\,\partial z} - \frac{\partial^2 f(\boldsymbol{r})}{\partial z\,\partial y} = 0\end{aligned} \quad (\text{A}.58)$$

となる．y 成分，z 成分も同様に0なので，任意のスカラー場 $f(\boldsymbol{r})$ について恒等的に

$$\operatorname{rot}(\operatorname{grad} f(\boldsymbol{r})) = \nabla\times\nabla f(\boldsymbol{r}) = 0 \quad (\text{A}.59)$$

である．つまり，スカラー場の勾配の回転はいたるところ，恒等的に0である．

(5) ベクトル場 $\boldsymbol{F}(\boldsymbol{r})$ の回転の回転

デカルト座標で x 成分を計算すると

$$
\begin{aligned}
[\mathrm{rot}(\mathrm{rot}\,\boldsymbol{F}(\boldsymbol{r}))]_x &= [\nabla\times(\nabla\times\boldsymbol{F}(\boldsymbol{r}))]_x = \frac{\partial(\nabla\times\boldsymbol{F}(\boldsymbol{r}))_z}{\partial y} - \frac{\partial(\nabla\times\boldsymbol{F}(\boldsymbol{r}))_y}{\partial z} \\
&= \frac{\partial}{\partial y}\left(\frac{\partial F_y(\boldsymbol{r})}{\partial x} - \frac{\partial F_x(\boldsymbol{r})}{\partial y}\right) - \frac{\partial}{\partial z}\left(\frac{\partial F_x(\boldsymbol{r})}{\partial z} - \frac{\partial F_z(\boldsymbol{r})}{\partial x}\right) \\
&= \frac{\partial^2 F_y(\boldsymbol{r})}{\partial x\,\partial y} - \frac{\partial^2 F_x(\boldsymbol{r})}{\partial y^2} - \frac{\partial^2 F_x(\boldsymbol{r})}{\partial z^2} + \frac{\partial^2 F_z(\boldsymbol{r})}{\partial z\,\partial x} \\
&= \frac{\partial^2 F_x(\boldsymbol{r})}{\partial x^2} + \frac{\partial^2 F_y(\boldsymbol{r})}{\partial x\,\partial y} + \frac{\partial^2 F_z(\boldsymbol{r})}{\partial z\,\partial x} - \left(\frac{\partial^2 F_x(\boldsymbol{r})}{\partial x^2} + \frac{\partial^2 F_x(\boldsymbol{r})}{\partial y^2} + \frac{\partial^2 F_x(\boldsymbol{r})}{\partial z^2}\right) \\
&= \frac{\partial}{\partial x}\left(\frac{\partial F_x(\boldsymbol{r})}{\partial x} + \frac{\partial F_y(\boldsymbol{r})}{\partial y} + \frac{\partial F_z(\boldsymbol{r})}{\partial z}\right) - \left(\frac{\partial^2 F_x(\boldsymbol{r})}{\partial x^2} + \frac{\partial^2 F_x(\boldsymbol{r})}{\partial y^2} + \frac{\partial^2 F_x(\boldsymbol{r})}{\partial z^2}\right) \\
&= \frac{\partial\,\mathrm{div}\,\boldsymbol{F}(\boldsymbol{r})}{\partial x} - \left(\frac{\partial^2}{\partial x^2} + \frac{\partial^2}{\partial y^2} + \frac{\partial^2}{\partial z^2}\right)F_x(\boldsymbol{r}) = [\mathrm{grad}(\mathrm{div}\,\boldsymbol{F}(\boldsymbol{r}))]_x - \nabla^2 F_x(\boldsymbol{r}) \\
&= [\nabla(\nabla\cdot\boldsymbol{F}(\boldsymbol{r}))]_x - \nabla^2 F_x(\boldsymbol{r})
\end{aligned}
\tag{A.60}
$$

となる．よって，

$$
\mathrm{rot}(\mathrm{rot}\,\boldsymbol{F}(\boldsymbol{r})) = \nabla\times(\nabla\times\boldsymbol{F}(\boldsymbol{r})) = \nabla(\nabla\cdot\boldsymbol{F}(\boldsymbol{r})) - \nabla^2\boldsymbol{F}(\boldsymbol{r}) \tag{A.61}
$$

である．

付録B.　電磁気学の単位系

§B.1　単位とは

この付録では電磁気学分野の単位の歴史について説明するが，その前に，単位そのものについて概観しておく．

単位は量の尺度であって，通商（物品取引），工業（製造・通信），自然科学などで使われる．単位にとってのこれらの分野の重要性に優劣はないが，それぞれが必要とする単位の精度（不確かさの小ささ）には違いがある．そもそも単位とは，1つの種類の量の大きさの基準で，同じ種類の量の大きさは常に「単位の何倍か」で表示される．例えば，長さの単位 m（メートル）は単なる記号ではなく，1 m の長さそのものであって，1.52 m は 1 m の 1.52 倍（1.52 × 1 m）という意味である．

§B.2　基本単位と組立単位

単位の大きさを実現する精度には物理学が深く関わっているが，単位の大きさそのものに科学的な必然性はなく，共通に使うように合意された（話し合いで決められた）大きさにすぎない．現在，国際的に合意された国際単位系（Système International d'unités，以下 SI）の単位が広く使われている．SI では，7 個の**基本単位**が定められている．それらは基本量である「時間」「長さ」「質量」「電流」「温度」「物質量」「光度」の単位であり，それぞれ名称と記号は，**秒（s）**，**メートル（m）**，**キログラム（kg）**，**アンペア（A）**，**ケルビン（K）**，**モル（mol）**，**カンデラ（cd）**である．基本量以外の量の単位は，複数の基本単位を使って表すことができる．そのような単位を**組立**（くみたて）**単位**という．組立単位の中には，特別に名前が付いているものもある．

s，m，kg は力学の基本法則であるニュートンの第 2 法則

$$m\frac{d^2x}{dt^2} = F \tag{B.1}$$

に関連している．基本法則とは，繰り返し実験・観察で確認はできるが，その成り立つ理由は現在の科学では説明できない法則のことである．(B.1) には「時間」「長さ」「質量」「力」が同時に登場するが，この法則が成り立つ理由が説明できないのだから，これらの各量にも個別の定義はない．そこが，量の定義から始まる数学と物理学の異なるところである．もちろん，人がそれぞれの量に素朴に感じる感覚はあるし，哲学的にもこれらの概念が論じられることはある．しかし，(B.1) では他の概念との関係（法則）においてのみ意味がある．人間が素朴に認知できるこれらの 4 量に (B.1) の関係があることをニュートンが発見した．各量に個別の定義がなくても，単位があれば，法則についての定量的な議論ができる．これらの量の単位を決めるときは，3 個を独立に決め，残りの 1 個は関係式 (B.1) を使って組立単位で表す．SI では s，m，kg を基本単位に選び，力の単位を組立単位**ニュートン（$\mathbf{N = kg\,m/s^2}$）**で表す．式 (B.1) は単位 N の定義に用いられるが，

力自体の定義式ではないことに注意したい．式（B.1）は，4 量について対等の関係式である．

なお，第 1 章にも書いたように，英文字で表すとき，物理量はイタリック体（斜体）で表す．また，量に付ける添字は，番号や量を表すときはイタリック体，意味のある言葉やその略記の場合はローマン体（立体）を用いる．ただし，単位は量であるにもかかわらず，その記号は例外的にローマン体で表すことになっているので注意したい．

物理量からその大きさを除いた，量そのものの概念を，その量の**次元**という．SI では基本量の次元を表す英文字も合意されており，その書体はサンセリフ（文字の端に小さな飾りのない書体）のローマン体を用いる．具体的には，「時間」「長さ」「質量」「電流」「温度」「物質量」「光度」の次元をそれぞれ T，L，M，I，Θ，N，J で表す．本書では，電荷の次元の記号 Q(= IT) も用いた．

§B.3　2018 年に合意された新しい SI における基本単位の定義

SI が 2018 年 11 月の第 26 回 国際度量衡総会（CGPM）で改定されて新しくなった（施行は 2019 年 5 月 20 日）．そこでは，**定義定数**に基づいて単位を決める方式を，すべての基本単位に採用した．定義定数は単位ではないが，基本単位の定義のために不確かさのない確定した数値に定めた定数である．「時間」「長さ」「光度」は，すでに以前から定義定数を使って定義されていたが，残りの「質量」「電流」「温度」「物質量」にも適用したのである．s と mol は他の単位に依存しないが，他の基本単位は定義定数と s および必要に応じて他の基本単位も使って定義された．

たとえば電流の単位 A は，それまで電流の間の力に基づいて定義されていたものが，電気素量（素電荷）を定義定数とする，「アンペア（A）は電流の単位である．その大きさは，電気素量 e の数値を $1.602176634 \times 10^{-19}$ と定めることによって設定される．単位は C であり，これはまた A s に等しい．」という定義に変わった．C は，特別に名前がついている組立単位の 1 つであるクーロンの記号である．これによって，本来変わることのない電子の電荷の大きさの数値が測定によらない定義値になった．これまで，A と s の測定の不確かさで e の値の有効数字が決まっていた．そして，それまで独自の測定不確かさで決まっていた A の値が，s と同じ相対不確かさをもつことになった．

これに伴い，形式的なことであるが，基本単位を並べる順序も，以前の MKSA 単位系にちなんだ m, kg, s, A, K, mol, cd の順から，前節で記した s から始まる順序に変わった．

基本単位の新しい定義は，単位も物理量であることを使って次のようにも書かれる．

秒：　定義定数は外場から孤立した ^{133}Cs の 2 つの超微細準位間の遷移による放射の振動数 $\Delta\nu_{\mathrm{Cs}}$ で，$\Delta\nu_{\mathrm{Cs}} = 9\,192\,631\,770\ \mathrm{Hz} = 9\,192\,631\,770\ \mathrm{s}^{-1}$ と決めて

$$\mathrm{s} = \frac{9\,192\,631\,770}{\Delta\nu_{\mathrm{Cs}}}$$

メートル：　定義定数は光の速さ c で，$c = 299\,792\,458\ \mathrm{m/s}$ と決めて

$$\mathrm{m} = \frac{c\,\mathrm{s}}{299\,792\,458}$$

キログラム：　定義定数はプランク定数 h で，$h = 6.626\,070\,15 \times 10^{-34}\ \mathrm{kg\ m^2/s}$ と決めて

$$\mathrm{kg} = \frac{h\ \mathrm{s/m^2}}{6.626\,070\,15 \times 10^{-34}}$$

アンペア：　定義定数は電気素量（電子の電荷の絶対値）e で，$e = 1.602\,176\,634 \times 10^{-19}\ \mathrm{A\ s}$ と決めて

$$\mathrm{A} = \frac{e\ \mathrm{s^{-1}}}{1.602\,176\,634 \times 10^{-19}}$$

ケルビン：　定義定数はボルツマン定数 k で，$k = 1.380\,649 \times 10^{-23}\ \mathrm{J/K}$ $(\mathrm{kg\ m^2/s^2\ K})$ と決めて

$$\mathrm{K} = \frac{1.380\,649 \times 10^{-23}}{k}\mathrm{kg\ m^2/s^2}$$

モル：　定義定数はアボガドロ定数 N_A で，$N_\mathrm{A} = 6.022\,140\,76 \times 10^{23}\ \mathrm{mol^{-1}}$ と決めて

$$\mathrm{mol} = \frac{6.022\,140\,76 \times 10^{23}}{N_\mathrm{A}}$$

カンデラ：　定義定数は $540 \times 10^{12}\ \mathrm{Hz}$ の単色光の視感度 K_cd で，$K_\mathrm{cd} = 683\ \mathrm{cd\ sr/W} = 683\ \mathrm{cd\ sr\ s^3/kg\ m^2}$ と決めて

$$\mathrm{cd} = \frac{K_\mathrm{cd}}{683}\mathrm{kg\ m^2/s^3\ sr}$$

§B.4　電磁気分野の単位

2018年のSI改定で電磁気関連の基本単位Aの定義定数とされた e の値は，以前の定義を使って測定された電気素量の値を参考にして決められたので，改定後も1Aの大きさはほとんど変わっていない．1Cはちょうど $(10^{19}/1.602\,176\,634)$ 個（整数ではない）の電気素量の電荷量を合わせたものであり，1Aは1秒間にそれだけの電気素量が流れる電流ということになる．また，**真空の透磁率（磁気定数）**μ_0 と**真空の誘電率（電気定数）**ε_0 は，以前の定義では定義値であったが，今回の改定で，測定で決められる不確かさをもつ値になった．電磁気分野の単位の歴史を振り返りつつ，これらの事情も説明する．

電磁気学は，19世紀に多くの科学者が関与して急速に進歩した．特にボルタの電池(1800)，ファラデーの電磁誘導（1831)，ゼーベックの熱起電力（1822）の発見が電源を供給したので，ヨーロッパ各国および米国で，実験室や実業界で直流と交流の実験が盛んに行われ，世紀半ばには電信が実用化された．

そのような中で電磁気領域の単位の整備が進んだが，その歴史には主に2つの流れがあった．ドイツで発展した**絶対単位**と，イギリスで発展した**実用単位**である．ドイツでは，各地の地磁気の測定を行ったガウスが，1830年頃から磁場の大きさを長さ，質量，時間で表す測定法を工夫し，これを絶対測定と称した．電磁気現象の範囲内に収まる相対的な測定ではなく，力学の単位系に結び付けた測定という意味である．1831年からこの測定に協力したウェーバーは，後に，電流の間にはたらく力に関連付ける**電磁絶対単位**と静電気力に関連付ける**静電絶対単位**を作った．ただし，ドイツにおける単位は長さの基本単位

を mm，質量の基本単位を mg としていた．一方，イギリスでは，長さに foot，質量に grain などを使ったさまざまな単位が存在したが，1860 年前後から単位の整備への関心が高まり，英国科学振興協会（BAAS）が，1873 年に力学の基本単位として長さ，質量，時間の基本単位をそれぞれ，cm，g，s とする **cgs 単位系**を採用した．1881 年には，各国の物理学者や電気技術者がパリに集って，第 1 回 国際電気会議が開催された．ここで，電磁気の絶対単位を，すでに英国で採用されていた cgs 単位系の力の単位と関係づけることが承認された．同じ会議で実用単位の整備も行われ，合意された．以下では，この会議で cgs に関連づけられた**静電単位系**と**電磁単位系**について述べる．

§B.5　電荷間の力に関連づけられた電磁気の単位系：cgs esu

絶対単位の 1 つである **cgs 静電単位系**（**cgs esu**）は，電磁単位系より後に定義され，静電気力を正確に測定することが困難であることもあって，理論分野および教育分野以外ではあまり使われてこなかったが，ここでは，考えやすいので先に説明する．

cgs 単位系での力の単位は，質量 1 g の物体に 1 cm/s^2 の加速度を生じさせる力で，単位名は**ダイン**，記号は **dyn** である．

$$\mathrm{dyn} = \mathrm{g\,cm/s^2} \tag{B.2}$$

電荷の間にはクーロンの法則（1785）が成り立つ．大きさ（絶対値）q_1 と q_2 の電荷が距離 r だけ離れて存在するとき，それらには互いに力が働く．電荷が同種なら斥力，異種なら引力である．力の大きさは q_1q_2 に比例して r^2 に反比例し，

$$F = k_{\mathrm{e}}\frac{q_1q_2}{r^2} \tag{B.3}$$

である．比例係数 k_{e} は，**クーロンの法則の比例定数**とよばれる．この関係を用いて電荷の単位を決めるには，k_{e} の値も決める必要がある．cgs esu では

$$k_{\mathrm{e}} = 1 \quad (\text{無次元}) \tag{B.4}$$

とした．1 cm 離れた 2 個の等しい電荷の間に 1 dyn の力が働く電荷の量を，電荷の単位としたのである．これに特別な名称はなく，**esu**（**電荷**）と称される．このように決めると，$q_1 = q_2 = 1$ esu（電荷）の場合に

$$\mathrm{dyn} = 1 \times \frac{(\mathrm{esu}(\text{電荷}))^2}{(\mathrm{cm})^2} \tag{B.5}$$

なので，単位の関係が

$$\mathrm{esu}(\text{電荷}) = \sqrt{\mathrm{dyn}}\ \mathrm{cm} \tag{B.6}$$

であることになり，本来あるべき電気現象の独自性が見えてこない．また，この単位系での電流の単位は

$$\mathrm{esu}(\text{電流}) = \mathrm{esu}(\text{電荷})/\mathrm{s} = \sqrt{\mathrm{dyn}}\ \mathrm{cm/s} \tag{B.7}$$

となり，次に述べる emu（電流）とは単位も大きさも異なる．

§B.6　電流間の力に関係づけられた電磁気の単位系：cgs emu

cgs 電磁単位系（**cgs emu**）の基礎となる，平行電流の間の力の表式をまず求めておこ

う．ビオとサバールは，回路上の点 $\boldsymbol{r}_1$ 付近の微小部分 $d\boldsymbol{r}_1$ を流れている電流 I_1 が，電流 I_2 が流れる別の回路の点 $\boldsymbol{r}_2$ 付近の微小部分 $d\boldsymbol{r}_2$ におよぼす力 $\boldsymbol{F}_{21}$ は，§8.4 で求めたように

$$d(d\boldsymbol{F}_{21}) = k_{\mathrm{m}} \frac{I_2\,d\boldsymbol{r}_2 \times (I_1\,d\boldsymbol{r}_1 \times \boldsymbol{e}_{\boldsymbol{r}_2-\boldsymbol{r}_1})}{|\boldsymbol{r}_2 - \boldsymbol{r}_1|^2} = I_2\,d\boldsymbol{r}_2 \times k_{\mathrm{m}} \frac{I_1\,d\boldsymbol{r}_1 \times (\boldsymbol{r}_2 - \boldsymbol{r}_1)}{|\boldsymbol{r}_2 - \boldsymbol{r}_1|^3} \quad \text{(B.8)}$$

であるとした（1820）．この力は，力をおよぼす側の長さ $|d\boldsymbol{r}_1|$ と力を受ける側の長さ $|d\boldsymbol{r}_2|$ の両方に比例して増減するので，微小量を表す d が二重についている．また，積がベクトル積なので力の向きが両方の電流素片の向きに依存しているが，その点を除けば，クーロンの法則と本質的に同じ形をしていることに注意したい．

（B.8）より，距離 a だけ離れて平行に置かれた 2 本の直線導線全体の間の力を考えると各導線の長さに比例するので，長さが無限大であれば無限大になる．しかし，I_1 が流れている導線が無限に長いとき，I_2 が流れている導線の長さ $\varDelta L$ の部分にはたらく力を $\boldsymbol{F}_{21}$ とすると，$\varDelta L$ に比例して

$$\boldsymbol{F}_{21} = \int_0^{\varDelta L} I_2\,d\boldsymbol{r}_2 \times k_{\mathrm{m}} \oint_{\mathrm{C}} \frac{I_1\,d\boldsymbol{r}_1 \times (\boldsymbol{r}_2 - \boldsymbol{r}_1)}{|\boldsymbol{r}_2 - \boldsymbol{r}_1|^3} = k_{\mathrm{m}} \frac{2I_1I_2}{a} \varDelta L\, \boldsymbol{e}_{12} \quad \text{(B.9)}$$

となる．閉回路 C は I_1 が流れている無限に長い導線で，無限遠を回って閉じているものとする．$\boldsymbol{e}_{12}$ は導線に垂直で，I_1 が流れる導線から I_2 が流れる導線に向かう単位ベクトルである．これから，片方の導線が受ける単位長さ当たりの力（次元は［力］［長さ］$^{-1}$）は有限で，その大きさは I_1I_2 に比例し，a に反比例して

$$\frac{F_{21}}{\varDelta L} = k_{\mathrm{m}} \frac{2I_1I_2}{a} \quad \text{(B.10)}$$

と表される．係数の 2 は（B.8）にはなく，無限に長い導線の回路について積分したときに生じた係数であることに注意したい．（B.10）の比例関係はアンペールも見出していた．

cgs esu の場合と同様に，（B.10）から電流の単位を決めるには k_{m} の値も決める必要があるが，この単位系でも

$$k_{\mathrm{m}} = 1 \quad (\text{無次元}) \quad \text{(B.11)}$$

とした．1 cm 離れた 2 本の導線に同じ大きさの電流が流れているとき，1 cm 当たり 2 dyn の力が働く電流の大きさを，電流の単位としたのである．これに特別な名称はなく，**emu（電流）**と称される．このように決めると，$I_1 = I_2 = 1$ emu（電流）の場合に

$$\frac{2\,\mathrm{dyn}}{\mathrm{cm}} = 1 \times \frac{(\mathrm{emu}(\text{電流}))^2}{\mathrm{cm}} \quad \text{(B.12)}$$

より

$$\mathrm{emu}(\text{電流}) = \sqrt{2\,\mathrm{dyn}} \quad \text{(B.13)}$$

となって，esu の場合と同じように，単位からは，電気現象が力学現象とは異なる自然現象であることが見えにくい．また，この単位系での電荷の単位は

$$\mathrm{emu}(\text{電荷}) = \mathrm{esu}(\text{電流})\mathrm{s} = \sqrt{2\,\mathrm{dyn}}\ \mathrm{s} \quad \text{(B.14)}$$

となる．（B.10）の右辺において $2k_{\mathrm{m}} = 1$（無次元）とすることはせず，あくまでビオ－サバールの法則（B.8）の比例係数 k_{m} を 1 として，力の方に 2 を担わせて emu（電流）を定めたことに注意したい．

歴史を少しさかのぼって整理すると，ガウスの絶対単位は，電流と磁極（磁荷）の間の力として定義されていた．その他に，(B.10) の右辺で係数 2 を無視する**電気力学単位**とよばれる単位もアンペールによって使われていた（電気力学とは，静電気の力学ではなく，電流が関わる力学の意味に使われる）．(B.8) は当時詳しい実験に基づいておらず，(B.10) の比例関係を実験的に導いたアンペール（1822）にとっては，$2k_{\mathrm{m}} = 1$ とする単位が自然だったのである．その後，ガウスの絶対単位を，ウェーバーが円形磁石に等価な円電流（アンペール：1822）を用いて電流に置き換えた．それを直線電流の場合に焼き直すと (B.10) の係数 2 を残した関係になる．それが**電磁単位**である．なお，上では，力の単位に cgs 単位系の dyn で表した cgs emu で説明したが，これが承認されたのは先に述べた 1881 年のパリ会議で，当時はまだ，ドイツにおける力学単位を長さ mm，質量 mg で表す単位系と，フランスやそれに従ったイギリスにおける長さ cm，質量 g の単位系，さらにはイギリス独自の長さ foot，質量 grain の単位系もあり，emu（電流）の大きさは，それぞれで異なっていた．

§B.7　実用単位系

電信技術が一歩先んじていたイギリスでは，1860 年代初頭から英国科学振興協会によって電磁気の単位の正式な検討が始まった．イギリスでは実用を重んじたので，基本単位を実現する標準（実用的に使える比較の基準）に基づいて単位が決められた．すなわち，**ダニエル電池**（1836）の起電力（ボルタ電池の初期起電力）の大きさを 1 V，ドイツのジーメンスの提唱（1860）に従って，断面積 1 mm^2，長さ 100 cm という日常的に実現可能なサイズの**水銀の抵抗**を 1 Ω とした．さらにこれから，オームの法則（1826）を使った電流の単位を定め，**ウェーバー**とよんだ（現在の SI において**ウェーバー（Wb）**は，磁束の組立単位の名称として使われている）．

その後も電磁気応用技術の進歩によって正確な実用単位の整備のニーズが高まり，cgs 単位系を定めたのと同じ 1881 年の第 1 回国際電気会議で，cgs emu に関係づけて再定義された**実用単位**が承認された．その単位系ではまず，それまで少々混乱していた電流の単位の 1 つに**アンペア（A）**という名称をはじめて与え，

$$\mathrm{A} = 0.1\,\mathrm{emu}\,(\text{電流}) \tag{B.15}$$

と定義した．**ボルト（V）**はダニエル電池の起電力にたまたま近い 10^8 emu（電圧）を使って，逆に

$$\mathrm{V} = 10^8\,\mathrm{emu}\,(\text{電圧}) \tag{B.16}$$

と定義し直した．そうすると，抵抗の単位**オーム（Ω）**はオームの法則より

$$\Omega = 10^9\,\mathrm{emu}\,(\text{抵抗}) \tag{B.17}$$

となる．また，このときにはじめて，電荷の単位の名称も**クーロン（C）**と定められた．

$$\mathrm{C} = \mathrm{A\,s} = 0.1\,\mathrm{emu}\,(\text{電荷}) \tag{B.18}$$

他の電磁気量の実用単位は電磁気の法則や定義式を使って決められ，**実用単位系**が合意された．少々不便な点は，A は emu（電流）と 1 桁違うのはよいとしても，V は emu（電圧）と 8 桁，Ω は emu（抵抗）と 9 桁の違いがあり，その影響は他の量の単位にもおよんで

いることであった．

改定前の実用単位では単位が**標準**によって定義されていたが，改定後の標準は，単位の定義に合うように定められ，計器を校正するための基準（**単位の現示**）となった．たとえば，改定後の Ω を断面積 1 mm^2 の水銀で実現すると長さ 106.3 cm になったので，それを**標準抵抗**とした．また，この単位でダニエル電池の起電力は約 1.1 V であることがわかった．**標準電池**としては，より安定な**クラーク電池**が選ばれ，その起電力が 1.434 V とされた．

§B.8 力学と電磁気に関する基本単位を併せて含む一貫した単位系

cgs emu は電流の間に働く力を用いて定めた，また cgs esu は電荷の間に働く力を用いて定めた電磁気量の単位系であった．しかし，電磁気現象は力学と全く異なる自然現象で，力学量の次元では表せない電磁気学の次元が存在するので，それにともなった独立の基本単位を定める方が理にかなっている．マクスウェル方程式によって電磁現象の統一的な関係が知られているので，独立な次元は 1 つだけでよい．基本単位を力学の単位に限る cgs emu や cgs esu のような **3 元単位系**に対して，電磁気の基本単位を 1 個加え，かつ 3 元系と関連付けた単位系を **4 元単位系**という．

改定された実用単位系は cgs の力学単位系と結び付けられて 4 元単位系に近いものであったが，同じ量の cgs emu と実用単位での値の間に 10 のべき乗の違いがあるために，電磁気学と力学に共通する物理量であるエネルギーや仕事率にも 10 のべき乗の違いがあり，首尾一貫していなかった．具体的にみると，cgs 単位系における力学の仕事率の単位 dyn cm/s と電磁気の実用単位の仕事率 V A の関係が

$$\text{dyn cm/s} = \text{emu(電圧)} \times \text{emu(電流)} = 10^{-8}\,\text{V} \times 10\,\text{A} = 10^{-7}\,\text{V A} \qquad \text{(B.19)}$$

となり，数値に 10^{-7} 倍の違いがある．これは不便なことであった．

§B.9 MKSA 単位系

1901 年にイタリアのジオルジが，電流についての（B.15）の関係は生かしつつ，力学の単位の方を変更して，長さの基本単位を cm から m に変え，質量の基本単位を g から kg に変えた **MKS 単位系**とすれば，エネルギーや仕事率が電磁気の実用単位と同じ数値になることに気づき，それによる 4 元単位系を提唱した．この単位系での力の単位は，質量 1 kg の物体に 1 m/s^2 の加速度を生じさせる力で，単位は**ニュートン（N）**である．

$$\text{N} = \text{kg m/s}^2 \qquad \text{(B.20)}$$

実際に確かめると，仕事率は

$$\text{N m/s} = \text{kg m}^2/\text{s}^3 = 10^3\,\text{g}\cdot 10^4\,\text{cm}^2/\text{s}^3 = 10^7\,\text{g cm}^2/\text{s}^3 = 10^7\,\text{dyn cm/s} = \text{V A} \qquad \text{(B.21)}$$

となり，確かに 10 のべき乗の係数の問題が解決している．こうなれば，N m/s と V A はともに W（ワット）として同等に扱えるのである．

ところで，このように（B.15）で関係づけて 4 元単位を構成しても，電磁気量の基本単位は必ずしも電流である必要はない．ジオルジは Ω を基本単位として提唱していた．しかし，第 9 回度量衡総会（1948）で正式に 4 元単位系が採択されたとき，電磁気の基本

単位には，標準重視の Ω より単位の関係重視の A が選ばれた．これを **MKSA 単位系**という．

同時に，電気力や磁気力（電流の間の力）の表式に π の整数倍の係数を付けて，マクスウェル方程式には係数が付かないようにする，**有理化した電磁気学の表式**も採用された．これについては次節で述べる．

その前に，**有理化していない MKSA 単位系**では，k_{m} をどのように決めたことに相当するか確認しておこう．(B.10) に $F = 2\,\mathrm{dyn} = 2 \times 10^{-5}\,\mathrm{N}$，$\Delta L = a = 1\,\mathrm{cm} = 0.01\,\mathrm{m}$，$I_1 = I_2 = 1\,\mathrm{emu}$(電流) $= 10\,\mathrm{A}$ と，$1\,\mathrm{cm} = 0.01\,\mathrm{m}$ を代入すると，

$$\frac{2 \times 10^{-5}\,\mathrm{N}}{0.01\,\mathrm{m}} = k_{\mathrm{m}} \frac{2 \times (10\,\mathrm{A})^2}{0.01\,\mathrm{m}} \tag{B.22}$$

だから，

$$k_{\mathrm{m}} = \frac{10^{-5}\,\mathrm{N}}{(10\,\mathrm{A})^2} = 10^{-7}\frac{\mathrm{N}}{\mathrm{A}^2} \tag{B.23}$$

となる．これにより当然，1 A の電流が流れている平行な導線が 1 m 離れて置かれているときの 1 m 当たりの力は

$$\frac{F}{\mathrm{m}} = \left[10^{-7}\frac{\mathrm{N}}{\mathrm{A}^2}\right]\frac{2 \times (1\,\mathrm{A})^2}{\mathrm{m}} = \frac{2 \times 10^{-7}\,\mathrm{N}}{\mathrm{m}} \tag{B.24}$$

となる．すなわち，有理化していない MKSA 単位系では，k_{m} を (B.23) のように決めることにより，「1 m 離れて平行に置かれた無限に長い導線に流れているとき，長さ 1 m 当たり 2×10^{-7} N の力を発生させるような大きさの電流を 1 A とする」と定義したことになる．

§B.10　MKSA 単位系における有理化

1948 年に MKSA 単位系を定めるに当たって，同時に**有理化**という手続きも採用された．有理化では，マクスウェル方程式の係数をすべて 1 にするので逆に，電荷の間の力（クーロンの法則）や電流の間の力（ビオ－サバールの法則やアンペールの法則）の比例係数に $1/4\pi$ が付く．この有理化は，マクスウェルが 20 個の方程式で表現していた基本方程式（マクスウェル方程式）を現在の 4 個の式の形に書き直したヘヴィサイド (1884) が cgs 単位系の時代に提唱したもので，有理化された cgs 単位系はヘヴィサイド－ローレンツ単位系とよばれる．**有理化した MKSA 単位系**は SI にも引き継がれている．

有理化の筋道を簡単に述べる．点 $\boldsymbol{r}$ にある電荷 q が受ける力 $\boldsymbol{F}(\boldsymbol{r})$ で定義される電場 $\boldsymbol{E}(\boldsymbol{r})$ と，電荷の周りには電荷を源とする，$\boldsymbol{E}(\boldsymbol{r})$ と同じ $\boldsymbol{r}$ 依存性をもつ電束密度の場 $\boldsymbol{D}(\boldsymbol{r})$ が存在する．その比例係数が，真空の誘電率（電気定数）ε_0 である．

$$\boldsymbol{D}(\boldsymbol{r}) = \varepsilon_0 \boldsymbol{E}(\boldsymbol{r}) \tag{B.25}$$

$\boldsymbol{D}(\boldsymbol{r})$ が満たすマクスウェル方程式の積分形を，有理化した係数が付かない形で書くと

$$\oint_{\mathrm{S}} \boldsymbol{D}(\boldsymbol{r}) \cdot d\boldsymbol{S} = q \tag{B.26}$$

である．q は，任意の閉曲面 S の内部の全電荷である．q が 1 個の点電荷の場合，$\boldsymbol{D}(\boldsymbol{r})$ は対称性から放射状・等方的のはずだから，電荷の位置を原点とし，$\boldsymbol{e}_r$ を動径方向の単位

ベクトル，S を特に $\boldsymbol{r}$ を通る球面とすると，(B.26) の左辺は

$$\oint_{\mathrm{S}} D(\boldsymbol{r})\boldsymbol{e}_r\cdot dS\,\boldsymbol{e}_r = \oint_{\mathrm{S}} D(\boldsymbol{r})\,dS = D(\boldsymbol{r})\oint_{\mathrm{S}} dS = 4\pi r^2 D(\boldsymbol{r}) \tag{B.27}$$

となるから，点電荷の周りの $\boldsymbol{D}(\boldsymbol{r})$ と $\boldsymbol{E}(\boldsymbol{r})$ は

$$\boldsymbol{D}(\boldsymbol{r}) = \frac{q}{4\pi r^2}\boldsymbol{e}_r, \qquad \boldsymbol{E}(\boldsymbol{r}) = \frac{q}{4\pi\varepsilon_0 r^2}\boldsymbol{e}_r \tag{B.28}$$

である．

$$\boldsymbol{F} = q\boldsymbol{E}(\boldsymbol{r}) \tag{B.29}$$

だから (B.3) と比べると，**クーロンの法則の比例定数**を

$$k_{\mathrm{e}} = \frac{1}{4\pi\varepsilon_0} \tag{B.30}$$

としたことに相当する．

磁場についても同様である．点 $\boldsymbol{r}$ にある電荷 q が速度 $\boldsymbol{v}$ で動いているときに受ける力で定義される磁場 $\boldsymbol{B}(\boldsymbol{r})$ と，電流の周りに電流が作る，磁場 $\boldsymbol{B}(\boldsymbol{r})$ と同じ $\boldsymbol{r}$ 依存性をもつ磁場の強さの場 $\boldsymbol{H}(\boldsymbol{r})$ が存在すると考える．その比例係数が真空の透磁率（磁気定数）μ_0 である．

$$\boldsymbol{B}(\boldsymbol{r}) = \frac{1}{\mu_0}\boldsymbol{H}(\boldsymbol{r}) \tag{B.31}$$

(ε_0 と違って μ_0 が $1/\mu_0$ の形で含まれるのは，電磁場の解釈の歴史的な経緯による)．任意の閉曲線 C があるとき，C を外周とする任意の面を貫く全電流が I であれば $\boldsymbol{H}(\boldsymbol{r})$ が満たすマクスウェル方程式の，積分形の有理化した形は

$$\oint_{\mathrm{C}} \boldsymbol{H}(\boldsymbol{r})\cdot d\boldsymbol{r} = I \tag{B.32}$$

である．いま，特に，直線電流を考え，その上にある原点を中心として $\boldsymbol{r}$ を通る円の円周を C とすると，(B.32) の左辺は，$\boldsymbol{e}_\varphi$ を方位角方向の単位ベクトルとして

$$\oint_{\mathrm{C}} H(\boldsymbol{r})\boldsymbol{e}_\varphi\cdot dl\,\boldsymbol{e}_\varphi = \oint_{\mathrm{C}} H(\boldsymbol{r})\,dl = H(\boldsymbol{r})\oint_{\mathrm{C}} dl = 2\pi a\,H(\boldsymbol{r}) \tag{B.33}$$

である．円周の素片 $|d\boldsymbol{r}|$ を dr と書くと半径方向の素片という別の意味になるので，dl と書いた．a は直線電流から点 $\boldsymbol{r}$ までの距離である．これから，直線電流の周りの磁場の強さ $\boldsymbol{H}(\boldsymbol{r})$ と磁場 $\boldsymbol{B}(\boldsymbol{r})$ は

$$\boldsymbol{H}(\boldsymbol{r}) = \frac{I}{2\pi a}\boldsymbol{e}_\varphi, \qquad \boldsymbol{B}(\boldsymbol{r}) = \frac{\mu_0 I}{2\pi a}\boldsymbol{e}_\varphi \tag{B.34}$$

である．一方，(B.10) を

$$\frac{F_{21}}{\Delta L} = I_2 B \tag{B.35}$$

と書くと，

$$B = k_{\mathrm{m}}\frac{2I_1}{a} \tag{B.36}$$

である．これを (B.34) と比べると，ビオ - サバールの法則 (B.8) の比例係数 k_{m} を

$$k_{\mathrm{m}} = \frac{\mu_0}{4\pi} \tag{B.37}$$

としたことに相当する．逆に，MKSA 有理単位系では μ_0 の値を

$$\mu_0 = 4\pi k_{\mathrm{m}} = 4\pi \times 10^{-7}\frac{\mathrm{N}}{\mathrm{A}^2} \tag{B.38}$$

と定めたことになる．μ_0 の次元は $[F]\mathsf{I}^{-2} = \mathsf{M\,L\,T}^{-2}\mathsf{I}^{-2}$ である．

§B.11　MKSA 単位系の SI への採用（1960 年）と 2018 年の改定

まとめると，有理化した MKSA 単位系では，ビオ－サバールの法則（B.8）を

$$d(d\boldsymbol{F}_{21}) = \frac{\mu_0}{4\pi}\frac{I_2\,d\boldsymbol{r}_2 \times (I_1\,d\boldsymbol{r}_1 \times \boldsymbol{e}_{\boldsymbol{r}_2-\boldsymbol{r}_1})}{|\boldsymbol{r}_2 - \boldsymbol{r}_1|^2} = I_2\,d\boldsymbol{r}_2 \times \frac{\mu_0}{4\pi}\frac{I_1\,d\boldsymbol{r}_1 \times (\boldsymbol{r}_2 - \boldsymbol{r}_1)}{|\boldsymbol{r}_2 - \boldsymbol{r}_1|^3} \tag{B.39}$$

とし，無限に長い直線電流の間の単位長さ当たりの力（B.10）を

$$\frac{F}{\Delta L} = \frac{\mu_0}{2\pi}\frac{I_1 I_2}{a} \tag{B.40}$$

としたことに相当する．1 A の電流が流れている平行な導線が 1 m 離れて置かれているときの 1 m 当たりの力を，（B.40）に（B.38）を代入して確認すると，

$$\frac{F}{\mathrm{m}} = \left[4\pi \times 10^{-7}\,\frac{\mathrm{N}}{\mathrm{A}^2}\right]\frac{2 \times (1\,\mathrm{A})^2}{2\pi\,\mathrm{m}} = \frac{2 \times 10^{-7}\,\mathrm{N}}{\mathrm{m}} \tag{B.41}$$

となる．このように，有理化の操作はマクスウェル方程式と力の法則の両方に変更を加えたので，有理化をしても A の大きさに変更は起きていない．

1960 年の第 11 回国際度量衡総会で，それまで同総会で整備が続けられてきた単位系を国際単位系（SI）と称することが決められた．電磁気分野については MKSA 単位系がそのまま採用され，その後変更はなかった．しかし，2018 年の第 26 回同総会で A の定義が変更された．その結果，すでに述べたように，（B.38）のように定められた定数（ある意味，当時の A の定義のための定義定数）であった μ_0 が，測定から決まる，$4\pi \times 10^{-7} = 1.2566\cdots \times 10^{-6}\,\mathrm{N/A^2}$ に近い値の，不確かさをもつ量となった．また，m の定義定数である光速

$$\frac{1}{\sqrt{\varepsilon_0\mu_0}} = c = 2.99792458 \times 10^8\,\mathrm{m/s} \tag{B.42}$$

と μ_0 から決まる真空の誘電率（電気定数）$\varepsilon_0 = 1/\mu_0 c^2 = 8.854\cdots \times 10^{-12}\,\mathrm{C^2/m^2\,N}$ も定数ではなくなり，μ_0 と同じ相対不確かさをもつ量になった．

§B.12　電気標準の現在

SI の電磁気の単位は 2018 年の改定まで変わらなかったと述べたが，問題がなかったわけではない．単位系が社会で役割を果たすためには，各単位の定義に則ってその値を実現する（現示する）**標準**が整備されていて，それに基づいて測定器を校正できることが必要である．

1960 年代以来の半導体・電気通信産業の発展に伴い，微小な値の精密測定のニーズが高まり，それまでの，電流の間の力に基づく標準の限界が見えてきた．次第にそれに取って代わったのが，量子現象を用いる標準である．1962 年に発見され，理解が進んできた

ジョセフソン効果と，1980 年に発見された量子ホール効果の各々特徴的な定数である，ジョセフソン定数

$$K_J = \frac{2e}{h} \tag{B.43}$$

とフォン・クリッツィング定数

$$R_K = \frac{h}{e^2} \tag{B.44}$$

の利用が進んだ．初期には基本単位 A から求めた e と h の値を使って計算された定数の値が使われていたが，関連学会・業界が求める不確かさが SI 単位での値の不確かさより小さくなり，測定精度の進歩で SI 単位での値が変わるのが不便でもあった．そこで，1990 年の施行を予定した「90 年協定値」

$$K_{J-90} = 483\,597.9\ \mathrm{GHz/V} \tag{B.45}$$

$$R_{K-90} = 25\,812.807\ \Omega \tag{B.46}$$

を定め，これから決まる V と Ω を標準とした．いわば現代の電磁気実用単位が 90 年協定値という定義定数で定義されていたともいえる．当然，これと本来の SI での値との微妙な差は問題であり続け，2018 年の改定の動機の 1 つにもなっていた．

今回，h と e の値がそれぞれ kg と A の定義定数として，$h = 6.626\,070\,15 \times 10^{-34}$ kg m^2/s および $e = 1.602\,176\,634 \times 10^{-19}$ A s と定められたことで，K_J と R_K の値が，K_{J-90}，R_{K-90} とは少し異なるが

$$K_J = 483\,597.848\,416\,984\ \mathrm{GHz/V} \tag{B.47}$$

$$R_K = 25\,812.807\,459\,3045\ \Omega \tag{B.48}$$

と確定したので，これが，SI と共通の電気標準に使われることになった．（これらの数は小数点以下無限に続く定数であるが，実用上15 桁を標準としての値とすることになっている．）

演習問題略解

第 1 章

［**1**］ 題意より，$\boldsymbol{A} = \left(\dfrac{\sqrt{3}\,A}{2}, -\dfrac{A}{2}\right)$，$\boldsymbol{B} = \left(\dfrac{\sqrt{3}\,A}{2}, \dfrac{A}{2}\right)$だから

$$\boldsymbol{A}\cdot\boldsymbol{B} = \left(\frac{\sqrt{3}\,A}{2}\right)^2 + \left(-\frac{A}{2}\right)\left(\frac{A}{2}\right) = \frac{A^2}{2}$$

となり，［例題 1.1］，［例題 1.2］の結果と一致する．いかなる座標を選んでもこの結果は同じ．

［**2**］ $F = (8.99\times 10^9\,\mathrm{N\,m^2/C^2})\dfrac{1\,\mathrm{C}\times 1\,\mathrm{C}}{1\,\mathrm{m}^2} = mg$ より　$m = 9.2\times 10^8\,\mathrm{kg} = 9.2\times 10^5\,\mathrm{t}$

［**3**］ 電荷の中点を原点として，電荷を結ぶ線を x 軸，垂直二等分線を y 軸とするデカルト座標を定める．y 軸上では電場の x 成分は打ち消し合い，y 成分のみ．

$$E_y = 2k_\mathrm{e}\frac{q}{a^2+y^2}\frac{y}{\sqrt{a^2+y^2}} = 2k_\mathrm{e}\frac{qy}{(a^2+y^2)^{3/2}}$$

これが最大になる位置は，

$$\frac{dE_y}{dy} = 2k_\mathrm{e}q\frac{(a^2+y^2)^{3/2} - 3y^2(a^2+y^2)^{1/2}}{(a^2+y^2)^3} = 2k_\mathrm{e}q\frac{a^2-2y^2}{(a^2+y^2)^{5/2}} = 0$$

より　$a^2 - 2y^2 = 0$，つまり，$y = \pm\, a/\sqrt{2}$．

［**4**］ $\boldsymbol{E}(\boldsymbol{r}) = k\dfrac{q\boldsymbol{r}}{r^3} = k_\mathrm{e}\dfrac{q(a,b,0)}{(a^2+b^2)^{3/2}}$　より

$$E_x = k_\mathrm{e}\frac{qa}{(a^2+b^2)^{3/2}}, \qquad E_y = k_\mathrm{e}\frac{qb}{(a^2+b^2)^{3/2}}, \qquad E_z = 0$$

［**5**］（a） $E_x = 0$，　$E_y = k_\mathrm{e}\dfrac{\sqrt{3}\,q}{a^2}$，　（b） $E_x = k_\mathrm{e}\dfrac{q}{a^2}$，　$E_y = 0$

［**6**］ C に置いたとき：　$F_\mathrm{C} = k_\mathrm{e}\dfrac{qQ}{a^2}\left(\sqrt{2} + \dfrac{1}{2}\right)$

P に置いたとき：　$F_\mathrm{P} = k_\mathrm{e}\dfrac{qQ}{(\sqrt{2}\,a/2)^2} = k_\mathrm{e}\dfrac{2qQ}{a^2}$

よって，F_P の方が $2/(\sqrt{2} + 1/2) \approx 1.04$ 倍だけ大きい．

［**7**］（a） x 軸上の電場は x 成分のみ：$E_x(x,0,0) = k_\mathrm{e}\dfrac{2qx}{(x^2+d^2/4)^{3/2}}$

z 軸上の電場は z 成分のみ：

$$z > \frac{d}{2}：E_z(0,0,z) = k_\mathrm{e}\frac{q(2z^2+d^2/2)}{(z^2-d^2/4)^2}$$

$$-\frac{d}{2}<z<\frac{d}{2}：\ E_z(0,0,z)=-k_e\frac{2q\,dz}{(z^2-d^2/4)^2}$$

$$z<-\frac{d}{2}：\ E_z(0,0,z)=-k_e\frac{q(2z^2+d^2/2)}{(z^2-d^2/4)^2}$$

（b）x 軸上の電場は z 成分のみ：$E_z(x,0,0)=-k_e\dfrac{qd}{(x^2+d^2/4)^{3/2}}$

z 軸上の電場は z 成分のみ：

$$z>\frac{d}{2}：\ E_z(0,0,z)=k_e\frac{2dqz}{(z^2-d^2/4)^2}$$

$$-\frac{d}{2}<z<\frac{d}{2}：\ E_z(0,0,z)=-k_e\frac{q(2z^2+d^2/2)}{(z^2-d^2/4)^2}$$

$$z<-\frac{d}{2}：\ E_z(0,0,z)=-k_e\frac{2dqz}{(z^2-d^2/4)^2}$$

第 2 章

［**1**］

$$\left.\begin{aligned}&\frac{d(1+x)^\alpha}{dx}=\alpha(1+x)^{\alpha-1},\quad\cdots,\\&\frac{d^n(1+x)^\alpha}{dx^n}=\alpha\cdots(\alpha-n+1)(1+x)^{\alpha-n}\end{aligned}\right\}\ \text{より}$$

$$(1+x)^\alpha=1+\alpha x+\frac{\alpha(\alpha-1)}{2!}x^2+\cdots$$

$$\frac{d}{dx}e^x=e^x,\quad\cdots,\quad\frac{d^n}{dx^n}e^x=e^x\quad\text{より}\quad e^x=1+x+\frac{1}{2!}x^2+\cdots$$

$$\left.\begin{aligned}&\frac{d}{dx}\log(1+x)=\frac{1}{1+x},\quad\cdots,\\&\frac{d^n}{dx^n}\log(1+x)=(-1)^{n-1}\cdot1\cdot2\cdots(n-1)\frac{1}{(1+x)^n}\end{aligned}\right\}\ \text{より}$$

$$\log(1+x)=x-\frac{1}{2!}x^2+\frac{2}{3!}x^3+\cdots$$

［**2**］長方形：$S=\displaystyle\int_{\text{長方形}}dS=\int_0^a dx\int_0^b dy=ab$

円：$S=\displaystyle\int_{\text{円}}dS=\int_{-a}^a dx\int_{-\sqrt{a^2-x^2}}^{\sqrt{a^2-x^2}}dy=2\int_{-a}^a\sqrt{a^2-x^2}\,dx$

$x=a\sin\theta,\ dx=a\cos\theta\,d\theta,\ x=-a\to a$　のとき $\theta=-\dfrac{\pi}{2}\to\dfrac{\pi}{2}$

$$S=2\int_{-\pi/2}^{\pi/2}a^2\cos^2\theta\,d\theta=a^2\int_{-\pi/2}^{\pi/2}(1+\cos2\theta)\,d\theta$$

$$=a^2\left[\theta+\frac{1}{2}\sin2\theta\right]_{-\pi/2}^{\pi/2}=\pi a^2$$

［**3**］$M=\displaystyle\int\rho(x)t\,dS=t\int_0^a(\rho_0+kx)\,dx\int_0^b dy=abt\left(\rho_0+\frac{1}{2}ka\right)$

［**4**］ $v_1S_1 = v_2S_2$　より　$v_1/v_2 = S_2/S_1$

［**5**］ 対称性から，垂直 2 等分面内の電場は，面内で電荷分布に垂直な向きを向いている．線状電荷分布の 2 等分点を原点とし，電荷に沿って z 軸を選び，注目する点を通るように x 軸を選ぶ．電場は x 成分のみなので，x 成分だけを重ね合わせればよい．

$$E_x = \int_{-l/2}^{l/2} k_e \frac{\lambda\, dz}{z^2 + a^2} \frac{a}{\sqrt{z^2 + a^2}} = \int_{-l/2}^{l/2} \frac{k_e \lambda a\, dz}{(z^2 + a^2)^{3/2}}$$

$z = a \tan\theta$ と置くと，

$$(z^2 + a^2)^{3/2} = [a^2(1 + \tan^2\theta)]^{3/2} = \frac{a^3}{\cos^3\theta}, \qquad dz = \frac{a\, d\theta}{\cos^2\theta}$$

$$z = -\frac{l}{2} \to \frac{l}{2} \quad \text{のとき} \quad \theta = -\theta_0 \to \theta_0 \quad \left(\sin\theta_0 = \frac{l/2}{\sqrt{a^2 + (l/2)^2}}\right)$$

よって

$$E_x = \int_{-\theta_0}^{\theta_0} \frac{k_e \lambda a^2 \cos^3\theta\, d\theta}{a^3 \cos^2\theta} = \int_{-\theta_0}^{\theta_0} \frac{k_e \lambda \cos\theta\, d\theta}{a} = \frac{2k_e \lambda \sin\theta_0}{a}$$

$$= \frac{k_e \lambda l}{a\sqrt{a^2 + (l/2)^2}}$$

$$l \to \infty \quad \text{なら} \quad E_x = \frac{k_e \lambda}{a\sqrt{a^2/l^2 + 1/4}} \to k_e \frac{2\lambda}{a}$$

［**6**］ 線密度 λ_1 の電荷分布が線密度 λ_2 の電荷分布の位置に作る電場は $E = k_e \dfrac{2\lambda_1}{a}$ だから，線密度 λ_2 の電荷分布の長さ $\varDelta l$ の部分が受ける力は $f\,\varDelta l = k_e \dfrac{2\lambda_1 \lambda_2 \varDelta l}{a}$．よって，単位長さ当たりの力は $f = k_e \dfrac{2\lambda_1 \lambda_2}{a}$．

第 3 章

［**1**］ $R_0 = 1.1 \times 10^{-15} \times 27^{1/3}\,\mathrm{m} = 3.3 \times 10^{-15}\,\mathrm{m}$

$$E = (8.99 \times 10^9\,\mathrm{N\,m^2/C^2}) \frac{13 \times 1.6 \times 10^{-19}\,\mathrm{C}}{(2 \times 3.3 \times 10^{-15}\,\mathrm{m})^2} = 4.3 \times 10^{20}\,\mathrm{N/C}$$

［**2**］ 表面積：球表面の面素 $dS = a^2 \sin\theta\, d\theta\, d\varphi$ は θ 成分と φ 成分が独立だから

$$S = \int_S dS = a^2 \int_0^\pi \sin\theta\, d\theta \int_0^{2\pi} d\varphi = a^2 \Big[-\cos\theta\Big]_0^\pi \Big[\varphi\Big]_0^{2\pi} = 4\pi a^2$$

体積：球内の半径 r の位置の体積素片 $dV = r^2 \sin\theta\, dr\, d\theta\, d\varphi$ は各成分が独立だから，

$$V = \int_V dV = \int_0^a r^2\, dr \int_0^\pi \sin\theta\, d\theta \int_0^{2\pi} d\varphi = \left[\frac{r^3}{3}\right]_0^a \Big[-\cos\theta\Big]_0^\pi \Big[\varphi\Big]_0^{2\pi}$$

$$= \frac{a^3}{3} \times 2 \times 2\pi = \frac{4\pi a^3}{3}$$

［**3**］ 円筒側面上の積分：$\displaystyle\int_{\text{側面}} f(\boldsymbol{r})\, \xi\, d\varphi\, dz$

体積積分：$\int_V f(\boldsymbol{r})\,\xi\,d\xi\,d\varphi\,dz$

［**4**］ 中心軸（z 軸とする）に垂直な成分は打ち消し合って z 成分だけが残る．よって，最初から z 成分だけを加え合わせればよい．円筒座標で計算する．円筒の素片は $dl = a\,d\varphi$ だから

$$\boldsymbol{E} = \oint_l \frac{\lambda\,dl}{4\pi\varepsilon_0(z^2 + a^2)} \frac{z}{\sqrt{z^2 + a^2}} \boldsymbol{e}_z = \frac{\lambda z}{4\pi\varepsilon_0(z^2 + a^2)^{3/2}} \int_0^{2\pi} a\,d\varphi\,\boldsymbol{e}_z$$

$$= \frac{\lambda a z}{2\varepsilon_0(z^2 + a^2)^{3/2}} \boldsymbol{e}_z$$

［**5**］ 中心軸（z 軸とする）に垂直な成分は打ち消し合って z 成分だけが残る．よって，最初から z 成分だけを加え合わせればよい．円筒座標で計算する．半径 ξ の位置の面積素片は $dS = \xi\,d\varphi\,d\xi$ だから

$$\boldsymbol{E} = \int_S \frac{\sigma\,dS}{4\pi\varepsilon_0(z^2 + a^2)} \frac{|z|}{\sqrt{z^2 + \xi^2}} \boldsymbol{e}_z = \int_0^a \frac{\sigma z \xi\,d\xi}{4\pi\varepsilon_0(z^2 + \xi^2)^{3/2}} \int_0^{2\pi} d\varphi\,\boldsymbol{e}_z$$

$$= \frac{2\pi\sigma z}{4\pi\varepsilon_0} \int_0^a \frac{\xi\,d\xi}{(z^2 + \xi^2)^{3/2}} \boldsymbol{e}_z = \frac{\sigma z}{2\varepsilon_0} \left[-\frac{1}{\sqrt{z^2 + \xi^2}} \right]_0^a \boldsymbol{e}_z$$

$$= \frac{\sigma}{2\varepsilon_0} \left[1 - \frac{z}{\sqrt{z^2 + a^2}} \right] \boldsymbol{e}_z$$

［**6**］ 対称性より　$\boldsymbol{D}(\boldsymbol{r}) = D(r)\boldsymbol{e}_r$．半径 r の球にガウスの法則を適用．

(3.36) の左辺 $= \oint_S D(r)\boldsymbol{e}_r \cdot dS\,\boldsymbol{e}_r = 4\pi r^2 D(r)$

$r < a$　では　$q_{内部} = 0 \;\rightarrow\; \boldsymbol{D}(\boldsymbol{r}) = 0,\ \boldsymbol{E}(\boldsymbol{r}) = 0$

$r > a$　では　$q_{内部} = 4\pi a^2 \sigma \;\rightarrow\; \boldsymbol{D}(\boldsymbol{r}) = \dfrac{\sigma a^2}{r^2} \boldsymbol{e}_r,\quad \boldsymbol{E}(\boldsymbol{r}) = \dfrac{\sigma a^2}{\varepsilon_0 r^2} \boldsymbol{e}_r$

［**7**］ 対称性より　$\boldsymbol{D}(\boldsymbol{r}) = D(r)\boldsymbol{e}_r$．半径 r の球にガウスの法則を適用．

(3.36) の左辺 $= \oint_S D(r)\boldsymbol{e}_r \cdot dS\,\boldsymbol{e}_r = 4\pi r^2 D(r)$

$r \leqq a_1$：$q_{内部} = 0 \;\rightarrow\; \boldsymbol{D}(\boldsymbol{r}) = 0,\quad \boldsymbol{E}(\boldsymbol{r}) = 0$

$a_1 \leqq r \leqq a_2$：$q_{内部} = \dfrac{4\pi\rho}{3}(r^3 - a_1{}^3),\quad \boldsymbol{D}(\boldsymbol{r}) = \dfrac{\rho}{3r^2}(r^3 - a_1{}^3)\boldsymbol{e}_r,$

$$\boldsymbol{E}(\boldsymbol{r}) = \frac{\rho}{3\varepsilon_0 r^2}(r^3 - a_1{}^3)\boldsymbol{e}_r$$

$r \geqq a_2$：$q_{内部} = \dfrac{4\pi\rho}{3}(a_2{}^3 - a_1{}^3),\quad \boldsymbol{D}(\boldsymbol{r}) = \dfrac{\rho}{3r^2}(a_2{}^3 - a_1{}^3)\boldsymbol{e}_r,$

$$\boldsymbol{E}(\boldsymbol{r}) = \frac{\rho}{3\varepsilon_0 r^2}(a_2{}^3 - a_1{}^3)\boldsymbol{e}_r$$

［**8**］ 分布の中心軸を z 軸とする円筒座標で計算する．対称性より，電場は z 軸に垂直で，z には依存しない．z 軸の周りの半径 ξ，高さ l の円筒にガウスの法則を適用する．

$$\boldsymbol{D}(\boldsymbol{r}) = D(\xi)\boldsymbol{e}_\xi \;\rightarrow\; \oint \boldsymbol{D}(\boldsymbol{r}) \cdot d\boldsymbol{S} = 2\pi\xi l\,D(\xi)$$

$\xi \leqq a$：$q_{内部} = \pi\xi^2 l\rho \;\rightarrow\; \boldsymbol{D}(r) = \dfrac{\xi\rho}{2}\boldsymbol{e}_\xi,\quad \boldsymbol{E}(\boldsymbol{r}) = \dfrac{\xi\rho}{2\varepsilon_0}\boldsymbol{e}_\xi$

$$\xi \geqq a：\ q_{内部} = \pi a^2 l\rho \quad \rightarrow \quad \boldsymbol{D}(\boldsymbol{r}) = \frac{a^2\rho}{2\xi}\boldsymbol{e}_\xi, \quad \boldsymbol{E}(\boldsymbol{r}) = \frac{a^2\rho}{2\varepsilon_0\xi}\boldsymbol{e}_\xi$$

［**9**］ 円筒の軸を z 軸とする円筒座標で計算する．対称性より，電場は z 軸に垂直で z に依存しない．半径 ξ，高さ l の円筒にガウスの法則を適用する．

$$\boldsymbol{D}(\boldsymbol{r}) = D(\xi)\boldsymbol{e}_\xi \quad \rightarrow \quad \oint \boldsymbol{D}(\boldsymbol{r})\cdot dS = 2\pi\xi l\, D(\xi)$$

$$r < a：\ q_{内部} = 0 \quad \rightarrow \quad \boldsymbol{D}(\boldsymbol{r}) = 0, \quad \boldsymbol{E}(\boldsymbol{r}) = 0$$

$$r > a：\ q_{内部} = 2\pi a l\sigma \quad \rightarrow \quad \boldsymbol{D}(\boldsymbol{r}) = \frac{a\sigma}{\xi}\boldsymbol{e}_\xi, \quad \boldsymbol{E}(\boldsymbol{r}) = \frac{a\sigma}{\varepsilon_0\xi}\boldsymbol{e}_\xi$$

［**10**］ 円筒の軸を z 軸とする円筒座標で計算する．円筒の近くで両端から離れた部分であれば，電場は z 軸に垂直で z に依存しない．半径 ξ，高さ l の円筒を考えると

$$\boldsymbol{D}(\boldsymbol{r}) = D(\xi)\boldsymbol{e}_\xi \quad \rightarrow \quad \oint \boldsymbol{D}(\boldsymbol{r})\cdot dS = 2\pi\xi l\, D(\xi)$$

$$r < a：q_{内部} = 0 \quad \rightarrow \quad \boldsymbol{D}(\boldsymbol{r}) = 0, \quad \boldsymbol{E}(\boldsymbol{r}) = 0$$

$$a < r < b：q_{内部} = 2\pi a l\sigma_a = \frac{ql}{L} \quad \rightarrow \quad \boldsymbol{D}(\boldsymbol{r}) = \frac{q}{2\pi\xi L}\boldsymbol{e}_\xi, \quad \boldsymbol{E}(\boldsymbol{r}) = \frac{q}{2\pi\varepsilon_0\xi L}\boldsymbol{e}_\xi$$

$$r > b：q_{内部} = 2\pi a l\sigma_a + 2\pi b l\sigma_b = 0 \quad \rightarrow \quad \boldsymbol{D}(\boldsymbol{r}) = 0, \quad \boldsymbol{E}(\boldsymbol{r}) = 0$$

［**11**］ 中心を通る面に垂直な軸を z とする．

（a） 対称性より中心付近の電場は面に垂直だから，面を含む底面積 ΔA，高さ Δh の微小な円筒を考えると，$\Delta A \rightarrow 0$，$\Delta h \rightarrow 0$ の極限で

$$\oint_S \boldsymbol{D}(\boldsymbol{r})\cdot dS = 2\Delta A D(r), \quad q_{内部} = \sigma\,\Delta A$$

よって，表：$\boldsymbol{D}(\boldsymbol{r}) = \dfrac{\sigma}{2}\boldsymbol{e}_z$，　裏：$\boldsymbol{D}(\boldsymbol{r}) = -\dfrac{\sigma}{2}\boldsymbol{e}_z$.

（b） 中心付近を離れると電場は面に垂直ではなくなるが，中心を含む底面積 A，高さ h の微小な円筒にガウスの法則を適用する．$h \rightarrow 0$ の極限をとることにより，側面の寄与が無視でき，面のすぐ近くの点についてだけ成り立つ式として

$$\oint_S \boldsymbol{D}(\boldsymbol{r})\cdot dS = 2AD_z(\boldsymbol{r}), \quad q_{内部} = \sigma A$$

よって，

表：$D_z(\boldsymbol{r}) = \dfrac{\sigma}{2}$，　裏：$D_z(\boldsymbol{r}) = -\dfrac{\sigma}{2}$

のように z 成分は位置によらず中心付近と等しいので，電場は図のようになっていることがわかる．

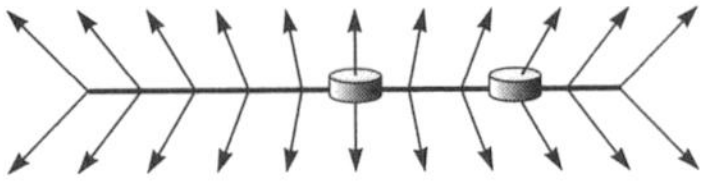

第 4 章

［**1**］ $E = \dfrac{q}{4\pi\varepsilon_0 a^2}$ より，電荷の最大値は $q = 4\pi\varepsilon_0 a^2 E = \dfrac{3.3 \times 10^6 \times 10^{-4}}{8.99 \times 10^9} = 3.7 \times 10^{-8}\,\mathrm{C}$

［2］ $\phi(\boldsymbol{r}) = \oint_l \frac{\lambda\, dl}{4\pi\varepsilon_0\sqrt{a^2+z^2}} = \frac{\lambda}{4\pi\varepsilon_0\sqrt{a^2+z^2}}\oint_l dl = \frac{a\lambda}{2\varepsilon_0\sqrt{a^2+z^2}}$

$$E_x = E_y = 0, \qquad E_z = -\frac{\partial}{\partial z}\phi(\boldsymbol{r}) = \frac{a\lambda z}{2\varepsilon_0(a^2+z^2)^{3/2}}$$

［3］ $\phi(\boldsymbol{r}) = \int_0^a \frac{\sigma 2\pi\xi\, d\xi}{4\pi\varepsilon_0\sqrt{z^2+\xi^2}} = \frac{\sigma}{2\varepsilon_0}\int_0^a \frac{\xi\, d\xi}{\sqrt{z^2+\xi^2}} = \frac{\sigma}{2\varepsilon_0}\left[\sqrt{z^2+\xi^2}\right]_0^a = \frac{\sigma}{2\varepsilon_0}(\sqrt{z^2+a^2}-z)$

$$E_x = 0, \qquad E_y = 0, \qquad E_z = -\frac{\partial\phi(\boldsymbol{r})}{\partial z} = \frac{\sigma}{2\varepsilon_0}\left[1 - \frac{z}{\sqrt{z^2+a^2}}\right]$$

［4］ $\left(\nabla\frac{1}{|\boldsymbol{r}-\boldsymbol{r}'|}\right)_x = \frac{\partial}{\partial x}\frac{1}{\sqrt{(x-x')^2+(y-y')^2+(z-z')^2}}$

$$= \frac{-(x-x')}{[(x-x')^2+(y-y')^2+(z-z')^2]^{3/2}} = -\frac{x-x'}{|\boldsymbol{r}-\boldsymbol{r}'|^3}$$

$$\therefore\quad \nabla\frac{1}{|\boldsymbol{r}-\boldsymbol{r}'|} = -\frac{(x-x', y-y', z-z')}{|\boldsymbol{r}-\boldsymbol{r}'|^3} = -\frac{\boldsymbol{r}-\boldsymbol{r}'}{|\boldsymbol{r}-\boldsymbol{r}'|^3} = -\frac{1}{|\boldsymbol{r}-\boldsymbol{r}'|^2}\boldsymbol{e}_{r-r'}$$

［5］ (4.68) より

x 軸上： $\boldsymbol{E}(\boldsymbol{r}) = -\frac{p\boldsymbol{e}_z}{4\pi\varepsilon_0 x^3} = -(8.99\times10^9\,\mathrm{Nm^2/C^2})\times\frac{1.3\times10^{-29}\,\mathrm{Cm}}{(2\times10^{-10}\,\mathrm{m})^3}\boldsymbol{e}_z$

$$= -1.5\times10^{10}\,\boldsymbol{e}_z\,\mathrm{V/m}$$

z 軸上： $\boldsymbol{E}(\boldsymbol{r}) = \frac{3p\boldsymbol{e}_z - p\boldsymbol{e}_z}{4\pi\varepsilon_0 z^3} = \frac{2p}{4\pi\varepsilon_0 z^3}\boldsymbol{e}_z$

$$= (8.99\times10^9\,\mathrm{Nm^2/C^2})\frac{2\times1.3\times10^{-29}\,\mathrm{Cm}}{(2\times10^{-10}\,\mathrm{m})^3}\boldsymbol{e}_z = 2.9\times10^{10}\,\boldsymbol{e}_z\,\mathrm{V/m}$$

［6］ $\boldsymbol{E} = E\,\boldsymbol{e}_z$ とし $\boldsymbol{p} = q\boldsymbol{a}$ とする．$\boldsymbol{p}$ の向きを固定して動かすのには仕事を要しないので，$-q$ の位置を中心に $+q$（位置 r）を回転させるときのポテンシャル・エネルギーを考えればよい．

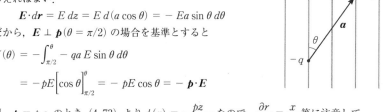

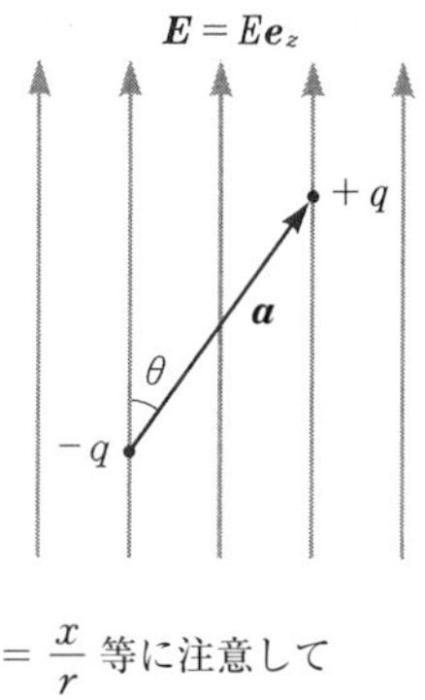

$$\boldsymbol{E}\cdot d\boldsymbol{r} = E\,dz = E\,d(a\cos\theta) = -Ea\sin\theta\,d\theta$$

だから，$\boldsymbol{E}\perp\boldsymbol{p}\,(\theta=\pi/2)$ の場合を基準とすると

$$U(\theta) = -\int_{\pi/2}^{\theta} -qa\,E\sin\theta\,d\theta$$

$$= -pE\Big[\cos\theta\Big]_{\pi/2}^{\theta} = -pE\cos\theta = -\boldsymbol{p}\cdot\boldsymbol{E}$$

［7］ $\boldsymbol{p} = p\,\boldsymbol{e}_z$ のとき (4.73) より $\phi(\boldsymbol{r}) = \frac{pz}{4\pi\varepsilon_0 r^3}$ なので，$\frac{\partial r}{\partial x} = \frac{x}{r}$ 等に注意して

$$E_x(\boldsymbol{r}) = -\frac{\partial\phi(\boldsymbol{r})}{\partial x} = -\frac{pz}{4\pi\varepsilon_0}\left(-\frac{3}{r^4}\frac{x}{r}\right) = \frac{3xzp}{4\pi\varepsilon_0 r^5}$$

$$E_y(\boldsymbol{r}) = -\frac{\partial\phi(\boldsymbol{r})}{\partial y} = \frac{3yzp}{4\pi\varepsilon_0 r^5}$$

$$E_z(\boldsymbol{r}) = -\frac{\partial\phi(\boldsymbol{r})}{\partial z} = -\frac{1}{4\pi\varepsilon_0}\frac{pr^3 - pz\cdot3r^2\,z/r}{r^6} = \frac{1}{4\pi\varepsilon_0}\left(\frac{3pz^2}{r^5} - \frac{p}{r^3}\right)$$

まとめると

$$\boldsymbol{E}(\boldsymbol{r}) = \frac{1}{4\pi\varepsilon_0}\left[\frac{3(\boldsymbol{p}\cdot\boldsymbol{r})}{r^5}\boldsymbol{r} - \frac{\boldsymbol{p}}{r^3}\right]$$

第 5 章

［**1**］ $\sigma = \varepsilon_0 E = 8.85 \times 10^{-8}\,\mathrm{C/m^2}$

［**2**］ $C = 4\pi\varepsilon_0 a$

地球：$C = 4\pi \times (8.85 \times 10^{-12}\,\mathrm{F/m}) \times (6.38 \times 10^6\,\mathrm{m}) = 7.10 \times 10^{-4}\,\mathrm{F}$

太陽：$C = 4\pi \times (8.85 \times 10^{-12}\,\mathrm{F/m}) \times (6.96 \times 10^8\,\mathrm{m}) = 7.74 \times 10^{-2}\,\mathrm{F}$

［**3**］ $C = \dfrac{\varepsilon_0 A}{d}, \qquad A = \dfrac{Cd}{\varepsilon_0} = \dfrac{1 \times 10^{-3}\,\mathrm{F\,m}}{8.85 \times 10^{-12}\,\mathrm{F/m}} = 1.13 \times 10^8\,\mathrm{m^2}$

［**4**］ $E = \dfrac{V}{d}, \qquad mg = eE = e\dfrac{V}{d}$

電子：$V = \dfrac{mgd}{e} = \dfrac{(9.11 \times 10^{-31}\,\mathrm{kg}) \times 9.8\,\mathrm{m/s^2} \times 0.1\,\mathrm{m}}{1.60 \times 10^{-19}\,\mathrm{C}} = 5.6 \times 10^{-12}\,\mathrm{V}$

陽子：$V = \dfrac{(1.67 \times 10^{-27}\,\mathrm{kg}) \times 9.8\,\mathrm{m/s^2} \times 0.1\,\mathrm{m}}{1.60 \times 10^{-19}\,\mathrm{C}} = 1.0 \times 10^{-8}\,\mathrm{V}$

［**5**］ 半径 a の球殻に q，半径 b の球殻に $-q$ の電荷を与えたときの球殻間の電場は

$$\boldsymbol{E}(\boldsymbol{r}) = \frac{q}{4\pi\varepsilon_0 r^2}\boldsymbol{e}_r$$

だから，球殻間の電位差は

$$V = \left|\int_a^b \frac{q}{4\pi\varepsilon_0 r^2}\,dr\right| = \frac{q}{4\pi\varepsilon_0}\left(\frac{1}{a} - \frac{1}{b}\right)$$

よって

$$C = \frac{q}{V} = \frac{4\pi\varepsilon_0}{\dfrac{1}{a} - \dfrac{1}{b}} = \frac{4\pi\varepsilon_0 ab}{b - a}$$

［**6**］ 円筒座標で考える．この円筒が帯電した電荷を $\pm q$，内側の円筒の表面電荷密度を σ とすると，円筒間の半径 ξ の位置の電場は

$$\boldsymbol{E}(\boldsymbol{r}) = \frac{a\sigma}{\varepsilon_0 \xi}\boldsymbol{e}_\xi$$

だから，内側の円筒の電位は

$$V = -\int_b^a \boldsymbol{E}(\boldsymbol{r})\cdot d\boldsymbol{r} = -\int_b^a \frac{a\sigma}{\varepsilon_0 \xi}\,d\xi = -\frac{a\sigma}{\varepsilon_0}\log\frac{a}{b} = \frac{a\sigma}{\varepsilon_0}\log\frac{b}{a}$$

よって，σ を消去すれば

$$\boldsymbol{E}(\boldsymbol{r}) = \frac{V}{\log\dfrac{b}{a}}\frac{1}{\xi}\boldsymbol{e}_\xi$$

［**7**］ 円筒極板の電荷を q とすると

$$q = 2\pi a l \sigma = \frac{2\pi l \varepsilon_0 V}{\log \dfrac{b}{a}}$$

よって

$$C = \frac{q}{V} = \frac{2\pi l \varepsilon_0}{\log \dfrac{b}{a}}$$

$d = b - a \ll a$ のときは

$$\log \frac{b}{a} = \log \frac{a+d}{a} = \log\left(1 + \frac{d}{a}\right) \approx \frac{d}{a}$$

より

$$C \approx \frac{2\pi l a \varepsilon_0}{d} = \frac{\varepsilon_0 A}{d}$$

［**8**］ 鏡像電荷で考える．

（a） $F = \dfrac{q^2}{16\pi\varepsilon_0 a^2}$

（b） 表面電荷密度は（5.35）で与えられているから，導体表面を S とすると，

$$q_{\mathrm{S}} = \int_{\mathrm{S}} \sigma(\boldsymbol{r})\, dS = -\int_0^{2\pi} d\phi \int_0^{\infty} \frac{aq\xi\, d\xi}{2\pi(\xi^2 + a^2)^{3/2}} = \left.\frac{aq}{\sqrt{\xi^2 + a^2}}\right|_0^{\infty} = -q$$

［**9**］ 導体中には，外場によって誘起された表面電荷によって，外場を打ち消す一様な電場ができているはずである．［例題 4.5］を参照すると，図 4.21 のような電場が生じていればよい．中心を原点とする極座標で考える．（4.79），（4.80）より，球面上に $\sigma(\boldsymbol{r}) = \sigma_0 \cos\theta$ なる表面電荷が生じると，それが内部に作る電場は $\boldsymbol{E} = -\dfrac{\sigma_0}{3\varepsilon_0}\boldsymbol{e}_z$ である．この一様な場が一様な外場 $\boldsymbol{E}_0$ を打ち消しているはずだから

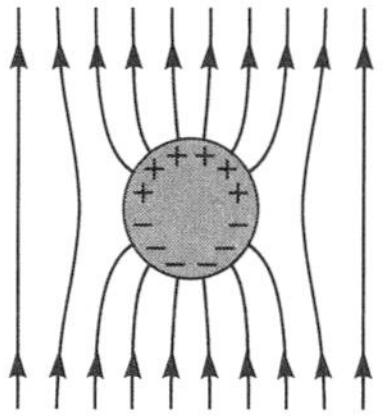

$$\sigma_0 = 3\varepsilon_0 \boldsymbol{E}_0$$

である．このとき，周りの電場は（4.84）で

$$\rho\delta = \sigma_0 = 3\varepsilon_0 E_0$$

と置いたものに外場を加えたものであり

$$\boldsymbol{E}(\boldsymbol{r}) = \frac{2a^3 E_0 \cos\theta\, \boldsymbol{e}_r + a^3 E_0 \sin\theta\, \boldsymbol{e}_\theta}{r^3} + E_0 \boldsymbol{e}_z$$

第 6 章

［**1**］（a） 検流計 G の両端子の電位差が 0 だから $\dfrac{R_3}{R_2} = \dfrac{R_x}{R_1} \quad \rightarrow \quad R_x = \dfrac{R_1 R_3}{R_2}$

（b）抵抗の比だけで R_x が求まるので電流の内部抵抗に影響されない．また，G に電流が流れない条件を使うので G の内部抵抗の影響も受けない．

［**2**］単位時間当たりの発熱を Q_1，Q_2 とすると

$$\text{直列：}I\text{ が共通だから}\quad Q_1 = R_1I^2 < R_2I^2 = Q_2$$

$$\text{並列：}\mathcal{E}\text{ が共通だから}\quad Q_1 = \frac{\mathcal{E}^2}{R_1} > \frac{\mathcal{E}^2}{R_2} = Q_2$$

［**3**］合成抵抗 R が r に等しいときか，可能な範囲で最も r に近づいたとき発熱の和が最大になる．

$$R = R_1 + \frac{R_2R_3}{R_2 + R_3}$$

i）$R_1 > r$　のとき　$R_2 = 0$　で最大

ii）$R_1 < r$　かつ　$R_3 > r - R_1$　のとき　$R = r$　つまり

$$R_2 = \frac{(r - R_1)R_3}{R_3 - (r - R_1)}\quad \text{で最大}$$

iii）$R_1 < r$　かつ　$R_3 > r - R_1$　のとき　$R_2 = \infty$　で最大

［**4**］求める電流を I とすると，中心軸から ξ の点の電流の密度の大きさは

$$j(\xi) = \frac{I}{2\pi\xi l}$$

だから，その点の電場の大きさは

$$E(\xi) = \frac{j(\xi)}{\sigma} = \frac{I}{2\pi\sigma\xi l}$$

よって

$$\mathcal{E} = \int_a^b E(\xi)d\xi = \frac{I}{2\pi\sigma l}\int_a^b \frac{d\xi}{\xi} = \frac{I}{2\pi\sigma l}\log\frac{b}{a}$$

$$I = \frac{2\pi\sigma l\mathcal{E}}{\log\dfrac{b}{a}}$$

［**5**］物質中に $\boldsymbol{j}$ に平行な側面をもつ底面積 ΔA，高さ Δl の微小な円柱を考えると，その中での消費電力は

$$\Delta P = \Delta R(\Delta I)^2 = \frac{\rho\,\Delta l}{\Delta A}(j\Delta A)^2 = \rho j^2 \Delta l\,\Delta A$$

$$\therefore\quad p = \frac{\Delta P}{\Delta l\,\Delta A} = \rho j^2 = \frac{j^2}{\sigma}$$

［**6**］電流計と抵抗を流れる電流の和が kI_0 のときに電流計には I_0 の電流が流れているようにすればよい．

$$rI_0 = R(kI_0 - I_0)\qquad \text{より}\qquad R = \frac{r}{k-1}$$

［**7**］電流計と抵抗にかかる電圧が V_0 のとき，電流が I_0 だけ流れるようにすればよいので

$$I = \frac{V_0}{r + R}\qquad \text{より}\qquad R = \frac{V_0}{I_0} - r$$

である．だたし，I_0 より十分大きな電流が流れている部分の電圧しか精度良く測れない．

第 7 章

［**1**］ コップは薄いので平行板コンデンサーの式で容量を計算してよい．（第5章の演習問題［7］）

$$A = \pi \times (2.5\,\mathrm{cm})^2 + 2\pi \times 2.5\,\mathrm{cm} \times 9\,\mathrm{cm} = 20\,\mathrm{cm}^2 + 141\,\mathrm{cm}^2 = 161\,\mathrm{cm}^2 = 0.0161\,\mathrm{m}^2$$

$$C = \frac{\varepsilon A}{d} = \frac{(2 \times 8.85 \times 10^{-12}\,\mathrm{F/m}) \times 0.0161\,\mathrm{m}^2}{3 \times 10^{-4}\,\mathrm{m}} = 9.5 \times 10^{-10}\,\mathrm{F}$$

［**2**］ その部分の表面の法線ベクトルを $\boldsymbol{n}$ とすると

$$\boldsymbol{D} = \sigma\boldsymbol{n}, \qquad \boldsymbol{E} = \frac{\boldsymbol{D}}{\varepsilon} = \frac{\sigma}{\varepsilon}\boldsymbol{n}$$

$$\sigma_P = \boldsymbol{P}\cdot\boldsymbol{n} = (\boldsymbol{D} - \varepsilon_0\boldsymbol{E})\cdot\boldsymbol{n} = \left(1 - \frac{\varepsilon_0}{\varepsilon}\right)\sigma$$

［**3**］ 極板の電荷密度を $\pm\sigma$ とすると，いたるところ $D = \sigma$ で，誘電率 ε_1 の部分では $E_1 = \dfrac{\sigma}{\varepsilon_1}$，$\varepsilon_2$ の部分では $E_2 = \dfrac{\sigma}{\varepsilon_2}$ だから

$$V = \frac{\sigma}{\varepsilon_1}d_1 + \frac{\sigma}{\varepsilon_2}(d - d_1)$$

よって

$$C = \frac{q}{V} = \frac{\sigma A}{\dfrac{\sigma}{\varepsilon_1}d_1 + \dfrac{\sigma}{\varepsilon_2}(d - d_1)} = \frac{A\varepsilon_1\varepsilon_2}{\varepsilon_2 d_1 + \varepsilon_1(d - d_1)}$$

［**4**］ 極板の電位差を V とすると，誘電率 ε_1 の部分の極板の電荷密度 $\sigma_1 = D_1 = \varepsilon_1\dfrac{V}{d}$，$\varepsilon_2$ の部分の電荷密度 $\sigma_2 = \varepsilon_2\dfrac{V}{d}$

$$C = \frac{q}{V} = \frac{\dfrac{\varepsilon_1 VA_1}{d} + \dfrac{\varepsilon_2 V(A - A_1)}{d}}{V} = \frac{\varepsilon_1 A_1 + \varepsilon_2(A - A_1)}{d}$$

［**5**］

$$r < a \quad で \quad \boldsymbol{D}(\boldsymbol{r}) = 0, \qquad \boldsymbol{E}(\boldsymbol{r}) = 0$$

$$r > a \quad で \quad \boldsymbol{D}(\boldsymbol{r}) = D(r)\boldsymbol{e}_r = \frac{q}{4\pi r^2}\boldsymbol{e}_r$$

よって

$$a < r < b \quad で \quad \boldsymbol{E}(\boldsymbol{r}) = \frac{q}{4\pi\varepsilon r^2}\boldsymbol{e}_r$$

$$\boldsymbol{P}(\boldsymbol{r}) = \boldsymbol{D}(\boldsymbol{r}) - \varepsilon_0\boldsymbol{E}(\boldsymbol{r}) = \left(1 - \frac{\varepsilon_0}{\varepsilon}\right)\frac{q}{4\pi r^2}\boldsymbol{e}_r$$

$$r > b \quad で \quad \boldsymbol{E}(\boldsymbol{r}) = \frac{q}{4\pi\varepsilon_0 r^2}\boldsymbol{e}_r$$

誘電体の内表面の分極表面電荷密度は

$$\sigma_a = \boldsymbol{P}(\boldsymbol{r})\cdot(-\boldsymbol{e}_r)\Big|_{r=a} = -\left(1-\frac{\varepsilon_0}{\varepsilon}\right)\frac{q}{4\pi a^2}$$

外表面では

$$\sigma_b = \boldsymbol{P}(\boldsymbol{r})\cdot\boldsymbol{e}_r\Big|_{r=b} = \left(1-\frac{\varepsilon_0}{\varepsilon}\right)\frac{q}{4\pi b^2}$$

［**6**］ 図7.15のような微小円筒を考えると

$$\boldsymbol{D}(\boldsymbol{r})\cdot\boldsymbol{n}\,\Delta A - \boldsymbol{D}(\boldsymbol{r}')\cdot\boldsymbol{n}\,\Delta A = \sigma(r)\,\Delta A$$

$$\therefore\quad D_n(\boldsymbol{r}) - D_n(\boldsymbol{r}') = \sigma(\boldsymbol{r})$$

(7.53) は電荷の有無にかかわらず成り立つから

$$E_t(\boldsymbol{r}) - E_t(\boldsymbol{r}') = 0$$

体積密度 $\rho(\boldsymbol{r})$ の真電荷があるとき，図7.15のような微小円筒内の電荷は，高さ→0にすると0になるから，(7.51) もそのまま成り立つ.

［**7**］ (7.51) の両辺を (7.53) の両辺で割って

$$\frac{D(\boldsymbol{r})\cos\theta}{E(\boldsymbol{r})\sin\theta} = \frac{D(\boldsymbol{r}')\cos\theta'}{E(\boldsymbol{r}')\sin\theta'}$$

両方の誘電体で (7.45) が成り立つ場合には

$$\frac{\varepsilon}{\tan\theta} = \frac{\varepsilon'}{\tan\theta'}$$

［**8**］ $\boldsymbol{P}(\boldsymbol{r}) = P\,\boldsymbol{e}_z$（一様）を仮定して，矛盾がなければそれが求める場である.

$$\sigma_P(\boldsymbol{r}) = \boldsymbol{P}\cdot\boldsymbol{e}_r = P\cos\theta$$

であるが，これは［例題4.5］で考えたのと同じ形の表面電荷分布だから，(4.80) と比較して

$$\boldsymbol{E}_P = -\frac{\boldsymbol{P}}{3\varepsilon_0}$$

である.

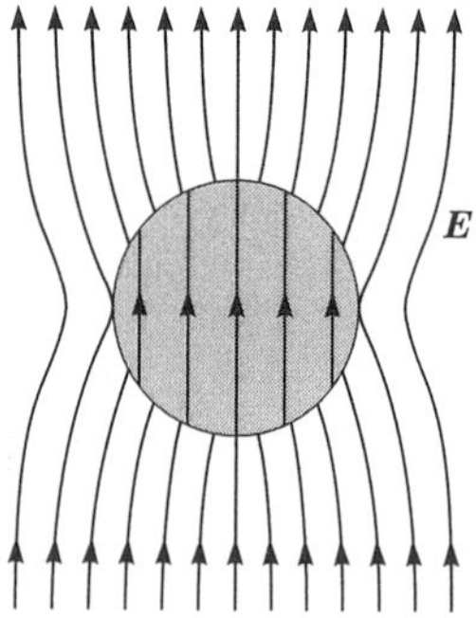

$$\boldsymbol{P} = \boldsymbol{D} - \varepsilon_0\boldsymbol{E} = (\varepsilon-\varepsilon_0)\boldsymbol{E}$$
$$= \varepsilon_0(\kappa_e - 1)\boldsymbol{E} = \varepsilon_0(\kappa_e-1)(\boldsymbol{E}_0+\boldsymbol{E}_P)$$

$$\therefore\quad \boldsymbol{P} = \varepsilon_0(\kappa_e-1)\left(\boldsymbol{E}_0 - \frac{\boldsymbol{P}}{3\varepsilon_0}\right)$$
$$= (\kappa_e-1)\left(\varepsilon_0\boldsymbol{E}_0 - \frac{\boldsymbol{P}}{3}\right)$$

$$\therefore\quad \left(1+\frac{\kappa_e-1}{3}\right)\boldsymbol{P} = (\kappa_e-1)\varepsilon_0\boldsymbol{E}_0$$

$$\therefore\quad \boldsymbol{P} = \frac{3(\kappa_e-1)\varepsilon_0}{\kappa_e+2}\boldsymbol{E}_0$$

$$\sigma_P = \frac{3(\kappa_e-1)\varepsilon_0}{\kappa_e+2}E_0\cos\theta, \qquad \boldsymbol{E}_P = -\frac{\boldsymbol{P}}{3\varepsilon_0} = -\frac{\kappa_e-1}{\kappa_e+2}\boldsymbol{E}_0$$

$$\boldsymbol{E}(\boldsymbol{r}) = \boldsymbol{E}_0 + \boldsymbol{E}_P = \left(1-\frac{\kappa_e-1}{\kappa_e+2}\right)\boldsymbol{E}_0 = \frac{3}{\kappa_e+2}\boldsymbol{E}_0$$

$$\boldsymbol{D}(\boldsymbol{r}) = \varepsilon \boldsymbol{E}(\boldsymbol{r}) = \frac{3\kappa_e \varepsilon_0}{\kappa_e + 2}\boldsymbol{E}_0$$

外部では (4.84) において $q\delta \to \dfrac{4}{3}\pi a^3 \rho\delta = \dfrac{4}{3}\pi a^3 P$ として，さらに外場を加える．

$$\boldsymbol{E}(\boldsymbol{r}) = \boldsymbol{E}_0 + \frac{1}{4\pi\varepsilon_0 r^3}\left(4\pi a^3 P\cos\theta\,\boldsymbol{e}_r - \frac{4}{3}\pi a^3 P\,\boldsymbol{e}_z\right)$$

$$= \boldsymbol{E}_0 + \frac{(\kappa_e - 1)a^3}{(\kappa_e + 2)r^3}[3(\boldsymbol{E}_0\cdot\boldsymbol{e}_r)\boldsymbol{e}_r - \boldsymbol{E}_0]$$

$$\boldsymbol{D}(\boldsymbol{r}) = \varepsilon_0\boldsymbol{E}_0 + \frac{\varepsilon_0(\kappa_e - 1)a^3}{(\kappa_e + 2)r^3}[3(\boldsymbol{E}_0\cdot\boldsymbol{e}_r)\boldsymbol{e}_r - \boldsymbol{E}_0]$$

第 8 章

［**1**］ 略

［**2**］ $\boldsymbol{B} = \dfrac{(4\pi \times 10^{-7}\,\mathrm{T\,m/A}) \times 1\,\mathrm{A}}{2\pi \times 0.1\,\mathrm{m}} = 2 \times 10^{-6}\,\mathrm{T}$

［**3**］ $\Phi = \displaystyle\int_S \boldsymbol{B}\cdot d\boldsymbol{S} = \mu_0 \int_0^a dy \int_x^{x+b} \frac{I\,d\xi}{2\pi\xi} = \mu_0 \frac{aI}{2\pi}\log\frac{x+b}{x}$

（ただし，符号は，電流の向きに進むように右ネジを回す向きを正とした．）

［**4**］ 引力を正とすると，$F = \mu_0 \dfrac{(10\,\mathrm{A})^2}{2\pi}\left(\dfrac{0.1\,\mathrm{m}}{0.01\,\mathrm{m}} - \dfrac{0.1\,\mathrm{m}}{0.06\,\mathrm{m}}\right) = 2 \times 10^{-5} \times (10 - 1.67)\,\mathrm{T\,A\,m} = 1.67 \times 10^{-4}\,\mathrm{N}$

［**5**］ 円筒座標で計算する．対称性より，z 軸上の磁場は z 成分のみであるから，z 成分だけを重ね合わせればよい．

$$dH_z(z) = \left|\frac{I\,d\boldsymbol{r}' \times \boldsymbol{e}_{r-r'}}{4\pi(z^2 + a^2)}\right| \frac{a}{\sqrt{z^2 + a^2}}$$

$$= \frac{Ia\,dl}{4\pi(z^2 + a^2)^{3/2}} = \frac{Ia^2\,d\varphi}{4\pi(z^2 + a^2)^{3/2}}$$

$$\therefore\quad H_z(z) = \int_0^{2\pi} \frac{Ia^2\,d\varphi}{4\pi(z^2 + a^2)^{3/2}} = \frac{Ia^2}{2(z^2 + a^2)^{3/2}}$$

$$\boldsymbol{H}(z) = \frac{Ia^2}{2(z^2 + a^2)^{3/2}}\boldsymbol{e}_z$$

$$\boldsymbol{B}(z) = \frac{\mu_0 Ia^2}{2(z^2 + a^2)^{3/2}}\boldsymbol{e}_z$$

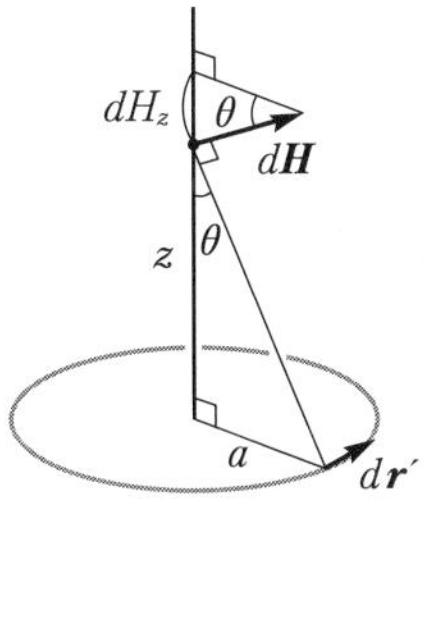

$a = 10\,\mathrm{cm}$，$I = 1\,\mathrm{A}$ のとき

$$B(0) = \frac{(4\pi \times 10^{-7}\,\mathrm{T\,m/A}) \times 1\,\mathrm{A} \times (0.1\,\mathrm{m})^2}{2 \times (0.1\,\mathrm{m})^3} = 2\pi \times 10^{-6}\,\mathrm{T} = 6.3 \times 10^{-6}\,\mathrm{T}$$

$$B(10\,\mathrm{cm}) = \frac{(4\pi \times 10^{-7}\,\mathrm{T\,m/A}) \times 1\,\mathrm{A} \times (0.1\,\mathrm{m})^2}{2 \times [(0.1\,\mathrm{m})^2 + (0.1\,\mathrm{m})^2]^{3/2}} = 2.2 \times 10^{-6}\,\mathrm{T}$$

［**6**］ 各辺が作る磁場は回路面に垂直で等しいから，一辺の寄与を計算して4倍すればよい．ビオ－サバールの法則より

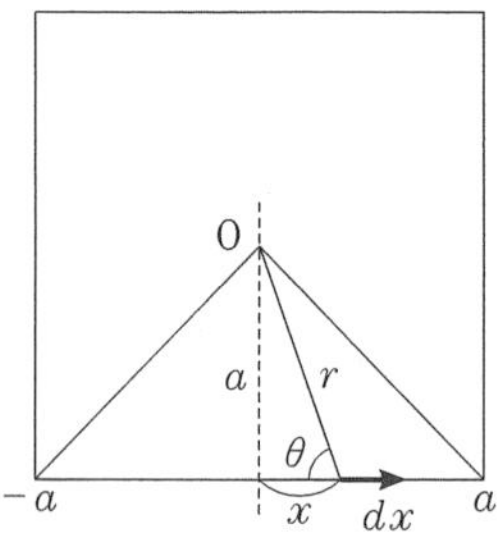

$$dH(0) = \frac{1}{4\pi}\frac{I\,dx\sin\theta}{r^2}$$

$$r = \frac{a}{\sin\theta}, \qquad x = \frac{a}{\tan\theta}, \qquad dx = -\frac{a\,d\theta}{\sin^2\theta}$$

$$\therefore\quad dH(0) = -\frac{1}{4\pi}\frac{Ia(d\theta/\sin^2\theta)\sin\theta}{(a/\sin\theta)^2} = -\frac{I\sin\theta\,d\theta}{4\pi a}$$

$x = -a \to a$　のとき　$\theta = \dfrac{3}{4}\pi \to \dfrac{\pi}{4}$

$$H(0) = -\frac{I}{4\pi a}\int_{3\pi/4}^{\pi/4}\sin\theta\,d\theta = \frac{I}{4\pi a}\Big[+\cos\theta\Big]_{3\pi/4}^{\pi/4} = \frac{\sqrt{2}\,I}{4\pi a}$$

4辺の寄与を加えて

$$H(0) = \frac{\sqrt{2}\,I}{\pi a}$$

［**7**］ $H = nI = \dfrac{20}{0.01\ \mathrm{m}} \times 10\ \mathrm{A} = 2\times 10^4\ \mathrm{A/m}$

$$B = \mu_0 H = 4\pi\times 10^{-7}\times 2\times 10^4 = 8\pi\times 10^{-3}\ \mathrm{T} = 2.5\times 10^{-2}\ \mathrm{T}$$

［**8**］ 回転軸を z 軸とする極座標で考える．表面の $\theta \sim \theta + d\theta$ の部分の速さは $a\omega\sin\theta$ だから，面電流密度は $\sigma a\omega\sin\theta$ である．この部分の円形電流 $\sigma a\omega\sin\theta \times a\,d\theta$ が中心に作る磁場の強さは $\boldsymbol{e}_z$ に平行なので，z 成分を加えあわせればよい．

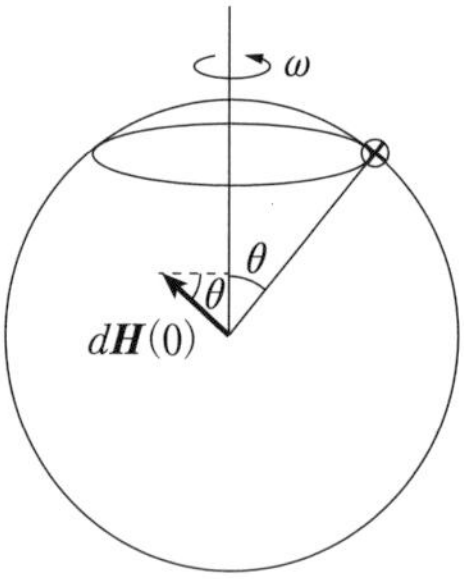

$$dH_z(0) = \frac{\sigma a^2\,\omega\sin\theta\,d\theta\cdot 2\pi a\sin\theta}{4\pi a^2} = \frac{a\omega a\sin^3\theta\,d\theta}{2}$$

$$H_z(0) = \int_0^{\pi}\frac{\sigma\omega a\sin^3\theta\,d\theta}{2} = \frac{\sigma\omega a}{2}\int_0^{\pi}(1-\cos^2\theta)\sin\theta\,d\theta$$

$$= \frac{\sigma\omega a}{2}\left[-\cos\theta + \frac{1}{3}\cos^3\theta\right]_0^{\pi} = \frac{\sigma\omega a}{2}\left(2 - \frac{2}{3}\right)$$

$$= \frac{2\sigma\omega a}{3}$$

$$\boldsymbol{H}(0) = \frac{\sigma\omega a}{3}\boldsymbol{e}_z, \qquad \boldsymbol{B}(0) = \frac{2\mu_0\sigma\omega a}{3}\boldsymbol{e}_z$$

［**9**］ $J = \dfrac{I}{a}$，向きは電流の向き．磁場は電流の向きに垂直である．2平板の間の空間では各平板が作る磁場の向きが同じなので加えればよいが，外では逆向きなので打ち消し合って0である．このことに注意して1枚の平板の周りにアンペールの法則を適用すると，

$$H = J = \frac{I}{a}, \qquad B = \mu_0\frac{I}{a}, \text{ 向きは電流の向きに垂直}$$

[10]（a） $J_a = \dfrac{I}{2\pi a}$,　$J_b = \dfrac{I}{2\pi b}$

（b） 円筒座標で考える．磁場の向きは 4 方向で，軸からの距離が ξ の点の磁場の強さは

$$\xi < a:\ H = 0,\quad a < \xi < b:\ H = \frac{I}{2\pi\xi},\quad \xi > b:\ H = \frac{I}{\pi\xi}$$

（c） $\xi < a:\ H = 0,\quad a < \xi < b:\ H = \dfrac{I}{2\pi\xi},\quad \xi > b:\ H = 0$

[11] このコイルの磁気モーメント $m = \pi a^2 I = 2.5\pi \times 10^{-3}\ \mathrm{A\ m^2}$

$$\boldsymbol{N} = \boldsymbol{m} \times \boldsymbol{B}$$

$$N = mB\sin\theta = \pi a^2 IB\sin\theta = 2.5\pi \times 10^{-3}\ \mathrm{A\ m^2} \times 0.1\ \mathrm{T} \times \sin\theta$$

ただし，θ は回路面の法線ベクトルと $\boldsymbol{B}$ の間の角度．

N が最大になるのは $\theta = \pi/2$ のとき　$N = 2.5\pi \times 10^{-4}\ \mathrm{A\ T\ m^2} = 7.85 \times 10^{-4}\ \mathrm{N\ m}$.

N が 0 になるのは $\theta = 0,\ \pi$ のとき．

第 9 章

[1] 左辺 $= [F]\mathsf{L} = \mathsf{ML^2T^{-2}Q^{-1}}$

右辺 $= [F]\mathsf{Q^{-1}}[v]^{-1}\mathsf{L^2T^{-1}} = \mathsf{MLT^{-2}Q^{-1}TL^{-1}L^2T^{-1}} = \mathsf{ML^2T^{-2}Q^{-1}L}$ = 左辺

[2]
$$L = \frac{\mu_0 N^2 A}{l} = \frac{(4\pi \times 10^{-7}\ \mathrm{T\ m/A}) \times 10^6 \times \pi \times (0.01\ \mathrm{m})^2}{0.2\ \mathrm{m}}$$
$$= 2\pi^2 \times 10^{-4}\ \mathrm{T\ m/A} = 2.0 \times 10^{-3}\ \mathrm{H}$$

[3]（a） 外側のコイルを貫く内側のコイルの磁束から求める．

$$M = (4\pi \times 10^{-7}\ \mathrm{T\ m/A}) \times \frac{1000}{0.2\ \mathrm{m}} \times \pi \times (0.01\ \mathrm{m})^2 \times 100 = 2\pi^2 \times 10^{-5}\ \mathrm{H} = 2.0 \times 10^{-4}\ \mathrm{H}$$

（b） $I_1 = \cos 2\pi ft$,　$f = 50\ \mathrm{Hz}$

両コイルを流れる電流の向きを同じとすると，

$$\mathcal{E}_2 = -M\frac{dI_1}{dt} = 2\pi f \times 2\pi^2 \times 10^{-5}\ \mathrm{H} \times \sin 2\pi ft$$
$$= 4\pi^3 f \times 10^{-5}\ \mathrm{H} \times \sin 2\pi ft = (2\pi^3 \times 10^{-3}\ \mathrm{H/s}) \times \sin 2\pi ft = 6.2 \times 10^{-2} \sin 2\pi ft\ \Omega$$
$$I_2 = \frac{\mathcal{E}_2}{R} = 6.2 \times 10^{-3} \sin 2\pi ft\ \mathrm{A}\qquad (\text{ピーク値 } 6.2\ \mathrm{mA} \text{ の交流})$$

[4] 電流に近い辺が x だけ離れているときの長方形回路を貫く磁束は第 8 章の演習問題 [3] より

$$\Phi = \frac{\mu_0 \times 0.1\ \mathrm{m} \times 1\ \mathrm{A}}{2\pi} \times \log\frac{x + 0.05\ \mathrm{m}}{x}$$

$$\frac{d\Phi}{dt} = \frac{\mu_0 \times 0.1\ \mathrm{A\ m}}{2\pi}\frac{-0.05\ \mathrm{m}}{x(x + 0.05)\mathrm{m}}\frac{dx}{dt} = \frac{-\mu_0 \times 0.005\ \mathrm{A\ m^2}}{2\pi x(x + 0.05)\mathrm{m}} \times 0.01\ \mathrm{m/s}$$

$$I = -\frac{1}{0.1\,\Omega}\frac{d\Phi}{dt} = -\frac{1}{0.1\,\Omega}\frac{-\mu_0 \times 0.00005}{2\pi x(x+0.05)\,\mathrm{m}}$$

$x = 0.01$　のとき　$|I| = \dfrac{\mu_0 \times 0.0005\,\mathrm{T\,m^3/s\,\Omega}}{2\pi \times 0.01 \times 0.06\,\mathrm{m^2}} = 1.67 \times 10^{-6}\,\mathrm{V/\Omega} = 1.67 \times 10^{-6}\,\mathrm{A}$

［**5**］ 回転軸を地磁気に垂直に置くと最大の起電力が得られる．$t = 0$ のときコイルの面が地磁気 $\boldsymbol{B}$ に平行であったとすると

$$|\mathcal{E}| = \left|100\frac{d\Phi}{dt}\right| = \left|100\frac{d}{dt}(0.05\,\mathrm{m})^2\pi \times 3 \times 10^{-5}\,\mathrm{T} \times \cos 2\pi ft\right|$$

$$= 0.25\,\mathrm{m^2} \times \pi \times 3 \times 10^{-5}\,\mathrm{T} \times 2\pi f \sin 2\pi ft = 1.5\pi^2 \times 10^{-5} f \sin 2\pi ft\,\mathrm{T\,m^2}$$

$$|\mathcal{E}|_{\max} = 1.5\pi^2 \times 10^{-5} \times 50\,\mathrm{T\,m^2/s} = 7.4 \times 10^{-3}\,\mathrm{V}$$

［**6**］ $\mathcal{E} = -\dfrac{d\Phi}{dt} = -Bav$ （$\boldsymbol{B}$ の向きに進むように右ネジを回す向きを $\mathcal{E}$ の正の向きとする.）

$I = -Bav/R$ より，抵抗の消費される電力は

$$P_R = RI^2 = \frac{B^2a^2v^2}{R}$$

一方，導体棒が受ける力は，(9.26) より

$$\boldsymbol{F} = -\frac{B^2a^2}{R}\boldsymbol{v}$$

で，棒は単位時間に $\boldsymbol{v}$ だけ動くから，棒を動かす力 $-\boldsymbol{F}$ の仕事率を P_F，抵抗で消費される電力を P_R とすると，

$$P_F = -\boldsymbol{F}\cdot\boldsymbol{v} = +\frac{B^2a^2v^2}{R} = P_R$$

第 10 章

［**1**］ 電流を遮断するということは

$$\frac{dI}{dt} \;\to\; -\infty$$

なる変化である．したがって，コイルの両端に逆起電力

$$\mathcal{E}_L = -L\frac{dI}{dt} \;\to\; \infty$$

が発生し，これが遮断した導線の両端の間に高い電場を生じて空気が放電する．

［**2**］ 合成インピーダンス：$Z = |Z|e^{i\theta}$

$$|Z| = \sqrt{(10\,\Omega)^2 + (2\pi \times 100\,\mathrm{Hz} \times 0.05\,\mathrm{H})^2} = 33\,\Omega$$

$$I = \frac{30\,\mathrm{V}}{|Z|}\cos(200\pi t - \theta) = 0.91\cos(200\pi t - \theta)\,\mathrm{A}$$

$$\tan\theta = \frac{\omega L}{R} = 3.14, \qquad \therefore\quad \theta = 1.26\,\mathrm{rad} = 72^\circ$$

電流は位相が 72° 遅れる．

［**3**］
$$V = \frac{R}{|Z|}\mathcal{E} = \frac{R\mathcal{E}}{\sqrt{R^2 + \dfrac{1}{\omega^2 C^2}}}$$

$$R^2 + \frac{1}{\omega^2 C^2} = \frac{R^2\mathcal{E}^2}{V^2}, \qquad \frac{1}{\omega^2 C^2} = R^2\left[\left(\frac{\mathcal{E}}{V}\right)^2 - 1\right]$$

$$C^2 = \frac{1}{\omega^2 R^2\left[\left(\dfrac{\mathcal{E}}{V}\right)^2 - 1\right]}, \qquad \therefore\ \ C = \frac{1}{2\pi f R\sqrt{\left(\dfrac{\mathcal{E}}{V}\right)^2 - 1}}$$

［**4**］ $|I| = \dfrac{\mathcal{E}_0}{\sqrt{R^2 + \left(\omega L - \dfrac{1}{\omega C}\right)^2}}$ で，共振時は $\omega_0 = \dfrac{1}{\sqrt{LC}}$，$|I| = \dfrac{\mathcal{E}_0}{R}$

だから，求める ω は

$$R^2 + \left(\omega L - \frac{1}{\omega C}\right)^2 = 2R^2$$

を満たす．

$$\left(\omega L - \frac{1}{\omega C} + R\right)\left(\omega L - \frac{1}{\omega C} - R\right) = 0$$

$$\therefore\ \ LC\omega^2 \pm RC\omega - 1 = 0$$

この方程式の 4 根の中で $\omega > 0$ なのは

$$\omega_{1,2} = \frac{\pm RC + \sqrt{R^2C^2 + 4LC}}{2LC}$$

よって

$$\omega_2 - \omega_1 = \frac{R}{L}, \qquad f_2 - f_1 = \frac{R}{2\pi L}, \qquad Q = \frac{L\omega_0}{R} = \frac{\sqrt{L}}{R\sqrt{C}}$$

［**5**］ これは CLR の直列回路である．(10.31) で $\mathcal{E} = 0$ と置いた式が成り立つ．(10.36) より

$$D = \left(\frac{R}{L}\right)^2 - 4\frac{1}{LC} = 10^6 - 4 \times 10^8 < 0$$

だから，減衰振動．

$$\omega = \sqrt{|D|} = 2 \times 10^4, \qquad f = \frac{2 \times 10^4}{2\pi} = 3.2 \times 10^3\ \mathrm{Hz}$$

$$\tau = \frac{2L}{R} = \frac{0.2}{100} = 0.002\ \mathrm{s}$$

つまり，3.2×10^3 Hz で振動しながら時定数 0.002 s で減衰する．

［**6**］ (10.17) より，極板の面電荷密度は

$$\sigma(t) = \frac{q(t)}{A} = \frac{C\mathcal{E}}{A}(1 - e^{-t/RC}), \qquad C = \frac{\varepsilon_0 A}{d}$$

$$\boldsymbol{D}(\boldsymbol{r}, \boldsymbol{t}) = -\sigma(t)\boldsymbol{e}_z$$

$$\text{変位電流密度：}\ \frac{\partial \boldsymbol{D}(\boldsymbol{r}, t)}{\partial t} = -\frac{\mathcal{E}}{RA}e^{-t/RC}$$

$$\text{変位電流}: I_D = \frac{\partial \boldsymbol{D}(\boldsymbol{r}, t)}{\partial t} \cdot A = -\frac{\mathcal{E}}{R} e^{-t/RC}$$

第 11 章

［1］ $[nI] = [n][I] = \mathsf{L}^{-1}[I] = [\text{面電流}]$

［2］ 場は $\boldsymbol{H}$, $\boldsymbol{B}$, $\boldsymbol{M}$ ともにドーナツ形の断面に垂直である．断面の中心を通る円に沿った単位ベクトルを $\boldsymbol{e}_\varphi$ とすると

$$\boldsymbol{H} = H\boldsymbol{e}_\varphi, \quad \boldsymbol{B} = B\boldsymbol{e}_\varphi, \quad \boldsymbol{M} = M\boldsymbol{e}_\varphi$$

アンペールの法則より

$$lH = NI \quad \to \quad H = \frac{NI}{l}$$

$$B = \mu H = \frac{\mu_0 \kappa_{\mathrm{m}} NI}{l}$$

$$M = \frac{B}{\mu_0} - H = \frac{\kappa_{\mathrm{m}} NI}{l} - \frac{NI}{l} = (\kappa_{\mathrm{m}} - 1)\frac{N}{l} I$$

［3］ $\delta \ll a$ なので，空隙内の磁束密度が存在する領域の断面は磁性体の断面と変わらない．よって

$$B_{\mathrm{gap}} = B = \mu H, \quad H_{\mathrm{gap}} = \frac{B_{\mathrm{gap}}}{\mu_0} = \frac{B}{\mu_0} = \frac{\mu}{\mu_0} H = \kappa_{\mathrm{m}} H$$

アンペールの法則より

$$NI = H(l - \delta) + H_{\mathrm{gap}}\,\delta = \frac{l-\delta}{\mu} B + \frac{\delta}{\mu_0} B$$

$$\therefore \quad B = \frac{NI}{\dfrac{l-\delta}{\mu} + \dfrac{\delta}{\mu_0}} = \frac{\mu_0 \kappa_{\mathrm{m}} NI}{l - \delta + \kappa_{\mathrm{m}} \delta} \approx \frac{\mu_0 \kappa_{\mathrm{m}} NI}{l + \kappa_{\mathrm{m}} \delta}$$

$$\kappa_{\mathrm{m}} \delta \ll l \quad \text{なら} \quad B_{\mathrm{gap}} = B = \frac{\mu_0 \kappa_{\mathrm{m}}}{l} NI$$

ただし，$\delta \ll$ であっても，たとえば，$\kappa_{\mathrm{m}} = 10^3$，$l = 0.5\ \mathrm{m}$，$\delta = 0.01\ \mathrm{m}$ のときはむしろ，

$$\kappa_{\mathrm{m}} \delta \gg l \quad \text{であり} \quad B_{\mathrm{gap}} \approx \frac{\mu_0 NI}{\delta}$$

［4］ 磁性体内部で $\boldsymbol{B} = \mu \boldsymbol{H}$，外部で $\boldsymbol{B}^{\mathrm{out}} = \mu_0 \boldsymbol{H}^{\mathrm{out}}$，$\mu = \kappa_{\mathrm{m}} \mu_0 \gg \mu_0$，$\boldsymbol{H}$ の側面に平行な成分は連続で $H_{/\!/} = H_{/\!/}{}^{\mathrm{out}}$ だから

$$B_{/\!/} = \mu H_{/\!/} = \mu H_{/\!/}{}^{\mathrm{out}} = \mu \frac{B_{/\!/}{}^{\mathrm{out}}}{\mu_0} = \kappa_{\mathrm{m}} B_{/\!/}{}^{\mathrm{out}} \gg B_{/\!/}{}^{\mathrm{out}}$$

ところが，$\boldsymbol{B}$ の側面に垂直な成分は連続 ($B_\perp = B_\perp{}^{\mathrm{out}}$) なので $\boldsymbol{B}$ は長さ方向に沿っていなければならず，磁性体の中に閉じ込められる傾向にある．（両端面のように $B_\perp \gg B_{/\!/}$ の場合はこの限りでない．）

［5］ 中心を通り $\boldsymbol{M}$ に平行な z 軸をもつ極座標で表すと，表面の法線ベクトルは $\boldsymbol{e}_r$ だから，

$$\boldsymbol{J}_M(\theta) = \boldsymbol{M} \times \boldsymbol{e}_r = M\,\boldsymbol{e}_z \times \boldsymbol{e}_r = M \sin\theta\,\boldsymbol{e}_\varphi$$

$$\boldsymbol{B}(0) = B(0)\boldsymbol{e}_z$$

$$dB(0) = \frac{\mu_0 a^2 \sin^2\theta\, M \sin\theta\, a\, d\theta}{2a^3} = \frac{\mu_0 M \sin^3\theta\, d\theta}{2}$$

$$B(0) = \int_0^\pi dB(0) = \frac{\mu_0 M}{2}\int_0^\pi \sin^3\theta\, d\theta = \frac{2}{3}\mu_0 M$$

（積分の計算は第 8 章の演習問題［8］を参照）

$$\boldsymbol{B}(0) = \frac{2}{3}\mu_0 M \boldsymbol{e}_z = \frac{2}{3}\mu_0 \boldsymbol{M}, \quad \boldsymbol{H}(0) = \frac{\boldsymbol{B}}{\mu_0} - \boldsymbol{M} = -\frac{\boldsymbol{M}}{3}$$

［**6**］ $\boldsymbol{B}$ についての (11.38) は電流の有無にかかわらず成り立つから，(11.39) はこの場合も成り立つ．一方，$\boldsymbol{r}$ に対しては図 11.11 のような微小な長方形を考えると，

$$\boldsymbol{H}(\boldsymbol{r})\cdot\boldsymbol{t}\,\Delta l + \boldsymbol{H}(\boldsymbol{r}')\cdot(-\boldsymbol{t})\Delta l = \boldsymbol{J}(\boldsymbol{r})\cdot(\boldsymbol{n}\times\boldsymbol{t})\Delta l$$

$$H_{\mathrm{t}}(\boldsymbol{r}) - H_{\mathrm{t}}(\boldsymbol{r}') = \boldsymbol{J}(\boldsymbol{r})\cdot(\boldsymbol{n}\times\boldsymbol{t})$$

となる．また，体積電流密度 $\boldsymbol{j}(\boldsymbol{r})$ の真電流が流れていても，図 11.11 のような微小長方形を貫く電流は面に垂直な辺 →0 にすると 0 になるから，(11.41) も成り立つ．

第 12 章

［**1**］

$$C = \frac{\varepsilon_0 A}{d} = \frac{(8.85\times 10^{-12}\,\mathrm{F/m})\times 0.1\,\mathrm{m}^2}{0.001\,\mathrm{m}} = 8.85\times 10^{-11}\,\mathrm{F}$$

$$U_{\mathrm{e}} = \frac{1}{2}CV^2 = \frac{1}{2}\times 8.85\times 10^{-11}\,\mathrm{F}\times(100\,\mathrm{V})^2 = 4.4\times 10^{-7}\,\mathrm{J}$$

$$u_{\mathrm{e}} = \frac{U_{\mathrm{e}}}{0.1\,\mathrm{m}^2\times 0.001\,\mathrm{m}} = 4.4\times 10^{-3}\,\mathrm{J/m^3}$$

（別解）　$E = 400/0.01\,\mathrm{V/m} = 10^4\,\mathrm{V/m}$

$$u_{\mathrm{e}} = \frac{1}{2}\boldsymbol{E}\cdot\boldsymbol{D} = \frac{\varepsilon_0}{2}E^2 = \frac{1}{2}\times(8.85\times 10^{-12}\,\mathrm{C/Nm^2})\times(10^4\,\mathrm{V/m})^2 = 4.4\times 10^{-4}\,\mathrm{J/m^3}$$

$$U_{\mathrm{e}} = u_{\mathrm{e}}\times 0.1\,\mathrm{m}^2\times 0.01\,\mathrm{m} = 4.4\times 10^{-7}\,\mathrm{J}$$

$\kappa_{\mathrm{e}} = 2$ の誘電体で満たすと $u_{\mathrm{e}} = \dfrac{1}{2}\boldsymbol{E}\cdot\boldsymbol{D}$ で $\boldsymbol{D}$ が 2 倍になるから

$$U_{\mathrm{e}} = 8.8\times 10^{-7}\,\mathrm{J}, \quad u_{\mathrm{e}} = 8.8\times 10^{-3}\,\mathrm{J/m^3}$$

［**2**］ $r \leqq a$ における静電ポテンシャルは (4.35) を ρ で表して

$$\phi(\boldsymbol{r})\frac{\rho}{6\varepsilon_0}(3a^2 - r^2)$$

よって，

$$U = \frac{1}{2}\int_0^a \frac{\rho^2}{6\varepsilon_0}(3a^2 - r^2)4\pi r^2\,dr = \frac{\pi\rho^2}{3\varepsilon_0}\left[a^2 r^3 - \frac{r^5}{5}\right]_0^a = \frac{4\pi\rho^2 a^5}{15\varepsilon_0}$$

［**3**］ $$L=\frac{\mu_0 N^2\pi a^2}{l}=\frac{(4\pi\times 10^{-7}\,\mathrm{T\,m/A})\times 400^2\times\pi\times(0.01\,\mathrm{m})^2}{0.2\,\mathrm{m}}=3.2\times 10^{-4}\,\mathrm{H}$$

$$U_{\mathrm{L}}=\frac{1}{2}LI^2=1.6\times 10^{-4}\,\mathrm{J}$$

$$u_{\mathrm{m}}=\frac{U_{\mathrm{L}}}{\pi a^2 l}=\frac{1.6\times 10^{-4}}{\pi\times(0.01\,\mathrm{m})^2\times 0.2\,\mathrm{m}}=2.5\,\mathrm{J/m^3}$$

（別解） $$u_{\mathrm{m}}=\frac{1}{2}\boldsymbol{B}\cdot\boldsymbol{H}=\frac{1}{2}\mu_0 H^2=\frac{\mu_0 N^2 I^2}{2l^2}=\frac{(4\pi\times 10^{-7}\,\mathrm{T\,m/A})\times 400^2\times(1\,\mathrm{A})^2}{2\times(0.2\,\mathrm{m})^2}$$
$$=2.5\,\mathrm{T\,m\,A/m^2}=2.5\,\mathrm{J/m^3}$$
$$U_{\mathrm{m}}=\pi a^2 l u_{\mathrm{m}}=\pi\times(0.01\,\mathrm{m})^2\times 0.2\,\mathrm{m}\times u_{\mathrm{m}}=1.6\times 10^{-4}\,\mathrm{J}$$

$\kappa_{\mathrm{m}}=1000$ の強磁性体に巻かれている場合は B が 1000 倍になるので U_{m} も u_{m} も 1000 倍になる．

［**4**］ 極板間の距離を Δd だけ変えたときの極板間の力に逆らってした仕事を $\Delta U(d)$ とすると，

$$\Delta U(d)=\Delta\left(\frac{1}{2}CV^2\right)-\Delta(QV)\qquad(V=一定)$$

第1項は全エネルギーの変化，第2項は電源がした仕事である．

$$\Delta U(d)=\Delta\left(\frac{1}{2}CV^2\right)-\Delta(CV^2)=-\Delta\left(\frac{1}{2}CV^2\right)=-\frac{1}{2}V^2\Delta C$$

$$\Delta C=\frac{\varepsilon_0 A}{d+\Delta d}-\frac{\varepsilon_0 A}{d}=\frac{\varepsilon_0 A}{d}\left(\frac{1}{1+\Delta d/d}-1\right)=-\frac{\varepsilon_0 A}{d^2}\Delta d=-C\frac{\Delta d}{d}$$

$$\therefore\quad F_x=-\frac{\Delta U(d)}{\Delta d}=-\frac{CV^2}{2d}=-\frac{qV}{2d}=-\frac{qE}{2}$$

［**5**］ $$U(\theta)=-\boldsymbol{p}\cdot\boldsymbol{E}=-pE\cos\theta$$

より，角度を θ だけ変えたときのポテンシャル・エネルギーの変化は

$$\Delta U(\theta)=\frac{dU(\theta)}{d\theta}\Delta\theta=pE\cos\theta\,\Delta\theta$$

θ を増す方向へ回転するのに要する「力」は $-\Delta U(\theta)/\Delta\theta$ であるが，θ が無次元の量なので，これはエネルギーの次元をもち，普通の意味の力ではなく，回転させようとするトルクである．その大きさは

$$N_\theta=-\frac{\Delta U(\theta)}{\Delta\theta}=-pE\sin\theta$$

［**6**］ 板状物質だから物質内部の磁束密度は $B=B_0=0.5\,\mathrm{T}$ としてよい．磁場の領域に $x\,\mathrm{cm}$ 入っているとすると，入っていないときを基準とするエネルギーは

$$U(x)=\frac{1}{2}\left(\frac{B^2}{\mu}-\frac{B_0{}^2}{\mu_0}\right)a\,dx=\frac{B_0{}^2ad}{2\mu_0}\left(\frac{1}{1+\chi_m}-1\right)x\approx-\frac{B_0{}^2ad}{2\mu_0}\chi_{\mathrm{m}}x$$

である．$\chi_m\ll 1$ で成り立つ $1/(1+\chi_m)\approx 1-\chi_{\mathrm{m}}$ を利用した．これは x のみの関数だから，力は x に平行な向きだけである．

$$F_x=-\frac{\Delta U(x)}{\Delta x}=\frac{B_0{}^2ad\chi_{\mathrm{m}}}{2\mu_0}=\frac{4.5\times 10^{-10}}{8\pi\times 10^{-7}}=1.8\times 10^{-4}\,\mathrm{N}\quad(引き込む力)$$

第 13 章

［**1**］(13.2) を点 $\boldsymbol{r}$ の周りの微小体積 $\varDelta V$ とその全表面 S について適用すると,

$$\oint_{\mathrm{S}} \boldsymbol{D}(\boldsymbol{r}', t)\cdot d\boldsymbol{S}' \approx \rho(\boldsymbol{r}, t)\,\varDelta V$$

となる. 左積分領域 S 上の点は, 注目する点 $\boldsymbol{r}$ とは異なることを明示するために $\boldsymbol{r}'$, $d\boldsymbol{S}'$ と表記した. $\varDelta V$ を左辺に移して $\varDelta V \to 0$ の極限をとると

$$\lim_{\varDelta V\to 0}\frac{1}{\varDelta V}\oint_{\mathrm{S}} \boldsymbol{D}(\boldsymbol{r}', t)\cdot d\boldsymbol{S}' = \rho(\boldsymbol{r}, t)$$

が, 左辺は発散の定義 (A.15) そのものなので, 微分形 (13.18) が得られる.

［**2**］(13.18) がすべての点 $\boldsymbol{r}$ で成り立っているから, 同じ時刻 t の任意の 3 次元領域 V について積分すると

$$\int_{\mathrm{V}} \mathrm{div}\,\boldsymbol{D}(\boldsymbol{r}, t)\,dV = \int_{\mathrm{V}} \rho(\boldsymbol{r}, t)\,dV, \qquad \int_{\mathrm{V}} \nabla\cdot\boldsymbol{D}(\boldsymbol{r}, t)\,dV = \int_{\mathrm{V}} \rho(\boldsymbol{r}, t)\,dV \quad (13.14)$$

である. ガウスの定理を使って左辺の体積積分を V の全表面 S における面積分に直すと

$$\oint_{\mathrm{S}} \boldsymbol{D}(\boldsymbol{r}, t)\cdot d\boldsymbol{S} = \int_{\mathrm{V}} \rho(\boldsymbol{r}, t)\,dV \qquad (13.2)$$

である.

［**3**］(13.3) を点 $\boldsymbol{r}$ を含む, 任意の向きの単位ベクトル $\boldsymbol{e}$ を法線ベクトルとする微小平面 $\varDelta S$ とその縁の閉曲線 C について適用すると,

$$\oint_{\mathrm{C}} \boldsymbol{E}(\boldsymbol{r}', t)\cdot d\boldsymbol{r}' \approx -\frac{\partial}{\partial t}\boldsymbol{B}(\boldsymbol{r}, t)\cdot\boldsymbol{e}\,\varDelta S$$

となる. 左辺の積分領域 C 上の点は注目する点 $\boldsymbol{r}$ とは異なることを明示するために $\boldsymbol{r}'$, $d\boldsymbol{r}'$ と表記した. $\varDelta S$ を左辺に移して $\varDelta V \to 0$ の極限をとると

$$\lim_{\varDelta V\to 0}\frac{1}{\varDelta S}\oint_{\mathrm{C}} \boldsymbol{E}(\boldsymbol{r}', t)\cdot d\boldsymbol{r}' = -\frac{\partial}{\partial t}\boldsymbol{B}(\boldsymbol{r}, t)\cdot\boldsymbol{e}$$

となるが, 左辺は回転の $\boldsymbol{e}$ 方向成分の定義 (A.28) そのものなので,

$$\mathrm{rot}\,\boldsymbol{E}(\boldsymbol{r}, t)\cdot\boldsymbol{e} = -\frac{\partial}{\partial t}\boldsymbol{B}(\boldsymbol{r}, t)\cdot\boldsymbol{e}$$

である. これが任意の向きの単位ベクトル $\boldsymbol{e}$ について成り立つので, ベクトルの関係である電磁誘導の法則の微分形 (13.23) が得られる.

［**4**］(13.23) はすべての点 $\boldsymbol{r}$ で成り立つ. 同時刻の両辺を任意の面 S 上で積分すると

$$\int_{\mathrm{S}} \mathrm{rot}\,\boldsymbol{E}(\boldsymbol{r}, t)\cdot d\boldsymbol{S} = -\int_{\mathrm{S}} \frac{\partial \boldsymbol{B}(\boldsymbol{r}, t)}{\partial t}\cdot d\boldsymbol{S} \qquad (13.22)$$

である. 左辺の面積分をストークスの定理を使って面 S の縁の閉曲線 C に沿っての線積分に直し, 右辺の時間に関する偏微分を積分の外に出して常微分とすると

$$\oint_{\mathrm{C}} \boldsymbol{E}(\boldsymbol{r}, t)\cdot d\boldsymbol{r} = -\frac{d}{dt}\int_{\mathrm{S}} \boldsymbol{B}(\boldsymbol{r}, t)\cdot d\boldsymbol{S} \qquad (13.3)$$

となる．

［**5**］ 磁場 $\boldsymbol{B}(\boldsymbol{r},t)$ のベクトル・ポテンシャルを $\boldsymbol{A}(\boldsymbol{r},t)$ とすると

$$\Phi = \int_S \boldsymbol{B}(\boldsymbol{r},t)\cdot d\boldsymbol{S} = \int_S (\nabla \times \boldsymbol{A}(\boldsymbol{r},t))\cdot d\boldsymbol{S} = \oint_C \boldsymbol{A}(\boldsymbol{r},t)\cdot d\boldsymbol{r}$$

［**6**］ ビオ‐サバールの法則（8.21）の電流 I は $\boldsymbol{j}(\boldsymbol{r}) \to \infty$ であるが，導線に有限の太さがあるとすると $\boldsymbol{j}(\boldsymbol{r})$ で表現できる．そうすると（13.66）において

$$\boldsymbol{j}(\boldsymbol{r}')\,dV' = j(\boldsymbol{r}')\boldsymbol{e}_j S\,dr' = j(\boldsymbol{r}')S\,dr'\boldsymbol{e}_j = I\,d\boldsymbol{r}'$$

は，$\boldsymbol{r}'$ にある電流素片である．よって，この電流素片が点 $\boldsymbol{r}$ に作るベクトル・ポテンシャルは

$$d\boldsymbol{A}(\boldsymbol{r}) = \frac{\mu_0}{4\pi}\frac{\boldsymbol{j}(\boldsymbol{r}')}{|\boldsymbol{r}-\boldsymbol{r}'|}dV' = \frac{\mu_0}{4\pi}\frac{I\,d\boldsymbol{r}'}{|\boldsymbol{r}-\boldsymbol{r}'|}$$

である．よって，この電流素片が作る磁場は

$$d\boldsymbol{B}(\boldsymbol{r}) = \nabla \times d\boldsymbol{A}(\boldsymbol{r}) = \frac{\mu_0}{4\pi}\nabla \times \frac{I\,d\boldsymbol{r}'}{|\boldsymbol{r}-\boldsymbol{r}'|}$$

である．スカラー場 $1/|\boldsymbol{r}-\boldsymbol{r}'|$ とベクトル場 $d\boldsymbol{r}'$ の積の回転は，付録 A の（A.49）を参照して

$$d\boldsymbol{B}(\boldsymbol{r}) = \frac{\mu_0 I}{4\pi}\left(\frac{1}{|\boldsymbol{r}-\boldsymbol{r}'|}\nabla \times d\boldsymbol{r}' + \nabla\frac{1}{|\boldsymbol{r}-\boldsymbol{r}'|}\times d\boldsymbol{r}'\right)$$

となる．∇ は $\boldsymbol{r}$ に作用する空間微分演算子だから $\boldsymbol{r}'$ に作用すると 0 になるので，右辺第 1 項は 0 である．第 2 項の $\nabla(1/|\boldsymbol{r}-\boldsymbol{r}'|)$ は第 4 章の［例題 4.3］の計算と本質的に同じで，たとえば x 成分は

$$\left[\nabla\frac{1}{|\boldsymbol{r}-\boldsymbol{r}'|}\right]_x = \frac{\partial}{\partial x}[(x-x')^2+(y-y')^2+(z-z')^2]^{-1/2}$$
$$= -\frac{1}{2}\frac{2(x-x')}{[(x-x')^2+(y-y')^2+(z-z')^2]^{3/2}}$$

よって

$$\nabla\frac{1}{|\boldsymbol{r}-\boldsymbol{r}'|} = -\frac{(x-x',y-y',z-z')}{[(x-x')^2+(y-y')^2+(z-z')^2]^{3/2}} = -\frac{\boldsymbol{r}-\boldsymbol{r}'}{|\boldsymbol{r}-\boldsymbol{r}'|^3}$$
$$= -\frac{1}{|\boldsymbol{r}-\boldsymbol{r}'|^2}\boldsymbol{e}_{\boldsymbol{r}-\boldsymbol{r}'}$$

である．

$$d\boldsymbol{B}(\boldsymbol{r}) = \frac{\mu_0 I}{4\pi}\frac{d\boldsymbol{r}'\times\boldsymbol{e}_{\boldsymbol{r}-\boldsymbol{r}'}}{|\boldsymbol{r}-\boldsymbol{r}'|^2} = \frac{\mu_0 I}{4\pi}\frac{d\boldsymbol{r}'\times(\boldsymbol{r}-\boldsymbol{r}')}{|\boldsymbol{r}-\boldsymbol{r}'|^3}$$

だから，（8.21）を $\boldsymbol{B}(\boldsymbol{r})$ について表した

$$\boldsymbol{B}(\boldsymbol{r}) = \mu_0\int\frac{Id\boldsymbol{r}'\times\boldsymbol{e}_{\boldsymbol{r}-\boldsymbol{r}'}}{4\pi|\boldsymbol{r}-\boldsymbol{r}'|^2} = \mu_0\int\frac{Id\boldsymbol{r}'\times(\boldsymbol{r}-\boldsymbol{r}')}{4\pi|\boldsymbol{r}-\boldsymbol{r}'|^3}$$

が得られる．

［**7**］ 電流導線の中心軸を z 軸とするデカルト座標を考える．$\xi = \sqrt{x^2+y^2}$ とすると，z 軸上に線電荷密度 λ の電荷がある場合の周りの電場の静電ポテンシャルは

$$\phi(\boldsymbol{r}) = -\frac{\lambda}{2\pi\varepsilon_0}\log\frac{\xi}{\xi_0}$$

である．ξ_0 は，任意に選んだ点の ξ 座標（直線からの距離）である．ベクトル・ポテンシャルの各成分は静電ポテンシャルと同じ形のポアソンの方程式，(13.53)，(13.64) を満たしていた．電荷密度と電流密度の形が同じなら解も同じ形のはずであるから，z 軸上に定常電流 I が流れていると，その周りのベクトル・ポテンシャルは

$$A_x(\boldsymbol{r}) = 0, \qquad A_y(\boldsymbol{r}) = 0, \qquad A_z(\boldsymbol{r}) = -\frac{\mu_0 I}{2\pi}\log\frac{\xi}{\xi_0}$$

である．よって，(13.59) から磁場を求めると，

$$B_x(\boldsymbol{r}) = (\nabla\times\boldsymbol{A}(\boldsymbol{r}))_x = \frac{\partial A_z(\boldsymbol{r})}{\partial y} - \frac{\partial A_y(\boldsymbol{r})}{\partial z} = -\frac{\mu_0 I}{2\pi}\frac{1}{\xi}\frac{\partial\sqrt{x^2+y^2}}{\partial y}$$

$$= -\frac{\mu_0 I}{2\pi}\frac{1}{\xi}\frac{y}{\sqrt{x^2+y^2}} = -\frac{\mu_0 I}{2\pi}\frac{y}{\xi^2}$$

$$B_y(\boldsymbol{r}) = (\nabla\times\boldsymbol{A}(\boldsymbol{r}))_y = \frac{\partial A_x(\boldsymbol{r})}{\partial z} - \frac{\partial A_z(\boldsymbol{r})}{\partial x} = \frac{\mu_0 I}{2\pi}\frac{1}{\xi}\frac{\partial\sqrt{x^2+y^2}}{\partial x}$$

$$= \frac{\mu_0 I}{2\pi}\frac{1}{\xi}\frac{x}{\sqrt{x^2+y^2}} = \frac{\mu_0 I}{2\pi}\frac{x}{\xi^2}$$

$$B_z(\boldsymbol{r}) = (\nabla\times\boldsymbol{A}(\boldsymbol{r}))_z = \frac{\partial A_y(\boldsymbol{r})}{\partial x} - \frac{\partial A_x(\boldsymbol{r})}{\partial y} = 0$$

となり，次のようになる．これは (8.35) のデカルト座標表示である．

$$\boldsymbol{B}(\boldsymbol{r}) = \frac{\mu_0 I}{2\pi\xi}\left(-\frac{y}{\xi}, \frac{x}{\xi}, 0\right)$$

第 14 章

［1］ 磁場部分のエネルギー密度は，(14.50)，(14.39)，(14.46)，(14.33) より

$$\frac{1}{2\mu_0}B(\boldsymbol{r},t)^2 = \frac{1}{2\mu_0}B_0{}^2\sin^2(kx-\omega t+\alpha) = \frac{c^2}{2\mu_0}E_0{}^2\sin^2(kx-\omega t+\alpha) = \frac{\varepsilon_0}{2}E(x,t)^2$$

だから，両者は等しい．

［2］ $H_0 = B_0/\mu_0$ として (14.44)，(14.33) も考慮すると

$$\boldsymbol{Y}(\boldsymbol{r},t) = \boldsymbol{E}(x,t)\times\boldsymbol{H}(x,t) = E_0\boldsymbol{e}_y\sin(kx-\omega t+\alpha)\times\frac{B_0}{\mu_0}\boldsymbol{e}_z\sin(kx-\omega t+\alpha)$$

$$= \frac{1}{2}\left[\frac{E_0{}^2}{\mu_0 c}\boldsymbol{e}_x\sin^2(kx-\omega t+\alpha) + \frac{cB_0{}^2}{\mu_0}\boldsymbol{e}_x\sin^2(kx-\omega t+\alpha)\right]$$

$$= \frac{c}{2}\left[\varepsilon_0 E_0{}^2\boldsymbol{e}_x\sin^2(kx-\omega t+\alpha) + \frac{B_0{}^2}{\mu_0}\boldsymbol{e}_x\sin^2(kx-\omega t+\alpha)\right]$$

$$= c\,u_{\mathrm{em}}(x,t)\boldsymbol{e}_x \qquad (14.59)$$

であり，確かに波の進行方向に速さ c で伝わるエネルギー密度 $u_{\mathrm{em}}(x,t)$ である．

［3］（a） 導体板間の電場は，平行平板コンデンサーと考えれば $\boldsymbol{E} = -(V/d)\boldsymbol{e}_z$ であ

る．一方，導体板を流れる電流は $I = V/R$ で，上の導体面の面電流密度は $\boldsymbol{J} = (I/a)\boldsymbol{e}_x$，下の導体面の面電流密度は $\boldsymbol{J} = -(I/a)\boldsymbol{e}_x$ である．よって，第 8 章の演習問題［9］より，導体板間の空間の磁場の強さは $\boldsymbol{H} = |\boldsymbol{J}|\boldsymbol{e}_y = (I/a)\boldsymbol{e}_y$ である．よって，導体板間の空間のエネルギーの流れの密度を表すポインティング・ベクトルは

$$\boldsymbol{E} \times \boldsymbol{H} = -\frac{V}{d}\boldsymbol{e}_z \times \frac{I}{a}\boldsymbol{e}_y = \frac{IV}{ad}\boldsymbol{e}_x$$

となる．これは，電源から抵抗の方に向かうベクトルである．極板間の空間の，$\boldsymbol{e}_x$ 方向に垂直な断面 S を貫いて単位時間に流れるエネルギーの総量は

$$\int_{\mathrm{S}} \boldsymbol{E} \times \boldsymbol{H} \cdot d\boldsymbol{S} = \int_{\mathrm{S}} \frac{IV}{ad}\boldsymbol{e}_x \cdot \boldsymbol{e}_x \, dS = \frac{IV}{ad}ad = IV$$

（b）　抵抗板の近くでも電場と磁場は（a）とほぼ同じ向きを向いているので，ポインティング・ベクトルは抵抗板表面から抵抗板に侵入している．抵抗値 R の導体で消費される電力は $P = IV$.（a）の解と等しいので，電磁波だけでなく直流回路の場合も，エネルギーは空間を伝わって抵抗内で消費されていると考えることができる．

（c）　この場合，電場 $\boldsymbol{E}$ は上の導線から下の導線に向かって広がって分布しているが，主に $-\boldsymbol{e}_z$ の向きを向いている．一方，導線が作る磁場の強さ $\boldsymbol{H}$ はそれぞれ導線の周りにアンペールの法則に従って生じている．両方の導線が作る $\boldsymbol{H}$ を重ね合わせると，導線の間では強め合い，主として $\boldsymbol{e}_y$ の向きを向いている．よって，電場と磁場がゼロでない領域でのポインティング・ベクトルは $-\boldsymbol{e}_z \times \boldsymbol{e}_y = \boldsymbol{e}_x$，すなわち，抵抗に向かう向きを向いている．

抵抗のすぐ近くも見てみよう．円柱型の抵抗では電流が下向きに流れているので，磁場の強さは上から見て時計回りの向きを向いている．一方，電場は，抵抗内の電場の向きを考慮しても上下の導線が作る電場と強め合って $-\boldsymbol{e}_z$ の向きを向いている．したがって，ポインティング・ベクトルは，円柱型抵抗の表面から内部に向かう向きを向いている．よって，この場合も，エネルギーは導線の間を伝わって抵抗内に表面から入り，熱エネルギー（正確には抵抗の内部エネルギー）になるとみなすことができる．

索　　引

サ

シ

ス

テ

ト

著者略歴

1946年 宮崎県出身．東京大学教養学部基礎科学科卒．同大学院理学系研究科物理学専攻修士課程修了．東京大学大学院総合文化研究科・教養学部教授，高エネルギー加速器研究機構（KEK）・物質構造科学研究所特別教授を歴任．東京大学名誉教授．理学博士．

主な著書：「熱学入門」（共著，東京大学出版会），「考える力学」（学術図書出版社），「人物でよむ 物理法則の事典」（共編・著，朝倉書店），「東大教養囲碁講座 — ゼロからわかりやすく」（共著，光文社新書）

裳華房テキストシリーズ－物理学 **電磁気学**（増補修訂版）

1999年11月20日 第1版 発行
2021年3月10日 第12版2刷 発行
2021年9月1日 増補修訂第1版1刷発行
2023年5月30日 増補修訂第2版1刷発行

検印省略

定価はカバーに表示してあります．

増刷表示について
2009年4月より「増刷」表示を『版』から『刷』に変更いたしました．詳しい表示基準は弊社ホームページ
http://www.shokabo.co.jp/
をご覧ください．

著者 兵頭俊夫（ひょうどう としお）
発行者 吉野和浩
発行所 〒102-0081 東京都千代田区四番町8-1
電話 03-3262-9166
株式会社 裳華房
印刷所 中央印刷株式会社
製本所 株式会社 松岳社

ISBN 978-4-7853-2274-8

物理定数表

万有引力定数 G	6.6743×10^{-11} N m^2/kg^2
真空中の光速 c	2.9979×10^{8} m/s
真空の誘電率（電気定数）ε_0	8.8542×10^{-12} F/m
$1/4\pi\varepsilon_0$	8.9876×10^{9} m/F
真空の透磁率（磁気定数）μ_0	1.2566×10^{-6} N/A^2
電気素量 e	1.6022×10^{-19} C
電子の質量 m_e	9.1094×10^{-31} kg
陽子の質量 m_p	1.6726×10^{-27} kg
中性子の質量 m_n	1.6749×10^{-27} kg
電子の磁気モーメント μ_e	-9.2848×10^{-24} J/T
陽子の磁気モーメント μ_p	1.4106×10^{-26} J/T
中性子の磁気モーメント μ_n	-9.6624×10^{-27} J/T
プランク定数 h	6.6261×10^{-34} J s
ボーア半径 a_0	5.2918×10^{-11} m
1 eV のエネルギー	1.6022×10^{-19} J
アボガドロ定数 N_A	6.0221×10^{23} mol^{-1}

ギリシャ文字の読み方

A	α	アルファ	I	ι	イオタ	P	ρ	ロー
B	β	ベータ	K	κ	カッパ	Σ	σ	シグマ
Γ	γ	ガンマ	Λ	λ	ラムダ	T	τ	タウ
Δ	δ	デルタ	M	μ	ミュー	Υ	υ	ウプシロン
E	$\varepsilon\ \epsilon$	イプシロン	N	ν	ニュー	Φ	$\phi\ \varphi$	ファイ
Z	ζ	ツェータ	Ξ	ξ	クシー	X	χ	カイ
H	η	エータ	O	o	オミクロン	Ψ	ψ	プサイ
Θ	θ	シータ	Π	π	パイ	Ω	ω	オメガ